高等学校水利学科教学指导委员会组织编审

高等学校水利学科专业规范核心课程教材·农业水利工程

# 节水灌溉理论与技术

主　编　沈阳农业大学　　迟道才

副主编　西安理工大学　　费良军

　　　　扬　州　大　学　　蔡守华

　　　　内蒙古农业大学　吕志远

主　审　西安理工大学　　王文焰

中国水利水电出版社

www.waterpub.com.cn

## 内 容 提 要

本书为高等学校水利学科专业规范核心课程教材。全书共 9 章，主要包括绪论、节水灌溉基础理论、地面节水灌溉理论与技术、喷灌理论与技术、微灌理论与技术、低压管道输水灌溉工程技术、渠道防渗工程技术、雨水集蓄工程技术和节水灌溉管理等内容。

本书可作为农业水利工程专业本科以及相关专业的教学用书，也可作为从事农业节水等相关工作人员参考。

## 图书在版编目（ＣＩＰ）数据

节水灌溉理论与技术 / 迟道才主编. -- 北京：中国水利水电出版社，2009.12(2020.6重印)
高等学校水利学科专业规范核心课程教材. 农业水利工程
ISBN 978-7-5084-7114-3

Ⅰ．①节… Ⅱ．①迟… Ⅲ．①节约用水－灌溉－高等学校－教材 Ⅳ．①S275

中国版本图书馆CIP数据核字(2009)第240038号

| | | |
|---|---|---|
| 书　名 | 高等学校水利学科专业规范核心课程教材·农业水利工程<br>**节水灌溉理论与技术** | |
| 作　者 | 主　编　沈阳农业大学　迟道才<br>副主编　西安理工大学　费良军　扬州大学　蔡守华　内蒙古农业大学　吕志远<br>主　审　西安理工大学　王文焰 | |
| 出版发行 | 中国水利水电出版社<br>（北京市海淀区玉渊潭南路 1 号 D 座　100038）<br>网址：www.waterpub.com.cn<br>E-mail：sales@waterpub.com.cn<br>电话：(010) 68367658（营销中心） | |
| 经　售 | 北京科水图书销售中心（零售）<br>电话：(010) 88383994、63202643、68545874<br>全国各地新华书店和相关出版物销售网点 | |
| 排　版 | 中国水利水电出版社微机排版中心 | |
| 印　刷 | 清淞永业（天津）印刷有限公司 | |
| 规　格 | 175mm×245mm　16 开本　21.25 印张　490 千字 | |
| 版　次 | 2009 年 12 月第 1 版　2020 年 6 月第 4 次印刷 | |
| 印　数 | 10001—13000 册 | |
| 定　价 | **52.00 元** | |

# 农业水利工程专业教材编审分委员会

# 总 前 言

随着我国水利事业与高等教育事业的快速发展以及教育教学改革的不断深入，水利高等教育也得到很大的发展与提高。与 1999 年相比，水利学科专业的办学点增加了将近一倍，每年的招生人数增加了将近两倍。通过专业目录调整与面向新世纪的教育教学改革，在水利学科专业的适应面有很大拓宽的同时，水利学科专业的建设也面临着新形势与新任务。

在教育部高教司的领导与组织下，从 2003 年到 2005 年，各学科教学指导委员会开展了本学科专业发展战略研究与制定专业规范的工作。在水利部人教司的支持下，水利学科教学指导委员会也组织课题组于 2005 年底完成了相关的研究工作，制定了水文与水资源工程、水利水电工程、港口航道与海岸工程以及农业水利工程四个专业规范。这些专业规范较好地总结与体现了近些年来水利学科专业教育教学改革的成果，并能较好地适用不同地区、不同类型高校举办水利学科专业的共性需求与个性特色。为了便于各水利学科专业点参照专业规范组织教学，经水利学科教学指导委员会与中国水利水电出版社共同策划，决定组织编写出版"高等学校水利学科专业规范核心课程教材"。

核心课程是指该课程所包括的专业教育知识单元和知识点，是本专业的每个学生都必须学习、掌握的，或在一组课程中必须选择几门课程学习、掌握的，因而，核心课程教材质量对于保证水利学科各专业的教学质量具有重要的意义。为此，我们不仅提出了坚持"质量第一"的原则，还通过专业教学组讨论、提出，专家咨询组审议、遴选，相关院、系认定等步骤，对核心课程教材选题及其主编、主审和教材编写大纲进行了严格把关。为了把本套教材组织好、编著好、出版好、使用好，我们还成立了高等学校水利学科专业规范核心课程教材编审委员会以及各专业教材编审分委员会，对教材编纂与使用的全过程进行组织、把关和监督。充分依靠各学科专家发挥咨询、评审、决策等作用。

本套教材第一批共规划52种，其中水文与水资源工程专业17种，水利水电工程专业17种，农业水利工程专业18种，计划在2009年年底之前全部出齐。尽管已有许多人为本套教材作出了许多努力，付出了许多心血，但是，由于专业规范还在修订完善之中，参照专业规范组织教学还需要通过实践不断总结提高，加之，在新形势下如何组织好教材建设还缺乏经验，因此，这套教材一定会有各种不足与缺点，恳请使用这套教材的师生提出宝贵意见。本套教材还将出版配套的立体化教材，以利于教、便于学，更希望师生们对此提出建议。

高等学校水利学科教学指导委员会

中国水利水电出版社

2008年4月

# 前　言

　　本书是高等学校水利学科专业规范核心课程教材。本书依据专业规范和基本要求编写大纲，并通过了水利学科教学指导委员会的审定，既注重了理论的系统性，又兼顾了实用性，可作为高等院校水利学科农业水利工程专业的教材，也可作为其他有关专业的教学用书及从事农业节水推广人员的培训教材。

　　全书共9章。第1章为绪论，由沈阳农业大学夏桂敏、迟道才编写；第2章为节水灌溉基础理论，第4章为喷灌理论与技术，由扬州大学蔡守华编写；第3章为地面节水灌溉理论与技术，由西安理工大学费良军编写（其中水稻节水灌溉部分由沈阳农业大学迟道才编写）；第5章为微灌理论与技术，由太原理工大学肖娟编写；第6章为低压管道输水灌溉工程技术，由内蒙古农业大学杨树青编写；第7章为渠道防渗工程技术，由沈阳农业大学孙仕军编写；第8章为雨水集蓄工程技术，由云南农业大学饶碧玉编写；第9章为节水灌溉管理，由扬州大学蔡守华和内蒙古农业大学吕志远编写。本书大纲及前言由沈阳农业大学迟道才编写。全书由沈阳农业大学迟道才担任主编，并负责统稿。西安理工大学费良军、扬州大学蔡守华、内蒙古农业大学吕志远为本书副主编。

　　本书承蒙西安理工大学王文焰教授主审，在此表示衷心的感谢。

　　本书引用了大量的国内外研究成果，参考了许多已经出版的相关著作和教材，在此一并表示诚挚的谢意。

　　因水平所限，书中难免有不妥之处，恳请广大师生以及各位读者批评指正。

编　者

2009 年 9 月

# 目　录

# 第 1 章

绪　　论

# 1.1　节水灌溉的涵义

　　节水的概念目前尚无统一的说法，通常可分为狭义和广义两种。狭义的节水是指为达到减少水资源消耗量的目的所采取的各种措施，有人称为"真实节水"。广义的节水是以提高水的利用率和生产效率为核心，用尽可能少的水为经济社会可持续发展提供保障。以高效节水为核心的广义节水，有可能减少用水总量，也可能不减。对于我国这样一个发展中国家来说，把以提高用水效率为核心的节水放到突出位置，支撑经济社会快速发展，提高国家综合国力和人民生活水平，是当前和今后的主要任务。广义的节水概念对我国更有现实意义，目前社会上广泛使用的"节水"一词，通常也指广义节水。

　　节水灌溉是指用尽可能少的水投入，取得尽可能多的农作物产出的一种灌溉模式，目的是提高水的利用率和水分生产率。节水灌溉的内涵包括水资源的合理开发利用、输配水系统的节水、田间灌溉过程的节水、用水管理的节水以及农艺节水增产技术措施等方面。显然，这一概念的外延过大，用于说明节水农业较为合理。贾大林（1997）认为，节水灌溉是从灌水技术、灌溉制度和灌溉管理上力求节水。节水灌溉是根据农作物不同生长发育阶段的需水规律以及当地的自然条件、供水能力，为了有效利用天然降水和灌溉水达到最佳增产效果和经济效益目标而采取的技术措施。节水灌溉的内涵是提高用水有效性的灌溉。这个定义既考虑了土壤—植物—大气连续系统原理，又考虑了各种条件因素和要达到的目标和效果，基本概括了节水灌溉的实质。余开德（1995）认为，节水灌溉是用尽可能少的水投入，取得尽可能多的农作物产出的一种灌溉模式，是遵循作物生长发育需水机制，按供水能力进行适时灌溉，又是把各种水损失降低到最小限度的适量灌溉。姚崇仁（1995）认为，理解和认识节水灌溉的内涵和本质，需要考虑到水的循环与相互转化的特点，考虑到流域或区域内不同地段水资源相互影响相互依赖的关系，需要站在流域或区域的立场上，从作物整个生育期或作物灌溉水文全过程而非单次灌水出发，利用水资源量的概念而非灌溉供水量的概念，并从社会、经济、农业生产环境等角度去认识节水灌溉。他认为，节水灌溉的实质就是尽可能地降低灌溉用水过程中的水资源量的无效损耗，目标是使单位灌溉水资源量在全局范围内所能带来的农作物产出较大，即从等量的灌溉水资源投入获得尽可能多的农作物产出，或使获得等量的农作物产出所消耗的水资源量尽可能地少。李世英（2001）认为，节水灌溉是根据作物需水规律，有效地利用当地水资源，获取农业的最佳经济效益、社会效益、生态效益而采取多种措施的总称。迟道才（2003）认为，节水灌溉是一项系统工程，凡是有利于提高灌溉水、天然降水、土壤水和地下水利用的有效性，而不破坏水的自然循环规律，并能提高水分的利用率和生产效率的一切措施的总和均属于节水灌溉的范畴。节水灌溉是农业节水中的重要内容，农业节水是研究如何高效利用有限的水资源，保障农业可持续发展，是围绕水做文章，抓农业节水，最终目标是以最少的水量消耗获取尽可能多的农作物产量、最高的经济效益和生态环境效益。农业节水的中心问题是提高自然降雨和灌溉水的利用率和利用效率，包括灌溉农业和旱地农业。因此，农业节水的外延大。正确理解和认识节水灌溉的实质，对研究和推广节水灌溉技术具有十分重要的作用。

节水灌溉的内涵是根据作物的需水规律及当地供水条件，为了有效地利用降水和灌溉水，提高灌溉水的利用率，获取农业的最佳经济效益、社会效益、生态环境效益而采取的多种节水措施的总称。节水灌溉不是无水灌溉的旱地农业的问题，也不是仅能维持作物生命的临时性抗旱灌溉，它是用尽可能少的灌溉水投入，取得尽可能多的农作物产出的一种灌溉模式，它追求的不是单位面积的产量最高，而是总体效益最大。因此，节水灌溉仍然是遵循农作物生长发育需水机制进行的适时灌溉，也是将各种水损失降低到最低限度的适量灌溉。节水灌溉与农业节水的其他方面内容一样，都是科学技术进步的产物，都带有节水与高产、高效的双重要求。节水型灌溉农业绝不要求回到不要灌溉水的农业，而是最大限度将无效水和浪费水量降低到最小的程度，也是最大限度提高单位灌溉水量产出的农业。从适应现代化农业对灌溉的要求和实现农田灌溉现代化的角度看，节水灌溉就是科学灌溉、集约灌溉、现代灌溉、可持续发展的灌溉，是以灌溉排水工程学、水文水资源学、农学及农业水管理等多学科为基础交叉衍生出的一系列节水技术措施（包括工程措施和非工程措施）组成的综合技术体系。

## 1.2　发展节水灌溉的重要意义

水是一切生命过程中不可替代的基本元素，水资源是国民经济和社会发展的重要基础资源。中国是一个古老的农业大国，农业灌溉已有上千年的历史。同时中国又是一个人口大国，用仅占全世界7％的耕地，养育占全世界22％的人口。中国还是一个水资源短缺的国家，全国水资源总量约为2.8万亿 $m^3$，而可利用量只有4700亿 $m^3$，水资源总量仅占世界水资源总量的5.6％；每亩耕地平均占有水量仅为 $1760m^3$，相当于世界平均值的一半左右；人均占有水资源量约为 $2100m^3$，仅仅是世界人均占有量的1/4，居世界第121位，已被联合国列为13个贫水国之一。近年来，随着人口增加、经济发展和城市化水平的提高，水资源供需矛盾日益尖锐，农业干旱缺水和水资源短缺已成为我国经济和社会发展的重要制约因素，加剧了生态环境的恶化。

按现状用水量统计,全国中等干旱年缺水将近 358 亿 $m^3$,其中农业灌溉缺水 300 亿 $m^3$。国际上一般公认的人均水资源最低需求标准为 $1000m^3$,我国有 10 个省(自治区、直辖市)人均水资源占有量低于这个标准,即在我国 660 多个城市中,缺水城市达 400 多个,缺水总量达 60 亿 $m^3$,其中严重缺水城市 110 个,与世界上最缺水的以色列相差无几,每年因缺水造成的经济损失达 2000 多亿元。长期以来,干旱缺水始终是制约着我国农业发展的主要因素。进入 20 世纪 90 年代以来,全国每年平均受旱面积 3.75 亿亩,因干旱粮食减产 700 亿~800 亿 kg,仅在灌区就缺水 300 亿 $m^3$。因此,水资源紧缺已经制约着我国工农业生产和国民经济的发展,影响广大人民群众的生产和生活。而在我国一些地方,一方面是水资源先天不足;另一方面却是现有水资源的利用率较低、保护不够、节水意识差、浪费现象较为严重,而后者正是造成目前水资源日趋紧缺的主要原因之一。

目前,我国农业用水量占总用水量的 70%,其中农田灌溉用水量为 3600 亿~3800 亿 $m^3$,占农业用水量的 90%~95%。但由于工业与城镇生活用水呈现不断上升的趋势,在水资源日益短缺和水污染日趋严重的情况下,就要求农业用水必须实现负增长,这样就使灌溉用水量和用水比例呈逐年下降的趋势。目前在占全国总耕地面积 48% 的灌溉面积上,生产了占总产量近 2/3 的粮食和农副产品。到 20 世纪末,我国的粮食总产量达到 5000 亿 kg,已增加灌溉面积 600 万 $hm^2$,即全国灌溉面积达到 0.53 亿 $hm^2$(约 8.0 亿亩)。到 2030 年,我国人口将达到 16 亿高峰,为了满足 16 亿人口的粮食总需求,灌溉面积要由现在的 8.0 亿亩发展到 9 亿亩,为此,需要开发新的水资源,近期主要是发展节水灌溉。目前我国农业灌溉用水浪费现象十分严重,不少灌区尤其是北方灌区,自流灌区灌溉水的利用系数只有 0.5 左右,与发达国家 0.7~0.9 相比,相差 0.2~0.4;井灌区一般也只有 0.6 左右,同发达国家相比要低 0.2~0.3,农作物水分利用率平均为 $0.87kg/m^3$,与以色列 $2.32kg/m^3$ 相比,相差 $1.45kg/m^3$。现有灌溉用水量超过作物合理灌溉用水量的 0.5~1.5 倍,节水潜力相当可观。

据估算,如果科学地发展节水农业,到 2030 年我国灌溉水的利用系数达到 0.6~0.7,水分生产率达到 $1.5kg/m^3$,即在 30 年内,灌溉水的利用效率提高 0.3,按现状 4000 亿 $m^3$ 计算,则可节水 1200 亿 $m^3$;按 $1.5kg/m^3$ 计,可增产 1.2 亿 t 粮食。这将为我国人口达到 16 亿高峰期,实现粮食自给奠定坚实的基础。因此,必须致力于推广节水灌溉新技术,合理有效地利用有限的水资源,努力提高水分的生产效率。

党的十五届三中全会曾要求要"把节水灌溉作为革命性措施来抓"。党的十五届五中全会也指出:"水资源可持续利用是我国经济社会发展的战略问题,核心是提高用水效率,把节水放在突出位置"。党的十七届三中全会也强调:"加强农业基础设施建设,其中以农田水利为重点的农业基础设施是现代农业的重要物质条件;推广节水灌溉,搞好旱作农业示范工程。"为此,在我国水资源十分短缺、灌溉用水浪费及水污染严重等状况下,大力发展节水灌溉,提高灌溉水的利用率和水分生产效率,对缓解我国水资源不足、提高农业产量、保证水资源可持续利用、促进国民经济持续又好又快发展、实现社会稳定和进步等都具有十分重要的现实意义和深远的历史意义。

# 1.3　国内外节水灌溉工程技术发展概况与前景

### 1.3.1　我国节水灌溉工程技术的发展现状

我国的节水灌溉工程技术包括渠道防渗技术、低压管道输水技术、喷灌技术、微灌技术、改进地面灌溉技术及水稻节水灌溉技术等。

随着我国水资源供需矛盾的日益紧张，我国从 20 世纪 50 年代初引进了喷灌技术，并在大城市的郊区对经济作物蔬菜进行试点应用。到 20 世纪 80 年代初，我国已经初步形成了多类配套齐全的喷灌机组，目前全国已经在 28 个省（自治区、直辖市）应用喷灌技术。喷灌技术也从最初应用于农业种植，如蔬菜、大田作物、苗圃等，发展到现在广泛运用于园林绿化，如草坪绿地、足球场、高尔夫球场、庭院、公园等。

我国从 20 世纪 70 年代初还引进了微灌技术，在引进、消化吸收外国先进技术的基础之上，不断提高微灌设备的质量，加强微灌工程设计的标准等，已经积累了较为丰富的经验。到目前为止，微灌技术主要用于北方果树的滴灌和微喷灌，南方果园和茶园的微喷灌，大中城市郊区保护地蔬菜、花卉微灌以及少量苗圃、绿地、草坪的微灌。目前我国微灌工程存在的问题主要有微灌产品的规格、品种不齐全，产品配套差，质量稳定性低；在工程设计、管理上尚存在设备选型不当，工程专业研究、设计人员严重不足，管理人员缺乏专业知识和经验，管理制度不健全，运行管理水平较低，致使微灌的许多功能未能发挥，使微灌的效益远没有达到应有的水平。

我国从 20 世纪 60 年代就开始试点应用低压管道输水灌溉技术，虽然节水效果显著，但因当时技术跟不上，价格高以及农村经济水平较低，使其未能在我国大面积推广应用。20 世纪 80 年代以后，随着水危机的不断加剧，为了缓解北方地区水资源的短缺状况，低压管道输水灌溉技术才得到各级政府部门和农民的高度重视，迅速在北方平原井灌区推广应用。由于低压管道输水灌溉技术比喷灌、滴灌等一次性投资少，设备要求较简单，管理方便，农民易掌握，因此，发展速度较快。截至 2005 年底，全国范围内已发展低压管道输水灌溉技术 9933 万亩，对北方井灌区农业发展发挥了重要的作用。

从 20 世纪 80 年代以后，节水灌溉被逐步引起重视。"九五"期间以来，由于全国农业干旱缺水和水资源短缺的问题日益严重，节水灌溉进入了新的发展阶段。

"九五"期间，科技部、水利部等部门共同实施了国家重点科技攻关项目"农业节水技术研究与示范"，组织了一批科研院所和大专院校，就节水灌溉发展中的关键技术和设备联合攻关，研究开发和示范应用了一批节水灌溉新技术及专利产品。"九五"后期，科技部又启动实施了国家科技产业工程项目"农业高效用水科技产业示范工程"，批准成立了国家节水灌溉工程技术研究中心。

"十五"期间，科技部首次将"现代节水农业技术体系及新产品"列入国家"863"计划重大专项，以构建具有中国特色的节水农业技术体系。与此同时，原国家计委和水利部组织实施了"300 个节水增产重点县"建设和大型灌区节水改造项目，推动和促进了全国节水灌溉技术的普及和推广。

据统计，"九五"期间前 4 年，全国新增节水灌溉工程面积 1.16 亿亩，节水 180 亿 $m^3$。截至 2005 年底，全国灌溉面积达到 9.28 亿亩，有效灌溉面积 8.48 亿亩，占全国灌溉面积的 91.4%，非耕地上灌溉面积 0.80 亿亩。节水灌溉工程面积达到 3.2 亿亩，其中喷灌 4184 万亩，微灌面积 932 万亩，低压管道输水灌溉 9933 万亩，渠道防渗 14454 万亩，其他 2497 万亩。目前，全国有效灌溉面积上节水灌溉工程面积比例为 34.8%，全国灌溉水利用率约为 43%。"十一五"期间，我国将计划新增节水灌溉工程面积 1.5 亿亩，净增有效灌溉面积 3000 万亩，灌溉水利用系数由 0.45 提高到 0.5。规划 2006～2015 年全国新增节水灌溉工程面积 3.486 亿亩，其中渠道防渗衬砌控制面积 19280 万亩，管道输水控制面积 6786.3 万亩，喷灌 7225.15 万亩，微灌 1566.67 万亩，累计总投资为 1262.257 亿元。但与国民经济及社会发展的要求相比，节水灌溉的发展速度、发展规模和技术水平还处于低水平发展阶段。主要表现在以下几个方面：

（1）采用喷灌、微灌和管道输水等先进节水灌溉技术的比例还很低，其中喷、微灌面积不足全国有效灌溉面积的 5%。

（2）节水灌溉设备质量差、配套水平低，技术创新与推广体系不健全。

（3）占全国有效灌溉面积 95% 以上的地面灌溉普遍存在着土地平整精度差、田间工程不配套、管理粗放的问题。

（4）灌溉用水管理技术落后，信息技术、计算机、自动控制技术等高新技术在灌溉用水管理的应用还很少，与发达国家相比，差距很大。

### 1.3.2 国外节水灌溉工程技术的发展现状

在管道输水方面，美国自 20 世纪 20 年代在加利福尼亚的图尔洛克灌区采用混凝土管道输水代替明渠输水以来，认为管道输水灌溉技术是最有效、投资最省的一种节水灌溉措施。经过数十年的推广发展，目前大型灌区约有一半左右实现了管道输水灌溉。美国管道输水灌溉系统中，地下部分多采用素混凝土管阀门系统，地面部分采用柔性聚乙烯管或铝管系统，并采用快速接头与固定管道的出水口连接，流动使用。用于地面闸管系统的铝管直径有 127mm、152mm、203mm 和 254mm。混凝土管几乎全部采用现场浇筑，最大直径达 450mm。

前苏联用地下管道代替明渠的发展速度已超过防渗渠道。在 1985 年以后，明确规定新建灌区都要实现管道化输水灌溉，渠系水利用系数要达到 0.9。管道材料主要有钢筋混凝土管、石棉水泥管、塑料管以及涂塑钢管等。毛渠采用移动式铝合金管和尼龙布涂橡胶的软管作为输水管道，软管上按沟距设放水孔，用橡胶活塞控制。

日本从 20 世纪 60 年代开始发展管道输水灌溉技术。旧灌区干渠仍为明渠，支渠以下改为地下渠道，采用明渠与管道结合的形式。而新建的灌溉系统大部分实现了管道输水灌溉系统。由于效益好，在短短 10 年的时间里就得到了普及。到 20 世纪 70 年代末，又开始发展大型管道输水代替明渠输水，到 1985 年，新建灌溉系统的 50% 以上都实现了管道化输水灌溉。日本是个岛国，地形复杂，不少工程管道长几十公里。长距离输水有的流量超过 10 $m^3/s$，管径在 2m 以上。有专业工厂生产供应各类的管材、管件，材料设备的工业化生产水平很高。日本十分重视管道输水灌溉的设计和科研，有较完整的技术标准和定型设计，工程很规范。1973 年开始制定管道设计规范，经过多次修改，1989 年修订的规范我国已有译文。

以色列地处干旱沙漠地带，人均占有水资源量不到 400m³。20 世纪 50 年代，政府力排众多国际顾问提出的修建成本低的衬砌渠系输水的建议，建成了覆盖全国主要用水地区，堪称世界第一的国家管道输水工程，把全国主要水系连接成统一的水网，实现了管道化输水灌溉，这个管网可供给全国 3500 多个城镇、工矿企业和农业灌溉用水，日供水量最高达 450 万 m³，全年供水量达 12 亿 m³。每年从北部的太巴列湖抽水 3.2 亿 m³，通过 2.7m 直径压力管道，以 70m³/s 的流量输送到以色列的南部，并把地表水、地下水和回归水互相连通，综合调节用水。以色列单方水生产粮食已达 2.32kg，是世界上灌溉用水量最省的国家。

除新灌区外，也有不少国家将旧灌区的渠道输水系统改建为管道输水灌溉系统。如加拿大艾伯塔灌区，20 世纪 80 年代初就开始对 49 万 hm² 已建灌区进行改建，将输水流量 3m³/s 的明渠改用地下管道，使灌溉水利用率由 35%～60% 提高到 75%。

渠道输水是大多数国家的主要输水手段，渠道防渗衬砌是提高渠系水利用率的主要措施。目前各国普遍采用的材料为刚性材料、土料和膜料三类，其中刚性材料（尤其是混凝土）占主导地位。美国的混凝土渠道占全部渠道长度的 52%，罗马尼亚占 70%～80%，意大利几乎全部为混凝土渠道输水，日本的输水干渠一般都采用预制混凝土板衬砌。

在喷灌、微灌技术方面，由于世界性的水资源短缺，各国都十分重视研究、推广最具节水效果的喷灌、微灌技术。到 20 世纪 80 年代，全世界喷灌、微灌面积已突破 3.0 亿亩，其中美国和前苏联均已超过 1.0 亿亩，分别占两国灌溉面积的 40% 左右。干旱缺水的以色列，其灌溉几乎全都采用喷灌、微灌，其中 80% 以上的灌溉土地均采用滴灌技术。日本的旱地灌溉面积中，喷灌、微灌面积达到 90% 以上。欧洲诸国已广泛采用喷灌、微灌技术。

### 1.3.3  国内外节水灌溉技术的发展趋势

#### 1. 因地制宜，继续普及与推广喷、微灌技术

从 20 世纪 50 年代初到 80 年代初，美国新增灌溉面积 2 亿亩，其中喷灌面积占 50%；在此期间，前苏联新增灌溉面积的 70% 都采用喷灌。以色列在推广喷、微灌技术的过程中，研制出多种灌溉兼施肥设备，使肥料与灌溉水混合使用，且灌溉管理的自动化程度高，实现了节水、增产和优质的统一。目前国内外喷、微灌技术正朝着低压、节能、多目标利用、产品标准化、系列化及运行管理自动化方向发展。但普及与推广喷、微灌技术，必须根据各地的自然条件、经济条件，因地制宜，不能照抄照搬。

#### 2. 灌溉渠系管道化

日本早在 20 世纪 60 年代初，就在旱地灌溉系统中用管道取代斗、农明渠；70 年代末又开始用大口径管道取代输水干渠；到 80 年代中期，日本新建灌溉渠系的大部分都采用管道化输水。美国约有一半的大型灌区实现了管道化输水。我国已基本普及了井灌区低压管道输水技术，但是大中型渠灌区渠系管道化还处于试点阶段，今后应加强这方面工作的发展，并加快相应大口径塑料管材的开发生产。

3. 现代精细地面灌溉技术

土地平整是改进地面灌溉的基础和关键，由于我国地面灌溉量大、面广，急需采用推广应用激光控制平地技术、水平畦田灌溉技术、田间闸管灌溉系统以及土壤墒情自动监测技术等一切改进地面灌溉措施，逐步实现田间灌溉水的有效控制和适时适量的精细灌溉，提高灌溉水的利用率和水分生产效率。

4. 研究和推广非充分灌溉技术

由于农业干旱缺水和水资源短缺问题日益严重，我国北方一些地区已经推广了非充分灌溉技术，一些科研单位和灌溉试验站也进行了一些非充分灌溉的试验研究。非充分灌溉理论源于传统的充分灌溉理论，但不是简单的延伸，它将与生物技术、信息技术及"四水"转化理论等高新节水技术和理论相结合，创建新的灌溉理论及技术体系，它将对现有灌溉工程的规划设计及灌溉管理模式等产生巨大的冲击和影响。

5. "3S"技术在农业节水中的应用

现代农业是以高新技术应用为标志的。在西方发达国家，通过遥感（RS）、地理信息系统（GIS）、全球定位系统（GPS）及计算机网络获取、处理、传送各类农业信息的应用技术已到了实用化的阶段，欧共体将信息及信息技术在农业上的应用列为重点课题，美国农业部建立了全国农作物、耕地、草地等信息网络系统，可以说信息技术已成为现代农业不可缺少的一部分。

我国在这方面的工作也开始起步，如应用"3S"技术建立土壤墒情监测网系统，对全国农田墒情进行监测，为农业灌溉用水和抗旱减灾服务等。

# 1.4　节水灌溉理论与技术体系

## 1.4.1　农田灌溉节水途径

灌溉的目的是为农田补充水分以满足作物需水要求，为作物生长创造良好的水、肥、光、气、热条件，以获取高产。水源中的水要形成作物产量要经过以下 4 个环节：第一环节，从水源取水，通过渠道或管道等一系列输水、配水工程设施将水输送到所需灌溉的作物地块；第二环节，将引至田间的灌溉水，尽可能均匀地分配到所灌溉的作物根部转化为土壤水；第三环节，通过作物根系吸收和利用土壤水，以维持它的生理活动；第四环节，通过作物一系列的生理过程，在作物水分的参与下形成作物产量。

在以上 4 个环节中，第一、第二环节使灌溉水转化为土壤水；第三环节使土壤水转化为生物水；第四环节使生物水形成作物经济产量。每个环节都有水量损失，提高水的利用率和利用效率的关键在于探讨各个环节的节水途径、技术措施及其潜力，尽可能地减少每一环节中的水的无效损耗，以求达到全面节水。从水源引水到田间灌水这两个环节与作物的生理过程不直接相关，靠减少输水损失、提高灌水均匀度和减少田间深层渗漏等工程技术措施以及合理用水的节水灌溉制度措施，设法提高土壤储水量与水源取水量的比率和作物耗水量与土壤储水量的比例来提高水的利用率和利用效率。从水源引水至田间，需修建渠道（或管道）和必要的水工建筑物；同时还需要一定的管理组织和管理技术。由于自然的、管理的和工程技术等原因，有一部分水在输配水和灌溉水过程中损失较大，因而这两个环节存在着很大的节水潜力，措施比较明确，是当前节水灌溉发展的主要方面。在第三和第四环节中进行节水，主要是如何高效利用土壤储水的问题，属基础节水范畴，主要靠减少株间蒸发量和减少作物蒸腾量，设法提高蒸腾量与耗水量、生物量与蒸腾量和经济产量与生物量的比例来提高水的利用效率。作物全生育期的株间蒸发量约占作物总需水量的 40%～60%。这部分水量对改善作物的生长环境有一定的作用，不完全属于浪费用水，但减少株间蒸发量并不会影响作物产量。

综上所述，从节水灌溉整个过程看，凡能减少灌溉水损失、提高灌溉水利用效率的措施、技术和方法均属于节水灌溉的范畴，事实上，从水源引水到形成作物产量的各个环节中都存在着节水潜力，一般情况下，节水应是减少灌溉水的无益消耗，不减少作物正常的需水量，不使作物减产；有的情况下，为解决供需水矛盾，也采用低于作物正常需水量进行供水，即采用非充分灌溉，这时不再追求单位面积上产量最高，而是以有限的水资源量，使整个面积上获得总产量的经济效益最高为目标。

### 1.4.2 节水灌溉技术体系

灌溉用水从水源到田间，到被作物吸收、形成经济产量，主要包括水资源调配、输配水、田间灌水和作物吸收等 4 个环节。在各个环节采取相应的节水措施，组成一个完整的节水灌溉技术体系，包括灌溉水资源优化调配技术、节水灌溉工程技术、农艺及生物节水技术和节水管理技术。其中节水灌溉工程技术是该技术体系的核心。

#### 1.4.2.1 灌溉水资源优化调配技术

灌溉水资源优化调配技术主要包括地表水与地下水联合调度技术、灌溉回归水利用技术、多水源综合利用技术和雨洪利用技术。

#### 1.4.2.2 节水灌溉工程技术

节水灌溉工程技术主要包括渠道防渗技术、管道输水技术、喷灌技术、微灌技术、改进地面灌溉技术、水稻节水灌溉技术及抗旱点浇技术。其目的是减少输配水过程中跑水和漏水损失以及田间灌水过程中深层渗漏损失，以提高灌溉效率。

1. 渠道防渗技术

由于经济条件的限制，目前我国农田灌溉仍以传统的地面灌溉为主，其中明渠输水的灌溉面积占总灌溉面积的 75%以上，约 300 多万 km 的输水渠道中只有 1/5 左右进行了防渗，渠系水的利用系数很低。据统计，我国灌溉水损失总量中 3/4 发生在从水源到田间的输水过程，包括蒸发、渗漏和废泄三部分，其中绝大部分消耗于渠系渗漏，这一环节的节水措施主要包括渠系配套、渠道衬砌防渗技术等，减少输水损失量，提高灌溉效率和供水质量，扩大灌溉面积等。

根据国内外的实测结果，与土渠相比，渠道防渗可减少渗漏损失 60%～90%，并加快了输水速度。一般渠灌区的干、支、斗、农渠采用黏土夯实能减少渗漏损失量 45%左右；采用混凝土衬砌能减少渗漏损失量 70%～75%；采用塑料薄膜衬砌能减少渗漏损失量 80%左右；对大型灌区渠道防渗可使渠系水利用系数提高 0.2～0.4，减少渠道渗漏损失量 50%～90%。因此，积极推进渠系防渗，是减少输水损失的主要技术措施，也是今后节水灌溉发展的主攻方向。

2. 管道输水技术

管道输水灌溉（简称"管灌"），是目前较为先进的以管道输水代替明渠的一种地面灌溉工程新技术。通过一定的压力，将灌溉水由分水设施输送到田间，直接由管道分水口分水进入田间沟、畦或分水口连接软管输水进入沟、畦。用塑料或混凝土等管道代替土渠输水，可大大减少输水过程中的渗漏、蒸发损失，水的有效利用率可达95%。另外，还具有减少渠道占地、提高输水速度、加快灌溉进度、适应性强和管理方便等优点。由于缩短了轮灌周期，灌水及时，有利于控制灌水量，因而也有一定的增产效果。管道输水灌溉系统通常由地下管道、地面移动管道组成。如果不考虑将来发展喷灌的要求，通常采用低压管材。井灌区利用井泵余压可以解决输水压力供应问题，低压管道输水技术在我国北方井灌区已经普及，但大型自流灌区如何以管道代替土渠输水，尚处于试点阶段，还有若干技术问题亟待研究解决。

3. 喷灌技术

喷灌是一种机械化高效节水灌溉技术，被世界各国广泛采用。它是把由水泵加压或自然落差形成的有压水通过压力管道送到田间，再经喷头喷射到空中，形成细小水滴，均匀地洒落于农田，达到灌溉的目的。喷灌几乎适用于除水稻外的所有大田作物，以及蔬菜、果树等。喷灌较传统的地面灌溉节水30%～50%，粮食作物增产10%～20%，经济作物增产20%～30%，蔬菜增产1～2倍，并能调节农田小气候，提高作物品质。喷灌还具有省工省时、减少用地、扩大灌溉面积、对地形和土壤等条件适应性强、有利于实现灌溉机械化和自动化等优点。但喷灌有受风影响大、蒸发、漂移损失大、能耗大、一次性投资及运行管理维修费用高等缺点。正因为存在这些问题，所以喷灌目前在我国大田粮食作物难以大面积推广应用。世界喷灌技术的发展方向为：一是向低压、节能型方向发展；二是喷、微灌相互配合，既发扬了喷灌射程远、效率高和微灌节能、节水等优点，同时又克服了喷灌能耗大、微灌灌水器易堵塞等缺点；三是开展喷灌的多目标利用；四是改进设备、提高性能，并且使产品日趋标准化、系列化。

4. 微灌技术

微灌是指按照作物生长所需的水和养分，利用专门设备或自然水头加压，再通过低压管道系统与安装在末级管道上的孔口或特制灌水器，将水和作物生长所需的养分变成细小的水流或水滴，准确直接地送到作物根区附近，均匀、适量地施于作物根层附近的土壤表面或土层中的灌水方法。微灌是一种现代化、精细高效的节水灌溉技术，包括滴灌、微喷灌、地表下滴灌和涌泉灌等，是用水效率最高的节水技术之一。相对地面灌和喷灌，它属于局部灌溉。微灌一是省水节能，较地面灌省水1/3～1/2，增产20%～30%，较喷灌省水15%～20%，且能耗低；二是灌水均匀，结合灌溉施肥，有利于作物生长；三是具有适应性强、操作方便等优点。微灌的缺点在于系统建设一次性投资较大，灌水器易堵塞等。在微灌方面，以色列、美国等国家在世界上处于领先地位，以色列的微灌系统遍布全国城乡各个角落，将微灌技术已广泛应用于果树、花卉、蔬菜灌溉，不仅利用微灌灌水，而且结合微灌施肥，基本上实现了灌溉过程自动化。目前全世界微灌面积约20万hm²，只占全世界总灌溉面积的1%左右，其中我国约6.7万hm²。

**5. 改进地面灌溉技术**

地面灌水技术仍是世界上特别是发展中国家广泛使用的灌水方法, 我国有 97% 以上的灌溉面积仍采用的是地面灌水技术。地面灌溉并非"大水漫灌", 只要在土地平整的基础上, 采用合理的灌溉技术并加强管理, 其田间水利用率可以达到 70% 以上。近年来, 人们在生产实践的基础上, 对传统地面灌溉技术进行了改革和研究, 如小畦灌、长畦分段灌溉、沟畦结合灌、膜上灌等。作为传统的地面灌溉技术, 沟灌、畦灌已有漫长的历史, 在当代科技发展日新月异的新形势下, 一些新技术与之结合, 使其重新焕发出生命力。例如, 国外采用激光扫描仪控制平地机的刀铲吃水深度, 可使地面高低差别控制在 ±1cm 以内, 同时缩短灌水沟沟长, 采用涌流间歇灌水等都可使田间灌水有效利用率大幅度提高。这些先进技术在我国正处于研究阶段。

**6. 水稻节水灌溉技术**

我国是世界上种植水稻最古老的国家, 稻作历史约有 7000 年, 是世界栽培稻起源地之一。水稻促控栽培是我国稻作经验的精华。目前, 各地根据不同的自然、气象等条件, 在试验研究的基础上, 提出了几种水稻节水灌溉技术, 主要包括水稻优化灌溉、水稻控制灌溉、水稻非充分灌溉、水稻薄露灌溉、水稻"薄、浅、湿、晒"灌溉、水稻叶龄模式灌溉和水稻旱育稀植技术等。

### 1.4.2.3 农艺及生物节水技术

农艺及生物节水技术包括耕作保墒技术、覆盖保墒技术、优选抗旱品种、土壤保水剂及作物蒸腾调控技术。目前, 农艺节水技术已基本普及, 但生物节水技术尚待进一步开发。如, 采用保水剂拌种包衣, 能使土壤在降水或灌溉后吸收相当自身重量数百倍至上千倍的水分, 在土壤水分缺乏时将所含的水分慢慢释放出, 供作物吸收利用, 遇降水或灌水时还可再吸水膨胀, 重复发挥作用。此外, 喷施黄腐酸 (抗旱剂 1 号), 可以抑制作物叶片气孔开张度, 使作物蒸腾减弱。

### 1.4.2.4 节水灌溉管理技术

节水灌溉管理技术包括灌溉用水管理自动信息系统、输配水自动量测及监控技术、土壤墒情自动监测技术、节水灌溉制度等。其中, 输配水自动量测及监控技术采用高标准的量测设备, 及时准确地掌握灌区水情, 如水库、河流、渠道的水位、流量以及抽水水泵运行情况等技术参数, 通过数据采集、传输和计算机处理, 实现科学配水, 减少弃水。土壤墒情自动监测技术采用张力计、中子仪、TDR 等先进的土壤墒情监测仪器监测土壤墒情, 以科学制定灌溉计划, 实施适时适量的精细灌溉。

# 第 2 章

# 节水灌溉基础理论

在农作物的生长发育过程中，水分起着十分重要的作用。水是构成作物体的主要成分，也是作物赖以生存的环境要素。农谚说："有收无收在于水，多收少收在于肥"，说明水分对于农业生产是十分重要的。然而，我国水资源短缺的问题越来越突出，推行节水灌溉势在必行。要实行节水灌溉，并达到预期的经济效果，就不能不考虑水与作物的关系以及作物对水分的吸收和利用问题。

## 2.1 作物的水分生理

### 2.1.1 水对作物生长的作用
#### 2.1.1.1 水对作物的生理作用

水是构成作物有机体的主要成分。一般农作物植株的含水率为 $60\%\sim80\%$，蔬菜和块茎作物可达 $90\%\sim95\%$ 以上。水对作物的生理作用，主要表现在以下几个方面。

1. 水是细胞原生质的重要成分

原生质是细胞的主体，很多生理过程都在原生质中进行。在正常情况下，原生质内含水量为 $90\%$ 左右。如果含水量减少，原生质由溶胶变成凝胶状态，细胞生命活动大大减缓（例如出现种子休眠）。如果原生质失水过多，就会引起生物胶体的破坏，导致细胞死亡。

2. 水是光合作用的重要原料

作物在生长发育过程中，能利用叶绿素吸收太阳的能量，同二氧化碳和水，生成有机质，并释放出氧气，这就是光合作用。光合作用所产生的有机质主要是碳水化合物（淀粉、蔗糖等），通常用下列方程式表示：

$$6CO_2 + 6H_2O \xrightarrow{\text{太阳光 \quad 叶绿素}} C_6H_{12}O_6 + 6O_2 \uparrow + 2822J \text{ 热量}$$

或者写成

$$CO_2 + H_2O \xrightarrow{\text{太阳光 \quad 叶绿素}} CH_2O + O_2 \uparrow$$

在光合作用中，水是不可缺少的原料，水分不足，就会使光合作用受到抑制。

3. 水是生化反应的介质

植物体内绝大多数生化过程都是在水介质中进行的。例如，$CO_2$ 进入叶部后，只有溶于细胞液转成液相，才能参与光合作用。各种有机质的合成与分解也必须以水为介质，在水的参与下才能进行。

4. 依靠水溶解和输送养分

作物所需的矿质养分必须溶解于水中才能被利用，各种有机质也只有溶于水才能输送至植物体的各个部位。

5. 保持作物体处于一定形态

作物体内水分充足时，细胞常保持数个大气压的膨压以维持细胞及作物的形态，使正常的生长、生理活动得以进行。例如，使叶片展开，以接受阳光和交换气体；使根尖具有刚性，能够伸入土壤；使花朵开放，便于授粉等。

**2.1.1.2　水对植物的生态作用**

水对植物的重要性除上述的生理作用外，尚有其生态作用。水对植物的生态作用就是通过水分子的特殊理化性质，对植物生命活动产生重要影响。

1. 水是植物体温调节器

水分子具有很高的汽化热和比热，因此，在环境温度波动的情况下，植物体内大量的水分可维持体温相对稳定。在烈日曝晒下，通过蒸腾散失水分以降低体温，使植物不易受高温伤害。

2. 水对可见光的通透性

水对红光有微弱的吸收，对陆生植物来说，阳光可通过无色的表皮细胞到达叶肉细胞叶绿体进行光合作用。对于水生植物，短波蓝光、绿光可透过水层，使分布于海水深处的含有藻红素的红藻，也可以正常进行光合作用。

3. 水对植物生存环境的调节

水分可以增加大气湿度、改善土壤及土壤表面大气的温度等。在作物栽培中，利用水来调节田间小气候是农业生产中行之有效的措施。例如，早春寒潮降临时给秧田灌水可保温抗寒。

植物对水分的需要，包括了生理需水和生态需水两个方面。满足植物的需水对植物的生命活动有着重要作用，这是夺取农业丰产丰收的重要保证。

**2.1.2　植物水势与土壤水势**

水分在土壤中运移、植物根系吸水、植物体内水分传输及叶面蒸腾等均是在水势的作用下发生的，掌握水势的概念对于理解水分在土壤—植物—大气之间的运移规律具有重要意义。

**2.1.2.1　植物水势**

纯水的自由能量大，水势最高，水势值定义为零。溶液中的溶质分子对水分子具有束缚作用，因而降低了水的自由能，所以溶液中的水的自由能低于纯水的自由能，溶液的水势也就成了负值。例如，蔗糖溶液水势为 $-2.69MPa$，KCl 溶液水势为

—4.5MPa,海水的水势约为—2.5MPa。

和其他物质运动一样,水分移动需要消耗能量,因此水分一定是从高水势区域顺着能量梯度流向低水势区域,简言之,水分是由高水势处流向低水势处。

植物吸水情况决定于植物水势。典型的植物水势($\psi_w$)由溶质势($\psi_s$)、压力势($\psi_p$)、基质势($\psi_m$)和重力势($\psi_g$)4个部分组成,即

$$\psi_w = \psi_s + \psi_p + \psi_m + \psi_g \tag{2-1}$$

溶质势亦称渗透势,是指因溶质的存在(降低了水的自由能)而使水势下降的数值,恒为负值。一般而言,温带生长的大多数作物叶组织的溶质势在—2～—1MPa,旱生植物叶片的溶质势很低,达—10MPa。

压力势是细胞壁压力的存在而增加的水势。如果把具有液泡的植物细胞放于纯水中,外界水分进入细胞,液泡内水分增多,体积增大,整个原生质体呈膨胀状态。膨胀的原生质体对细胞壁产生一种压力,这种压力叫膨压。同时,细胞壁则产生出一个数值相等、方向相反的对原生质体的压力,这一压力的作用是使细胞内的水分向外移动,即等于提高了细胞的水势。这种由于细胞壁压力的存在而引起的细胞水势增加的值即为压力势,其为正值。草本植物叶片细胞的压力势,在温暖天气的下午为0.3～0.5MPa,晚上可达1.5MPa。当压力势足够大时,就能阻止外界水分进入细胞,于是水分进出细胞达到平衡,水的净转移停止。正是由于细胞内正的压力势与负的渗透势相平衡,使细胞不再吸收水分,最终细胞的水势与外界纯水水势相等,但细胞液本身的水势永远是小于零的。

基质势(也称衬质势、基模势)是细胞的衬质(即细胞质胶体与细胞壁)对水分子的吸附而引起的水势。衬质对水分子吸附作用随水分子的增加而减弱,在种子萌发过程中衬质对水分的吸附作用最为明显,如种子状态基质势可达—100MPa,当发芽以后,细胞内形成液泡,这时基质势只有—0.01MPa,对总水势的影响可以忽略不计。

重力势是指因重力作用而具有的水势。重力水势只在高大的树木中有意义。一年生植物的重力势只有几千帕,与水势的其他组分相比,可忽略不计。

综上所述,对具有液泡的成熟细胞,其水势的高低主要决定于渗透势与压力势之和,渗透势始终为负值,压力势一般为正值,植物水势通常为负值。

### 2.1.2.2　土壤水势

1. 土壤水势的组成

与植物水势的组成类似,土壤水势一般也由容质势、压力势、基质势和重力势4部分构成。

溶质势由土壤溶液中的溶质离子吸水,使土壤水分失去部分自由活动能力,这种由溶质所产生的势能,称溶质势,它的值等于土壤溶液的渗透压,故亦称渗透势,但符号相反,为负值,而且随着溶液浓度增大而减少,使溶质势降低。一般情况下,溶质势接近于零,可忽略不计。但对于盐碱地,溶质势较为明显,当溶质势达到—1.5MPa时,根系就难于吸收水分,导致作物萎蔫死亡。

压力势是指在土壤水在饱和状态下,土壤水因所承受的压力所获得的水势。设位于自由水面的压力势为零,以此作为参比标准。在饱和的土壤中孔隙中都充满水,并

连续成水柱，在这种情况下，土体内部的土壤水要承受其上部水柱的静压力，因而具有压力势。压力势均为正值，在饱和土壤中，愈深层的土壤水所受的压力愈高，正值愈大。此外，有时被土壤水包围的孤立气泡，它对周围的水可产生一定的压力，称为气压势，但在目前的研究中还较少考虑。

土壤固体颗粒作为吸水基质，水分被土壤基质吸附后其自由活动能力就降低了，即基质吸力使水势降低，所以基质势是负值。同一土壤在不同含水量状况下，其基质势是不相等的，它随土壤含水量的增加而增大，当土壤水达到饱和时，基质势为零。

土壤水分因所处的位置不同，其受重力影响而获得的位能也不相等，由此产生的水势，称为重力势。具体计算时，一般都以土壤剖面中地下水位的高度作为比照的标准，而把它的重力势作为零。据此，在地下水位以上的土壤水重力势为正值，而在地下水位以下则为负值。

土壤总水势就是以上各分势的总和。在不同情况下，起作用的土水势是不相同的，在土壤水饱和状态下，决定土水势的是重力势、溶质势和压力势；在土壤水不饱和状态下，决定土水势的是重力势、基质势和溶质势。在考察根系吸水时，重力势和压力势一般可以忽略不计，因而在土壤水饱和状态下，土水势等于溶质势，若土壤含水量不饱和时，则土水势等于基质势和溶质势之和。

在根据各分势计算土水势时，必须分析土壤含水状况，且应注意参比标准及各分势的正负符号。为了避免在计算水势时存在着的正值与负值的混淆，也可用土壤水吸力来表示土壤水的能量状态。它的数值与土水势相同，只是都为正值，但需注意土壤水吸力只能用于基质势和溶质势，对水分饱和的土壤一般不用。

土水势的标准单位为帕（Pa），也可用千帕（kPa）和兆帕（MPa），习惯上也曾用巴（bar）、毫巴（mb）大气压（atm）和水柱高厘米数表示。它们之间的关系是：$1Pa = 0.0102 cmH_2O$，$1atm = 1033 cmH_2O = 1.0133 bar$，$1bar = 0.9896 atm = 1020 cmH_2O$。

土壤吸力常用大气压表示，由于干燥土壤的吸水极强，可达几千甚至上万个大气压，为了书写方便起见，可用与大气压相当的土壤水势的毫巴数的对数来表示，称 $pF$。例如土壤水势为 1000mb，则 $pF$ 为 $\lg 1000 = 3$。使用 $pF$ 的方便之处是用简单的数字可以表示很广的土水势范围。

2. 土壤水势的测定

土壤水势的测定方法很多，主要有张力计法、压力膜法、冰点下降法、水气压法等。这些方法或测定不饱和土壤的总水势，或测定基质势。饱和土壤的土壤水势，仅包括压力势和重力势，只要测量与参照高度的距离并确定好正负值就行了。测定基质势最常用的是张力计法。张力计法原理及其操作方法在第 9 章中有详细介绍。其他测定方法请参考其他有关书籍。

3. 土壤水分特征曲线

土壤水的基质势或土壤水吸力是随土壤含水率而变化的，其关系曲线称为土壤水分特征曲线。图 2-1 为几种土壤的水分特征曲线，通过这些曲线可以分析出土壤水势和土壤含水率之间的关系。

土壤水分特征曲线受多种因素影响。首先，不同质地的土壤，其水分特征曲线各不相同，差别很明显。一般说，土壤的黏粒含量愈高，同一吸力条件下土壤的含水率愈大，或同一含水率下其吸力值愈高。这是因为土壤中黏粒含量增多会使土壤中的细小孔隙发育的缘故。由于黏质土壤孔径分布较为均匀，故随着吸力的提高含水率缓慢减少，如水分特征曲线所示。对于砂质土壤来说，绝大部分孔隙都比较大，当吸力达到一定值后，这些大孔隙中的水首先排空，土壤中仅有少量的水存留，故水分特征曲线呈现出一定吸力以下缓平，而较大吸力时陡直的特点。

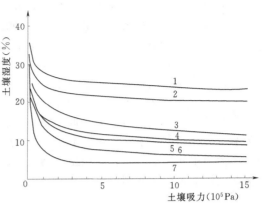

图 2-1 土壤水分特征曲线
1—砖红壤；2—红壤；3—黄土；4—紫色土；
5—中壤质浅色草甸土；6—轻壤质浅色草甸土；
7—砂壤质浅色草甸土

土壤水分特征曲线表示了土壤的一个基本特征，有重要的实用价值。首先，可利用它进行土壤水吸力和含水率之间的换算。其次，土壤水分特征曲线可以间接地反映出土壤孔隙大小的分布。第三，水分特征曲线可用来分析不同质地土壤的持水性和土壤水分的有效性。第四，应用数学物理方法对土壤中的水分运动进行定量分析时，水分特征曲线是必不可少的基础性资料。

4. 土壤水分类型及有效性

（1）土壤水分的类型。土壤水分一般分为 4 种类型：吸湿水、膜状水、毛管水和重力水。

土壤颗粒具有很大表面积，在其表面可牢固地吸附一层或数层水分子，这部分水称为吸湿水，其含量称为土壤吸湿量。当大气相对湿度达到 100% 时，吸湿量达到最大值，称为最大吸湿量或称为吸湿系数。

当土壤颗粒吸附空气中的水分达到饱和即达到最大吸湿量时，土壤颗粒仍然可以吸附水分，并形成一层水膜，这种水称为膜状水，膜状水达到最大数量时的土壤含水量称为最大分子持水量。

土壤中存在着大量的毛管孔隙，毛管孔隙中的水分就是毛管水。毛管水分为毛管悬着水和毛管上升水两种。毛管悬着水是指在降雨或灌溉后，入渗并因毛管力保持在土壤毛管孔隙中的水分，其最大值称为田间持水量。毛管上升水是指由于地下水借毛管引力的作用，从下向上移动，并保持在毛管中，其最大值称为毛管持水量。

当土壤含水量达到田间持水量时，如果继续供水，土壤中所有大小孔隙都将充满水，此时的土壤含水量称为土壤饱和含水量，超出田间持水量的水就是重力水。

（2）土壤水分的有效性。土壤水分的有效性是指土壤水分能够被植物吸收利用的难易程度，不能被植物吸收利用的称无效水，能被植物吸收利用的称为有效水。

土壤对水分的吸力变化范围很宽，在饱和状态下，土壤对水分的吸力接近于 0，在烘干状态，土壤对水分的吸力高达 1000MPa。而作物根系对水分的吸力却比较稳定，一般为 1.5MPa 左右。因此判断土壤中水分是否有效，只需判断土壤对水分的吸力是大于 1.5MPa 还是小于 1.5MPa。若土壤中水分受土壤的吸力小于 1.5MPa，则为有效水；反之，若土壤中水分受土壤的吸力大于 1.5MPa，则为无效水。

可见土壤水吸力等于 1.5MPa 时土壤含水量为土壤有效水分下限，此时土壤含水量称为凋萎系数。土壤含水量低于凋萎系数时，作物根系就会因为无法吸水而产生永久萎蔫。然而也并不是土壤吸力小于 1.5MPa 时的土壤水分均是有效水分。当土壤含水率大于田间持水率时，超出田间持水率的那部分水分会在重力的作用下，发生深层渗漏而不能被作物利用，因此超过田间持水率的那部分水分称为多余水。田间持水率对应的土水势约为 $-0.05$MPa。

可见凋萎系数与田间持水率之间的水分是有效水分，或者说土水势在 $-1.5$MPa 与 $-0.05$MPa 之间的土壤水为有效水，也可以说受土壤吸力在 1.5MPa 与 0.05MPa 之间的土壤水分为有效水。

### 2.1.3　根系吸水及水分运移
#### 2.1.3.1　植物细胞构成的渗透系统

成熟的植物细胞具有一个大液泡，其细胞壁主要是由纤维素分子组成的微纤丝构成，水和溶质都可以通过；而质膜和液泡膜则为选择性膜，水易于透过，对其他溶质分子或离子具有选择性。这样，在一个成熟的细胞中，原生质层（包括原生质膜、原生质和液泡膜）就相当于一个半透膜。含有多种溶质细胞液、原生质层以及细胞外溶液三者就构成了一个渗透系统。

如果把具有液泡的细胞置于比较浓的蔗糖溶液（其水势低于细胞液的水势）中，细胞内的水向外扩散，整个原生质体收缩，最后原生质体与细胞壁完全分离。植物细胞由于液泡失水而使原生质体和细胞壁分离的现象，称为质壁分离。如果把发生了质壁分离的细胞浸在水势较高溶液或蒸馏水中，外界的水分子便进入细胞，液泡变大，整个原生质体慢慢地恢复原状，这种现象叫质壁分离复原，或去质壁分离。这两个现象证明，原生质层确实具有半透膜的性质，植物细胞是一个渗透系统。

水分从水势高的系统通过半透膜向水势低的系统移动的现象，称为渗透作用。含有液泡的成熟细胞，依赖于渗透作用，以渗透吸水为主。

#### 2.1.3.2　根系吸水

根系吸水的部位主要在根的尖端，从根尖开始向上约 10mm 的范围内，包括根冠、根毛区、伸长区和分生区，其中以根毛区的吸水能力最强。这是因为：根毛区有许多根毛，这增大了吸收面积（约 5~10 倍）；根毛细胞壁的外层由果胶质覆盖，黏性较强，亲水性好，从而有利于和土壤胶体颗粒的黏着和吸水；根毛区的输导组织发达，对水移动的阻力小，所以水分转移的速度快。根尖的其他部位吸水较少，主要是因为木栓化程度高或输导组织未形成或不发达，细胞质浓厚，水分扩散阻力大，移动速度慢的缘故。

根系吸水可以用根压产生的上压力和叶面蒸腾产生的拉力加以解释。

### 1. 根压

根压是指植物根系生理活动使液流从根上升的压力。伤流和吐水现象证明根压的存在。伤流是指从受伤或折断的植物组织茎基部伤口溢出液体的现象。吐水是指未受伤叶片尖端或边缘向外溢出液滴的现象。利用伤流现象可以测出根压。如图2-2所示，将作物从近地处切断，切口处套上橡皮管并连接压力计，即可测出根压。根压和蒸腾拉力在根系吸水过程所占的比重，因植株蒸腾速度而异。通常蒸腾强的植物的吸水主要是由蒸腾拉力引起的。根压吸水是一种主动吸水，根压吸水对幼小植株、早春未吐芽的树木的水分转运起到一定作用。

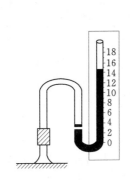

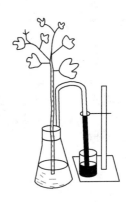

图2-2　用压力计测定根压　　　　图2-3　测蒸腾拉力的装置

### 2. 蒸腾拉力

作物在蒸腾作用下气孔下腔附近的叶肉细胞因失水而造成细胞溶液浓度增加和体积缩小，因而溶质势和压力势均减小。叶水势的降低会依次传递到茎和根系，进而形成由土壤经过根、茎到叶部的水势梯度。水在水势梯度作用下，就会由土壤进入根系，经过茎上升到叶部。这种吸水是由蒸腾引起的。一旦蒸腾停止，吸水也随之减弱或停止，所以称之为被动吸水。蒸腾拉力是蒸腾旺盛季节植物吸水的主要动力。利用图2-3所示的装置可以测出蒸腾拉力。

#### 2.1.3.3　细胞间水分运移

水势差决定水流的方向。水分进出细胞由细胞与周围环境之间的水势差决定，水总是从高水势区域向低水势区域移动。若环境水势高于细胞水势，细胞吸水；反之，水从细胞流出。对两个相邻的细胞来说，它们之间的水分移动方向也是由两者的水势差决定。

水势差的大小影响水分移动的速度。细胞间水势差（即水势梯度）越大，水分移动越快；反之则慢。

不同器官或同一器官不同部位的细胞水势大小不同；环境条件对水势的影响也很大。一般说来，在同一植株上，地上器官和组织的水势比地下组织的水势低，生殖器官的水势更低；就叶片而言，距叶脉愈远的细胞，其水势愈低。这些水势差异对水分进入植物体内和在体内的移动有着重要的意义。

### 2.1.3.4　影响根系吸水的土壤条件

（1）土壤水分状况。根系吸水的根本动力是根系与土壤之间的水势差，当根系水势一定时，根系能否吸到水就决定于土壤的水势。对于相同类型的土壤，随着土壤含水量增大，土壤水势升高，因而有利于根系吸水。

（2）土壤通气状况。土壤通气不良可使根系吸水量减少，是因为土壤缺氧和二氧化碳浓度过高引起的，短期内可使细胞呼吸减弱，影响根压，继而阻碍吸水；时间过长，就形成无氧呼吸，产生和累积较多的酒精，根系中毒受伤，作物吸水更少。旱作物受涝时，反而表现出缺水现象，是因为土壤空气不足，影响吸水。而水生植物有特殊的通气导管组织，不会出现抑制根系吸水的现象。

（3）土壤温度。土壤温度影响着根系生理活性和土壤水的移动性。在一定温度范围内随温度升高根系对水的吸收和运输加快。低温时根系吸水速率下降的原因是，水的黏度增加，不易透过细胞质；原生质黏度增加，对水的阻力增加；水的运动减慢，渗透作用降低；根系生长受抑制，吸收面积减少；根系呼吸速率降低，离子吸收减弱，影响根系吸水。土壤温度过高时对根系吸水也不利。高温加速根的老化，使根的木质化部分加大，影响吸水面积和导管束的面积，蒸腾速率也下降。同时，温度过高使酶钝化，影响根系主动吸水。

（4）土壤溶液浓度。土壤溶液中所含盐分的高低，直接影响其水势的大小。土壤含盐量较低，水势高，便于根系吸水；反之土壤中盐分浓度高，水势很低，作物吸水困难。若土壤溶液水势低于根系水势，植物不能吸水反而失去水分，这样导致生理性干旱（由于通气不良、温度过低、土壤溶液浓度过高等可导致植物不能吸收水分而表现出缺水症状的现象）。在农业生产中，如果施肥过多或集中时使局部土壤溶液浓度过高导致植物不能吸收水分，这种现象称为"烧苗"。

### 2.1.4　叶面蒸腾

作物吸收的水只有很小一部分（不足 1％）用于组成植物体，其余绝大部分（99％以上）均通过蒸腾作用以气态散失到外界大气中。这种水分散失固然在物理上属于蒸发现象，但却因同时受作物本身的控制和调节，比普通水面蒸发复杂得多，故为区别起见，命名为蒸腾。

蒸腾对于作物，既不可避免，亦不可缺少。与普通蒸发一样，只要有水分补给和热能条件，就会产生液态水向气态水转化并向周围扩散，即从作物向外界的蒸腾。作物为了适应环境，维持生存，也缺少不了蒸腾。首先，蒸腾是作物吸收和转运水分的主要动力；第二，蒸腾作用引起的上升液流能使进入作物的各种矿物盐类分配到各个部位；第三，每蒸腾 1g（20℃）需消耗 2450J 的热量，故借此可调节作物体内温度。蒸腾主要通道是气孔，气孔在向外蒸腾的同时，二氧化碳和氧气进入气孔，实现水、气交换作用。

作物幼苗期，几乎地面以上部分的植株表面都能产生蒸腾。长大后则主要靠叶面蒸腾。木本作物虽可通过稀疏的皮孔进行蒸腾，但数量很小，大约只占全部蒸腾量的0.1％。草本作物的茎、花、果实也能进行蒸腾，其数量亦很小。所以作物蒸腾主要是在叶片上进行的。

叶面蒸腾分角质蒸腾和气孔蒸腾作用两种。幼嫩叶片的角质蒸腾可占总蒸腾量一半左右。成熟叶片的角质蒸腾仅占总蒸腾量的 $6\%\sim10\%$。可见大部分蒸腾要通过气孔扩散出去。一般叶片 $1mm^2$ 面积上有 $50\sim500$ 个气孔。水汽能从气孔逸出并向外扩散。

蒸腾作用是很复杂的生理和物理过程，既受作物本身形态结构和生理状态的制约，又受外界环境条件的影响。例如，根系生长情况、叶色深浅和叶形、叶肉细胞间隙大小、气孔开度、叶面角质层厚薄等都与蒸腾强弱有密切关系。气象因素中的湿度、温度、光照和风等是影响蒸腾的主要环境因素，这些因素能对蒸腾产生综合的影响。此外，蒸腾强弱也与土壤水分状况有极为密切的关系。一般的规律是：日出后由于温度升高、湿度下降，气孔开度逐渐增大，蒸腾随之增强，至 14 时左右达高峰，以后由于光照减弱、气孔逐渐关闭、蒸腾作用随之下降，日落后迅速降至最低点。

蒸腾作用的指标有 3 个，即蒸腾强度（或蒸腾速率）、蒸腾效率和蒸腾系数。

（1）蒸腾强度：指植物在单位时间内单位叶面积所蒸腾的水量。一般用每平方米叶面积每小时蒸腾的水的克数表示。白天植物蒸腾强烈，蒸腾速率为 $15\sim250g/(m^2\cdot h)$；夜间较低，为 $1\sim20g/(m^2\cdot h)$。

（2）蒸腾效率：指植物每消耗 1kg 水形成的干物质克数。野生植物蒸腾效率一般为 $2\sim10g/kg$，农作物为 $1\sim8g/kg$。

（3）蒸腾系数：指植物每制造 1g 干物质所需消耗水的克数，它是蒸腾效率的倒数。主要农作物的蒸腾系数大小一般为：水稻为 $211\sim300$，小麦为 $257\sim774$，大麦为 $217\sim755$，玉米为 $174\sim406$，大豆为 $307\sim368$，甘薯为 $248\sim264$。

## 2.1.5 土壤—植物—大气连续体

土壤是供给作物吸水的"源"，大气则是作物散失水分的"汇"，作物本身是介于两者间可导水的介质。水分从土壤经作物而到大气保持着连续状态，并构成了一个完整系统，称此为土壤—植物—大气连续体（The Soil—Plant—Atmosphere Continuum），简称 SPAC 系统。

水在 SPAC 系统中传输路径如下：首先水流从靠近根系的土壤中向根表皮组织移动，然后依次通过根的表皮、皮层、内皮层、中鞘柱及其他薄壁组织到达木质部中的导管或管胞；再沿茎秆上升到叶部，依次经叶脉、叶肉细胞到达气孔腔；最后在大气蒸发力作用下，液态水转化为气态水并由气孔或角质层逸出，扩散到大气中。值得注意的是，无论是高不满数厘米，还是高达数米的作物，其水分传输路径都是从活细胞（根）开始，至活细胞（叶）告终。而且这两端的活细胞都有较大的阻水作用。换言之，作物与环境（土壤、大气）发生水流联系时，能够靠活细胞进行调控，这正是SPAC 系统的特征所在。在作物中部是靠已木质化的导管输送水分，因细胞壁消失或具有孔道，故阻力小，输水速度较快。

在 SPAC 系统中，无论是土壤、作物体和大气，也无论是液态水或气态水，均具有一定的水势（水的能量水平）。系统内的水总是由水势高处向低处流动。叶面蒸腾时，首先引起叶水势下降，从而在叶、茎之间产生水势差和水势梯度，使水分由茎部向叶部流，接着在茎—根之间和根—土之间发生上述的连锁反应，最终会形成由土壤经作物到大气的水流。SPAC 系统中各部位消耗的能量大小不同，由叶部到大气，

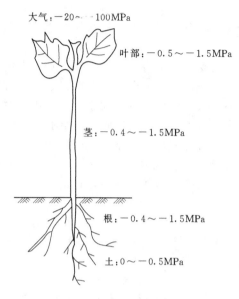

大气：−20～−100MPa

叶部：−0.5～−1.5MPa

茎：−0.4～−1.5MPa

根：−0.4～−1.5MPa

土：0～−0.5MPa

图 2-4　SPAC 中水势分布示意图

水由液态变为气态，故能量的消耗最大，水势差也最大。而从土壤到作物以及在作物内的水势降均较小，一般不到 2MPa。SPAC 系统中水势分布的大致情况如图 2-4 所示。

当蒸腾速率变化较小时，SPAC 系统中的水流可假定它为稳定流。类似电流中的欧姆定律，可写出式（2-2）。

$$q=-\frac{\Delta\varphi_1}{R_1}=-\frac{\Delta\varphi_2}{R_2}=-\frac{\Delta\varphi_3}{R_3} \quad (2-2)$$

式中：$q$ 为水分通量；$\Delta\varphi_1$、$\Delta\varphi_2$、$\Delta\varphi_3$ 分别为土壤到根部、根部到叶部和叶部与大气间的水势差；$R_1$、$R_2$、$R_3$ 为各段的水流阻力。

上述各水势差的数量级范围是：$\Delta\varphi_1=1\sim2MPa$，$\Delta\varphi_2\approx1MPa$，$\Delta\varphi_3\approx50MPa$。由此可知，叶部与大气间的阻力 $R_1$ 可能比土壤与植物的阻力 $R_2$、$R_3$ 大 50 倍左右。

# 2.2　作物需水量

为了使作物能正常生长发育，必须满足作物的生理需水和生态需水要求。生理需水指作物进行各种生理作用（如光合作用、蒸腾作用）所需的水分。作物生态需水是改善作物环境条件所需的水，例如为改变土壤空气、温度和养分状况、改善农田小气候等需要的水分。

## 2.2.1　作物田间水分的消耗

农田水分消耗主要有三种途径，即作物的叶面蒸腾、棵间蒸发和深层渗漏。叶面蒸腾是作物植株内水分通过叶面气孔散发到大气中的现象；棵间蒸发是指旱作物植株间的土壤蒸发或水稻田的水面蒸发；深层渗漏是指土壤水分超过了田间持水率而向根系以下土层产生渗漏的现象。

以上三种水分消耗中，叶面蒸腾是必不可少的生理需水，因此一般尽量使之得到满足。棵间蒸发能增加地面附近空气的湿度，对作物生长环境有利，但大部分是无益的消耗。因此，在缺水地区或干旱季节应尽量采取措施，减少棵间蒸发，如滴灌等局部灌水技术和地面覆盖技术等。深层渗漏对旱田是无益的，会浪费水源，流失养分，地下水含盐较多的地区，易形成次生盐碱化。但对水稻来说，适当的深层渗漏是有益的，可增加根部氧分，消除有毒物质，促进根系生长。江苏常熟、沙河、涟水等灌溉试验站结果都表明，有渗漏的水稻产量比无渗漏的水稻产量高 3.9% ～ 26.5%。

株间蒸发和作物蒸腾常互为消长。生育初期由于植株小，故以株间蒸发为主，随着植株长大和叶面覆盖度的增加，蒸腾逐渐大于株间蒸发；至后期，由于生理活动减弱，株间蒸发占的比重又会增大。株间蒸发大部分属于无益消耗，因此可采取一些措施（如薄膜覆盖、中耕松土、改进灌溉技术等）减少它的消耗，以节省灌溉用水。

通常将叶面蒸腾与棵间蒸发合称为腾发，两者消耗的水量合称为腾发量，通常又把腾发量称为作物需水量，记为 $ET$，其单位以水深（mm）或单位面积的水体积（$m^3/$亩、$m^3/hm^2$）计。

一般又将腾发量与深层渗漏量之和称为田间耗水量。对于旱作物，在灌溉技术良好的情况下，深层渗漏损失很小，可忽略不计，所以旱作物的田间耗水就等于田间需水量，而水稻田的深层渗漏不可避免，所以水稻田的田间耗水量等于田间需水量与深层渗漏量之和。

### 2.2.2 作物需水规律

1. 作物需水量的影响因素

影响作物需水量的因素有很多，如气象、土壤和作物本身条件等。

（1）气象条件。气象条件是作物需水量的主要影响因素。气温、日照、空气湿度和风速等气象因素，对作物需水量影响很大。气温愈高，日照时间愈长，太阳辐射愈强，空气湿度愈低，风速愈大，气压愈低，则作物需水量愈大。

（2）土壤条件。种植在沙性土上的农作物比种植在黏性土上的农作物需水大。对于同一种土壤，土壤表层湿度对作物需水也有很大影响。在一定范围内，作物需水量是随土壤含水量的增加而增加。采用渗灌、滴灌等灌水方法，由于土壤表层含水量较低，其棵间蒸发可显著减少。

（3）作物种类。在相同自然条件下，不同的作物种类的需水量是不同的，一般情况下，凡生长期长、叶面积大、生长速度快、根系发达的作物需水量大。作物按需水量大小可分三类：需水量较大的有水稻、麻类、豆类等；需水量中等的有麦类、玉米、棉花等；需水量较小的有高粱、谷子、甘薯等。

（4）农业技术措施。例如，加强中耕松土、塑膜覆盖、秸秆覆盖等措施，由于改变了土壤表面状态，也可减少作物需水量。

2. 作物需水临界期

同种作物在不同生育阶段的需水量差异很大，一般规律是：幼苗期和接近成熟期的日需水量较少，而生育中期日需水量较多，水稻的孕穗至开花期，小麦的拔节至灌浆期，棉花的开花至结铃期，玉米的抽雄至乳熟期，日需水量最多。

在作物各生育阶段，缺水对作物产量的影响程度并不相同，通常把对缺水最敏感、影响产量最大的时期叫做需水临界期或需水关键期。以生产种子或果实为目的的作物，其需水临界期大多出现在从营养生长向生殖生长过渡的时期，例如禾谷类作物多为穗器官形成时期，棉花在开花至棉蕾形成期，大豆则在花芽分化至开花期。以生产块根为目的的甜菜，以生产蔗秆为目的的甘蔗，以生产烟叶为目的的烟草，它们的需水临界期都在营养生长期。不同作物需水临界期详见表2-1。了解作物需水临界期有利于合理安排作物布局，使用水不至过分集中；在干旱情况下，便于优先灌溉正处需水临界期的作物，充分发挥灌溉效益。

表 2 - 1　　　　　　　　　　　　　　部分作物的需水临界期

| 作　物 | 需　水　临　界　期 |
|---|---|
| 苜蓿 | 紧接刈割以后（生产种子在开花期） |
| 香蕉 | 整个营养生长期，特别是营养生长前期、开花期和产品形成期 |
| 柠檬 | 开花和结果时期大于果实长大时期，正好在开花前停止灌水可引起过量开花 |
| 橙子 | 开花结果时期大于果实长大时期 |
| 棉花 | 开花和棉蕾形成时期 |
| 葡萄 | 营养生长期，特别是嫩枝伸长和开花时期大于果实充实时期 |
| 花生 | 开花和产品形成时期，尤其是荚果形成时期 |
| 玉米 | 开花期大于籽粒充实期，如开花以前不缺水，则开花时对缺水特别敏感 |
| 橄榄 | 正好在开花前和产品形成时期，尤其在果核硬化期间 |
| 洋葱 | 葱头长大时期，特别是葱头快速生长期间大于营养生长期（生产种子在开花期） |
| 辣椒 | 整个营养生长期，尤其是在开花前和开花初期 |
| 马铃薯 | 葡萄茎形成和块茎形成期，产品形成期大于营养生长初期和成熟期 |
| 水稻 | 在抽穗和开花期间大于营养生长期和成熟期 |
| 高粱 | 开花期，产品形成期大于营养生长期 |
| 大豆 | 产品形成和开花期，尤其在豆荚生长期间 |
| 甜菜 | 尤其在出苗后的第一个月 |
| 甘蔗 | 营养生长期，尤其在分蘖期和蔗茎长高期大于产品形成期 |
| 向日葵 | 开花期大于产品形成期和营养生长后期，特别是幼芽生长期 |
| 烟草 | 快速生长期大于产品形成和成熟期 |
| 番茄 | 开花期大于产品形成期和营养生长期，特别在移植期间和紧接移植以后 |
| 西瓜 | 开花期大于果实充实期和营养生长期，特别在藤苗生长期间 |
| 小麦 | 开花期大于产品形成期和营养生长期，冬小麦不如春小麦敏感 |

注　此表引自联合国粮农组织灌溉及排水丛书《产量与水的关系》，1979，罗马。

### 2.2.3　作物需水量的计算

现有计算作物需水量的方法，大致可归纳为两类，一类是直接计算出作物需水量，另一类是通过计算参照作物需水量来计算实际作物需水量。

### 2.2.3.1　直接计算需水量的方法

一般是先从影响作物需水量的诸因素中，选择几个主要因素（例如水面蒸发、气温、湿度、日照、辐射等），再根据试验观测资料分析这些主要因素与作物需水量之间存在的数量关系，最后归纳成某种形式的经验公式。目前常见的这类经验公式大致有以下几种。

1. 以水面蒸发为参数的需水系数法（简称 $\alpha$ 值法或称蒸发皿法）

日照、气温、湿度和风速等气象因素是影响作物需水量的重要因素，而水面蒸发量能综合反映上述各种气象因素的影响，因此作物田间需水量与蒸发皿观测值之间存在一定程度的相关关系。根据这种相关关系估计作物田间需水量，计算公式如下。

$$ET = \alpha E_0 \tag{2-3}$$

或

$$ET = aE_0 + b \tag{2-4}$$

式中：$ET$ 为全生育期作物田间需水量，mm；$E_0$ 为与 $ET$ 同时段的水面蒸发量，mm，$E_0$ 一般采用 80cm 口径蒸发皿的蒸发值；$\alpha$ 为需水系数；$a$、$b$ 为经验常数。

由于 $\alpha$ 值法只要水面蒸发量资料，易于获得且比较稳定，所以该法在我国水稻地区曾被广泛采用。多年来的实践证明，用 $\alpha$ 值法时除了必须注意使水面蒸发皿的规格、安设方式及观测场地规范化外，还必须注意非气象条件（如土壤、水文地质、农业技术措施、水利措施等）对 $\alpha$ 值的影响，否则将会给资料整理工作带来困难，并使计算成果产生较大误差。

2. 以产量为参数的需水系数法（简称 $K$ 值法）

作物产量是太阳能的累积与水、土、肥、热、气诸因素的协调及农业措施的综合结果。因此，在一定的气象条件下和一定范围内，作物田间需水量将随产量的提高而增加，因此作物总需水量可按式（2-5）估算。

$$ET = KY \tag{2-5}$$

式中：$ET$ 为作物全生育期内总需水量，$m^3$/亩；$Y$ 为作物单位面积产量，kg/亩；$K$ 为以产量为指标的需水系数，对于 $ET=KY$ 公式，则 $K$ 代表单位产量的需水量，$m^3$/kg。

事实上，作物需水量的增加并不与产量成正比，单位产量的需水量随产量的增加而逐渐减小。因此，作物总需水量的表达式可修正为

$$ET = KY^n + C \tag{2-6}$$

式中：$n$、$C$ 为经验指数和常数。

式（2-5）和式（2-6）中的 $K$、$n$ 及 $C$ 值可通过试验确定。根据试验资料，水稻 $K=0.24\sim0.58$，玉米 $K=0.25\sim0.76$，小麦 $K=0.36\sim0.85$，棉花 $K=0.6\sim1.7$，$n=0.3\sim0.5$，小麦 $C=11.3\sim16.0$。

此法简便，只要确定计划产量后便可算出需水量；同时，此法使需水量与产量相联系，便于进行灌溉经济分析。对于旱作物，在土壤水分不足而影响高产的情况下，需水量随产量的提高而增大，用此法推算较可靠。但对于土壤水分充足的旱田以及水稻田，需水量主要受气象条件控制，产量与需水量关系不明确，用此法推算的误差较大。

上述诸公式都可估算全生育期作物需水量，也可估算各生育阶段的作物需水量。在生产实践中，过去常习惯采用所谓模系数法估算作物各生育阶段的需水量，即先确定全生育期作物需水量，然后按照各生育阶段需水规律，以一定比例进行分配，即

$$ET_i = K_i ET \tag{2-7}$$

式中：$ET_i$ 为第 $i$ 阶段作物田间需水量，mm；$K_i$ 为第 $i$ 阶段作物需水模系数，即第 $i$ 阶段作物需水占全生育期需水量的比例，可通过试验取得。

然而，这种按模比系数法估算作物各生育阶段需水量的方法存在较大的缺点。以水稻为例，各生育阶段的需水模比系数 $K_i$ 各年是不同的，所以按一组各年平均 $K_i$ 值计算水稻不同年份水稻各生育阶段的需水量，会使结果失真，导致需水时程分配均匀化而偏于不安全。因此，近年来，在计算水稻各生育阶段的需水量时，一般根据试验求得的水稻阶段需水系数直接计算，计算公式为

$$ET_i = \alpha_i E_{0i} \tag{2-8}$$

式中：$\alpha_i$ 为第 $i$ 生育阶段的需水系数；$E_{0i}$ 为第 $i$ 生育阶段的水面蒸发量，mm。

表 2-2 列出了不同类型水稻各生育阶段需水系数。

**表 2 - 2** 　　　　　　　　　　　　　　不同类型水稻阶段需水系数 $\alpha_i$ 值

| 水稻类型 | 生 育 阶 段 | | | | | | | |
|---|---|---|---|---|---|---|---|---|
| | 返青 | 分蘖 | 拔节 | 孕穗 | 抽穗 | 乳熟 | 黄熟 | 全生育期 |
| 双季前作 | 0.92 | 1.02 | 1.10 | 1.31 | 1.16 | 1.11 | 1.36 | 1.08 |
| 双季后作 | 0.94 | 1.11 | 1.11 | 1.17 | 1.30 | 1.28 | 1.29 | 1.17 |
| 中稻 | 0.98 | 1.04 | 1.15 | 1.16 | 1.34 | 1.32 | 1.26 | 1.15 |
| 单季杂交 | 0.94 | 1.08 | 1.15 | 1.24 | 1.26 | 1.23 | 1.19 | 1.18 |
| 单季晚稻 | 0.73 | 1.10 | 1.60 | 1.74 | 1.76 | 1.68 | 1.41 | 1.38 |

必须指出，上述直接计算需水量的方法，虽然缺乏充分的理论依据，但我国在估算水稻需水量时尚有采用，因为方法比较简便，水面蒸发量资料容易取得。

#### 2.2.3.2 通过计算参照作物的需水量来计算实际需水量

近代需水量的理论研究表明，作物腾发耗水是通过土壤—植物—大气系统的连续传输过程，大气、土壤、作物 3 个组成部分中的任何一部分的有关因素都影响需水量的大小。根据理论分析和试验结果，在土壤水分充分的条件下，大气因素是影响需水量的主要因素，其余因素的影响不显著。在土壤水分不足的条件下，大气因素和其余因素对需水量都有重要影响。目前对需水量的研究主要是研究在土壤水分充足条件下的各项大气因素与需水量之间的关系。普遍采用的方法是通过计算参照作物的需水量来计算实际需水量，相对来说理论上比较完善。

所谓参照作物需水量 $ET_0$（reference crop evapotranspiration）是指土壤水分充足、地面完全覆盖、生长正常、高矮整齐的开阔（地块的长度和宽度都大于 200m）矮草地（草高 8～15cm）上的蒸发量，一般是指在这种条件下的苜蓿草的需水量而言。因为这种参照作物需水量主要受气象条件的影响，所以都是根据当地的气象条件分阶段（月和旬）计算。

有了参照作物需水量，然后再根据作物系数 $K_c$ 对 $ET_0$ 进行修正，即可求出作物的实际需水量 $ET$，作物实际需水量也可根据作物生育阶段分段计算。

1. 计算参照作物需水量

Penman - Monteith 公式是 1990 年联合国粮农组织（FAO）向全世界推荐计算参照作物腾发量的新公式，与 20 世纪 70 年代应用的 Penman 公式比较，该公式统一了计算标准，无需进行地区率定和使用当地的风速函数，同时也不用改变任何参数即可适用于世界各个地区和各种气候，估值精度高且具备良好的可比性。公式为

$$ET_0 = \frac{0.408\Delta(R_n - G) + \gamma \dfrac{900}{T+273} u_2(e_s - e_a)}{\Delta + \gamma(1 + 0.34u_2)} \qquad (2-9)$$

式中：$ET_0$ 为参照作物腾发量，mm/d；$R_n$ 为作物表面的净辐射量，MJ/（$m^2 \cdot d$）；$G$ 为土壤热通量密度，MJ/（$m^2 \cdot d$）；$T$ 为地面以上 2m 处的平均气温，℃；$u_2$ 为地面以上 2m 处的风速，m/s；$e_s$ 为饱和水汽压，kPa；$e_a$ 为实际水汽压，kPa；$e_s - e_a$ 为饱和气压亏缺量，kPa；$\Delta$ 为水汽压力曲线斜率，kPa/℃；$\gamma$ 为湿度计常数，kPa/℃。

（1）确定 $e_s$、$e_a$。

$$e°(T)=0.6108\exp\left(\frac{17.27T}{T+237.3}\right) \tag{2-10}$$

$$e_s=\frac{e°(T_{\max})+e°(T_{\min})}{2} \tag{2-11}$$

$$e_a=\frac{e°(T_{\max})\dfrac{RH_{\min}}{100}+e°(T_{\min})\dfrac{RH_{\max}}{100}}{2} \tag{2-12}$$

式中：$e°(T)$ 为气温为 $T$ 时的饱和水汽压，kPa；$T_{\max}$、$T_{\min}$ 为地面以上 2m 处最高、最低气温，℃；$RH_{\max}$、$RH_{\min}$ 为最大、最小相对湿度，％。

若缺乏 $RH_{\min}$、$RH_{\max}$，可用 $RH_{mean}$ 值按式（2-13）计算

$$e_a=\frac{RH_{mean}}{100}\left[\frac{e°(T_{\max})+e°(T_{\min})}{2}\right] \tag{2-13}$$

式中：$RH_{mean}$ 为平均相对湿度，％。

（2）确定 $\gamma$。

$$\gamma=0.665\times10^{-3}P \tag{2-14}$$

$$P=101.3\left(\frac{293-0.0065Z}{293}\right)^{5.26} \tag{2-15}$$

式中：$P$ 为大气压强，kPa；$Z$ 为海拔高度，m。

（3）确定 $R_n$。

$$R_n=0.77R_s-4.903\times10^{-9}\left(\frac{T_{\max,K}^4+T_{\min,K}^4}{2}\right)(0.34-0.14\sqrt{e_a})\left(1.35\frac{R_s}{R_{s0}}-0.35\right) \tag{2-16}$$

$$R_s=\left(a_s+b_s\frac{n}{N}\right)R_a \tag{2-17}$$

$$R_{s0}=(a_s+b_s)R_a \tag{2-18}$$

$$R_a=\frac{1440}{\pi}G_{SC}d_r(\omega_s\sin\varphi\sin\delta+\cos\varphi\cos\delta\sin\omega_s) \tag{2-19}$$

式中：$R_s$ 为太阳短波辐射，MJ/（m²·d）；$R_{s0}$ 为晴空时太阳辐射，MJ/（m²·d）；$T_{\max,K}$、$T_{\min,K}$ 为 24h 内最高、最低绝对温度，$K=℃+273.16$，K；$a_s$、$b_s$ 为短波辐射比例系数，我国一些地点的 $a_s$、$b_s$ 值，可从表 2-4 查得，如无实际的太阳辐射数据，可取 $a_s=0.25$，$b_s=0.50$；$R_a$ 为地球大气圈外的太阳辐射通量，MJ/（m²·d），相应的以 mm/d 为单位的等效蒸发量可参考表 2-3，单位换算关系为 1MJ/（m²·d）＝0.408mm/d；$G_{SC}$ 为太阳辐射常数，为 0.0820MJ/（m²·min）；$d_r$ 为日地相对距离，$d_r=1+0.033\cos\left(\dfrac{2\pi}{365}J\right)$，$J$ 为在年内的日序数，介于 1 和 365（366）之间；$\varphi$ 为纬度，北半球为正值，南半球为负值；$\delta$ 为太阳磁偏角，$\delta=0.409\sin\left(\dfrac{2\pi}{365}J-1.39\right)$；$\omega_s$ 为日落时相位角，$\omega_s=\arccos(-\tan\varphi\tan\delta)$；$n$、$N$ 为实际日照时数与最大可能日照时数，$N=\dfrac{24}{\pi}\omega_s$，也可参考表 2-5，h。

（4）确定 $G$。对于月计算

$$G_{m,i} = 0.07(T_{m,i+1} - T_{m,i-1}) \qquad (2-20)$$

式中：$G_{m,i}$ 为第 $i$ 月（计算月）土壤热通量密度；$T_{m,i+1}$、$T_{m,i-1}$ 为计算月下一个月和前一个月的月平均气温，℃。

如果 $T_{m,i+1}$ 未知，则可按式（2-21）计算。

$$G_{m,i} = 0.14(T_{m,i} - T_{m,i-1}) \qquad (2-21)$$

对于时计算或更短的时间，则以式（2-22）、式（2-23）估算。

$$白天 \quad G_h = 0.1R_n \qquad (2-22)$$

$$夜晚 \quad G_h = 0.5R_n \qquad (2-23)$$

（5）确定 $u_2$。当实测风速距地面不是 2m 高时，用式（2-24）进行调整。

$$u_2 = u_Z \frac{4.87}{\ln(67.8Z - 5.42)} \qquad (2-24)$$

式中：$u_Z$ 为实测地面以上 $Z$m 处的风速，m/s；$Z$ 为风速测定实际高度，m。

（6）确定 $\Delta$。

$$\Delta = \frac{4098\left(0.6108\exp\dfrac{17.27T}{T+237.3}\right)}{(T+237.3)^2} \qquad (2-25)$$

**表 2-3** 　　　　　大气顶层的太阳辐射 $R_a$ 值 　　　　单位：mm/d

| 北纬 | 1 月 | 2 月 | 3 月 | 4 月 | 5 月 | 6 月 | 7 月 | 8 月 | 9 月 | 10 月 | 11 月 | 12 月 |
|---|---|---|---|---|---|---|---|---|---|---|---|---|
| 50° | 3.81 | 6.10 | 9.41 | 12.71 | 15.76 | 17.12 | 16.44 | 14.07 | 10.85 | 7.37 | 4.49 | 3.22 |
| 48° | 4.33 | 6.60 | 9.81 | 13.02 | 15.88 | 17.15 | 16.50 | 14.29 | 11.19 | 7.81 | 4.99 | 3.72 |
| 46° | 4.85 | 7.10 | 10.21 | 13.32 | 16.00 | 17.19 | 16.55 | 14.51 | 11.53 | 8.25 | 5.49 | 4.27 |
| 44° | 5.30 | 7.60 | 10.61 | 13.65 | 16.12 | 17.23 | 16.60 | 14.73 | 11.87 | 8.69 | 6.00 | 4.70 |
| 42° | 5.86 | 8.05 | 11.00 | 13.99 | 16.24 | 17.26 | 16.65 | 14.95 | 12.20 | 9.13 | 6.51 | 5.19 |
| 40° | 6.44 | 8.56 | 11.40 | 14.32 | 16.36 | 17.29 | 16.70 | 15.17 | 12.54 | 9.58 | 7.03 | 5.68 |
| 38° | 6.91 | 8.98 | 11.75 | 14.50 | 16.39 | 17.22 | 16.72 | 15.27 | 12.81 | 9.98 | 7.52 | 6.10 |
| 36° | 7.38 | 9.39 | 12.10 | 14.67 | 16.43 | 17.18 | 16.73 | 15.37 | 13.08 | 10.59 | 8.00 | 6.62 |
| 34° | 7.85 | 9.82 | 12.44 | 14.84 | 16.46 | 17.10 | 16.75 | 15.48 | 13.35 | 10.79 | 8.50 | 7.18 |
| 32° | 8.32 | 10.24 | 12.77 | 15.00 | 16.50 | 17.02 | 16.76 | 15.58 | 13.63 | 11.20 | 8.99 | 7.76 |
| 30° | 8.81 | 10.68 | 13.14 | 15.17 | 16.53 | 16.95 | 16.78 | 15.68 | 13.90 | 11.61 | 9.49 | 8.31 |
| 28° | 9.29 | 11.09 | 13.39 | 15.26 | 16.48 | 16.83 | 16.68 | 15.71 | 14.08 | 11.95 | 9.90 | 8.79 |
| 26° | 9.79 | 11.50 | 13.65 | 15.34 | 16.43 | 16.71 | 16.58 | 15.74 | 14.26 | 12.30 | 10.31 | 9.27 |
| 24° | 10.20 | 11.89 | 13.90 | 15.43 | 16.37 | 16.59 | 16.47 | 15.78 | 14.45 | 12.64 | 10.71 | 9.73 |
| 22° | 10.70 | 11.30 | 14.16 | 15.51 | 16.32 | 16.47 | 16.37 | 15.81 | 14.64 | 12.98 | 11.11 | 10.20 |
| 20° | 11.19 | 12.71 | 14.41 | 15.60 | 16.27 | 16.36 | 16.27 | 15.85 | 14.83 | 13.31 | 11.61 | 10.68 |
| 10° | 13.22 | 14.24 | 15.26 | 15.68 | 15.51 | 15.26 | 15.34 | 15.51 | 15.34 | 14.66 | 13.56 | 12.88 |
| 0° | 15.00 | 15.51 | 15.68 | 15.26 | 14.41 | 13.90 | 14.07 | 14.75 | 15.34 | 15.42 | 15.09 | 14.83 |

表 2-4　　　　　　　　　我国一些城市的 $a_s$、$b_s$ 值

| 城　　市 | 夏半年（4～9月） | | 冬半年（10～次年3月） | |
|---|---|---|---|---|
| | $a_s$ | $b_s$ | $a_s$ | $b_s$ |
| 乌鲁木齐 | 0.15 | 0.60 | 0.23 | 0.48 |
| 西宁 | 0.26 | 0.48 | 0.26 | 0.52 |
| 银川 | 0.28 | 0.41 | 0.21 | 0.55 |
| 西安 | 0.12 | 0.60 | 0.14 | 0.60 |
| 成都 | 0.20 | 0.45 | 0.17 | 0.55 |
| 宜昌 | 0.13 | 0.54 | 0.14 | 0.54 |
| 长沙 | 0.14 | 0.59 | 0.13 | 0.62 |
| 南京 | 0.15 | 0.54 | 0.01 | 0.65 |
| 济南 | 0.05 | 0.67 | 0.07 | 0.67 |
| 太原 | 0.16 | 0.59 | 0.25 | 0.49 |
| 呼和浩特 | 0.13 | 0.65 | 0.19 | 0.60 |
| 北京 | 0.19 | 0.54 | 0.21 | 0.56 |
| 哈尔滨 | 0.13 | 0.60 | 0.20 | 0.52 |
| 长春 | 0.06 | 0.71 | 0.28 | 0.44 |
| 沈阳 | 0.05 | 0.73 | 0.22 | 0.47 |
| 郑州 | 0.17 | 0.45 | 0.14 | 0.45 |

表 2-5　　　　　　　　　最大可能日照时数 $N$ 值

| 北纬 | 1月 | 2月 | 3月 | 4月 | 5月 | 6月 | 7月 | 8月 | 9月 | 10月 | 11月 | 12月 |
|---|---|---|---|---|---|---|---|---|---|---|---|---|
| 50° | 8.5 | 10.1 | 11.8 | 13.8 | 15.4 | 10.3 | 15.9 | 14.5 | 12.7 | 10.8 | 9.1 | 8.1 |
| 48° | 8.8 | 10.2 | 11.8 | 13.6 | 15.2 | 16.0 | 15.6 | 14.3 | 12.6 | 10.9 | 9.3 | 8.3 |
| 46° | 9.1 | 10.4 | 11.9 | 13.5 | 14.9 | 15.7 | 15.4 | 14.2 | 12.6 | 10.9 | 9.5 | 8.7 |
| 44° | 9.3 | 10.5 | 11.9 | 13.4 | 14.7 | 15.4 | 15.2 | 14.9 | 12.6 | 11.0 | 9.7 | 8.9 |
| 42° | 9.4 | 10.6 | 11.9 | 13.4 | 14.6 | 15.2 | 14.9 | 13.9 | 12.6 | 11.1 | 9.8 | 9.1 |
| 40° | 9.6 | 10.7 | 11.9 | 13.3 | 14.4 | 15.0 | 14.7 | 13.7 | 12.5 | 11.2 | 10.0 | 9.2 |
| 35° | 10.1 | 11.0 | 11.9 | 13.1 | 14.0 | 14.5 | 14.3 | 13.5 | 12.4 | 11.3 | 10.3 | 9.8 |
| 30° | 10.4 | 11.1 | 12.0 | 12.9 | 13.6 | 14.0 | 13.9 | 13.2 | 12.4 | 11.5 | 10.6 | 10.2 |
| 25° | 10.7 | 11.3 | 12.0 | 12.7 | 13.3 | 13.7 | 13.5 | 13.0 | 12.3 | 11.6 | 10.9 | 10.6 |
| 20° | 11.0 | 11.5 | 12.0 | 12.6 | 13.1 | 13.3 | 13.2 | 12.8 | 12.3 | 11.7 | 11.2 | 10.9 |
| 15° | 11.3 | 11.6 | 12.0 | 12.5 | 12.8 | 13.0 | 12.9 | 12.6 | 12.2 | 11.8 | 11.4 | 11.2 |
| 10° | 11.6 | 11.8 | 12.0 | 12.3 | 12.6 | 12.7 | 12.6 | 12.4 | 12.1 | 11.8 | 11.6 | 11.5 |
| 5° | 11.8 | 11.9 | 12.0 | 12.2 | 12.3 | 12.4 | 12.3 | 12.3 | 12.1 | 12.0 | 11.9 | 11.8 |
| 0° | 12.1 | 12.1 | 12.1 | 12.1 | 12.1 | 12.1 | 12.1 | 12.1 | 12.1 | 12.1 | 12.1 | 12.1 |

**【例 2 - 1】**　　计算地点位于东经 119.0°北纬 34.0°，海拔高度为 11m。1980 年 8 月气象资料为：月平均气温为 24.2℃，最高日平均气温为 28.1℃，最低日平均气温为 22.6℃，平均相对湿度为 88％，10m 高日平均风速为 2.3m/s，日平均日照时数为 6.49h。1980 年 7 月和 9 月的月平均气温分别为 26.3℃和 23.2℃。试用 Penman - Monteith 法计算参照作物需水量。

**解：**（1）计算 $e_s$、$e_a$。

已知 8 月最高日平均气温为 28.1℃，最低日平均气温为 22.6℃，根据式（2 - 10）、式（2 - 11）有

$$e°(T_{max}) = 0.6108\exp\left(\frac{17.27 \times 28.1}{28.1 + 237.3}\right) = 3.802(kPa)$$

$$e°(T_{min}) = 0.6108\exp\left(\frac{17.27 \times 22.6}{22.6 + 237.3}\right) = 2.742(kPa)$$

$$e_s = \frac{e°(T_{max}) + e°(T_{min})}{2} = \frac{3.802 + 2.742}{2} = 3.272(kPa)$$

又已知该月平均相对湿度为 88％，根据式（2 - 13）有

$$e_a = \frac{RH_{mean}}{100}\left[\frac{e°(T_{max}) + e°(T_{min})}{2}\right] = \frac{88}{100} \times 3.272 = 2.879(kPa)$$

（2）计算 $\gamma$。

已知该地海拔高度为 11m，根据式（2 - 14）、式（2 - 15）有

$$P = 101.3\left(\frac{293 - 0.0065Z}{293}\right)^{5.26} = 101.3 \times \left(\frac{293 - 0.0065 \times 11}{293}\right)^{5.26} = 101.17(kPa)$$

$$\gamma = 0.665 \times 10^{-3}P = 0.665 \times 10^{-3} \times 101.17 = 0.067(kPa/℃)$$

（3）计算 $R_n$。

已知该地位于北纬 34.0°，即 $\varphi = 34 \times \pi/180 = 0.593rad$，1980 年 8 月 15 日在年内的日序数为 228，即 $J = 228$，则

$$d_r = 1 + 0.033\cos\left(\frac{2\pi}{365}J\right) = 1 + 0.033\cos\left(\frac{2\pi}{365} \times 228\right) = 0.977(rad)$$

$$\delta = 0.409\sin\left(\frac{2\pi}{365}J - 1.39\right) = 0.409\sin\left(\frac{2\pi}{365} \times 228 - 1.39\right) = 0.233(rad)$$

$$\omega_s = \arccos(-\tan\varphi\tan\delta) = \arccos(-\tan0.593\tan0.233) = 1.731(rad)$$

根据式（2 - 19）有

$$R_a = \frac{1440}{\pi}G_{SC}d_r(\omega_s\sin\varphi\sin\delta + \cos\varphi\cos\delta\sin\omega_s)$$

$$= \frac{1440}{\pi} \times 0.0820 \times 0.977 \times (1.731\sin0.593\sin0.233 + \cos0.593\cos0.233\sin1.731)$$

$$= 37.45[MJ/(m^2 \cdot d)]$$

日平均日照时数 $n$ 为 6.49h，$N = \frac{24}{\pi}\omega_s = \frac{24}{\pi} \times 1.731 = 13.22h$，取 $a_s = 0.25$，$b_s = 0.50$，则根据式（2 - 17）、式（2 - 18）有

$$R_s = \left(a_s + b_s\frac{n}{N}\right)R_a = \left(0.25 + 0.50\frac{6.49}{13.22}\right) \times 37.45 = 18.56[MJ/(m^2 \cdot d)]$$

$$R_{s0} = (a_s + b_s) R_a = (0.25 + 0.50) \times 37.45 = 28.09 [\text{MJ}/(\text{m}^2 \cdot \text{d})]$$

又

$$T_{\text{max,K}} = T_{\text{max}} + 237.16 = 28.1 + 237.16 = 265.26 (\text{K})$$
$$T_{\text{min,K}} = T_{\text{min}} + 237.16 = 22.6 + 237.16 = 259.76 (\text{K})$$

根据式（2-16）有

$$R_n = 0.77 R_s - 4.903 \times 10^{-9} \left( \frac{T_{\text{max,K}}^4 + T_{\text{min,K}}^4}{2} \right) (0.34 - 0.14 \sqrt{e_a}) \left( 1.35 \frac{R_s}{R_{s0}} - 0.35 \right)$$

$$= 0.77 \times 18.56 - 4.903 \times 10^{-9} \times \left( \frac{265.26^4 + 259.76^4}{2} \right)$$

$$\times (0.34 - 0.14 \sqrt{2.879}) \times \left( 1.35 \times \frac{18.56}{28.09} - 0.35 \right)$$

$$= 12.997 [\text{MJ}/(\text{m}^2 \cdot \text{d})]$$

（4）计算 $G$。

已知 7 月和 9 月的月平均气温分别为 26.3℃和 23.2℃，根据式（2-20）有

$$G_{m,8} = 0.07 (T_{m,9} - T_{m,7}) = 0.07 \times (23.2 - 26.3) = -0.217 [\text{MJ}/(\text{m}^2 \cdot \text{d})]$$

（5）计算 $u_2$。

已知高 10m 风速为 3.2m/s，该地海拔高度为 11m，则根据式（2-24）有

$$u_2 = u_Z \frac{4.87}{\ln(67.8Z - 5.42)} = 3.2 \frac{4.87}{\ln(67.8 \times 11 - 5.42)} = 2.36 (\text{m/s})$$

（6）计算 $\Delta$。

已知 8 月月平均气温为 24.2℃，根据式（2-25）有

$$\Delta = \frac{4098 \times \left( 0.6108 \exp \frac{17.27T}{T + 237.3} \right)}{(T + 237.3)^2} = \frac{4098 \times \left( 0.6108 \exp \frac{17.27 \times 24.2}{24.2 + 237.3} \right)}{(24.2 + 237.3)^2} = 0.181 (\text{kPa}/℃)$$

（7）计算 $ET_0$。

根据上述计算及式（2-9）有

$$ET_0 = \frac{0.408 \Delta (R_n - G) + \gamma \frac{900}{T + 273} u_2 (e_s - e_a)}{\Delta + \gamma (1 + 0.34 u_2)}$$

$$= \frac{0.408 \times 0.181 \times (12.997 + 0.217) + 0.067 \times \frac{900}{24.2 + 273} \times 2.36 \times (3.272 - 2.879)}{0.181 + 0.067 \times (1 + 0.34 \times 2.36)}$$

$$= 3.86 (\text{mm/d})$$

因此，该地 1980 年 8 月日平均参照腾发量为 3.86mm/d。

**2. 计算作物实际需水量**

作物实际需水量可由参照作物腾发量和作物系数计算。

$$ET = K_c ET_0 \tag{2-26}$$

式中：$ET$ 为作物实际腾发量，mm／d；$ET_0$ 为参照作物腾发量，mm/d；$K_c$ 为作物系数。

式（2-26）中的 $ET_0$ 反映气象条件对作物需水量的影响，而作物系数 $K_c$ 则反映不同作物间的差别。作物系数取决于作物冠层的生长发育。作物冠层的发育状况通

常用叶面积指数（LAI）描述。叶面积指数为叶面积数值与其覆盖下的土地面积的比率。随着作物的生长，LAI逐步从零增加到最大值。玉米的LAI可高达5.0。作物系数的变化过程与生育期LAI的变化过程相近。在生育期初始，作物系数很小。随着作物生长，作物系数也随着冠层的发育而逐渐增大。在某一阶段，冠层得到充分发育，作物系数达到最大值。此后作物系数一般会在一定时期内保持稳定。随着作物成熟及叶片开始衰老，作物系数开始下降。对于那些衰老前就已经收获的作物，其作物系数直至收获都可以保持在峰值。

植物冠层较小时，土壤表面不能被完全遮盖，湿土的蒸发量在总蒸散量中要占很大的比例。土壤表面干燥时，土壤蒸发速率较低。但在降雨或灌溉之后，湿润的土壤表面会使蒸发速率增加。所以降雨或灌溉之后，作物系数会因湿土蒸发量的增加而迅速增大。随着土壤表面变干，作物系数又降回到土壤表面干燥时的值。随着作物冠层的扩展，作物遮盖地面并吸收掉原先用于蒸发土壤水分的那部分能量。因而，湿土表面蒸发所引起的作物系数增大的幅度会随着冠层的发育而变得越来越小。当作物因缺水而受到胁迫时，腾发速率降低，因而也会导致作物系数的减小。图2-5反映了作物不同阶段和水分胁迫对作物系数的影响。

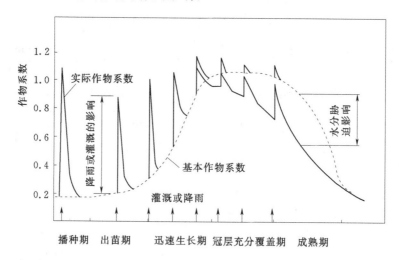

图2-5  作物系数随作物生长和灌溉的变化过程

为了考虑水分胁迫和湿土表面蒸发的影响，可对公式（2-26）中的作物系数作如下修正

$$K_c = K_{cb} K_s + K_w \qquad (2-27)$$

式中：$K_{cb}$为基本作物系数，指土壤表面干燥、长势良好且供水充分时作物需水量与$ET_0$的比值；$K_s$为水分胁迫系数；$K_w$为反映降雨或灌水后湿土蒸发增加对作物系数影响的系数。

在不考虑水分胁迫，也不考虑降雨或灌水后湿土蒸发增加对作物系数影响时，$K_c = K_{cb}$；在考虑水分胁迫，但不考虑降雨或灌水后湿土蒸发增加对作物系数影响时，$K_c = K_{cb} K_s$。实际计算时，应根据具体情况确定需考虑的影响因素。

（1）基本作物系数。本节介绍 FAO 推荐的伦鲍斯和普鲁伊特提出，并经豪威尔等人修正的估算方法。该方法将生育期划分为以下 4 个阶段。

初始生长阶段：从播种开始的早期生长时期，土壤根本或基本没有被作物覆盖（地面覆盖率小于 10％）。

冠层发育阶段：初始生长阶段结束到作物有效覆盖土壤表面（地面覆盖率 70％～80％）的一段时间。

生育中期：从充分覆盖到成熟开始，叶片开始变色或衰老的一段时间。

成熟阶段：从生育中期结束到生理成熟或收获的一段时间。

玉米生育期内基本作物系数的变化过程如图 2-6 所示。在初始生长阶段，水分损失主要由土壤蒸发所致。因为基本曲线代表的是干燥的土壤表面，所以这一时期它是一个常数，并统一取 0.25。

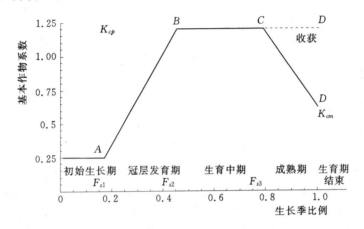

图 2-6 某地区玉米的基本作物系数

为计算作物其他发育阶段的作物系数，需要在作物系数曲线上确定 4 个点。即图中 $A$、$B$、$C$、$D$ 4 个点。

$A$ 点的 $K_{cb}$ 是已知的（约定取 0.25），因此只需初始生育期占全生育期的比例 $F_{s1}$。

$B$ 点作物系数已达到峰值，确定该点需同时知道该点的基本作物系数 $K_{cp}$ 和 $F_{s2}$ 的值。

$C$ 点的基本作物系数与 $B$ 点相同，因此只需确定 $F_{s3}$。

$D$ 点一般位于成熟期末，由于作物生育期结束的时间是已知的，因此确定 $D$ 点只需知道该点的基本作物系数 $K_{cm}$。如果作物在开始成熟前即收获（如甜玉米），作物系数直到收获都将恒定地保持在峰值。

可见，要确定全育期作物系数变化过程，只需确定 5 个基本参数，即 $F_{s1}$、$F_{s2}$、$F_{s3}$、$K_{cp}$ 和 $K_{cm}$。在图 2-6 中，各参数值分别为：$F_{s1}=0.17$、$F_{s2}=0.45$、$F_{s3}=0.78$、$K_{cp}=1.2$ 和 $K_{cm}=0.6$，图中冠层发育期和成熟期中某一日的基本作物系数可通过插值求得。表 2-6 列出部分作物基本作物系数，以供参考。

**表 2-6**　　　　　　　　　　　　　列出部分作物基本作物系数

| 作物 | 气候 | 中等风力 | | 强风力 | | 生育期比例 | | | 生育期天数 |
|------|------|------|------|------|------|------|------|------|------|
| | | $K_{cp}$ | $K_{cm}$ | $K_{cp}$ | $K_{cm}$ | $F_{s1}$ | $F_{s2}$ | $F_{s3}$ | |
| 大麦 | 湿润 | 1.05 | 0.25 | 1.10 | 0.25 | 0.13 | 0.33 | 0.75 | 120～150 |
| | 干旱 | 1.15 | 0.20 | 1.20 | 0.20 | | | | |
| 冬小麦 | 湿润 | 1.05 | 0.25 | 1.10 | 0.25 | 0.13 | 0.33 | 0.75 | 120～150 |
| | 干旱 | 1.15 | 0.20 | 1.20 | 0.20 | | | | |
| 春小麦 | 湿润 | 1.05 | 0.55 | 1.10 | 0.55 | 0.13 | 0.53 | 0.75 | 100～140 |
| | 干旱 | 1.15 | 0.50 | 1.20 | 0.50 | | | | |
| 甜玉米 | 湿润 | 1.05 | 0.95 | 1.10 | 1.00 | 0.22 | 0.56 | 0.89 | 80～100 |
| | 干旱 | 1.15 | 1.05 | 1.20 | 1.10 | | | | |
| 籽玉米 | 湿润 | 1.05 | 0.55 | 1.10 | 0.55 | 0.17 | 0.45 | 0.78 | 105～180 |
| | 干旱 | 1.15 | 0.60 | 1.20 | 0.60 | | | | |
| 大豆 | 湿润 | 1.00 | 0.45 | 1.05 | 0.45 | 0.15 | 0.37 | 0.81 | 60～150 |
| | 干旱 | 1.10 | 0.45 | 1.15 | 0.45 | | | | |
| 棉花 | 湿润 | 1.05 | 0.65 | 1.10 | 0.65 | 0.15 | 0.43 | 0.75 | 180～195 |
| | 干旱 | 1.20 | 0.65 | 1.25 | 0.70 | | | | |

（2）水分胁迫系数。作物受胁迫后的水分利用状况是非常复杂的，定量估计需要大量的信息。灌溉系统的设计和运行一般要求不造成胁迫，所以胁迫的影响一般不太明显。如果因管理或供水所限而使灌溉受到限制，就应当考虑胁迫的影响。

水分胁迫对需水量的影响可以通过以土壤水分胁迫系数来反映。可根据作物根区内贮存的总有效土壤水的百分比确定水分胁迫系数。总有效土壤水是指土壤在田间持水量与永久凋萎点含水量之间能够保持的水量，用式（2-28）计算。

$$\lambda_a = \frac{\theta_v - \theta_p}{\theta_f - \theta_p} \tag{2-28}$$

式中：$\lambda_a$ 为根区土壤有效水百分比；$\theta_v$ 为当前土壤实际体积含水率，%；$\theta_f$ 为田间持水率（体积%）；$\theta_p$ 为永久凋萎系数（体积%）。

水分胁迫系数可以按式（2-29）计算。

$$K_s = \begin{cases} \dfrac{\lambda_a}{\lambda_c} & \lambda_a < \lambda_c \\ 1 & \lambda_a \geqslant \lambda_c \end{cases} \tag{2-29}$$

式（2-29）中，根区土壤有效水百分比的临界值 $\lambda_c$ 根据作物耐旱性的不同而变化。在干旱条件下仍能维持 $ET_0$ 作物称为耐旱作物，对于耐旱作物 $\lambda_c$ 取 25%，对于对干旱敏感的作物 $\lambda_c$ 取 50%。

**【例 2-2】**　设田间持水率和凋萎系数分别为 25% 和 10%（均为体积含水率），甲、乙两田块实际含水率分别为 20% 和 10%（均为体积含水率），已知甲、乙两田块上的作物均为对干旱敏感作物，参照作物腾发量为 1.3mm/d，基本作物系数为 1.1，求两种作物的实际腾发量。

**解：** 甲田块作物根区有效水百分比为

$$\lambda_a = \frac{16\% - 10\%}{25\% - 10\%} = 40\%$$

对干旱敏感作物 $\lambda_c$ 取 50%，因 $\lambda_a$ 小于 $\lambda_c$，所以

$$K_s = \frac{\lambda_a}{\lambda_c} = \frac{40\%}{50\%} = 0.8$$

因而实际腾发量为

$$ET_c = K_{cb} K_s ET_0 = 1.1 \times 0.8 \times 1.3 = 1.14 (\text{mm/d})$$

乙田块作物根区有效水百分比为

$$\lambda_a = \frac{20\% - 10\%}{25\% - 10\%} = 66.7\%$$

因 $\lambda_a$ 大于 $\lambda_c$，所以 $K_s = 1$，则

$$ET_c = K_{cb} K_s ET_0 = 1.1 \times 1 \times 1.3 = 1.43 (\text{mm/d})$$

（3）降雨或灌水后湿土蒸发增加对作物系数影响的系数。因土壤表面湿润所造成的蒸发速率的增加量取决于冠层发育情况、可用于蒸发水分的含量及土壤质地等因子。赖特（Wright，1981）用式（2-30）表达湿土影响系数。

$$K_w = F_w(1 - K_{cb}) f(t) \tag{2-30}$$

式中：$F_w$ 为湿润土壤表面的比例，可以根据实际调查或参考表 2-7 确定；$f(t)$ 为湿土表面蒸发衰减函数，$f(t) = 1 - \sqrt{\dfrac{t}{t_d}}$；$t$ 为湿润后经过的时间，d；$t_d$ 为土壤表面变干所需的时间，d。

土壤表面干燥所需的时间主要取决于土壤质地，也受气候影响，一般应根据当地的观测资料确定。表 2-8 给出了典型土壤表面干燥所需的时间，以供参考。

表 2-7 降雨和各种灌溉方式下的湿润土壤表面的比例 $F_w$

| 降雨或灌溉方式 | 降雨 | 喷灌 | 畦灌和淹灌 | 沟灌 | | | 滴灌 |
| --- | --- | --- | --- | --- | --- | --- | --- |
| | | | | 灌水量大 | 灌水量小 | 隔沟灌 | |
| $F_w$ | 1.0 | 1.0 | 1.0 | 1.0 | 0.5 | 0.5 | 0.25 |

表 2-8 典型土壤表面蒸发所需的时间

| 土壤类型 | 黏土 | 黏壤土 | 粉壤土 | 砂壤土 | 壤性砂土 | 砂土 |
| --- | --- | --- | --- | --- | --- | --- |
| 表面干燥所需时间（d） | 10 | 7 | 5 | 4 | 3 | 2 |

式（2-30）只能反映降雨或灌水后湿土蒸发增加对某一天的作物系数的影响，实际计算时往往需要计算某一时期的平均的 $K_w$ 值。$K_w$ 的平均值为可用式（2-31）估算。

$$K_w = F_w(1 - K_{cb}) A_f \tag{2-31}$$

式中：$A_f$ 为平均湿土蒸发因子，可按式（2-32）计算或查表 2-9。

$$A_f = \sum_{i=0}^{R_f-1} \left( \frac{1 - \sqrt{\dfrac{i}{t_d}}}{R_f} \right) \qquad (2-32)$$

表 2-9　　平均湿土蒸发因子 $A_f$ 取值表

| 发生间隔<br>(d) | 黏土 | 黏壤土 | 粉砂壤土 | 砂壤土 | 壤砂土 | 砂土 |
|---|---|---|---|---|---|---|
| 1 | 1.000 | 1.000 | 1.000 | 1.000 | 1.000 | 1.000 |
| 2 | 0.842 | 0.811 | 0.776 | 0.750 | 0.711 | 0.646 |
| 3 | 0.746 | 0.696 | 0.640 | 0.598 | 0.535 | 0.431 |
| 4 | 0.672 | 0.608 | 0.536 | 0.482 | 0.402 | 0.323 |
| 5 | 0.611 | 0.535 | 0.450 | 0.385 | 0.321 | 0.259 |
| 6 | 0.558 | 0.472 | 0.375 | 0.321 | 0.268 | 0.215 |
| 7 | 0.511 | 0.415 | 0.322 | 0.275 | 0.229 | 0.185 |
| 8 | 0.467 | 0.363 | 0.281 | 0.241 | 0.201 | 0.162 |
| 9 | 0.427 | 0.323 | 0.250 | 0.214 | 0.178 | 0.144 |
| 10 | 0.389 | 0.291 | 0.225 | 0.193 | 0.161 | 0.129 |
| 11 | 0.354 | 0.264 | 0.205 | 0.175 | 0.146 | 0.118 |
| 12 | 0.325 | 0.242 | 0.188 | 0.161 | 0.134 | 0.108 |
| 13 | 0.300 | 0.224 | 0.173 | 0.148 | 0.124 | 0.099 |
| 14 | 0.278 | 0.208 | 0.161 | 0.138 | 0.115 | 0.092 |
| 15 | 0.260 | 0.194 | 0.150 | 0.128 | 0.107 | 0.086 |
| 16 | 0.243 | 0.182 | 0.141 | 0.120 | 0.100 | 0.081 |
| 17 | 0.229 | 0.171 | 0.132 | 0.113 | 0.094 | 0.076 |
| 18 | 0.216 | 0.161 | 0.125 | 0.107 | 0.089 | 0.072 |
| 19 | 0.205 | 0.153 | 0.118 | 0.101 | 0.085 | 0.068 |
| 20 | 0.195 | 0.145 | 0.113 | 0.096 | 0.080 | 0.065 |
| 21 | 0.185 | 0.138 | 0.107 | 0.092 | 0.076 | 0.062 |
| 22 | 0.177 | 0.132 | 0.102 | 0.088 | 0.073 | 0.059 |
| 23 | 0.169 | 0.126 | 0.098 | 0.084 | 0.070 | 0.056 |
| 24 | 0.162 | 0.121 | 0.094 | 0.080 | 0.067 | 0.054 |
| 25 | 0.156 | 0.116 | 0.090 | 0.077 | 0.064 | 0.052 |
| 26 | 0.150 | 0.112 | 0.087 | 0.074 | 0.062 | 0.050 |
| 27 | 0.144 | 0.108 | 0.083 | 0.071 | 0.059 | 0.048 |
| 28 | 0.139 | 0.104 | 0.080 | 0.069 | 0.057 | 0.046 |
| 29 | 0.134 | 0.100 | 0.078 | 0.066 | 0.055 | 0.045 |
| 30 | 0.130 | 0.097 | 0.075 | 0.064 | 0.054 | 0.043 |

# 2.3 作物水分生产函数

作物产量与需水量之间的函数关系被称为作物水分生产函数（water production function）。需水量一般用三种指标代表：灌水量、田间总供水量（田间总供水量＝灌水量＋有效降水量＋土壤储水量）、实际蒸发蒸腾量。由于前两种指标代表的水量不一定都能被作物所利用，因此，目前最常用的是作物实际蒸发蒸腾量。

作物水分生产函数的模式很多，主要有两大类：一是作物产量与全生育期总蒸发蒸腾量的关系；二是作物产量与各生育阶段蒸发蒸腾量的关系。

## 2.3.1 作物产量与全生育期总蒸发蒸腾量的关系

作物产量与全生育期总蒸发蒸腾量的关系有线性和二次抛物线等形式，即

$$Y = a_0 + b_0 ET \tag{2-33}$$

和

$$Y = a_1 + b_1 ET + c_1 ET^2 \tag{2-34}$$

式中：$Y$ 为作物产量，$kg/hm^2$；$ET$ 为蒸发蒸腾量，mm；$a_0$、$b_0$、$a_1$、$b_1$、$c_1$ 为经验系数。

大量研究表明，只有在一定范围内 $Y$ 随 $ET$ 线性增加。当 $Y$ 达到一定水平后，再继续增加则要靠其他农业措施。因此，线性关系一般只适用于灌溉水源不足、管理水平不高、农业资源未能充分发挥的中低产地区。随着水源条件的改善和管理水平的提高，$Y$ 与 $ET$ 的关系出现了一个明显的界限值，当 $ET$ 小于此界限值时，$Y$ 随 $ET$ 的增加而增加，开始增加的幅度较大，然后减小；当达到该界限值时，产量不再增加，其后 $Y$ 随 $ET$ 增大而减小。

式（2-33）和式（2-34）中的经验系数随地区气候条件、土壤类型与肥力水平、作物种类及品种的不同变化较大。同时由于作物生长发育受环境因素的影响相当复杂，在不同年份 $Y$ 与 $ET$ 的关系也可能有较大区别。为了避免这一结果，作物产量与蒸发蒸腾量的关系可用相对产量与相对蒸发蒸腾量的关系表示

$$1 - Y/Y_m = K_y(1 - ET/ET_m) \tag{2-35}$$

式中：$Y_m$、$Y$ 分别为充分供水时的最高产量和缺水条件下的实际产量，$kg/hm^2$；$ET_m$、$ET$ 分别为充分供水和缺水条件下全生育期总的蒸发蒸腾量，mm；$K_y$ 为作物产量对水分亏缺反应的敏感系数，亦称减产系数。

式（2-35）反映了作物减产程度与全生育期总的缺水程度之间的关系。我国北方一些主要作物的研究表明，该模型一般均有较好关系。一些研究得出的几种作物的 $K_y$ 值见表 2-10。

考虑到高产时产量和缺水量的关系并非线性这一事实，相对产量与相对蒸发蒸腾量

表 2-10　几种作物的减产系数 $K_y$ 值

| 作　物 | 地　点 | $K_y$ |
|---|---|---|
| 冬小麦 | 西北农业大学 | 0.93 |
|  | 河北 | 0.98 |
| 玉米 | 西北农业大学 | 0.91 |
|  | 内蒙古东部 | 0.83 |
| 春小麦 | 呼和浩特 | 1.04 |
| 棉花 | 山西 | 0.76 |
| 苜蓿 | 内蒙古中部 | 1.30 |

的关系用式 (2-36) 描述其适用性更强。

$$1-Y/Y_m=K'_y(1-ET/ET_m)^n \tag{2-36}$$

式中：$K'_y$ 为作物产量对水分亏缺反应的敏感系数；$n$ 为根据受旱试验资料分析求得的经验指数。

上述几种作物产量与蒸发蒸腾量的关系，为灌溉水量有限条件下的水量最优调控决策提供了一定的依据。但由于在作物不同生育阶段缺水对产量的影响不同，尽管全生育期的总缺水量相同，但这些缺水量发生在不同的生育阶段对产量的影响程度是不相同的，而产量与全生育期总蒸发蒸腾量的关系却掩盖了这样的事实，这是此类模型的不足之处。

### 2.3.2  作物产量与各阶段蒸发蒸腾量的关系

包含供水时间和数量效应的作物产量与耗水量之间的函数关系被称为时间水分生产函数（dated water production function）。在作物产量与各阶段蒸发蒸腾量的关系中，最简单的是如下形式。

$$1-Y/Y_m=K_{yi}(1-ET_i/ET_{mi}) \tag{2-37}$$

式中：$ET_i$、$ET_{mi}$ 分别为第 $i$ 阶段缺水和充分供水条件下的蒸发蒸腾量，mm/d；$K_{yi}$ 为作物产量对第 $i$ 阶段缺水的敏感系数。

这种模型对于多数作物在缺水量范围为 $1-ET_i/ET_{mi} \leqslant 0.5$ 时是有效的，但它仅考虑了某一阶段缺水对产量的影响，该模型还不能直接用于缺水条件下的灌溉决策。

在不同的生育阶段缺水对产量的影响的方式很复杂，最简单的形式就是假定在每一个生育阶段缺水对产量的影响是相互独立的，几个阶段缺水对产量的影响通过这些影响的相加或相乘的方式进行综合。几种比较著名的时间水分生产函数列于表 2-11。一些研究表明，时间水分生产函数的相加和相乘模式估算的作物产量均在一合理的范围内，它们可有效地用于灌溉优化模型中，但时间水分生产函数的参数具有地区特性，在不同地区应合理确定其参数值。

表 2-11                                    一些著名的时间水分生产函数

| 模型类型 | 模型名称 | 时间水分生产函数 |
|---|---|---|
| 相加模型 | Stewart 模型 | $Y/Y_m = 1 - \sum\limits_{i=1}^{n} K_{yi}(1-ET_i/ET_{mi})$ |
|  | Blank 模型 | $Y/Y_m = \sum\limits_{i=1}^{n} K_{yi}(ET_i/ET_{mi})$ |
|  | Singh 模型 | $Y/Y_m = 1 - \sum\limits_{i=1}^{n} K_{yi}\left[1-\left(1-\dfrac{ET_i}{ET_{mi}}\right)^{b_i}\right]$ |
| 相乘模型 | Jensen 模型 | $Y/Y_m = \prod\limits_{i=1}^{n} (ET_i/ET_{mi})^{\lambda_i}$ |
|  | Minhas 模型 | $Y/Y_m = \prod\limits_{i=1}^{n}\left[1-(1-ET_i/ET_{mi})^2\right]^{\lambda_i}$ |
|  | Rao 模型 | $Y/Y_m = \prod\limits_{i=1}^{n}\left[1-K_{yi}(1-ET_i/ET_{mi})\right]$ |

**注**  $K_{yi}$ 为作物缺水敏感系数，$\lambda_i$ 为缺水敏感指数。

目前最常用的是 Blank 模型和 Jensen 模型。一般认为相加模式有两个缺陷，其一是对实际中常出现的 $Y/Y_m$ 与 $ET/ET_m$ 之间的非线性关系无法解释；其二是认为各生育阶段缺水对产量的影响是相互独立的，这与实际是不相符的。实际上作物在某个阶段缺水时，不仅对本阶段的生长有影响，而且还会影响到以后各阶段的生长，最终导致产量的降低。相乘模型克服了上述缺陷，在我国得到了广泛的应用。表 2-12 列出了河南郑州郊区夏玉米、内蒙古凉城春小麦、安徽宿县冬小麦、山西夹马口棉花以及湖北中稻等作物 Jensen 模型缺水敏感指数。

必须指出的是，Jensen 模型中的缺水敏感指数 $\lambda_i$ 值，不仅随各种作物的不同生育阶段变化，而且也随地区、年份不同而变化，因此既不能将某一地区的 $\lambda_i$ 值照搬到其他地区使用，也不能在同一地区的不同年份使用同一大小的 $\lambda_i$ 值。现有的作物水分生产模型都是在一定的土壤、气象、农业技术等条件下，寻找水与产量之间的关系，如果水以外的其他因素发生变化，则敏感指数 $\lambda_i$ 值也随之变化。

**表 2-12** 几种作物的缺水敏感指数

| 作物 | 站名 | 缺水敏感指数 $\lambda_i$ | | | | | 资料年份 |
| --- | --- | --- | --- | --- | --- | --- | --- |
| | | $\lambda_1$ | $\lambda_2$ | $\lambda_3$ | $\lambda_4$ | $\lambda_5$ | |
| 夏玉米 | 郑州郊区 | 0.1849 定苗－拔节 | 0.2483 拔节－抽雄 | 0.5879 抽雄－灌浆 | 0.2871 灌浆－收获 | | 1984 |
| 春小麦 | 内蒙古凉城 | 0.0120 出苗－分蘖 | 0.2309 分蘖－拔节 | 0.4186 拔节－抽穗 | 0.6460 抽穗－乳熟 | 0.3284 乳熟－成熟 | 1984 |
| 冬小麦 | 安徽宿县 | 0.2675 出苗－越冬 | 0.0613 越冬－返青 | 0.3765 返青－拔节 | 0.5951 拔节－灌浆 | 0.2918 乳熟－成熟 | 1981~1984 |
| 棉花 | 山西马夹口 | 0.3126 播种－现蕾 | 0.1197 现蕾－开花 | 0.6495 开花－吐絮 | 0.3819 吐絮－收获 | | 1979~1983 |
| | 甘肃民勤 | 0.245 播种－现蕾 | 0.172 现蕾－开花 | 0.469 开花－吐絮 | 0.063 吐絮－收获 | | 1991~1992 |
| 中稻 | 湖北障河 | 0.0358 返青－分蘖末 | 1.3871 拔节－孕穗 | 1.2754 抽穗－开花 | | | 1988 |
| 双季早稻 | 广西桂林 | 0.0854 返青－分蘖 | 0.3137 分蘖－孕穗 | 0.6287 孕穗－抽穗 | 0.2977 抽穗－乳熟 | | 1992~1993 |
| 双季晚稻 | 广西桂林 | 0.2092 返青－分蘖 | 0.4888 分蘖－孕穗 | 0.2061 孕穗－抽穗 | 0.0588 抽穗－乳熟 | | 1988~1993 |

**【例 2-3】** 已知玉米全生育期从 5 月 1 日到 8 月 31 日（123d）。各生育阶段的天数及最大需水量见表 2-13。试分析下列几种情况下的产量损失：①全生育期缺水 85mm，并均匀地分布在整个生长期；②拔节－抽雄期缺水 85mm，其他阶段不缺水；③抽雄－灌浆期缺水 85mm，其他阶段不缺水。

表 2-13　　　　　　　　某地区玉米的各生育阶段的需水量和缺水敏感系数

| 生育阶段 | 定苗—拔节 | 拔节—抽雄 | 抽雄—灌浆 | 灌浆—收获 | 全生育期 |
|---|---|---|---|---|---|
| 天数（d） | 25 | 30 | 30 | 38 | 123 |
| 最大需水量（mm） | 90 | 192 | 285 | 273 | 840 |
| 缺水敏感系数 | 0.18 | 0.25 | 0.59 | 0.29 | 0.86 |

**解:**（1）全生育期缺水 85mm，并均匀地分布在整个生长期，则

$$1-ET_i/ET_m=1-(840-85)/840=0.1$$

已知 $K_y=0.86$，由公式 $1-Y/Y_m=K_y(1-ET/ET_m)$ 得

$$Y/Y_m=91.4\%$$

（2）拔节—抽雄期缺水 85mm，其他阶段不缺水。

$$1-ET_2/ET_{m2}=1-(192-85)/192=0.44$$

已知 $K_{y3}=0.25$，由公式 $1-Y/Y_m=K_{yi}(1-ET_i/ET_{mi})$ 得

$$Y/Y_m=89.0\%$$

（3）抽雄—灌浆期缺水 85mm，其他阶段不缺水，则

$$1-ET_3/ET_{m3}=1-(285-85)/285=0.3$$

已知 $K_{y3}=0.59$，由公式 $1-Y/Y_m=K_{yi}(1-ET_i/ET_{mi})$ 得

$$Y/Y_m=82.3\%$$

由以上几种情况计算结果可见，相同的缺水量发生在不同生育阶段，对产量的影响并不同，缺水发生于缺水敏感系数较大的阶段对产量的影响较大。因此，在供水总量不足时，应优先保证缺水敏感系数较大的生育阶段的需水要求。

与此类似，在相同时段内，有限水量在不同的作物间分配时，也应优先保证缺水敏感系数较大的作物的需水要求。

# 2.4　节 水 型 灌 溉 制 度

## 2.4.1　作物生育期灌溉制度概述

作物的灌溉制度是指为了达到满足作物生长需要而制定的适时适量进行灌溉的方案。灌溉制度的内容一般包括作物播前（水稻插秧前）及全生育期内的灌水次数、灌水时间、灌水定额和灌溉定额。灌水定额是指一次灌水单位灌溉面积上的灌水量，灌水定额的单位可采用 $m^3/$亩、$m^3/hm^2$ 或 mm，其换算关系为：$1m^3/$亩$=1.5mm$，$1m^3/hm^2=0.1mm$，$1mm=0.667m^3/$亩$=10m^3/hm^2$。生育期内各次灌水的灌水定额之和称为灌溉定额，生育期内灌溉定额与播前灌水定额（水稻泡田定额）之和称为总灌溉定额。

万亩以上灌区应采用时历年法确定历年各种主要作物的灌溉制度，根据灌溉定额的频率分析选出几个符合设计保证率的年份，以其中灌水分配过程不利的一年为典型年，以该年的灌溉制度作为设计灌溉制度。时历年系列不宜少于 30 年，灌区的降水、土壤、水文地质条件有较大差异时，应分区确定灌溉制度。万亩及万亩以下灌区确定灌溉设计保证率时，可根据降水的频率分析选出 2～3 个符合设计保证率的年份，拟定其灌溉制度，以其中灌水分配过程不利的一年为典型年，以该年的灌溉制度作为设计灌溉制度。

确定灌溉制度的方法有以下 3 种。

（1）总结群众丰产灌水经验。群众在长期的灌溉实践中，积累了许多丰产灌水经验，这些经验是制定灌溉制度的重要依据。

（2）根据灌溉试验资料确定灌溉制度。我国许多地区设置了农田水利试验站或灌溉试验站，这些试验站积累了丰富的灌溉制度试验成果，因此可以参考这些试验成果确定灌溉制度。需要注意的是，试验成果的应用需考虑适用条件，不能盲目照搬。

（3）根据水量平衡原理分析制定灌溉制度。根据水量平衡原理分析制定作物灌溉制度时，一定要参考群众的丰产灌水经验和灌溉试验资料。即这 3 种方法结合起来，所制定的灌溉制度才比较完善。

下面介绍根据水量平衡法制定旱作物和水稻灌溉制度的方法。

### 2.4.2 旱作物灌溉制度

#### 2.4.2.1 旱作物播前灌溉水定额

播前灌水定额可根据当地耕作经验确定，也可根据式（2-38）进行计算。

$$M_1 = 100\gamma H(\theta_{\max} - \theta_0) \tag{2-38}$$

式中：$M_1$ 为播前灌水定额，$m^3/hm^2$；$\gamma$ 为 $H$ 深度内的土壤平均密度，$t/m^3$；$H$ 为土壤计划湿润层深度，根据作物主要根系活动层深度确定，m；$\theta_{\max}$ 为 $H$ 深度内土壤田间持水率（以占干土重的百分比计）；$\theta_0$ 为 $H$ 深度内播前土壤平均含水率（以占干土重的百分比计）。

#### 2.4.2.2 旱作物生育期灌溉制度

1. 生育期水量平衡方程

旱作物田间水量平衡方程是反映某时段内计划湿润层中储水量消长情况的，时段长一般采用旬或 5d；计划湿润层是指计划要控制和调节土壤含水量的土层，一般旱作物初期计划湿润层深为 0.3～0.4m，中后期计划湿润层深为 0.4～0.8m。在旱作物生长的任何一个时段内，土壤计划湿润层内的水量消长可采用式（2-39）水量平衡方程表示。

$$W_2 = W_1 + P_0 + K + W_g + m - ET - f \tag{2-39}$$

式中：$W_1$、$W_2$ 为时段初、末计划湿润层内的储水量，$m^3/$亩；$P_0$ 为降水入渗水量，$m^3/$亩；$K$ 为时段内地下水补给量，$m^3/$亩；$W_g$ 为时段内由于计划湿润层加深而增加的水量，$m^3/$亩；$m$ 为时段内灌水量，$m^3/$亩；$ET$ 为时段内作物田间需水量（腾发量），$m^3/$亩；$f$ 为时段内深层渗漏量，$m^3/$亩。

式（2-37）中 $ET$ 按 2.2 节介绍的方法计算确定，$m$ 和 $f$ 是待定值，因此下面仅对 $P_0$、$K$ 和 $W_g$ 作进一步说明。

（1）降水入渗水量 $P_0$。降水入渗水量可按式（2-40）计算。

$$P_0 = 0.667\alpha P \tag{2-40}$$

式中：$\alpha$ 为降水入渗系数；$P$ 为实际降水量，mm。

降水入渗系数大小与降水强度、土壤性质和地形地貌等因素有关。在实际应用中，一般仅根据降水量大小确定。根据经验：$P < 5mm$ 时，$\alpha = 0$；$5 < P \leqslant 50mm$ 时，$\alpha = 1.0～0.80$；$P > 50mm$ 时，$\alpha = 0.7～0.8$。

（2）地下水补给量 $K$。地下水补给量是指地下水借助土壤毛细管作用上升至作物根系活动层，可被作物利用的水量。地下水补给量与地下水埋深、土壤性质、作物种类、计划湿润层含水量有关。由于地下水位是经常变化的，各生育阶段计划湿润层深也不一定相同，因此地下水补给量也不是一个常数，一般通过试验确定。

（3）因计划湿润层加深而增加的水量 $W_g$。在作物生育期的初期，随着作物根系的加深，计划湿润层的深度也是逐渐加深的，这样可以利用一部分深层土壤原有的储水量，这部分增加的储水量可以按式（2-41）计算。

$$W_g = 667\gamma(H_2 - H_1)\bar{\theta} \tag{2-41}$$

式中：$\gamma$ 为土壤干密度，$t/m^3$；$H_1$、$H_2$ 为时段初、末计划湿润层深度，m；$\bar{\theta}$ 为 $(H_2 - H_1)$ 土层中平均含水率（以占干土重的百分比计），取土壤时段初和时段末计划湿润层内含水率的平均值。

2. 旱作物生育期灌溉制度

为了满足农作物正常生长的需要，各时段土壤计划湿润层的储水量应保持在一定的适宜范围，即要求不小于土壤适宜储水量下限（$W_{min}$），也不大于土壤适宜储水量上限（$W_{max}$）。$W_{min}$ 和 $W_{max}$ 按式（2-42）、式（2-43）计算。

$$W_{min} = 667\gamma H\theta_{min} \tag{2-42}$$

$$W_{max} = 667\gamma H\theta_{max} \tag{2-43}$$

式中：$H$ 为计划湿润层深度，m；$\theta_{min}$ 为适宜含水率下限（以占干土重的百分比计）；$\theta_{max}$ 为适宜含水率上限（以占干土重的百分比计）。

一般适宜含水率下限不小于凋萎系数，适宜含水率上限不大于田间持水率，适宜含水率下限和上限越靠近作物最佳含水率，越有利于作物的生长，但是灌水越频繁，因此应根据具体情况确定适宜含水率上限、下限。表2-14给出了冬小麦和棉花的计算湿润层深度和适宜含水率，可供参考。

表 2-14　　　　　冬小麦和棉花土壤计划湿润层深度和适宜含水率

| 作物种类 | 生育阶段 | 土壤计划湿润层深度（m） | 土壤适宜含水率（以田间持水率的百分数计）（%） |
|---|---|---|---|
| 冬小麦 | 出苗 | 0.3~0.4 | 45~60 |
| | 三叶 | 0.3~0.4 | 45~60 |
| | 分蘖 | 0.4~0.5 | 45~60 |
| | 拔节 | 0.5~0.6 | 45~60 |
| | 抽穗 | 0.5~0.8 | 60~75 |
| | 开花 | 0.6~1 | 60~75 |
| | 成熟 | 0.6~1 | 60~75 |
| 棉花 | 幼苗 | 0.3~0.4 | 55~70 |
| | 现蕾 | 0.4~0.6 | 60~70 |
| | 开花 | 0.6~0.8 | 70~80 |
| | 吐絮 | 0.6~0.8 | 50~70 |

在推算灌溉制度时，先假设该时段不需灌溉，也没有深层渗漏，则时段末的计划湿润层中的储水量为

$$W_2 = W_1 + P_0 + K + W_g - ET \tag{2-44}$$

若 $W_2 \leqslant W_{\min}$，则本时段需进行灌水，灌水定额为 $m = W_{\max} - W_2$，实际应用时一般对 $m$ 适当取整，例如，若计算得 $m = 32.5 \mathrm{m}^3/$ 亩，可取 $30 \mathrm{m}^3/$ 亩。灌水后该时段末的计划湿润层中的储水量为 $W_2' = W_2 + m$。

若 $W_2 > W_f$（田间持水量），则会发生深层渗漏，渗漏量为 $f = W_2 - W_f$，一般假定渗漏过程在本时段完成，则该时段末的计划湿润层中的储水量为 $W_2 = W_f$。

若 $W_{\min} < W_2 \leqslant W_f$，则不需灌水，也不发生深层渗漏，直接进入下一时段。

**【例 2-4】**　计算某地区棉花现蕾期和开花结铃期灌溉制度。已知该地区土壤为砂壤土，田间持水率为 38%（体积含水率），凋萎系数为 18.8%（体积含水率）。地下水埋深较深，可不考虑地下水补给量。棉花全生育期分 4 个生育阶段，即分为幼苗期、现蕾期、开花结铃期和吐絮期。现蕾期和开花结铃期计划湿润层深见表 2-16，适宜含水率上限和下限分别为田间持水率的 90% 和 65%。现蕾期初计划湿润层储水量为 76.08 $\mathrm{m}^3/$ 亩。

棉花的基本作物系数 $K_{cb}$ 根据表 2-6 确定。本地区中等风力，幼苗期基本作物系数取 0.25，现蕾期基本作物系数由 0.25 增加到 1.05，开花结铃期基本作物系数恒为 1.05，吐絮期基本作物系数由 1.05 降至 0.65。现蕾期各旬基本作物系数由线性内插确定。

水分胁迫系数 $K_s$ 根据式（2-28）和式（2-29）确定。根区土壤有效水百分比的临界值 $\lambda_c$ 取 50%。本例以旬为时段进行计算，计算本旬 $K_s$ 需要本旬的土壤实际含水率，而在计算 $K_s$ 前本旬的土壤实际含水率未知值，因此在理论上需要试算。为避免复杂的试算，在计算 $K_s$ 时，可近似以上旬末土壤含水率作为本旬的土壤含水率。

反映降雨或灌水后湿土蒸发增加对作物系数影响的系数 $K_w$ 根据式（2-31）计算。取 $F_w = 1.0$，本地区降雨或灌水发生的间隔大约为 15d，则由表 2-9 得 $A_f = 0.128$。基本作物系数大于 1 时，不考虑 $K_w$，即 $K_w = 0$。

确定 $K_{cb}$、$K_s$、$K_w$ 后，按式（2-26）和式（2-27）计算作物需水量。

因计划湿润层加深而增加的储水量按式（2-41）计算。土壤平均含水率也需通过计算确定，为简化计算，近似以上旬末的土壤含水率作为本旬初、末土壤含水率平均值。

旬末储水量按式（2-44）计算。根据计算结果判断是否需要灌水或是否发生深层渗漏，若需灌水，则确定灌水定额；若发生深层渗漏，则确定深层渗漏量，最后确定旬末计划湿润层实际储水量和实际含水率。

现蕾期和开花结铃期灌溉制度计算成果见表 2-15。表中 $H$ 为计划湿润层深；$W$ 为时段末计划湿润层内储水量，$\theta$ 为与 $W$ 对应的土壤含水率（以占土壤体积的百分比计）；$m$ 为灌水定额；$f$ 为深层渗漏量；其他符号意义同前。根据计算结果，7 月 1~5 日和 8 月 1~5 日各灌一次水，灌水定额分别为 35 $\mathrm{m}^3/$ 亩、40 $\mathrm{m}^3/$ 亩，8 月 11~15 日期间，发生渗层渗漏，渗层渗漏量为 7.05 $\mathrm{m}^3/$ 亩。

各表中的 $K_s$ 和因计划湿润层加深而增加的含水量均通过试算确定，请读者尝试采用近似计算方法，并比较计算结果的差异。

表 2－15

棉花灌溉制度计算表

| 生育期 | 日期（日/月） | 天数（d） | H（m） | W_max（m³/亩） | W_min（m³/亩） | ET_0（mm/d） | K_cb | K_s | K_g | ET（m³/亩） | W（m³/亩） | P_0（m³/亩） | W（m³/亩） | θ（%） | m（m³/亩） | f（m³/亩） |
|---|---|---|---|---|---|---|---|---|---|---|---|---|---|---|---|---|
| (1) | (2) | (3) | (4) | (5) | (6) | (7) | (8) | (9) | (10) | (11) | (12) | (13) | (14) | (15) | (14) | (15) |
| | 17/6～20/6 | 4 | 0.46 | 104.93 | 68.21 | 4.6 | 0.33 | 0.57 | 0.09 | 3.33 | 1.65 | | 74.41 | 24 | | |
| | 21/6～25/6 | 5 | 0.47 | 107.21 | 69.69 | 4.6 | 0.42 | 0.69 | 0.07 | 5.59 | 1.66 | 9.20 | 79.68 | 25 | | |
| | 26/6～30/6 | 5 | 0.48 | 109.49 | 71.17 | 4.6 | 0.52 | 0.52 | 0.06 | 5.08 | 1.64 | | 76.24 | 24 | | |
| | 1/7～5/7 | 5 | 0.49 | 111.78 | 72.65 | 5.5 | 0.61 | 1.00 | 0.05 | 12.14 | 1.82 | | 100.93 | 31 | 35 | |
| 现蕾期 | 6/7～10/7 | 5 | 0.5 | 114.06 | 74.14 | 5.5 | 0.71 | 0.88 | 0.04 | 12.06 | 1.94 | | 90.80 | 27 | | |
| | 11/7～15/7 | 5 | 0.51 | 116.34 | 75.62 | 5.5 | 0.80 | 0.93 | 0.03 | 14.10 | 1.83 | 15.70 | 94.23 | 28 | | |
| | 16/7～20/7 | 5 | 0.52 | 118.62 | 77.10 | 5.5 | 0.90 | 0.61 | 0.01 | 10.33 | 1.75 | | 85.64 | 25 | | |
| | 21/7～25/7 | 5 | 0.53 | 120.90 | 78.59 | 5.5 | 0.99 | 0.76 | 0.00 | 13.79 | 1.69 | 18.60 | 92.15 | 26 | | |
| | 26/7～28/7 | 3 | 0.54 | 123.18 | 80.07 | 5.5 | 1.05 | 0.71 | 0.00 | 8.22 | 1.72 | 6.70 | 92.35 | 26 | | |
| | 29/7～31/7 | 3 | 0.55 | 125.46 | 81.55 | 5.5 | 1.05 | 0.53 | 0.00 | 6.18 | 1.65 | | 87.82 | 24 | | |
| 开花结铃期 | 1/8～5/8 | 5 | 0.56 | 127.74 | 83.03 | 5.3 | 1.05 | 1.00 | 0.00 | 18.56 | 1.79 | | 111.05 | 30 | 40 | |
| | 6/8～10/8 | 5 | 0.57 | 130.02 | 84.52 | 5.3 | 1.05 | 1.00 | 0.00 | 18.56 | 2.02 | 23.20 | 117.72 | 31 | | |
| | 11/8～15/8 | 5 | 0.58 | 132.31 | 86.00 | 5.3 | 1.05 | 1.00 | 0.00 | 18.56 | 2.30 | 52.60 | 147.01 | 38 | | 7.05 |
| | 16/8～20/8 | 5 | 0.59 | 134.59 | 87.48 | 5.3 | 1.05 | 1.00 | 0.00 | 18.56 | 2.38 | | 130.82 | 33 | | |
| | 21/8～26/8 | 6 | 0.60 | 136.87 | 88.96 | 5.3 | 1.05 | 0.95 | 0.00 | 21.14 | 2.04 | | 111.72 | 28 | | |

### 2.4.3 水稻灌溉制度
#### 2.4.3.1 泡田定额

水稻移栽前必须先进行泡田，泡田定额与土壤质地、前期土壤含水量、泡田期有无降雨及地下水埋深等许多因素有关，宜根据当地水稻灌溉试验资料确定。一般泡田定额为 $70\sim160\text{m}^3/$亩，土壤黏性重、地下水埋藏浅，则泡田定额较小；反之，土壤砂性重，地下水埋藏深，则泡田定额较大。另外，早稻泡田定额较大，中、晚稻泡田定额较小。

#### 2.4.3.2 淹灌条件下水稻灌溉制度

1. 水量平衡方程

水稻田水量水平衡方程是反映某时段内水田水层消长情况的，时段长一般采用1d。在水稻生长的任何一个时段内，水田水层消长可采用式（2-45）水量平衡方程表示。

$$h_2=h_1+P+m-ET-f-d \tag{2-45}$$

式中：$h_1$、$h_2$ 为时段初、末田间水层深，mm；$P$ 为时段内降水量，mm；$m$ 为时段内灌水量，mm；$ET$ 为时段内田间耗水量，mm；$f$ 为时段内深层渗漏量，mm；$d$ 为时段内排水量，mm。

式（2-45）中 $ET$ 仍按 2.2 节介绍的方法计算确定，渗漏量可根据群众经验或当地试验资料确定。

2. 淹灌条件下水稻生育期灌溉制度

水稻生育期内灌溉制度通过逐时段水量平衡计算确定。为了满足水稻正常生长的需要，各时段田间水层应保持在一定的适宜范围，即要求不小于适宜水层深下限（$h_{min}$），也不大于适宜水层深上限（$h_{max}$），但在雨后，为充分利用降雨，一般允许水田适当深蓄，即雨后水田水深可以达到雨后允许滞蓄水深（$h_p$）。表 2-16 给出了水稻的适宜水层深度下限、适宜水层深上限和雨后允许滞蓄水深。

表 2-16　水稻各生育阶段适宜水层深度下限—适宜水层深上限—雨后允许滞蓄水深　　单位：mm

| 生育阶段 | 作物 | | |
|---|---|---|---|
| | 早稻 | 中稻 | 双季晚稻 |
| 返青 | 5—30—50 | 10—30—50 | 20—40—70 |
| 分蘖前 | 20—50—70 | 20—50—70 | 10—30—70 |
| 分蘖末 | 20—50—80 | 30—60—90 | 10—30—80 |
| 拔节孕穗 | 30—60—90 | 30—60—120 | 20—50—90 |
| 抽穗开花 | 10—30—80 | 10—30—100 | 10—30—50 |
| 乳熟 | 10—30—60 | 10—20—60 | 10—20—60 |
| 黄熟 | 10—20 | 落干 | 落干 |

在推算灌溉制度时，先假设该时段不需灌溉，也没有排水，则时段末的水层深为

$$h_2 = h_1 + P - ET - f \tag{2-46}$$

若 $h_2 \leqslant h_{\min}$，则需进行灌水，灌水定额为 $m = h_{\max} - h_2$，实际灌溉时，宜对计算的灌水定额适当取整，若计算得 $m = 34\text{mm}$，则宜取 $m = 30\text{mm}$。灌水后该时段末的水层深为 $h'_2 = h_2 + m$。

若 $h_2 > h_p$，则需进行排水，排水量为 $d = h_2 - h_p$，一般假定排水在本时段末完成，则该时段末水田水层深为 $h_2 = h_p$。

若 $h_{\min} < h_2 \leqslant h_p$，则不需灌水，也不需排水，直接进入下一时段。

**3. 淹灌与湿润灌相结合条件下的水稻灌溉制度**

上面介绍了在水稻实行传统淹灌，即自插秧到黄熟落干前始终维持一定水层（除晒田外）情况下灌溉制度的计算方法。由于水资源短缺的问题愈来愈突出，许多水稻种植区正在推广节水灌溉技术。水稻节水灌溉的主要特征是淹灌与湿润灌溉相结合。一般在返青期和孕穗抽穗期需维持一定深的水层，其他阶段不必维持水层，只需保持一定的土壤含水率即可。

淹灌与湿润灌相结合的灌水方法简称为浅湿灌溉（或间歇灌溉）。在采用浅湿灌溉时，田间时有水层、时无水层，水分状况深、浅、湿、干变化频繁。在实际应用时，可根据土壤质地、地下水位高低、土壤肥力、作物生育阶段等情况，可采取重度间断灌水或轻度间断灌水（见图2-7）。浅湿灌溉明显不同于传统的淹灌，因此上述适于淹灌的计算灌溉制度的方法便不适用。

浅湿灌溉过程可分解为若干个灌水周期，每个灌水周期都包括一个浅水层阶段和一个无水层的湿润阶段，灌溉时间取决于土壤所允许的最小含水率指标，即土壤水分控制指标。从浅水层耗尽到土壤水分继续减少到预定指标时则需灌水，灌水定额可按式（2-47）表示。

$$m = 0.667 H\gamma\theta(1-n) + 0.667h \tag{2-47}$$

式中：$m$ 为灌水定额，$\text{m}^3/\text{亩}$；$h$ 为计划建立水层深，$\text{mm}$；$H$ 为计划湿润层深度，一般为水稻主要根系分布层厚度，约 $200 \sim 400\text{mm}$；$\gamma$ 为土壤干密度，$\text{t/m}^3$；$\theta$ 为土壤饱和含水率（以占土重的百分比计）；$n$ 为土壤含水率下限指标，以饱和含水率的百分比表示。

式（2-47）中第一项表示泡和土壤所需的水量，第二项表示建立规定的水层所需水量。

设有水层阶段平均耗水强度（包括腾发和渗漏）为 $e_1(\text{mm/d})$，无水层阶段平均耗水强度为 $e_2(\text{mm/d})$，则理论上一个灌水周期（两次灌水间隔时间）为

$$t = \frac{h + \alpha_1 P_1}{e_1} + \frac{H\theta(1-n) + \alpha_2 P_2}{e_2} \tag{2-48}$$

式中：$\alpha_1$、$\alpha_2$ 分别为有水层期间和无水层期间的降雨有效利用系数；$P_1$、$P_2$ 分别为有水层期间和无水层期间的降雨量，$\text{mm}$。

无水层阶段耗水强度影响因素较多，前期土壤含水率大于田间持水率，耗水强度中包括田间渗漏量，即田间耗水强度＝腾发强度＋渗漏强度；后期土壤含水率小于田间持水率时，不再考虑田间渗漏量，且需扣除地下水补给量，即田间耗水强度＝腾发

强度一地下水日补给量。实际应用时，宜根据当时试验观测资料确定，即在观测无水层阶段初期、中期和后期分别观测实际耗水强度，并取平均值。

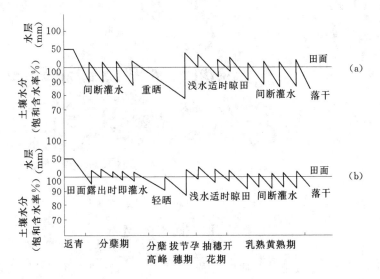

图 2-7 浅湿灌溉田间水分状况控制模式示意图

(a) 重度间断灌水；(b) 轻度间断灌水

【例 2-5】 设某灌水周期内无雨，计划灌水层 0~30mm，自然落干至土壤水分为饱和含水量的 80% 时再行灌水。已知 20cm 土层平均土壤密度为 1.5 t/m³，土壤饱和含水率为 40%，有水层阶段耗水强度 $e_1$ 为 9mm/d，无水层阶段的平均耗水强度 $e_2$ 为 6mm/d，试计算灌水定额和灌水周期。

**解**：根据已知基础数据，由式 (2-47) 和式 (2-48) 得

灌水定额

$$m = 0.667 \times 30 + 0.667 \times 200 \times 1.5 \times 40\% \times (1-80\%) = 36 (\text{m}^3/\text{亩})$$

灌水周期

$$t = \frac{30}{9} + \frac{200 \times 1.5 \times 40\% \times (1-80\%)}{6} = 7.3(\text{d})$$

设灌水周期开始时降雨 5mm，在湿润期间又降雨 10mm，降雨有效利用系数均为 1，则此时

$$m = 0.667 \times (30 - 1 \times 5) + 0.667 \times [200 \times 1.5 \times 40\% \times (1-80\%) - 1 \times 10]$$

$$= 26(\text{m}^3/\text{亩})$$

$$t = \frac{30 + 1 \times 5}{9} + \frac{200 \times 1.5 \times 40\% \times (1-80\%) + 1 \times 10}{6} = 9.6(\text{d})$$

按上述方法算得的各次灌水定额之和即为灌溉定额。

# 第3章

## 地面节水灌溉理论与技术

## 3.1 概　　述

地面灌具有不需要能源、适应性强、投资少、运行费用低、操作和管理方便等特点。所以，地面灌溉仍是世界上，特别是发展中国家广泛采用的一种灌水方法，目前采用地面灌溉技术的灌溉面积约占全世界总灌溉面积的 90％以上，我国则有 97％以上的灌溉面积仍采用地面灌水技术。

第九届国际灌排会议认为"灌水方法和灌水技术的选择，是一个综合性的农业问题和社会经济问题"。灌溉技术的选择必须因地制宜，适合当地条件才能发挥其潜在效益。因此，一个国家或一个地区，重点发展哪种灌水方法，对实现节水灌溉至关重要。它取决于这个国家或地区的自然条件、水资源条件、技术因素和社会因素等，只有在综合分析论证基础上才能选定。自然条件主要包括土地条件和气候条件，水资源条件主要考虑缺水程度，技术因素主要指各灌水技术和管理技术水平等，社会因素主要指发展灌溉的经济实力、灌溉发展基础和作物布局等。在国外，无论是发达国家还是发展中国家，都对发展节水灌溉的宏观决策十分重视，结合本国的特点确定不同的发展模式。如印度和巴基斯坦等国灌溉规模大，以引地表水为主，且因国力有限，重点发展地面灌水技术。以色列、沙特阿拉伯和阿曼等国，灌溉规模较小，水资源短缺，但经济实力很强，基本上全部采用的是喷灌和微灌灌水方法。即使像美国这样经济实力及技术发达的国家，目前仍有一半以上的灌溉面积采用地面灌溉。同时又投入很大的人力和物力去研究和发展新型的地面节水灌溉技术，进一步达到节约用水、提高灌水质量的目的。根据我国的自然条件、水资源条件、技术因素和社会因素等综合分析来看，在当前我国能源短缺、经济实力不足、技术管理水平较低的广大农村，大面积推广应用喷、微灌技术还受到很大的限制。因此，在当前和今后较长一段时间内，我国应该以大力研究和推广节水型地面灌溉技术为主，对自然条件不适合地面灌溉技术又需要灌溉的粮食作物和经济作物，适当发展喷、微灌技术。

近年来，人们在生产实践的基础上，对传统地面灌溉技术进行了研究和改进，提出了节水型地面灌水技术，如小畦灌、长畦分段灌、隔沟灌、细流沟灌、覆膜灌、水平畦灌、波涌灌等。特别是 20 世纪 80 年代初以来，首先在美国发展起来的波涌灌技术，它改变了传统沟、畦灌的灌水技术，被称为是 20 世纪 80 年代地面灌溉技术的一大突破。波涌灌既克服了传统地面灌水技术的缺点，又兼有喷、微灌的一些优点，特别适宜于旱作农田节水地面灌溉。

## 3.2 地面节水灌溉理论简介

### 3.2.1 地面灌溉田面水流推进与消退过程

地面灌溉是通过灌溉水在田面上的流动与向土壤中下渗同时完成的。灌溉水由田间渠沟或管道连续进入田块后，沿田面的纵方向推进，并形成一个明显的湿润锋，即水流推进的前锋。水流边向前推进，边向土壤中下渗，也即灌溉水流在继续向前推进的同时就伴随有向土壤中的下渗。一般当湿润前锋到达田块尾端或到达田块某一距离，并已到达所要求的灌水量时即停止向田块放水。此时，田面水流将继续向田块尾端流动，田面水流深度不断下降，向土壤内下渗的水量逐渐增加，而且田块首端水层首先下降至零，地表面形成一落干锋面，该锋面位置与时间的关系称为消退曲线，水流消退位置随田面水流和土壤入渗向下游移动，直至田块尾端或在田块某距离处与湿润锋相遇。当田面已完全无水时，田间水流全部渗入土壤转化为土壤水，灌水过程结束。地面灌溉水流推进与消退过程如图 3-1 所示。因此，地面灌溉水流推进、消退与下渗是一个随时间而变化的复杂过程。

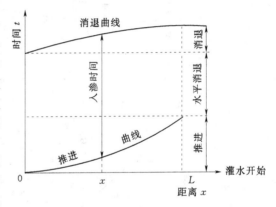

图 3-1 地面灌溉水流推进与消退过程示意图

地面灌溉水流运动特性通常可采用地面灌溉田间试验和理论分析两类方法确定。开展地面灌溉田间试验的目的，是针对一定的作物，根据当地条件，选择具有代表性的地块，采用小区或实际大田灌水对比试验的方法进行实地灌水，以探求作物省水、高产、低成本和高效益的地面畦、沟等地面灌水技术及其灌水技术要素最优组合。在进行地面灌水的过程中，应针对每个试验区，准确观测向田间开始供水的时间和引入流量；准确观测田面水流到达各测点距离的时间，即到达各水流推进长度处的推进时间以及相应的水流深度和水流由各测点消退的时间。同时，还应在放水前和灌水 0.5d（对于砂土、砂壤土）后或灌水 1d（对于壤土、黏土）后，对应于水流推进各个测点，从地面起至计划湿润土层深度，每隔 10～20cm 深度分层测定土壤含水量，以便绘制入渗水量分布图。此外，还应在灌水试验前，在灌水试验区内，选择典型位置进行土壤入渗试验。如图 3-2 所示，根据灌水试验观测资料，从水流进入田间首部开始，把对应于水流推进时间 $t_1$、$t_2$、$t_3$、…的水流推进距离 $x_1$、$x_2$、$x_3$、…绘于

图 3-2 中，就是水流推进曲线，再把田面停止供水后，相应于水流推进距离 $x_1$、$x_2$、$x_3$、…各点处的水流消退时间也绘于图 3-2 中，就得到水流消退曲线。任意距离 $x$ 处的消退时间减去该点处的推进时间，就是这个测点的土壤入渗时间，从而可根据入渗公式确定该点处的土壤入渗水量。从图 3-2、图 3-3 可以看出，若水流推进曲线与消退曲线平行，则说明沿田面纵向各点的灌水入渗时间相等，这表示该灌水方案灌水均匀度高，灌水质量好。如果将土壤入渗水量随时间的变化过程线（即累积入渗曲线）绘于图 3-3 的第三象限中，则可由虚线箭头方向得到地面上任意一点的入渗水量数值，并由入渗水量剖面可以确定其入渗水量分布的均匀度。

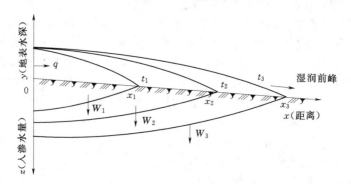

图 3-2　地面灌溉水流推进过程

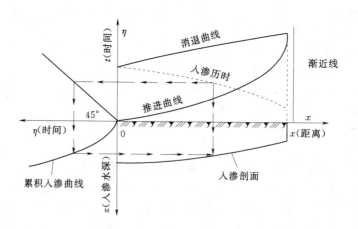

图 3-3　地面灌溉水流运动图解法

### 3.2.2　地面灌溉水流运动的数学模型

影响地面灌溉水流运动的因素很多，而且各因素间关系复杂。因此，要进行全面田间灌水试验，试验工作量很大，这就有必要采取理论分析方法计算得出地面灌溉田面水流推进曲线和消退曲线及田面土壤的入渗量曲线，从而对灌水质量作出评价。

地面灌溉田面水流属于渗透底板上的明渠非恒定流。描述地面灌溉水流运动的数学模型主要有：①流体力学的完全水流动力学模型；②零惯性量模型；③运动波模型；④水量平衡模型。

这 4 种模型都是结合地面水流运动的特性，以不同程度的假定和简化处理为基础，利用田间灌水试验资料达到验证模型的目的。

### 3.2.2.1　水量平衡模型

水量平衡模型是人们最早提出的地面灌溉水流运动数学模型，早在 1913 年 Parker 等人对地面灌水方法开始研究以来，人们首先开始采用水量平衡模型对地面灌溉水流运动进行研究。水量平衡模型是在假定田面积水深度不变，且不计蒸发损失的情况下，根据质量守恒原理，认为进入到灌水畦（沟）的总水量应等于地面积水量与土壤中蓄水量之和。即

$$Qt = \int_0^X h(s,t)\,\mathrm{d}s + \int_0^X Z(s,t)\,\mathrm{d}s \qquad (3-1)$$

式中：$Q$ 为灌水流量，$\mathrm{cm}^3/\mathrm{h}$；$t$ 为放水时间，h；$X$ 为水流推进距离，m；$h(s,t)$、$Z(s,t)$ 为地表水深和入渗水深的时空分布函数。

在已知流量 $Q$ 和地表水深及入渗水深的时空分布函数的条件下，便可以求出不同时刻的水流推进距离 $X$。

在实际应用水量平衡模型时，先假定地面积水的平均深度不变，然后在考虑入渗函数的条件下，对模型进行数值求解或者利用拉普拉斯变换求解，才能得到水流的运动规律。1983 年 Essaifi 曾运用该模型分析了波涌沟灌的进水过程，该模型实际上是用田面平均积水深度的假定代替了非恒定水流的动量方程，而未从水流运动的本质分析问题，所以此法较粗略，但由于其原理简单清晰、计算方便，很多情况下还能较合理地反映田间灌水状况。因而有时也应用此模型计算和调整地面灌水技术参数。

### 3.2.2.2　完整水流动力学模型

完整水流动力学模型以质量守恒和动量守恒为原则，它反映了明渠非恒定流的圣—维南方程（Saint-Venat Equation）。

$$\left.\begin{array}{l} \dfrac{\partial h}{\partial t} + \dfrac{\partial q}{\partial x} + i = 0 \\[2mm] \dfrac{1}{g}\dfrac{\partial v}{\partial t} + \dfrac{v}{g}\dfrac{\partial v}{\partial x} + \dfrac{\partial h}{\partial x} = s_0 - s_f + \dfrac{vi}{2gh} \\[2mm] i = \dfrac{\partial z}{\partial t} \end{array}\right\} \qquad (3-2)$$

式中：$h$ 为地表水深，m；$v$ 为地表水流平均流速，m/s；$q$ 为地表水流单宽流量，$\mathrm{m}/(\mathrm{s}\cdot\mathrm{m})$；$x$ 为田面水流推进距离，m；$i$ 为土壤入渗率，mm/s；$s_f$ 为水流运动阻力坡降；$s_0$ 为田面纵坡；$g$ 为重力加速度。

该模型是 Wilke 在 1968 年首先提出的，并首次将该模型用于研究沟灌水力学问题，接着 1972 年 Kincaid kruse、1974 年 Sakkas 和 Theodor strelkoff 等人先后利用数值求解的特征线法对该模型进行求解，用来模拟畦灌水力学问题。1977 年 Katopodes 和 strelkoff 利用特征线法对该模型进行了综合研究和评价，且结合田间实验取得了较满意的结果。1981 年 Souza 成功地模拟了沟灌的灌水全过程，1984 年 Haie.N 将该模型用于解决波涌灌的田面水力学问题，并对连续灌和波涌灌的地表水流运动模拟进行了对比。国内刘钰和惠士博于 1986 年和 1987 年利用该模型模拟了畦灌水流运动的全过程，并依据该模型结合正交试验分析求得了连续畦灌灌水技术参数的最佳

组合。

　　与水量平衡模型相比，该模型具有 3 个特点：①理论比较完善，没有人为假定、简化处理及经验参数；②对于高阶精度数值计算，其稳定性好，且精度高；③物理概念明确，能模拟水流的推进和消退阶段。该模型解法较多，但计算过程均较复杂。

### 3.2.2.3　零惯性量模型

　　该模型实际上是完全水流动力学模型的一种简化，由于在实际灌溉时，地表水深 $h$ 和水流流速 $v$ 很小，因而式（3-2）的动量方程中，局部加速度项 $\frac{\partial v}{\partial t}$、加速度项 $v\frac{\partial v}{\partial x}$ 以及 $\frac{vi}{2gh}$ 可略去不计，使模型大大简化，由此得到的模型就是零惯性量数学模型。即

$$\begin{cases} \dfrac{\partial h}{\partial t}+\dfrac{\partial q}{\partial x}+i=0 \\ \dfrac{\partial h}{\partial x}=s_0-s_f \end{cases} \tag{3-3}$$

式中符号意义同前。

　　该模型于 1977 年由 Strelkoff 与 Katopodes 提出来的，然后 Strelkoff 和 Katopodes（1977）、Clemmens（1979）等对该模型进行了研究，结果表明，在实际应用中，零惯性量模型的简化处理是合理的，且较完全水动力学模型计算简便。1983 年，Oweis 将零惯性量模型线性化使成为线性零惯性量模型，它可以同时模拟连续沟灌和波涌沟灌的水力学现象。Oweis 认为，在纵坡较小的情况下，入沟流量对进水曲线影响较大。1984 年，Wallender、W.W 和 M.Reyej 在 Oweis 波涌灌零惯量线性模型的基础上，建立了既可模拟波涌灌干湿交替过程的无量纲非线性零惯性量波涌灌模型，也可分析沟内尾水对模型的影响。应用结果证明，进、退水曲线的计算值与实验值一致性很好，可以得到较合理的推进和退水曲线，且精度高于线性模型。

　　近年来，国外一些学者在水平畦田灌溉研究中，也采用了零惯量模型。他们均应用了数值解法，并将零惯量微分方程进行离散处理，以便将其转换成非线性代数方程，然后通过 pressiman 双曲线解法求解，此法为一种高斯消除法，其缺点是这些方程均被局部线性化，精度不够理想且较复杂。为了克服上述缺点，Gerd H.Schmitz 和 Gunther J.Sens 对零惯量微分方程式稍加修改，为水平畦田灌溉提供了一个简单的易于应用的数学模型。在国内，费良军利用零惯量数学模型对波涌畦灌水流运动全过程进行了数值模拟，其模拟结果与实测资料拟合较好，并将该模型与优化理论相结合，对波涌畦灌技术要素优化组合进行了研究。费良军将零惯量数学模型与黄金分割法优化方法相结合，提出了推求波涌灌田面综合糙率系数量值的方法。与完全水流动力学模型相比，该模型计算量少，且计算精度较高，因而该模型是用来研究地面灌溉田面水流运动的一个较理想的数值模拟模型。

### 3.2.2.4　运动波模型

　　运动波模型是零惯性量模型的进一步简化。早在 1955 年，Lighill 和 Witham 在进行洪水波演进计算中提出了运动波模型。1966 年，据 chen 的建议，应用运动波模型来模拟地面灌溉水流运动。它的理论依据是：在进行地面灌溉时，地表水深较小，

压水坡降$\frac{\partial h}{\partial x}$可以略去，用一维非恒定流的连续方程和均匀流的运动方程描述地面水流运动。即

$$\left.\begin{aligned}\frac{\partial h}{\partial t}+\frac{\partial q}{\partial x}+i=0\\s_0=s_f\end{aligned}\right\} \tag{3-4}$$

式中符号意义同前。

1981 年，Walker，W·R 和 Lee，T.S 将该模型用于模拟波涌沟灌水流的推进过程，并利用特征线法和可变形控制单元体法对该模型进行了数值求解，结果表明，该模型能较好地模拟实际灌水情况。同年，Bishop、Walker 和 Humphers 利用该模型模拟了连续沟灌和波涌沟灌的水流推进和消退全过程。将该模型用于地面灌溉水流运动的分析，结果表明：该模型的计算结果与水流动力学模型及零惯性量模型的计算结果接近，它还可用解析法求解，计算更加简便，它适用于水力佛氏数较小的情况。国内 1990 年汪志荣运用该模型模拟了波涌畦灌的田面水流进、退水全过程，其计算结果与实验结果一致性较好。

以上 4 种模型是在实践的基础上从复杂到简单，从畦灌到沟灌逐渐发展起来的，它们都从不同程度上反映了水流的质量守恒原理和动量守恒原理，经实际验证都取得了较好的效果。1984 年，Holzapfel、E. A. et al 就传统的连续沟灌对 4 个模型进行了分析对比，结果表明，除水量平衡模型外，其余 3 种模型均可以较好地模拟沟灌田面水流运动。若各参数及系数量值大小确定的符合实际，则水量平衡模型也有一定的实用价值。Walker 在研究波涌灌水流运动过程中，曾对波涌灌田面水流运动问题将运动波模型计算成果与 Elliott（1981）的零惯性量模型计算成果进行了对比，结果发现，前者计算的退水曲线精度较后者高，而进水曲线后者精度较高，总之零惯量模型的模拟精度高于运动波模型，但运动波模型计算较简便。

### 3.2.3 地面灌溉质量评价

目前，地面灌溉主要从灌溉水在农田的入渗量分布情况评价其灌水质量，国外主要采用用水效率 $E_a$、储水效率 $E_s$、灌水均匀度 $E_d$、深层渗漏率和尾水渗漏率 5 项指标对其进行评价，由于我国畦（沟）田一般尾端为封堵情况，因而常采用前 3 项指标综合评价地面灌溉质量。

我国评价灌水质量的指标一般有 3 个，分别为用水效率 $E_a$、储水效率 $E_s$ 和灌水均匀度 $E_d$。

（1）$E_a$。

$$E_a=\frac{W_s}{W_f}\times100\% \tag{3-5}$$

式中：$E_a$ 为用水效率，表示灌溉水能被作物有效利用的程度，%；$W_s$ 为灌水后储存于土壤计划湿润层中的水量，mm；$W_f$ 为灌入田间的总水量，mm。

（2）$E_s$。

$$E_s=\frac{W_s}{W_n}\times100\% \tag{3-6}$$

式中：$E_s$ 为储水效率，表示灌水对作物需水量的满足程度，%；$W_n$ 为灌水前土壤计划湿润层中所需水量，mm。

（3）$E_d$。

$$E_d = \left[1 - \frac{\sum\limits_{i=1}^{N} |Z_i - \overline{Z}|}{N\overline{Z}}\right] \times 100\% \qquad (3-7)$$

式中：$E_d$ 为灌水均匀度，表示灌水后沿畦长方向入渗水量分布的均匀程度，%；$\overline{Z}$ 为灌水后沿畦长方向的土壤平均入渗水量，mm。

即

$$\overline{Z} = \frac{1}{N}\sum_{i=1}^{N} Z_i \qquad (3-8)$$

式中：$N$ 为计算时沿整个畦长方向的离散点数。

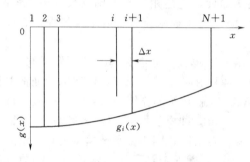

图 3-4　入渗水量计算示意图

以上 3 个灌水质量指标是评价灌水质量和进行理论分析的重要依据，在一定的灌水定额前提下，灌水质量指标是相互联系和制约的，当 3 项指标值均大于 0.80 时，说明灌水技术方案是合理的。

（4）在实际计算中，可将沿畦长方向的入渗水量曲线离散成 $N$ 段，如图 3-4 所示。

设备各离散点的入渗水量为 $g_i(x)$，则单宽畦长的总入渗水量为

$$W_s = \int_0^L g_i(x)\mathrm{d}x = \sum_{i=1}^{N} g_i(x)\Delta X + \frac{1}{2}\left[g_1(x) + g_{n+1}(x)\right] \qquad (3-9)$$

则平均入渗水深

$$\overline{Z} = \frac{1}{L}\int_0^L g_i(x)\mathrm{d}x$$

$$= \frac{1}{L}\sum_{i=2}^{N} g_i(x)\Delta x + \frac{1}{2L}\left[g_1(x) + g_{n+1}(x)\right] \qquad (3-10)$$

$$\Delta\overline{Z} = \frac{1}{n}\sum_{i=1}^{N} |g_i(x) - \overline{Z}| \qquad (3-11)$$

$$W_n = (\theta - \theta_0)r_0 h \qquad (3-12)$$

式中：$r_0$ 为土壤干密度，g/cm³；$h$ 为计划湿润层深度，cm；$\theta$ 为田间土壤持水率（以占土重的百分比计）；$\theta_0$ 为灌前土壤含水率（以占土重的百分比计）；其他符号意义同前。

## 3.3　水平畦灌技术

水平畦灌技术是指田块纵向和横向两个方向的田面坡度接近于零或为零时的畦

田灌水技术。如图 3-5 所示，水平畦灌实施灌水时，通常要求引入畦田的流量很大，以使进入畦田的薄层水流能在很短时间内迅速覆盖整个畦田田面。水平畦灌具有灌水均匀、深层渗漏小，方便田间管理和适宜于机械化耕作，以及直接应用于冲洗改良盐碱地等优点。因此，已在美国等一些国家得到广泛应用。

图 3-5 水平畦灌技术在生产中的应用图

1. 水平畦灌技术的主要特点

（1）畦田田面各方向的坡度都很小（$i \leq 1/3000$）或为零，整个畦田田面可看作是水平田面。所以，水平畦灌上的薄层水流在田面上的推进过程将不受畦田田面坡度的影响，而只借助于薄层水流沿畦田流程上水深变化所产生的水流压力向前推进。

（2）进入水平畦田的总流量很大，以便入畦薄层水流能在短时间内迅速布满整个畦田地块。

（3）进入水平畦田的薄层水流主要以重力作用、静态方式逐渐入渗到作物根系土壤区域内，而与一般畦灌主要靠动态方式下渗不同，故它的水流消退曲线为一条水平直线。

（4）由于水平畦田首末两端地面高差很小或为零，所以对水平畦田田面的平整程度要求很高，故一般情况下，水平畦田不会产生田面泄水流失或出现畦田首端入渗水量不足及畦田末端发生深层渗漏现象，灌水均匀度高。在土壤入渗率较低的条件下，灌溉田间水利用率可达 90% 以上。

2. 适用范围

水平畦灌适用各类作物和多种土壤条件。尤其适用土壤入渗速度较低的黏性土壤，也可用于砂性土壤。试验研究表明，一般应用水平畦田灌溉技术，田间灌溉水利用率可提高到 80%，灌溉均匀度提高到 85% 左右；与其他农业综合技术措施配合后，采用常规机械进行粗平后年均可增产 20%，采用激光控制进行精平后可增产 30%；作物的水分生产效率由 1.13kg/m³ 提高到 1.70 kg/m³。因此，水平畦田灌溉技术的节水增产效益显著。

3. 基本要求

水平畦灌技术对土地平整的要求较高，水平畦田地块必须进行严格平整。对于水平畦田的土地平整程度，美国土地保持局要求的基本标准是，80％的水平畦田地面田块平均高差在±1.5cm 以内。实际上，利用激光控制的平地铲运机平整土地，其平整后地面平均误差均在±1.5cm 以内。根据水平畦田地块原有的平整程度的好坏，可以采用粗平机械和精平机械。此外，由于水平畦灌供水流量大，故在水平畦田进水口处还需要有较完善的防冲保护措施。同时，由于水平畦田宽度较大，为保证沿水平畦田全宽度都能按确定的单宽流量均匀灌水，必须采取与之相适应的田间配水方式、田间配水装置及田间配水技术措施。

# 3.4　长畦分段灌溉

1. 长畦分段灌溉的特点

小畦灌需要增加田间输水沟和分水、控水装置，畦埂也较多，在实践中推广存在一定的困难。为此，近年来在我国北方旱区出现一种将一条长畦分成若干个没有横向畦埂的短畦，采用地面纵向输水沟或塑料薄壁软管将灌溉水输送入畦田，然后自下而上或自上而下依次逐段向短畦内灌水，直至全部短畦灌完为止的灌水技术，称为长畦分段灌或长畦短灌，其分布如图 3－6 所示。长畦分段灌溉若用输水沟输水和灌水，同一条输水沟第一次灌水时，应由长畦尾端短畦开始自下而上向各个短畦内灌水；第二次灌水时，应由长畦首端开始自上而下向各分段短畦内灌水；输水沟内一般仍可种植作物。

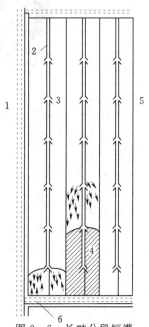

2. 长畦分段灌溉的技术要素

长畦分段灌溉的畦宽可以宽至 5～10m，畦长可以达 200m 以上，一般在 100～400m，但其单宽流量并不增大。这种灌水技术的主要技术要求是，确定适宜的入畦灌水流量，侧向分段开口的间距（即短畦长度与间距）和分段改水时间或改水成数。可以依据水量平衡原理和畦灌水流运动方程计算确定，但公式较繁琐，一般可根据试验确定，也可参照表 3－1 试验资料。

图 3－6　长畦分段短灌
1—道路；2—输水软管或输水沟；
3—放水口；4—已灌区；
5—畦埂；6—农渠或毛渠

3. 长畦分段灌溉的优点

长畦分段灌溉是一种节水型地面灌水技术，它具有以下优点。

（1）节水。长畦分段灌溉技术可以实现低定额灌水，灌水均匀度高于 85％，与畦田长度相同的常规畦灌技术相比可省水 40％～60％，田间灌水有效利用率提高 1 倍左右或更多。

（2）省工。灌溉设施占地少，可以省去一至二级田间输水沟渠。

（3）适应性强。与常规畦灌技术相比，可以灵活适应地面坡度、糙率和种植作物的变化，可以采用较小的单宽流量，减少土壤冲刷。

（4）易于推广。该技术操作简单，管理费用低，因而经济实用，容易推广。

（5）便于田间操作。由于田间无横向畦埂或渠沟，方便机耕和采用其他先进的耕作方法，有利于作物增产。

表 3-1　　　　　　　　　　长畦分段短灌灌水技术要素参考表

| 规格 | 输水沟或灌水软管流量（L/s） | 灌水定额（m³/亩） | 畦长（m） | 畦宽（m） | 单宽流量 L/(s·m) | 单畦灌水时间（min） | 长畦面积（亩） | 分段长度×段数（m×段数） |
|------|------|------|------|------|------|------|------|------|
| 1 | 15 | 40 | 200 | 3 | 5.00 | 40.0 | 0.9 | 50×4 |
|   |    |    |     | 4 | 3.76 | 53.3 | 1.2 | 40×5 |
|   |    |    |     | 5 | 3.00 | 66.7 | 1.5 | 35×6 |
| 2 | 17 | 40 | 200 | 3 | 5.67 | 35.0 | 0.9 | 65×3 |
|   |    |    |     | 4 | 4.25 | 47.0 | 1.2 | 50×4 |
|   |    |    |     | 5 | 3.40 | 58.8 | 1.5 | 40×5 |
| 3 | 20 | 40 | 200 | 3 | 3.67 | 30.0 | 0.9 | 65×3 |
|   |    |    |     | 4 | 5.00 | 40.0 | 1.2 | 50×4 |
|   |    |    |     | 5 | 4.00 | 50.0 | 1.5 | 40×5 |
| 4 | 23 | 40 | 200 | 3 | 7.67 | 26.1 | 0.9 | 70×3 |
|   |    |    |     | 4 | 5.76 | 34.8 | 1.2 | 65×3 |
|   |    |    |     | 5 | 4.60 | 43.5 | 1.5 | 50×4 |

# 3.5　波涌灌溉技术

## 3.5.1　波涌灌简介

波涌灌溉（Surge Flow Irrigation）又可译为涌流灌或间歇灌，它是间歇性地按一定的周期向沟（畦）供水，使水流推进到沟（畦）末端的一种节水型地面灌水新技术。通过几次放水和停水过程，水流在向下游推进的同时，借重力、毛管力等作用渗入土壤，因而一个灌水过程包括几个供水和停水周期，这样田面经过湿—干—湿的交替作用，一方面使湿润段土壤入渗能力降低，另一方面使田面水流运动边界条件发生改变，糙率减小，为后续周期的水流运动创造一个良好的边界条件。两方面的综合作用使波涌灌具有节水、节能、保肥、水流推进速度快和灌水质量高等优点，并能基本解决长畦（沟）灌水难的问题。

试验及示范推广表明：波涌灌较传统连续灌的灌水效果和节水效果与土壤质地、田面耕作状况、灌前土壤结构及灌水次数有关，一般波涌灌较同条件下的连续灌节水 10%～25%，水流推进速度为连续灌的 1.2～1.6 倍，灌水质量指标 $E_a$、$E_s$、$E_d$ 分别提高 10%～25%、15%～25%、10%～20%。

波涌灌的一个供水和停水过程构成一个灌水周期，周期放水时间（$t_{on}$）与停水时间（$t_{off}$）之和为周期时间（$t_c$），而放水时间（$t_{on}$）与周期时间（$t_c$）之比为循环率（$r$），完成波涌灌全过程所需的放水和停水时间过程的次数为周期数（$n$），波涌灌技术要素包括循环率（$r$）、周期放水时间（$t_{on}$）、灌水流量 $Q$ 和周期数。

波涌灌田间灌水方式有以下 3 种：

（1）定时段—变流程法。波涌灌每个灌水周期的放水流量及放水时间一定，而每个周期水流的新增推进长度不等。目前波涌灌多采用此法。

（2）定流程—变时段法。此法是波涌灌每个灌水周期的水流新增推进长度和放水流量相等，而每个周期的放水时间不等。

（3）增量法。此法在波涌灌第一个灌水周期内增大流量使水流快速推进到总畦沟长的 3/4 位置时停水，然后在以后的几个放水周期中，按定时段—变流程或定流程—变时段法以较小流量满足设计灌水定额的要求。

### 3.5.2 间歇入渗模型

波涌灌条件下的土壤入渗为间歇入渗，由于间歇供水时的入渗过程不是土壤单一的吸湿过程，而是随着放、停水不同周期的变化，包含有几个土壤吸湿过程及土壤水分再分布过程，这就使间歇供水时土壤入渗较连续入渗更为复杂。波涌灌条件下的间歇入渗量除受自然因素影响外，还受到入渗历时、沟灌湿周、灌溉循环率、周期数和周期灌水时间等的影响，一个理想的入渗数学模型，不仅要能反映波涌灌入渗特点，而且应使入渗量和入渗率的计算值与实测值偏差较小。

将计算间歇入渗量公式分为两类：第一类是在有大量田间间歇入渗试验资料时，进行分段拟合；第二类是在无实测间歇入渗资料时，应用周期—循环率入渗模型进行计算。

#### 3.5.2.1 应用 Kostiakov‐lewis 公式分段拟合

大田连续和间歇入渗试验表明：间歇入渗对土壤入渗能力的减小主要表现在第一周期的间歇入渗阶段，而以后各间歇阶段对土壤入渗能力减小作用较小，因而对波涌灌条件下的土壤入渗规律要按照一种连续函数进行拟合，势必误差较大。因此，在有大量田间间歇入渗试验资料的条件下，对入渗过程进行分段拟合，以第二周期供水开始时间为分段点，将第一周期土壤的入渗作为一段（相当于连续入渗），以第一周期以后各周期土壤入渗作为另一段，用 Kostiakov‐lewis 公式分别进行拟合，即

$$Z = K\tau^\alpha + f_0\tau \tag{3-13}$$

式中：$Z$ 为累积入渗量，cm；$\tau$ 为净入渗时间，min；$f_0$ 为稳定入渗率，cm/min；$K$、$\alpha$ 为土壤入渗系数和指数，其值与土壤类型、周期放水时间、周期数和循环率有关。

在入渗参数 $K$、$\alpha$、$f_0$ 确定中，首先由单点入渗试验足够长历时的资料确定稳定入渗率 $f_0$，再用最小二乘法对入渗试验资料进行分段拟合。表 3-2 为实测间歇入渗资料的分段拟合公式，其相关系数均在 0.90 以上，表中间歇供水时间 $\tau$ 按净入渗时间计算，其间歇入渗循环率为 0.5，$\tau$、$Z$ 的单位分别为 min 和 cm。利用此方法拟合土壤入渗资料时，最大的特点是间接考虑了第一周期间歇阶段对土壤入渗特性的影响，模拟精度高，尤其对于土壤比较疏松和黏粒含量适中的土壤更为适用。

表 3 - 2　　　　　　　　连续供水与间歇供水时的 Kostiakov—lewis 拟合公式

| 试 验 时 间 | 1990 年 7 月 | 1990 年 12 月 |
|---|---|---|
| 连续入渗 | $Z=1.03\tau^{0.162}+0.263\tau$ | $Z=0.378\tau^{0.421}+0.30\tau$ |
| $t_{off}=15\text{min}$ | $Z=0.188\tau^{0.474}+0.171\tau$ | $Z=0.298\tau^{0.476}+0.079\tau$ |
| $t_{off}=30\text{min}$ | $Z=0.197\tau^{0.571}+0.078\tau$ | $Z=0.135\tau^{0.573}+0.083\tau$ |

### 3.5.2.2　应用周期—循环率模型计算间歇入渗量

周期—循环率入渗模型假定波涌灌条件下各入渗周期时间内的累积入渗量曲线与相应时间的连续入渗曲线相重合。

设波涌畦灌第 $n$ 周期末田面单位面积上的累积入渗量为 $Z'_n$，则周期—循环率间歇入渗模型为

$$Z'_n = K'_n \tau^{a'} \tag{3-14}$$

同一田面条件下的土壤连续入渗量为

$$Z = Kt^a$$

根据以上假定可推导得

$$Z'_n = Kt_c^a \sum_{i=1}^{n} \left[ (r+i-1)^a - (i-1)^a \right] \tag{3-15}$$

式中：$\tau$ 为入渗时间，min；$K$、$\alpha$ 为连续入渗参数；$n$、$t_c$、$r$ 分别为波涌灌的周期数、周期时间和循环率；$K'_n$、$\alpha'_n$ 为间歇入渗前 $n$ 周期的系数和指数，当 $t_c$ 和 $r$ 为常数时，可用两点回归法或者适线法求得 $K'_n$、$\alpha'_n$。

$$K'_n = K(rt_c)^{a-\alpha'_n} \tag{3-16}$$

$$\alpha'_n = \frac{\lg\left\{\sum_{i=1}^{n} \left[ (r+i-1)^a - (i-1)^a \right]\right\} - \lg(r^a)}{\lg(n)} \tag{3-17}$$

### 3.5.2.3　由连续畦灌推进资料确定波涌灌入渗模型

试验表明，在土壤质地被认为是同一的分区内，在同一时刻，田面土壤的物理特性参数及状态变量在各点间存在较大的差异，即所谓土壤的空间变异性。地面灌溉是在一定的田间面积上进行的，所以表征入渗特性的参数必须要能代表灌溉田块内土壤平均入渗特性。通常入渗参数是用双套环入渗仪在田间做单点试验测定，但双套环入渗仪试验结果仅代表测点的入渗特性，且此方法本身存在着各种误差。那么，要求得实际田块的平均入渗特性，则要求按一定规律布置多个点做单点入渗试验以消除空间变异性，但这样做需要花大量的人力和物力，且无法消除双套环入渗仪本身带来的误差。应用连续灌田间灌水推进资料推求波涌灌田块土壤平均入渗参数和确定入渗模型是一种有效的方法。

### 3.5.3　波涌畦灌技术要素对灌水效果的影响

波涌畦灌技术要素包括：单宽流量、周期放水时间、灌水周期数和循环率。波涌灌技术要素的确定是波涌灌灌水方案设计的关键。

### 3.5.3.1　单宽流量对灌水定额的影响

在其他条件基本相同的情况下，单宽流量与灌水定额间有密切的关系，它随着土

壤质地的不同而变化，波涌畦灌试验田为黏壤土，孔隙率为 45.0%，其透水性较弱，大量波涌畦灌灌水试验表明：单宽流量与灌水定额的关系随畦长的不同而变化，如图 3-7 所示，当畦长在 120～210m 时，单宽流量为 5～10L/(s·m)，其波涌畦灌灌水定额随单宽流量的增大而减小，且随着畦田纵坡的变大和田面糙率的减小，灌水定额减小的幅度变大，这主要是由于单宽流量增大时，沿畦田纵坡方向的作用力增大使田面水流推进速度加快，这比入渗量增大对灌水定额影响作用要大。如图 3-8 所示，当畦长在 280m 以上时，单宽流量大，田面水层厚，消退慢、入渗时间长，下渗量大；当畦长为 210～280m，单宽流量较小时，灌水定额随单宽流量的增大而减小，但当单宽流量增大到一定程度后，波涌畦灌的灌水定额随单宽流量的增大而增大，因而存在一个最佳流量使灌水定额最小。

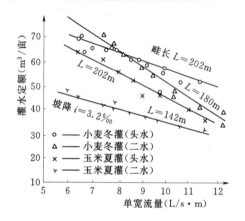

图 3-7    单宽流量—灌水定额关系
（畦长为 120～210m）

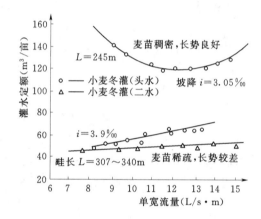

图 3-8    单宽流量—灌水定额关系
（畦长为 210m 以上）

实际波涌畦灌灌水时，单宽流量取多大合适，需根据水源、灌水季节和土壤抗冲能力综合决定，对黏壤土灌区，坡降在 2.0‰～5.0‰，对小麦冬灌（或压茬水），单宽流量取 8～12L/(s·m)；玉米夏灌及小麦其他各次灌水，单宽流量取 6～10L/(s·m) 为宜，且对短畦取较小流量，长畦取较大流量。

### 3.5.3.2    周期数对波涌畦灌节水效果的影响

周期数对波涌灌灌水效果影响较大。表 3-3 为畦长、周期数与灌水定额的关系，波涌畦灌的灌水定额均小于同条件下的连续灌灌水定额，可以看出，3 个周期数的波涌灌灌水定额比同条件下的 2 个周期的灌水定额小，平均减小 9.61%；对于畦长小于 200m 时，平均减小 6.47%；畦长大于 200m 时，平均减小 10.26%；而 4 个周期数与 3 个周期数的灌水定额大小接近，说明在试验条件下的波涌畦灌，以 3 个灌水周期为宜。

大量试验表明：在其他条件基本相同的情况下，波涌灌周期数越多，即周期供水时间越短，水流平均推进速度越快，相应的灌水定额越小，波涌灌效果越好，但当周期数增加到一定时，波涌灌效果就不会明显提高，在实际灌溉中，周期数的增多，致使畦口开和关的频繁，在无自动灌水设备时，势必增大了灌水人员的劳动强度，所以在实际人工波涌畦灌灌水时，周期数不宜太多，一般畦长在 200m 以上时，以 3～4 个周期数为宜，畦长在 200m 以下时，以 2～3 个周期数为宜。由于波涌灌总供水时间为各灌水周期的供水时间之和。因此，当总供水时间基本一致时，周期灌水时间不是一个独立的技术要素，当周期数确定后，它就随之确定，也就是说，在一定范围内，周期灌水时间越短，周期数越多，其灌水效果越好、节水率越高。

表 3 - 3　　　　　　　　　　灌水周期数与灌水定额关系

| 畦　长<br>（m） | 周　期　数<br>（个） | 灌水定额<br>（m²/hm²） | 备　　注 |
|---|---|---|---|
| 176 | 2 | 1038.6 | 小麦冬灌（头水） |
| | 3 | 978.0 | |
| | 4 | 973.7 | |
| 181 | 2 | 515.9 | 小麦冬灌（二水） |
| | 3 | 475.95 | |
| 202 | 2 | 1128.0 | 小麦冬灌（头水） |
| | 3 | 934.5 | |
| | 4 | 931.5 | |
| 202 | 2 | 948.0 | 玉米夏灌（头水） |
| | 3 | 886.5 | |
| 202 | 2 | 732.8 | 玉米夏灌（二水） |
| | 3 | 675.0 | |
| 307 | 2 | 1335.0 | 玉米夏灌（二水） |
| | 3 | 1282.5 | |
| | 4 | 1276.5 | |
| 336 | 2 | 1034.3 | 小麦压茬水 |
| | 3 | 995.3 | |

### 3.5.3.3　循环率对波涌畦灌节水效果的影响

循环率的大小直接影响波涌畦灌的灌水定额，在灌水周期数一定时，循环率的确定应使波涌灌在下一周期灌水前，田面无积水，并形成完善的致密层，以降低土壤的入渗能力，取得最佳波涌灌灌水效果和便于灌水管理为原则。若循环率过小，即间歇时间过长，可能由于田面土壤表层龟裂和势梯度的增大，使土壤入渗率反而会增大；若循环率过大，即间歇时间过短，畦田表面尚未形成致密层，则波涌灌与连续灌灌水效果差异不大，波涌灌效果不理想。表 3 - 4 为畦长、循环率与灌水定额的关系。可以看出：循环率为 1/2 的波涌灌节水率比循环率为 1/3 的小，而循环率为 1/3 和 1/4 的灌水效果接近，产生这一结果的主要原因是田面糙率大，水流推进速度慢、田面水层厚，消退时间长，循环率为 1/2 时，田面尚未形成完善的致密层，当循环率为 1/3 时，田面已形成致密层，所以当循环率减小到 1/4，并不会明显提高节水率，这与田间间歇入渗试验结果一致。因此，对黏壤土灌区，循环率取 1/3 为宜，对于透水性较强的土壤，波涌畦灌循环取 1/2 为宜。

表 3-4　　　　　　　　　　涌流畦灌循环率与节水效果关系

| 畦长<br>(m) | 单宽流量<br>[l/(s·m)] | 周期数<br>(个) | 循 环 率 | 灌水定额<br>(m³/hm²) | 节水率<br>(%) | 备 注 |
|---|---|---|---|---|---|---|
| 140 | 8.0 | 2 | 1/2 | 55.7 | 17.6 | 玉米夏灌（二水） |
|  |  |  | 1/3 | 45.7 | 32.3 |  |
| 174 | 10.0 | 2 | 1/2 | 53.91 | 6.8 | 小麦冬灌（二水） |
|  |  |  | 1/3 | 47.14 | 18.5 |  |
| 176 | 8.5 | 2 | 1/2 | 89.3 | 12.1 | 小麦冬灌（二水） |
|  |  |  | 1/3 | 75.36 | 13.7 |  |
| 202 | 6.4 | 2 | 1/2 | 53.3 | 11.5 | 玉米夏灌（二水） |
|  |  |  | 1/3 | 44.4 | 26.3 |  |
|  |  |  | 1/4 | 43.8 | 26.3 |  |
| 238 | 8.0 | 2 | 1/2 | 121.5 | 25.0 | 玉米夏灌（头水） |
|  |  |  | 1/3 | 107.6 | 33.3 |  |
| 307 | 9.0 | 2 | 1/2 | 90.6 | 25.8 | 玉米夏灌（二水） |
|  |  |  | 1/3 | 85.1 | 29.5 |  |
| 336 | 10.5 | 3 | 1/2 | 63.0 | 20.5 | 小麦冬灌（头水） |
|  |  |  | 1/3 | 56.2 | 28.8 |  |
|  |  |  | 1/4 | 55.9 | 29 |  |

循环率确定后，则波涌灌周期间歇时间为

$$t_{off} = \left( \frac{1}{r} - 1 \right) t_{on} \tag{3-18}$$

式中：$t_{on}$ 为周期放水时间，h；$t_{off}$ 为周期间歇时间，h；$r$ 为循环率。

### 3.5.3.4　波涌畦灌灌水方案设计方法

波涌畦灌技术要素是影响灌水效果的重要参数，应合理确定，一般应通过试验或参照类似条件下的实际灌溉经验确定，这些技术要素的优化组合，可使波涌灌达到最佳的灌水效果。

波涌畦灌灌水方案设计方法分为理论方法和经验方法。

1. 理论方法

对一定的畦田规格，首先确定波涌畦灌的周期数 $n$ 和循环率 $r$。

（1）周期数的确定。畦田较长时，周期数可选大些；反之，选小些。但若周期数过小，波涌灌与连续灌相差较小，节水效果差；周期数过多，灌水效果也不再提高，且劳动强度大，费工。一般畦长在 200m 以上时，以 3 个或 4 个周期数为宜，200m 以下时，以 2 个或 3 个周期数为宜。

（2）循环率的确定。循环率确定应以间歇阶段田面水流完全消退，并形成致密层，以降低土壤入渗能力和便于灌水管理为原则。循环率过小，即间歇时间过长，田面可能发生龟裂和表层土壤的势梯度增大，使后续阶段入渗率增大，但若循环率过大，间歇时间过短，波涌灌与连续灌灌水效果差异不大，灌水质量差。实际波涌灌灌水时，循环率一般取 1/2 或 1/3 为宜。对总放水时间较短或土壤透水性较弱，田面糙率较大时，可采用 1/4。

（3）波涌灌放水总时间 $T_s$ 的确定。以畦首为控制断面，放水总时间 $T_s$ 内渗入田间土壤的水量 $Z$ 应与计划灌水定额 $m$（以水层厚度表示，单位为 m）相等。

则根据周期—循环率间歇入渗模型得

$$K_n T_s^\alpha = m$$

设根据与波涌灌类似或同条件下的连续灌田面水流推进资料确定的田间土壤连续入渗参数为 $K$ 和 $\alpha$，则根据周期—循环率间歇入渗公式得

$$T_s = \left(\frac{m}{K_n}\right)^{1/\alpha_n} \tag{3-19}$$

$$\alpha_n = \frac{\lg\left\{\sum_{i=1}^{n+1}\left[(r+i-1)^\alpha - (i-1)^\alpha\right]\right\} - \lg(r^\alpha)}{\lg(n+1)} \tag{3-20}$$

$$K_n = K(r t_c)^{(\alpha-\alpha_n)} = K\left(\frac{T_s}{n}\right)^{\alpha-\alpha_n} \tag{3-21}$$

将式（3-21）代入式（3-19）得

$$T_s = \left[\frac{m n^{(\alpha-\alpha_n)}}{K T_s^{(\alpha-\alpha_n)}}\right]^{\frac{1}{\alpha_n}}$$

整理得

$$T_s = \left[\frac{m n^{\alpha-\alpha_n}}{K}\right]^{1/\alpha} \tag{3-22}$$

将 $m = rh(\theta - \theta_0)$ 代入式（3-22）得

$$T_s = \left[\frac{rh(\theta - \theta_0) n^{(\alpha-\alpha_n)}}{K}\right]^{\frac{1}{\alpha}} \tag{3-23}$$

式中：$r_0$ 为土壤干密度，$g/cm^3$；$h$ 为度划湿润深度，cm；$\theta$ 为田间持水率（水占土重的百分比），%。

（4）单宽流量 $q$ 的确定。进入畦田的灌水总量应与畦长 $L$ 上达到灌水定额 $m$ 所需的水量相等。即

$$3.6 q T_s = mL$$

则

$$q = \frac{mL}{3.6 T_s} \tag{3-24}$$

式中：$q$ 为入畦单宽流量，$L/(s \cdot m)$；$L$ 为畦长，m；$T_s$ 为供水总时间，h。

（5）设波涌畦灌的周期数为 $n$，采用定时段—变流程法灌水，则周期放水时间 $t_{on}$ 为

$$t_{on} = \frac{T_s}{n} \tag{3-25}$$

（6）循环率为 $r$，则周期时间 $t_c = \dfrac{t_{on}}{r}$，周期间歇时间 $t_{off} = t_c - t_{on}$。

（7）循环率为 $r$，则灌完一畦所需的总时间 $T_0$ 为

$$T_0 = \left(1 + \frac{n-1}{r}\right) t_{on} \qquad (3-26)$$

（8）循环率为 $r$，则表明有 $1/r$ 个畦子为一灌水组，轮换交替灌水。

2. 经验方法

由于理论法是依据计划灌水定额 $m$ 进行波涌灌灌水技术方案设计，而灌区实际大多数为长畦，其畦长大于合理畦长，难以实施计划定额灌水（即按计划灌水定额不能灌到畦尾），为适应目前灌区灌水实际情况和便于推广应用波涌灌技术，据试验资料总结出波涌畦灌灌水方案设计的经验方法，对长畦虽不能按计划定额灌水，但仍能达到节水和提高灌水质量的目的，此法简单可行；对较短畦，其波涌灌灌水定额也可达到计划灌水定额。

经验法除 $T_s$ 和 $q$ 的确定与理论法不同外，其他要素均相同，以下仅介绍 $T_s$ 和 $q$ 的确定方法。

（1）波涌畦灌单宽流量 $q$ 的确定。根据水源、灌水季节、田面状况和土壤抗冲能力等因素确定，应以灌区目前采用的数据为主，同时参考图 3-7 或图 3-8 单宽流量与灌水定额关系图，以达到节水和提高灌水质量的目的。根据试验，对类似泾惠渠灌区灌头水，畦田单宽流量为 8～12L/(s·m)，第二次灌水或第三次灌水，$q$ 为 6～10L/(s·m) 为宜。

（2）放水总时间 $T_s$ 的确定。根据波涌灌灌水经验，在相同灌水条件下，先按群众灌水习惯确定连续灌灌水时间 $T_c$，然后确定波涌畦灌的放水总时间 $T_s$，即

$$T_s = \left(1 - \frac{R}{100}\right) T_c \qquad (3-27)$$

式中：$R$ 为波涌畦灌相对连续畦灌的节水率，%，通过灌水试验确定。

对类似于泾惠渠的黏壤灌区，由大田灌水试验资料得节水率

对灌一水

$$R = 3.5 + 0.082L \qquad (60\text{m} \leqslant L \leqslant 350\text{m}) \qquad (3-28)$$

对灌二水和三水

$$R = 1.4 + 0.065L \qquad (60\text{m} \leqslant L \leqslant 350\text{m}) \qquad (3-29)$$

式中：$L$ 为畦长，m。

### 3.5.3.5 波涌畦灌灌水质量评价方法

波涌灌是周期性地向畦（沟）内供水以逐次湿润土壤的地面灌水新技术，它与传统的连续畦（沟）灌相比，最大的区别在于波涌灌有几个灌水周期，且各周期又包括供水和间歇两个阶段，所以波涌灌是分次（周期）将灌溉水流推进到畦尾，这就使波涌灌的田面土壤入渗条件和水流运动特性较连续灌有所不同，且较为复杂，本节利用波涌畦灌田面水流推进和消退资料评价波涌畦灌灌水质量。

1. 波涌畦灌田面水流推进和消退曲线

（1）水流推进曲线。大量灌水试验资料表明：波涌畦灌各灌水周期的水流推进曲

线为幂函数曲线，设

$$T_{a_i} = F_i(x)$$

则

$$F_i(x) = b_i x^{a_i} \qquad (3-30)$$

式中：$i$ 为波涌灌的第 $i$ 个灌水周期；$T_{a_i}$ 为波涌畦灌第 $i$ 个灌水周期的水流推进前锋到达流程 $x$ 处的时间，min；$a_i$ 为指数，与大田土质、田面糙率、灌前土壤含水率和灌水周期数有关；$b_i$ 为系数，与大田土质、田面糙率、灌前土壤含水率及单宽流量等有关。

（2）水流消退曲线。大量试验资料表明：波涌畦灌各灌水周期的水流消退曲线符合幂函数曲线，设

$$T_{r_i} = f_i(x)$$

则

$$f_i(x) = b'_i x^{a'_i} \qquad (3-31)$$

式中：$T_{r_i}$ 为波涌畦灌第 $i$ 周期的水流退水时间，min；$x$ 为退水位置距畦首的距离，m；$b'_i$ 为系数，其影响因素与 $b_i$ 相同；$a'_i$ 为指数，其影响因素与 $a_i$ 相同。

**2. 波涌灌入渗函数**

波涌灌条件下的土壤入渗为间歇入渗，目前描述间歇入渗有 4 个数学模型，但从计算简便和模拟精度高等综合分析可知，周期—环率间歇入渗模型是较为理想的一个模型，该模型不需做大田间歇入渗试验。只需依据连续入渗参数和波涌灌技术要素就可以计算间歇入渗量。

为消除灌溉田间土壤入渗空间变异性对间歇入渗模型的影响，建议应用与波涌灌同条件下的连续畦灌水流推进曲线推求连续入渗参数，然后可求得周期—循环率间歇入渗模型。

**3. 波涌畦灌田面各点入渗水量推求**

由于波涌灌整个灌水过程分为几个水流推进和消退周期，所以波涌畦灌田面各点的总受水时间为相应各周期的受水时间之和，各点的总入渗量为各灌水周期的入渗量之和。波涌灌是分周期向畦中供水，最终使水流推进到畦尾，所以田面各点的受水次数并非相同，因而需分段计算，将受水次数相同的长度范围分为一段。

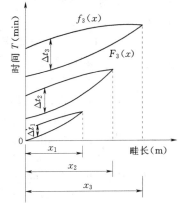

图 3-9 波涌灌水流推进和
消退曲线示意图

如图 3-9 所示，对某一灌水周期，湿润段田面各点土壤的受水时间为消退曲线与推进曲线之差，即

$$T = \sum_{i=1}^{k_0} \Delta t_i \qquad (3-32)$$

式中：$k_0$ 为田面各点的受水次数，$k_0 \leqslant n$；$\Delta t_i$ 为波涌灌第 $i$ 周期的田面各点受水时间。对于第一段（即 $x_1$ 范围内），其受水次数 $k_0$ 等于周期数 $n$。

$$T_1 = \sum_{i=1}^{k_0} \Delta t_i = \sum_{i=1}^{k_0} f_i(x) - \sum_{i=1}^{k_0} F_i(x) \qquad (3-33)$$

对于 $x_2 - x_1$ 段，各点受水 $(n-1)$ 次，则

$$T_2 = \sum_{i=2}^{k_0} \Delta t_i = \sum_{i=2}^{k_0} f_i(x) - \sum_{i=2}^{k_0} F_i(x)$$

对于 $x_j - x_{j-1}$ 段，各点受水 $(n-j+1)$ 次，则

$$T_j = \sum_{i=j}^{n} \Delta t_i = \sum_{i=j}^{n} f_i(x) - \sum_{i=j}^{n} F_i(x) \qquad (3-34)$$

对于 $k=n$ 时，即最后一段，各点受水 1 次，则

$$T_n = \Delta t_n = f_n(x) - F_n(x) \qquad (3-35)$$

波涌畦灌有 $n$ 个灌水周期，就应将畦长分为 $n$ 段，最后一段只受水一次，所以为连续入渗，则

$$Z_n = K T_n^a = K[f_n(x) - F_n(x)]^a \qquad (3-36)$$

对于其余的 $n-1$ 段，根据受水次数、波涌灌技术要素和连续入渗参数 $k$、$\alpha$ 求得 $K_j$、$a_j$，然后得相应段的周期—循环率间歇入渗模型

$$Z_j = K_j T_j^{a_j} \qquad (3-37)$$

根据以上计算即得到波涌畦灌沿畦长方向的土壤入渗量曲线。

**4. 实例分析**

泾惠渠灌区某波涌畦灌试验的畦长为 238m，田面土壤为黏壤土，干密度为 1.43g/cm³，田间持水率为 24.3%，计划湿润层深度为 100cm，土壤前期含水率为 17.1%，灌水单宽流量为 8.0L/(s·m)，波涌灌周期数为 3，循环率为 1/2，周期时间为 42min。

（1）波涌畦灌灌水试验各周期的水流推进和消退过程资料见表 3-5，按受水次数相同将整个畦长分为 3 段。

第一段，$x_1=160$m，即在 0～160m 畦长范围田面各点土壤受水 3 次。

第二段，$x_2=220$m，即在 160～220m 畦长范围田面各点土壤受水 2 次。

第三段，$x_3=238$m，即在 220～238m 畦长范围田面各点土壤受水 1 次。

根据与波涌畦灌相同条件下的连续畦灌水流推进曲线，求得田间土壤连续入渗参数为：$a=0.851$；$k=0.482$cm/min。

则第三段田面各点的土壤入渗模型为

$$Z_3 = 0.482[f_3(x) - F_3(x)]^{0.851} \qquad 220\text{m} \leqslant x \leqslant 238\text{m} \qquad (3-38)$$

对于第一段、第二段两段，由于受水次数分别为 3 次和 2 次，所以为间歇入渗，根据周期—环率间歇入渗模型得

$$Z_1 = 0.551\left[\sum_{i=1}^{3} f_i(x) - \sum_{i=1}^{3} F_i(x)\right]^{0.808} \qquad 0 \leqslant x \leqslant 160\text{m} \qquad (3-39)$$

$$Z_2 = 0.557\left[\sum_{i=2}^{3} f_i(x) - \sum_{i=2}^{3} F_i(x)\right]^{0.805} \qquad 160\text{m} \leqslant x \leqslant 220\text{m} \qquad (3-40)$$

（2）表 3-5 中的各灌水周期所对应的田面水流消退时间与推进时间之差为各周期各节点处的土壤入渗时间，各周期的入渗时间之和即为该节点处的土壤入渗总时间。

（3）根据式（3-38）、式（3-39）和式（3-40）分别计算 3 段各节点的累积入渗量，其结果见表 3-6。

（4）根据水量平衡原理，修正入渗量公式，计算得波涌畦灌的平均入渗水深为 10.83cm，而灌入畦田的实际水深为 12.71cm，则入渗量修正系数 R 为 1.173。

修正后的入渗量公式为

$$Z_1 = 0.619\left[\sum_{i=1}^{3} f_i(x) - \sum_{i=1}^{3} F_i(x)\right]^{0.851} \qquad 0 \leqslant x \leqslant 160\text{m} \qquad (3-41)$$

$$Z_2 = 0.653\left[\sum_{i=2}^{3} f_i(x) - \sum_{i=2}^{3} F_i(x)\right]^{0.805} \qquad 160\text{m} \leqslant x \leqslant 220\text{m} \qquad (3-42)$$

$$Z_3 = 0.646\left[f_i(x) - F_i(x)\right]^{0.808} \qquad 220\text{m} \leqslant x \leqslant 238\text{m} \qquad (3-43)$$

根据入渗量修正系数 R 对表 3-5 中各点的入渗水深进行修正，依据表 3-6 中修正后的入渗水深计算灌水质量指标。

（5）计算灌水质量指标。计划灌水量（以水层深表示）

$$Z_0 = rh(\theta - \theta_0) = 10.51\text{cm}$$

根据式（3-5）、式（3-6）和式（3-7）计算得 $E_a = 81.8\%$，$E_s = 98.8\%$，$E_d = 92.4\%$，因灌水质量的 3 个指标均大于 0.80，则认为该波涌畦灌灌水技术要素组合是满足灌水技术要求的。

表 3-5　　　　波涌灌沿畦长各点累积入渗水深计算表

| 周期 | 项目 | 推进距离 (m) | | | | | | | | | | | | |
|---|---|---|---|---|---|---|---|---|---|---|---|---|---|---|
| | | 0 | 20 | 40 | 60 | 80 | 100 | 129 | 140 | 160 | 180 | 200 | 220 | 238 |
| 1 | 推进时间 | 0'00" | 2'20" | 5'10" | 9'10" | 13'53" | 19'18" | 25'30" | 36'05" | 54'42" | | | | |
| | 消退时间 | 12'10" | 14'50" | 18'40" | 23'11" | 27'56" | 32'20" | 38'40" | 48'42" | 63'45" | | | | |
| | 受水时间 | 12'10" | 12'30" | 13'30" | 14'01" | 14'06" | 13'02" | 13'10" | 12'37" | 12'03" | | | | |
| 2 | 推进时间 | 0'00" | 1'48" | 3'31" | 5'40" | 8'15" | 10'45" | 13'25" | 16'3" | 20'00" | 26'17" | 35'20" | 46'10" | |
| | 消退时间 | 13'40" | 15'22" | 18'32" | 21'10" | 23'46" | 25'15" | 27'30" | 29'35" | 33'40" | 38'09" | 44'00" | 52'10" | |
| | 受水时间 | 13'40" | 14'34" | 15'01" | 15'30" | 15'31" | 14'30" | 14'05" | 13'32" | 13'40" | 11'52" | 8'40" | 6'00" | |
| 3 | 推进时间 | 0'00" | 1'47" | 3'30" | 5'38" | 8'08" | 10'42" | 13'17" | 16'03" | 18'56" | 22'11" | 26'02" | 32'10" | 39'24" |
| | 消退时间 | 14'20" | 16'50" | 19'02" | 22'10" | 23'37" | 26'10" | 28'20" | 31'05" | 33'10" | 48'21" | 52'27" | 59'20" | 68'00" |
| | 受水时间 | 14'20" | 15'03" | 15'32" | 16'32" | 15'29" | 15'28" | 15'03" | 15'02" | 14'14" | 26'10" | 26'10" | 26'25" | 27'10" |
| 受水时间 | | 40'10" | 42'07" | 44'03" | 46'03" | 45'04" | 43'00" | 41'11" | 39'57" | 38'02" | 35'05" | 33'10" | 29'06" | |
| 入渗水深 (cm) | | 10.9 | 11.31 | 11.73 | 12.16 | 11.96 | 11.51 | 11.25 | 11.12 | 10.84 | 10.41 | 9.77 | 9.34 | 8.47 |
| 平均入渗水深 (cm) | | 11.11 | 11.52 | 11.95 | 12.06 | 11.74 | 11.38 | 11.19 | 10.98 | 10.63 | 10.09 | 9.56 | 8.91 | |
| 修正后入渗水深 (cm) | | 13.03 | 13.51 | 14.02 | 14.15 | 13.77 | 13.35 | 13.13 | 12.88 | 12.47 | 11.84 | 11.21 | 10.45 | |

表 3 - 6　　　　　　　　　　　　　　　　灌水均匀度 $E_d$ 计算表

| 入渗水深<br>(cm) | 推 进 距 离<br>(m) | | | | | | | | | | | | |
|---|---|---|---|---|---|---|---|---|---|---|---|---|---|
| | 0 | 20 | 40 | 60 | 80 | 100 | 120 | 140 | 160 | 180 | 200 | 220 | 238 |
| $Z_i$ | 12.79 | 13.26 | 13.76 | 14.26 | 14.03 | 13.50 | 13.20 | 13.04 | 12.72 | 12.21 | 11.46 | 10.96 | 9.94 |
| $\lvert Z_i-\bar{Z}\rvert$ | 0.09 | 0.56 | 1.06 | 1.56 | 1.33 | 0.80 | 0.50 | 0.34 | 0.02 | 0.49 | 1.24 | 1.74 | 2.96 |

### 3.5.3.6　波涌灌溉技术的应用

波涌灌较传统连续灌具有节水、节能、保肥和灌水质量高等优点，特别适宜于我国北方旱作农田灌溉，但由于波涌灌在不同条件下的节水效果和灌水质量不同，因而波涌灌技术有其适宜的条件。

1. 波涌灌适宜的田间条件

田间条件包括田面土壤条件和沟畦条件。

（1）波涌灌适宜的土壤条件。波涌灌的节水效果与田间土壤质地和入渗特性有密切关系，波涌灌节水是由于波涌灌间歇供水使田面形成致密层，降低了土壤的入渗能力和田面糙率，而影响土壤入渗能力的因素除波涌灌技术要素外，主要有土壤质地、田面耕作层土壤结构、土壤初始含水率和黏粒含量等。大量间歇入渗和波涌灌灌水试验表明：田面土壤条件不同，波涌灌灌水效果也不同，对于含有黏粒的透水性中等的壤质土壤，波涌灌能取得良好的灌水效果，而对于透水性不良的黏土和透水性过强、且不含黏粒或黏粒极少的砂土，其波涌灌节水效果差。因此，适宜波涌灌的土壤为：结构良好的中壤土、轻壤土、砂壤土和黏壤土。由于降雨和农田表层土壤板结，改变土壤原有结构，使土壤入渗能力降低，因而对于适宜波涌灌的土壤，在田面发生严重板结时，间歇入渗减渗效果和波涌灌节水效果差。因此，在田面发生严重板结时，进行波涌灌灌水前应进行松土，以提高灌水效果。

大量试验表明：土壤渗吸能力指标可作为反映土壤质地、耕作层土壤结构等因素的综合指标。因而可将连续入渗第一小时的累积入渗量作为判别指标，具体方法为：波涌灌灌水前，首先根据经验判断农田耕作层土壤的质地和结构，可挖一小试坑，根据经验观察耕作层土壤质地和结构，若判断为砂土和黏土，则不适宜波涌灌，若为中壤土，轻壤土、砂壤土和黏壤土，然后在田间进行垂直入渗试验，当第一小时的土壤入渗量为 $50\sim260\mathrm{mm/h}$，则适宜波涌灌，否则不适宜波涌灌。

（2）波涌灌对田间沟畦的要求。沟畦条件指灌水沟、畦的规格、农田平整程度和纵坡等。原则上讲，适宜连续沟畦灌的农田也适宜实施波涌灌，但为了使波涌灌达到节水效果好和灌水质量高的目的，要求实施波涌灌灌水的沟、畦纵向不存在倒坡，沟和畦长度一般应大于 80m。如果要达到计划灌水定额，则沟畦长度应为合理畦长。

2. 波涌畦灌合理畦长的确定

（1）合理畦长方程。波涌畦灌在达到计划灌水定额情况下的畦长为合理畦长 $L_s$，它的确定是灌区田间规划设计的基础。

设对应于波涌畦灌合理畦长 $L_s$ 的波涌畦灌较连续畦灌的节水率为 $K$，连续畦灌的合理畦长为 $L_0$，则推导得

$$1-\frac{K}{100}=\left(\frac{L_0}{L_s}\right)^{a-1} \tag{3-44}$$

式中：$a$ 为连续灌田面水流推进曲线指数。

由于波涌畦灌的节水率为畦长的线性函数，则设

$$K=b'+a'L_s \tag{3-45}$$

式中：$a'$、$b'$ 为系数。

将式（3-45）代入式（3-44）得

$$100-b'-a'L_s=100\left(\frac{L_0}{L_s}\right)^{a-1} \tag{3-46}$$

式（3-46）为波涌畦灌的合理畦长方程，可以看出，此方程是以 $L_0$ 和 $a$ 为参数，以 $L_s$ 为变量的非线性方程。

（2）波涌畦灌合理畦长方程求解。对于波涌畦灌合理畦长方程，可用试算法和图解法求解。

令

$$f_1(L_s)=100-b'-a'L_s$$

$$f_2(L_s)=100\left(\frac{L_0}{L_s}\right)^{a-1}$$

则

$$f_1(L_s)=f_2(L_s) \tag{3-47}$$

可以看出：$f_1(L_s)$ 为 $L_s$ 的线性函数，$f_2(L_s)$ 是关于 $L_0$ 为参数的曲线族。

1）试算法。在应用试算法求波涌畦灌合理畦长方程时，在 $a'$、$b'$、$a$ 和 $L_0$ 一定时，分别给定一系列 $L_s$ 的值，计算出相应的 $f_1(L_s)$ 和 $f_2(L_s)$ 的值，则对应于 $f_1(L_s)$ 等于 $f_2(L_s)$ 的 $L_s$ 就是所求的波涌畦灌合理畦长 $L_{s0}$。

2）图解法。在用图解法求 $L_{s0}$ 时，首先在同一坐标图上绘出直线 $f_1(L_s)$ 和曲线 $f_2(L_s)$，由两线的交点值 $L_s$ 即为 $L_{s0}$，如图 3-10 所示。

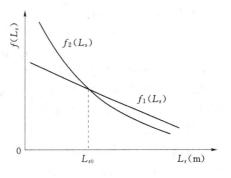

图 3-10 图解法示意图

（3）实例计算。陕西泾惠渠灌区连续畦灌的合理畦长为 50~80m，$a=1.30$，节水率为 $K=3.5+0.082L$。对泾惠渠灌区

$$f_1(L_s)=96.5-0.082L_s$$

$$f_2(L_s)=100\left(\frac{L_0}{L_s}\right)^{0.30}$$

1）试算法。$f_2(L_s)$ 是以 $L_0$ 为参数的曲线族，当 $L_0$ 为 50m 和 80m 时，分别给定一组 $L_s$ 值，计算相应的 $f_1(L_s)$ 和 $f_2(L_s)$，经计算得对应 $L_0$ 为 50m 时的 $L_{s0}$ 约为 69m，对应 $L_0$ 为 80m 时的 $L_{s0}$ 约为 136m。

2）图解法。利用图解法求解波涌畦灌合理畦长时，对应一个 $L_0$ 值，得到一个相应的波涌畦灌合理畦长 $L_{s0}$，则对泾惠渠灌区求得当 $L_0 = 50\text{m}$，$L_{s0} \approx 69\text{m}$；$L_0 = 80\text{m}$，$L_{s0} \approx 136\text{m}$。

应用试算法和图解法分别求得对应连续畦灌合理畦长 $L_0 = 50 \sim 80\text{m}$ 时，波涌畦灌的合理畦长 $L_{s0} = 69 \sim 136\text{m}$。对陕西泾惠渠灌区，畦田纵坡小于 2.5‰的畦田，$L_{s0}$ 取下限值，纵坡大于 3.8‰的畦田，$L_{s0}$ 取上限值。

3. 波涌灌灌水控制方式

波涌灌灌水可自动控制，也可人工控制。自动控制灌水是用装有波涌阀和自控装置的设备，按预定的计划时间放水和停水，在灌水期间交替进行放水、直到灌水结束，自动控制波涌灌灌水效率高、省工，但增加设备投资，要求灌溉用水管理水平高。在目前我国灌区灌溉管理水平和生产经济条件下，大面积推广应用波涌灌自动控制灌水设备尚有困难，有条件的可以试用。人工控制就是采用和传统连续灌时开、堵沟（畦）口的办法，按波涌灌灌水要求向沟（畦）放水，此法灌水人员劳动强度有所增大，但不需要增加设备投资，仅将一般连续灌水改为波涌灌灌水方式即可。

# 3.6　覆膜灌溉

## 3.6.1　覆膜灌溉简介

覆膜灌溉是在农业地膜栽培的基础上发展起来的一种节水型地面灌溉新技术。1948 年，日本最早开始研究农业地膜覆盖栽培技术，并于 1955 年开始在全国推广应用，到 1976 年推广面积达 20 万 $\text{hm}^2$。法国于 1956 年开始推广应用农业地膜栽培技术，1976 年达到 0.35 万 $\text{hm}^2$。美国、意大利等国也相继应用了该技术。我国于 1978 年从日本引进农业地膜覆盖栽培技术，现已在我国北方大面积推广应用，尤其在新疆干旱地区的棉花、瓜果和蔬菜等经济作物都基本上采用地膜覆盖栽培技术，目前全国已有地膜覆盖种植面积约 560 万 $\text{hm}^2$，居世界首位，新疆地膜栽培面积已超过 100 万 $\text{hm}^2$，其中棉花约占 70 万 $\text{hm}^2$。

起初，地膜覆盖栽培技术主要用于蔬菜和旱地种植，随着该项技术的推广，覆膜作物的灌溉以揭膜灌溉的方式进行。在 20 世纪 80 年代初期，我国新疆维吾尔自治区首创了膜上灌溉技术，它是在农业地膜覆盖栽培的基础上，将地膜铺在畦（沟）内，灌溉时水在膜上流动的一种灌溉方式。现在膜上灌已出现了开沟扶埂膜上灌、膜侧膜上灌、喷灌膜上灌、膜缝灌和膜孔灌等多种形式，与此同时，膜上灌地区也由新疆发展到甘肃、宁夏、陕西、河北和河南等地。

膜孔灌是膜上灌中一种最先进的灌溉方式，它是利用地膜输水，通过作物孔入渗进行灌溉，是现行各类覆膜灌溉技术中最为节水的一种覆膜灌溉新技术，膜孔灌较传统地面灌具有节水、灌水质量高、改善作物生长环境和增产等特点。膜孔灌已在我国新疆等地推广应用，近年来，小麦穴播覆膜栽培技术的出现，使得膜孔灌不仅适用蔬菜、棉花、玉米等作物，而且也适用于小麦覆膜灌溉。

近年来，随着地膜覆盖技术的发展，国内外对地膜覆盖条件下的土壤水分动态、作物灌溉制度、土壤热效应等问题已开展了较多研究。膜孔灌将传统地面灌田面水流运动的下垫面为全部透水界面变为人为可调控的非连续的透水界面，膜孔灌田面土壤入渗类似于滴灌，但膜孔灌为充分供水条件下的点源入渗，而滴灌属于非充分供水条件下的土壤点源入渗问题。自 20 世纪 60 年代初以来，人们就开展滴灌点源入渗问题的研究，已取得了大量研究成果。

覆膜灌是近 10 多年来在我国发展起来的一种节水型地面灌溉技术。因此，对它的研究尚处于初步阶段。目前对膜孔灌的研究主要集中在以下方面：①膜孔灌入渗规律研究；②膜孔灌田面水流运动特性及灌溉质量研究；③膜孔灌技术要素研究。

### 3.6.2 覆膜灌溉的类型及其特点

#### 3.6.2.1 膜侧沟灌

膜侧沟灌是地膜覆盖栽培的传统灌溉技术，如图 3-11 所示。膜侧沟灌是指在灌水沟垄背部位铺膜，灌溉水流在膜侧的灌水沟中流动，并通过膜侧入渗到作物根系区的土壤内。膜侧沟灌灌水技术要素与传统沟灌的相同。这种灌水技术适合于垄背窄膜覆盖，一般膜宽 70～90cm。膜侧沟灌技术主要用于条

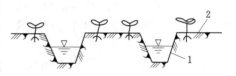

图 3-11 膜侧沟灌
1—膜侧沟灌；2—地膜

播作物和蔬菜。该技术虽说能增加垄背位种植作物根系的土壤温度和湿度，但灌水均匀度和田间水有效利用率与传统沟灌的基本相同，没有多大改进，且裸沟土壤水分蒸发量较大。

#### 3.6.2.2 膜上灌溉

膜上灌溉技术主要有以下几种类型。

1. 开沟扶埂膜上灌

开沟扶埂膜上灌是膜上灌最早的应用形式之一，如图 3-12 所示。它是在铺好地膜的棉田上，在膜床两侧用开沟器，并在膜侧堆出小土埂，以避免水流流到地膜以外区，一般畦长为 80～120cm，入膜流量 0.6～1.0L/s，埂高 10～15cm，沟深 35～45cm。这种类型因膜床土埂矮，膜床上的水流容易穿透土埂或漫过土埂进入灌水沟内，既浪费灌溉水量又影响农机作业。

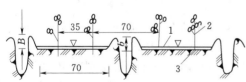

图 3-12 开沟扶埂膜上灌（单位：cm）
1—水流；2—棉株；3—地膜

2. 打埂膜上灌

打埂膜上灌技术是将原来使用的铺膜机前的平凸版改装成打埂器刮出地表 5～8cm 厚的土层，在畦田侧向构筑成高 20～30cm 的畦埂。其畦田宽 0.9～3.5m，膜宽 0.7～1.8m。根据作物栽培的需要，铺膜形式可分成单膜或双膜。对于双膜，其中间或膜两边各有 10cm 宽的渗水带，如图 3-13 和图 3-14 所示，这种膜上灌技术，畦

田低于原田面，灌溉时水不易外溢和穿透畦埂，故入膜流量可加大到 5L/s 以上。膜缝渗水带可以补充供水不足。目前这种膜上灌形式应用较多，主要用于棉花和小麦田上。双膜或宽膜的膜畦灌溉，要求田面平整精度较高，以增加横向和纵向的灌水均匀度。

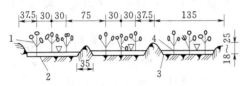

图 3-13　打埂膜上灌（单膜）（单位：cm）

1—棉株；2—地膜；3—中耕渗水带；4—水流

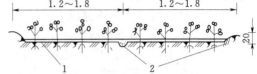

图 3-14　打埂膜上灌（双膜）（单位：cm）

1—地膜；2—膜缝

### 3. 膜孔灌溉

膜孔灌溉分为膜孔沟灌和膜孔畦灌两种。膜孔灌溉也称膜孔渗灌，它是指灌溉水流在膜上流动，通过膜孔（作物放苗孔）渗入到作物根部土壤中的灌水技术。该灌水技术无膜缝和膜侧旁渗。

膜孔畦灌的地膜两侧必须翘起 5～10cm 高，并嵌入土埂中，如图 3-15 所示。膜畦宽度根据地膜和种植作物的要求确定，双行种植一般采用宽 70～90cm 的地膜；三行或四行种植一般采用 180cm 宽的地膜。作物需水完全依靠放苗孔渗水供给，入膜流量为 1～3L/s。该灌水技术增加了灌水均匀度，节水效果好。膜孔畦灌一般适合棉花、玉米和高粱等条播作物。

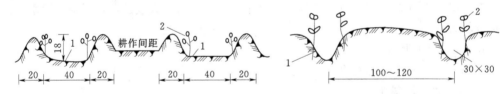

图 3-15　膜孔畦灌（单位：cm）　　　　　图 3-16　膜孔沟灌（单位：cm）

1—地膜；2—棉株　　　　　　　　　　　　　1—地膜；2—棉株

膜孔沟灌是将地膜铺在沟底，作物禾苗种植在垄上，水流通过沟中地膜上的专门灌水孔渗入到土壤中，再通过毛细管作用浸润作物根系附近的土壤，如图 3-16 所示。这种技术对随水流传播的病害有一定的防治作用。膜孔沟灌特别适用于甜瓜、西瓜、辣椒等易受水土传染病害威胁的作物。果树、葡萄和葫芦等作物可以种植在沟坡上，水流可以通过种在沟坡上的放苗孔浸润土壤。灌水沟规格依作物而异，蔬菜一般沟深 30～40cm，沟距 100～120cm；西瓜和甜瓜的沟深为 40～50cm，上口宽 80～100cm，沟距 350～400cm。专用灌水孔可根据土质不同打单排孔或双排孔，对重质土地膜打双排孔，轻质土地膜打单排孔。孔距和孔径根据作物灌水量确定。根据试验，对轻壤土、壤土孔径以 5mm、孔距为 20cm 的单排孔为宜。对蔬菜作物入沟流量以 1～1.5L/s 为宜。甜瓜和辣椒作物严禁在高温季节和中午高温期间灌水或灌满沟水，以防病害发生。

4. 膜缝灌

膜缝灌有以下几种类型。

（1）膜缝沟灌。膜缝沟灌是对膜侧沟灌进行改造，将地膜铺在沟坡上，沟底两膜相会处留有 2～4cm 的窄缝，通过放苗孔和膜缝向作物供水，如图 3-17 所示。膜缝沟灌的沟长为 50cm 左右。这种方法减少了垄背杂草和土壤水分的蒸发，多用于蔬菜，其节水增产效果都很好。

图 3-17　膜缝沟灌（单位：cm）　　　　　图 3-18　膜缝孔畦灌（单位：cm）
1—地膜；2—膜缝　　　　　　　　　　　　1—地膜；2—膜缝

（2）膜缝畦灌。膜缝畦灌是在畦田田面上铺两幅地膜，畦田宽度为稍大于 2 倍的地膜宽度，两幅地膜间留有 2～4cm 的窄缝，如图 3-18 所示。水流在膜上流动，通过膜缝和放苗孔向作物供水。入膜流量为 3～5L/s，畦长以 30～50m 为宜，要求土地平整。

（3）细流膜缝灌。细流膜缝灌是在普通地膜种植下，利用第一次灌水前追肥的机会，用机械将作物行间地膜轻轻划破，形成一条膜缝，并通过机械再将膜缝压成一条 U 字形的小沟。灌水时将水放入 U 形小沟内，水在沟中流动，同时渗入到土中浸润作物，达到灌溉目的。它类似于膜缝沟灌，但入沟流量很小，一般流量控制在 0.5L/s 为宜，所以它又类似细流沟灌。细流膜缝沟灌适用于田面纵坡 1% 以上的大坡度农田。

### 3.6.2.3　膜下灌溉

膜下灌溉一般分为膜下沟灌和膜下滴灌。膜下沟灌是将地膜覆盖在灌水沟上，灌溉水流在膜下的灌水沟中流动，以减少土壤水分蒸发。其入沟流量、灌水技术要素、田间水有效利用率和灌水均匀度与传统沟灌的基本相同。该技术主要用于干旱地区的条播作物上。温室灌溉采用该技术可以减少温室的空气湿度，减少和防治病害的发生。

膜下滴灌主要是将滴灌带管铺设在膜下，以减少土壤棵间蒸发，提高水的利用率。该技术更适合于干旱地区，目前在我国新疆地区推广应用面积较大。

### 3.6.3　覆膜灌技术的灌溉效果

地膜覆盖灌溉的实质是在地膜覆盖栽培技术基础上，不再另外增加投资，而利用地膜防渗并输送灌溉水流，同时又通过放苗孔或地膜幅间的窄缝等向土壤内渗水，以适时适量地供给作物所需的水量，从而达到节水、增产的目的。

在地膜覆盖灌水中，目前推广应用最普遍的类型是膜上灌水技术，尤其是膜孔沟灌和膜孔畦灌，其节水增产效果更为显著。膜上灌技术的优点主要有以下几点。

1. 节水效果突出

根据对膜孔沟灌的试验研究和对其他膜上灌技术的调查分析，与传统的地面沟

（畦）灌相比，一般可节水 $30\%\sim50\%$，最高可达 $70\%$，节水效果显著。

膜上灌之所以能节约灌溉水量，其主要原因是：

（1）膜上灌的灌溉水是通过膜孔或膜缝渗入作物根系区土壤内的，它的湿润范围仅局限在根系区域，其他部位仍处于原土壤水分状态。据测定，膜上灌的施水面积（为局部湿润灌溉）一般仅为传统沟（畦）灌溉面积（为全部湿润灌溉）的 $2\%\sim3\%$，这样灌溉水就被作物充分利用，所以水的利用率高。

（2）由于膜上灌水流在膜上流动，于是降低了田面糙率，水流运动阻力减小，促使膜上水流推进速度加快，从而减少了深层渗漏水量；覆膜还完全阻止了作物植株之间的土壤蒸发损失，增强了土壤的保墒作用。所以，膜上灌比传统沟（畦）灌及膜侧沟灌的田间水有效利用率高，在同样自然条件和农业生产条件下，灌水定额和灌溉定额都有较大幅度减小。

2. 灌水质量明显提高

根据试验与调查研究，膜上灌与传统沟（畦）灌相比较，其灌水质量高。

（1）在灌水均匀度方面。膜上灌可以提高地膜覆盖沿沟（畦）长度纵向方向的灌水均匀度，这是因为膜上灌可以通过增开或封堵灌水孔的方法来消除沟（畦）守卫或其他部位处进水量的大小，以调整和控制灌水孔数目对灌水均匀度的影响。

（2）在土壤结构方面。由于膜上灌水流是在地膜上流动或存蓄。因而不会冲刷膜下土壤表面，也不会破坏土壤结构；而通过放苗孔向土壤内渗水，可以保持土壤疏松，不致使土壤产生结板。据观测，膜上灌水 4 次后测得的土壤干密度为 $1.49\mathrm{g}/\mathrm{cm}^3$，比第一次灌水前测得的土壤干密度 $1.41\mathrm{g}/\mathrm{cm}^3$ 增加不到 $6\%$，而传统地面沟（畦）灌灌溉后土壤干密度达到 $1.60\mathrm{g}/\mathrm{cm}^3$，比灌前增加了 $14\%$。

3. 农田生态环境得到改善

地膜覆盖栽培技术与膜上灌水技术相结合，改变了传统的农业栽培技术和耕作方式，也改善了田间土壤水、肥、气、热等土壤肥力状况的作物生态环境。

膜上灌对作物生态环境的影响主要表现在地膜的增湿热效应。由于作物生育期内田面均被地膜覆盖，膜下土壤白天积蓄热量，晚上则散热较少，而膜下的土壤水分又增大了土壤的热容量。因此，导致地温提高且相对稳定。据观测，采用膜上灌可以使作物苗期地温平均提高 $1\sim1.5℃$，作物全生育期的土壤积温也增加，从而促进了作物根系对养分的吸收和作物的生长发育，并使作物提前成熟。一般棉粮等大田作物可提前 $7\sim15\mathrm{d}$ 成熟，蔬菜可提前上市。

膜上灌不会冲刷表土，又减少了深层渗漏，从而就可以大大减少土壤肥料的流失；土壤结构疏松，保持有良好的土壤通气性。因此，采用膜上灌水技术为提高土壤肥力创造了良好条件。

4. 增产效益显著

由于膜上灌容易做到按照作物需水规律适时适量地进行灌水，为作物提供了适宜的土壤水分条件，并改善了作物的水、肥、气、热供应和生态环境，从而促使作物出苗率高，根系发育健壮，生长发育良好。据观测，打埝膜上灌可比未覆膜提高棉花出苗率 $42.17\%$，株高高出 $5.3\mathrm{cm}$，叶片多 2 片，果枝多 2.1 个。

### 3.6.4　膜孔灌自由入渗特性

膜孔灌是覆膜灌溉中最先进的灌溉方式之一，利用地膜输水，通过作物的出苗孔入渗进行灌溉。根据农业地膜栽培和种植规格，膜孔入渗可以分为3种类型：第一种为作物的行距和株距都较大的膜孔自由入渗；第二种为作物的行距相对较大时，在膜孔入渗过程中，仅在行方向的膜孔间发生交汇干扰作用，称为膜孔单向交汇入渗；第三种为作物的行距和株距均较小，在入渗过程中，膜孔受到周围膜孔入渗的干扰作用，称为膜孔多向交汇入渗。膜孔入渗模型的研究是膜孔灌灌水方案设计和灌水质量评价的基础。

为了研究不同膜孔直径的膜孔自由入渗特性，利用西安理工大学水资源所研制的膜孔点源入渗装置进行了膜孔自由入渗试验。

试验土样为粗砂土，其基本物理参数见表3-7。

表3-7　　　　　　　　　　　　试验土样的基本物理参数

| 土壤质地 | 土壤密度<br>（g/cm³） | 饱和含水量<br>（%） | 物理性黏粒含量 λ<br>（%） | 饱和导水率<br>（cm/min） |
|---|---|---|---|---|
| 粗砂土 | 1.55 | 37.27 | 2.43 | $2.73 \times 10^{-3}$ |

#### 3.6.4.1　膜孔自由入渗侧渗量变化特性

膜孔点源入渗是充分供水的空间三维入渗，存在水分的垂直入渗和水平侧渗现象。若将点源入渗的水分运动分为水平方向的水分运动和垂直方向的水分运动，则点源入渗水量包括垂直入渗量和侧渗量（水平入渗量）两部分，即 $Q = Q_{垂直} + Q_{侧渗}$。图3-19中的单位面积点源入渗侧渗量为单位面积点源总入渗量与相应的单位面积垂直一维入渗量之差。可以看出，不同膜孔直径的单位面积侧渗量均随着入渗时间的延长而增大；相同入渗时间时，随着膜孔直径的增大，单位面积点源入渗的侧渗量减小，这种趋势随着入渗时间的增长而愈加明显，这主要是由于 $Q_{侧渗}$ 是膜孔周长占其膜孔面积比值的函数。因此，点源面积越大，单位点源入渗的侧渗量越小。经分析研究，不同膜孔直径时单位面积膜孔侧渗量和垂直一维入渗量与入渗时间之间均符合幂函数关系，设

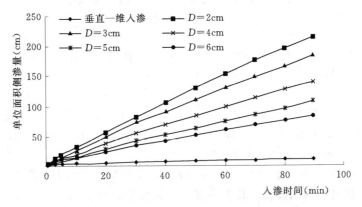

图3-19　不同膜孔直径时侧渗量与入渗时间的关系

$$Q_{垂直} = At^B \tag{3-48}$$

$$Q_{侧渗} = Et^F \tag{3-49}$$

式中：$Q_{垂直}$ 为单位面积垂直一维入渗量，cm；$Q_{侧渗}$ 为膜孔入渗单位面积侧渗量，cm；$t$ 为入渗时间，min；$A$、$B$、$E$、$F$ 为拟合参数，$A$ 和 $B$ 值与膜孔直径无关，而 $E$ 和 $F$ 是膜孔直径的函数。

利用式（3-48）、式（3-49）对图 3-19 资料进行拟合，其结果见表 3-8。

表 3-8　　　　　　膜孔点源入渗侧渗量与入渗时间关系拟合参数

| 系数、指数 | 膜孔直径 D（cm） | | | | |
|---|---|---|---|---|---|
| | 2.0 | 3.0 | 4.0 | 5.0 | 6.0 |
| $E$ | 3.0989 | 2.5100 | 1.9409 | 1.5453 | 1.6951 |
| $F$ | 1.7062 | 1.7289 | 1.7240 | 1.7019 | 1.5667 |
| $R^2$ | 0.9996 | 0.9995 | 0.9998 | 0.9996 | 0.9987 |

参数 $E$、$F$ 随膜孔直径的变化关系分别如图 3-20 、图 3-21 所示。

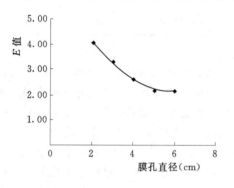

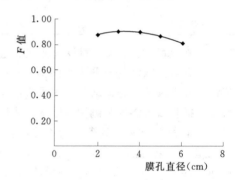

图 3-20　参数 $E$ 与膜孔直径的关系　　　　图 3-21　参数 $F$ 与膜孔直径的关系

经分析，$E$、$F$ 与膜孔直径 $D$ 之间均为二次函数关系，设

$$E = aD^2 + bD + c \tag{3-50}$$

$$F = a'D^2 + b'D + c' \tag{3-51}$$

式中：$a$、$b$、$c$、$a'$、$b'$、$c'$ 为拟合参数；$D$ 为膜孔直径，cm。

对图 3-20、图 3-21 资料拟合得

$$E = 0.1423D^2 - 1.6433D + 6.8726 \quad R^2 = 0.9887$$

$$F = -0.0117D^2 + 0.0772D + 0.7727 \quad R^2 = 0.9795$$

则土壤初始重量含水率为 3.20%，密度为 1.52g/cm³ 的粗沙土膜孔点源入渗的单位面积侧渗量与入渗历时的关系为

$$Q_{侧渗} = (0.1423D^2 - 1.5433D + 6.8726)t^{(-0.0117D^2 + 0.0772D + 0.7727)}$$

### 3.6.4.2　膜孔自由入渗侧渗量与垂直一维入渗量的关系

图 3-22 为试验条件下不同膜孔直径的点源入渗单位面积侧渗量与单位面积垂直一维入渗量的关系图。可以看出，不同膜孔直径的点源入渗单位面积侧渗量均随着单

位面积垂直一维入渗量的增大而增大；随着膜孔直径的增大，单位面积的侧渗量减小，这种趋势随垂直一维入渗量的增大愈加明显。

经分析研究，不同膜孔直径的单位面积膜孔侧渗量与单位面积垂直一维入渗量之间符合幂函数关系，设

$$Q_{侧渗} = GQ_{垂直}^{H} \tag{3-52}$$

式中：$Q_{侧渗}$ 为单位面积侧渗量，cm；$Q_{垂直}$ 为单位膜孔面积垂直一维入渗量，cm；$G$、$H$ 为拟合参数。

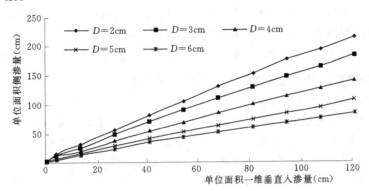

图 3-22 膜孔单点源入渗单位面积侧渗量和一维垂直入渗量的关系

利用式（3-52）对图 3-22 资料进行拟合，其结果见表 3-9。

表 3-9 点源入渗单位面积侧渗量与垂直一维入渗量关系拟合参数表

| 系数、指数 | 膜孔直径 $D$（cm） | | | | |
|---|---|---|---|---|---|
| | 2.0 | 3.0 | 4.0 | 5.0 | 6.0 |
| $G$ | 4.0982 | 3.3362 | 2.5763 | 2.0981 | 2.1911 |
| $H$ | 0.8828 | 0.8942 | 0.8918 | 0.8730 | 0.8106 |
| $R^2$ | 0.9998 | 0.9989 | 0.9993 | 0.9989 | 0.9989 |

参数 $G$、$H$ 随膜孔直径的变化关系如图 3-23、图 3-24 所示。

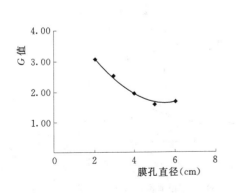

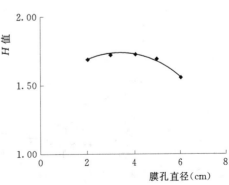

图 3-23 参数 $G$ 与膜孔直径的关系      图 3-24 参数 $H$ 与膜孔直径的关系

经分析，$G$、$H$ 与膜孔直径 $D$ 之间均为二次函数关系，设

$$G = eD^2 + fD + g \tag{3-53}$$
$$H = e'D^2 + f'D + g' \tag{3-54}$$

式中：$e$、$f$、$g$、$e'$、$f'$、$g'$ 为拟合参数；$D$ 为膜孔直径，cm。

对图 3-23、图 3-24 资料进行拟合得

$$G = 0.1179D^2 - 1.3206D + 5.3179 \qquad R^2 = 0.9887$$
$$H = -0.0238D^2 + 0.1579D + 1.4749 \qquad R^2 = 0.9795$$

则土壤初始重量含水率为 3.20%，密度为 1.52g/cm³ 的陕北粗砂土膜孔点源入渗的单位面积侧渗量与单位面积垂直一维入渗量的关系为

$$Q_{侧渗} = (0.1179D^2 - 1.3206D + 5.3179)Q_{垂直}^{(-0.0238D^2 + 0.1579D + 1.4749)}$$

### 3.6.5　由膜孔灌田面灌水资料推求点源入渗参数

**1. 膜孔灌田面灌水试验条件**

试验设在陕北榆林风沙滩区试验田，土壤为粗砂土，土壤性质见表 3-10。试验田畦长为 46.5m，畦宽为 0.50m，纵坡为 0.003，开孔率为 2.08%，每个膜孔面积为 20.48cm²。试验田为一膜两行种植，株距 27cm，行距 35cm，等距布设了放苗孔。畦 1 的入畦流量为 4.2L/s，畦首供水时间为 9.00min；畦 2 的入畦流量为 4.8L/s，畦首供水时间为 8.05min。

表 3-10                                    试验土样的基本参数

| 土壤质地 | 土壤密度<br>（g/cm³） | 比重<br>（g/cm³） | 田间持水量<br>（%） | 孔隙率<br>（%） |
|---|---|---|---|---|
| 粗砂土 | 1.52 | 2.42 | 24.2 | 37.2 |

**2. 膜孔灌田面水流推进和消退特性**

膜孔灌是地表覆膜打孔，水流在地膜上流动。地表覆膜改变了原有田面土壤入渗方式和地表糙率，水流阻力减小，田面水流推进速度加快。图 3-25 为在陕北榆林风沙滩区西瓜地膜孔灌试验实测的水流推进和消退曲线。可以看出，在开孔率和畦田规格相同条件下，入畦流量为 4.8L/s 的水流推进曲线比入畦流量为 4.2L/s 的

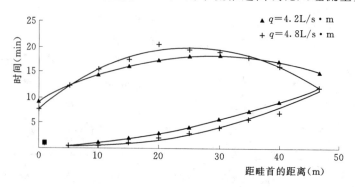

图 3-25　膜孔灌田面水流推进和消退曲线

水流推进曲线平缓，说明田面水流推进速度较入畦流量为 4.2L/s 的推进速度快；入畦流量为 4.8L/s 的水流消退曲线低于入畦流量 4.2L/s 的水流消退曲线，其最大消退时间减小，这是由于随着入畦流量的增大，田面水层变厚，沿着畦田纵坡方向的作用力增大，使田面水流推进速度加快，减小了灌水时间，相应的消退时间也随之减小。

经分析，膜孔灌田面水流推进曲线符合幂函数规律，对图 3-25 水流推进实测资料进行拟合得

$$q=4.2\text{L/s} \quad t_a=0.0114x^{1.8316} \quad R^2=0.9993$$
$$q=4.8\text{L/s} \quad t_a=0.0085x^{1.8468} \quad R^2=0.9960$$

式中：$t_a$ 为田面水流推进时间，min；$x$ 为水流推进前锋距畦首的距离，m。

经分析，膜孔灌田面水流消退曲线符合一元二次函数规律，对图 3-25 中膜孔灌田面水流消退资料拟合得

$$q=4.2\text{L/s} \quad t_r=-0.0098x^2+0.5975x+9.3094 \quad R^2=0.9868$$
$$q=4.8\text{L/s} \quad t_r=-0.0169x^2+0.8700x+8.2801 \quad R^2=0.9861$$

式中：$t_r$ 为田面水流消退时间，min；$x$ 为水流消退距离，m。

**3. 膜孔灌点源入渗参数的推求**

膜孔灌入渗为充分供水条件下的点源入渗，根据水量平衡原理，当进入畦中的水分全部渗入土壤时，畦首的供水量等于畦田内各膜孔入渗量之和，即

$$qt_l = \sum_{i=1}^{n} mA_iZ_i \tag{3-55}$$

式中：$q$ 为入畦流量，L/s；$t_l$ 为水流前锋推进到距畦首 $L$ 长度时所对应的时间，min；$n$ 为每行株数；$m$ 为每畦行数；$A_i$ 为每行中第 $i$ 个膜孔的面积，cm$^2$；$Z_i$ 为每行中第 $i$ 个膜孔的单位面积累积入渗量，cm。

当采用农机具打孔时，膜孔面积 $A_i$ 为定值 $A_0$，每畦行数也为定值。

充分供水条件下点源入渗试验表明，膜孔单点源入渗仍符合 Kostiakov 入渗公式，式（3-55）可写为

$$qt_l = \sum_{i=1}^{n} mA_iZ_i = \sum_{i=1}^{n} mA_0Kt_i^a \tag{3-56}$$

式中：$K$ 为入渗系数；$\alpha$ 为入渗指数；$t_i$ 为每行中第 $i$ 个膜孔的净入渗时间，min。

对第 $i$ 个膜孔而言，其净入渗时间为该处水流消退时间与水流推进到该处的时间之差，即

$$t_i = t_{ir} - t_{ia} \tag{3-57}$$

其中

$$t_{ir} = cx_i^2 + dx_i + e \tag{3-58}$$

$$t_{ia} = ax_i^b \tag{3-59}$$

式中：$t_{ir}$ 为第 $i$ 个膜孔处的水流消退时间，min；$t_{ia}$ 为水流推进到第 $i$ 个膜孔处的时间，min；$x_i$ 为第 $i$ 个膜孔距畦首的距离，m；$a$、$b$、$c$、$d$、$e$ 为拟合参数。

则由式（3-56）可得

$$\left.\begin{array}{l} qt_l = \sum_{i=1}^{n} mA_0 K t_i^a \\[2mm] qt_l = \sum_{i=1}^{n} mA_0 K (cx_i^2 + \mathrm{d}x_i + e - ax_i^b)^a \end{array}\right\} \qquad (3-60)$$

则由入畦流量 $q_1$ 的水流推进和消退资料得

$$q_1 t_1 = \sum_{i=1}^{n} mA_0 K (c_1 x_i^2 + d_1 x_i + e_1 - a_1 x_i^{b_1})^a \qquad (3-61)$$

根据入畦流量为 $q_2$ 的水流推进和消退资料得

$$q_2 t_2 = \sum_{i=1}^{n} mA_0 K (c_2 x_i^2 + d_2 x_i + e_2 - a_2 x_i^{b_2})^a \qquad (3-62)$$

式 （3-61） 除以式 （3-62） 得

$$\frac{q_1 t_1}{q_2 t_2} = \frac{\sum_{i=1}^{n} (c_1 x_i^2 + d_1 x_i + e_1 - a_1 x_i^{b_1})^a}{\sum_{i=1}^{n} (c_2 x_i^2 + d_2 x_i + e_2 - a_2 x_i^{b_2})^a} \qquad (3-63)$$

式 （3-63） 为 $\alpha$ 的非线性方程组，难以求出其解析解。因此，采用迭代法求解。令

$$f(\alpha) = \frac{q_1 t_1}{q_2 t_2} - \frac{\sum_{i=1}^{n} (c_1 x_i^2 + d_1 x_i + e_1 - a_1 x_i^{b_1})^a}{\sum_{i=1}^{n} (c_2 x_i^2 + d_2 x_i + e_2 - a_2 x_i^{b_2})^a} \qquad (3-64)$$

$f(\alpha)$ 为 $\alpha$ 的非线性函数，$0 < \alpha < 1$。因而，用对分法在 ［0，1］ 上对 $\alpha$ 进行迭代运算求出 $\alpha$，然后由式 （3-61） 或式 （3-62） 求得 $K$。

式中除 $K$ 和 $\alpha$ 外，其他参数均为已知，因而只需知道两畦的水流推进和消退曲线，就可根据式 （3-64） 求得入渗参数 $K$ 和 $\alpha$。

通过以上方法推求的膜孔灌点源入渗参数在一定程度上消除了农田土壤空间变异特性对入渗参数的影响。

利用在陕北榆林风沙滩区西瓜地膜孔灌试验实测的水流推进和消退资料推求入渗参数 $K$ 和 $\alpha$。

田间试验实测资料为：畦 1 的入畦流量为 4.2L/s，畦首供水时间为 9.00min，供水停止时的水流推进长度为 40m；畦 2 的入畦流量为 4.8L/s，畦首供水时间为 8.05min，供水停止时水流推进长度为 40m。畦 1 和畦 2 的水流推进和消退资料如图 3-25 所示。

根据以上试验资料，利用式 （3-64） 用迭代法计算得

$$\alpha = 0.207$$

由式 （3-65） 得

$$K = 8.543 \mathrm{cm/min}$$

即膜孔灌自由入渗方程为

$$Z = 8.543 \, t^{0.207}$$

# 3.7 激光控制土地平整技术

美国犹他州立大学首先研究和利用激光控制土地平整技术，为提高灌溉效率，犹他州在水管理中把激光控制平地技术作为重要措施。激光控制平地技术是目前世界上最先进的土地平整技术。它利用旋转的激光束取代常规机械平地中人眼目视作为控制基准，通过液压系统操纵铲运机具，挖高填低，实现高精度农田土地平整。

激光控制土地平整设备的出现，是标志着地面灌溉系统中最重要的进展之一。该系统有4种基本部件：①激光发射器；②激光感应器；③电子和液压控制系统；④拖拉机和土地平整机具。

激光发射装置包括一个电池驱动的激光发生器，该发生器以相对较高的速度在垂直于农田地平面的轴上旋转。因此，这种旋转的激光可有效地在农田上方生成一个激光面，该面便可用作平整作业的参照面，而不像在常规土地平整技术中用在不连续网格点上的高程测量值。可安装具有各种自动调整机制的激光发生器，这样便能以任何期望的经纬坡度上调整激光面，这种激光参照面在土地平整作业中极具优点，因它不受运土的影响，也不需要田间测量来确定高低位置和操作人员判断挖方和填方的数量。限定了激光束和地面间的距离，以使与该距离的偏差变为挖方和填方。用激光系统时，几乎不需要常规方法中的大量工程的计算。平整的费用常以单位设备用时的费用商定。激光发射器一般位于田块上或附近的一个三角架或塔式建筑物上，其高度往往是使激光束在高于田块上任何障碍物及平整设备本身的高度上旋转。光束瞄准并被安装在土地平整设备桅杆上的光感应器接收。感应器实际上是垂直安装的一系列检测器，这样随着平地机械向上或向下行走，光束便被中心检测器上面或下面的检测器测到。这种信息传递到控制系统，控制系统启动液压系统升高或降低机具，直到光束又射到中心检测器。按照这种方式，桅杆上的感应器便不断地用激光束上的平面得到校正，并用激光束指示行走中的机械。值得注意的是，激光感应是系统的灵敏度至少比肉眼判断和拖拉机上的操作人员的手动液压系统精确10～50倍。因此，土地平整作业也较准确。操作人员的熟练程度对平地的重要性大大降低，这就使农民和其他人员都能使用土地平整机械。

电子和液压控制系统一般有两种运行状态。第一种状态即观测状态，在操作人员驾驶机械在农田以网格状形式移动时，桅杆本身按照农田的起伏而上下运动。拖拉机中的监测器产生高程数据，操作人员根据这些数据便可确定出农田平均高程和坡度。换句话说，本系统起配套测量系统的作用，在本状态时，平地机具上的刀被固定在一定位置，只有感应器桅杆移动；在第二种状态即平地状态时，与机具刀相对应的桅杆位置固定，而面具刀依土地地形升高或降低。光束面位于农田中心点上的适当距离上，坡度取期望坡度。通过调整与该面和中心点对应的桅杆感应器的高度，简单地驾驶拖拉机在农田行走便可完成挖土和填土。但是，在许多情况下，挖土深度会超过拖拉机功率所能挖的深度，操作人员必须停用自动挖制，以便机器不停地工作。

平地系统的第4个部件是拖拉机—平地机具组合。这一设备一般为标准农用拖拉机和土地平整器，原液压和控制系统经改装，在装有激光发射器和感应器装置的电子控制系统下能够运行。应认真选用拖拉机，以防功率不足及其液压系统不足以在激光指使的高频繁运动和调整下工作。平地机具简单的可以是大型平地机，可切屑并推运其前面的土，也可以是复杂机具，可运载土。前者主要用于平整工作量小的作业，修平和重复平整。后者对于挖土量较大的初次平整和在挖土量比畦田或垄沟田大的水平格田的整地中通常较好。

对一般土地平整，尤其是激光土地平整，对精确农田平整的重要性可能一直估计不足。高精度改善了灌水均匀度和效率，因而提高了水和土地生产力。在大面积农田，已证明生产力的提高可补偿和超过平整土地费用的经济负担。但是，设备昂贵，超出了除大型农场以外所有农民的购买能力。

"九五"期间，中国水利水电科学研究院水利研究所承担了国家科技攻关项目"水平畦田灌水技术应用研究"，通过对激光控制平地技术和常规机械平地技术的应用进行评价，提出了适合国情的土地平整新技术和组合平地技术模式。在田间实验基础上，研究了土地平整精度对畦田灌溉效果和作物产量的影响，确定了相应的水平畦田灌溉系统的工程模式，并在北京市昌平区项目试验区得到应用。冬小麦田间试验显示：激光控制平地技术的应用，使田间灌水效率由 50% 提高到 80%，冬小麦生长期节水 30%，增产达 30%，水分生产率由 $1.1\text{kg/m}^3$ 提高到 $1.7\text{kg/m}^3$。

为了推动激光控制平地技术在我国的应用，国家节水灌溉北京工程技术研究中心研制开发了系列化国产铲运机具，与进口激光控制部件配套使用。以高精度土地平整为基础，配合高效节水地面灌溉新技术，可显著改变传统地面灌溉田间灌水效率低下、灌溉管理粗放等现状。激光控制平地技术的推广应用将会推动我国节水型地面灌技术的应用。

对我国这样的发展中国家能否适用激光引导土地平整技术还有待于分析和研究。激光平地技术适用于大面积土地平整，对于这种设备如何被我国个体农户小面积利用，仍有待于探讨。

# 3.8   水稻节水灌溉技术

## 3.8.1   水稻控制灌溉技术

### 1. 控制灌溉的特点

控制灌溉是在水稻返青后的各生育阶段，田面不再建立水层，根据水稻生理生态特点，以土壤含水量作为控制指标，确定灌水时间和灌溉定额，从而促进和控制水稻生长，发挥水稻自身调节机能和适应能力，达到节水增产的目的。

对于水稻来说，控制灌溉技术是从插秧到返青期田面保持薄水层，返青以后各生育期不再建立水层，水稻不同生育期以根层土壤含水量作为控制标准来确定灌水时间和灌水定额。土壤含水量控制上限为饱和含水量；下限取饱和含水量的 60%～70%（低于田间持水量），是一种能充分发挥水稻自身调节机能和适应能力的灌溉技术。

### 2. 控制灌溉的操作要点

操作要点是从插秧到返青期田面保持薄水层，返青以后，田面一直不再建立水层，按水稻根层土壤含水量来控制。其不同生育期具体的上、下限控制标准分别是：

分蘖期和拔节孕穗期根层土壤含水量上限为饱和含水量 36.6%（以占土重的百分比计，以下均同），下限为根层含水量 21.6%（相当于田间最大持水量的 80%）；抽穗开花期及时补水，保持土壤的饱和状态；灌浆期上限为土壤饱和含水量，下限为根层土壤含水量 26.6%（接近于田间最大持水量）；黄熟期落干。根据试验，在水稻返青以后的各个生育阶段，土壤含水量控制上限为饱和含水量、控制下限取饱和含水量的 60%~70%（21.96%~25.6%）为最佳组合。

在返青期，每当田面水层到达下限时，开始灌溉补水，灌到上限值时，停止灌溉。从返青以后，每当根层土壤含水量达到下限值时，开始灌溉，补水数量要预先算好。当灌溉达到定额数量时就立即停止灌溉，可使灌后根层土壤含水量为下限值。

根据麦仁店试验站的资料，控制灌溉的灌水主要是在水稻返青期和抽穗开花期；6 月下旬灌水次数 2~4 次；7 月为 2~4 次；8 月为 2~3 次；9 月为 0~2 次，与水稻生理、生态需水特性相吻合。根据对历年灌溉实验资料的分析，水稻高产节水型控制灌溉的最佳土壤含水量控制下限值见表 3-11。各年该处理的试区亩产分别为 673.0kg、536.0kg 和 696.6kg。

控制灌溉技术，考虑农业措施中的施肥模式和气象因素中的降雨量等因素，设计了不同水平的组合方案，并以传统的淹水灌溉技术作为对照。土壤含水率控制标准分别为饱和含水量的 50%、55%、60%、70%；化肥分中产、低产、高产、丰产 4 个水平。以水稻生育期降雨频率作为设计代表年型，有 20%、33.3%、50%、75%、90% 和 95% 6 种年型，实际 3 年内共进行了 9 种年型的试验研究。控制灌溉的水稻全生育期灌溉定额多年平均值为 227.4m³/亩（包括泡田 85.5m³/亩），比淹水的对照，节约水量 53.2%。控制灌溉的灌水次数平均为 11 次，比淹灌少 9 次，平均灌水定额也仅为淹水灌溉的 66%，显著地提高了降雨的有效利用率。不同年型的灌溉制度见表 3-12。

表 3-11　　　　　　　　　　最佳土壤含水量控制下限表　　　　　　　　　　%

| 生　育　期 | | 返青 | 分　蘖 | 拔节孕穗 | 抽穗开花 | 乳　熟 | 黄乳 | 备　注 |
|---|---|---|---|---|---|---|---|---|
| 最佳控制 | 含水量 | 5mm 水层 | 21.96 | 25.6 | 25.6 | 21.96 | 自然落干 | 饱和含水量为 36.6 |
| 下限 | 占饱和含水量百分数 | 水层 | 60 | 70 | 70 | 60 | 自然落干 | |

表 3-12　　　　　　　　　　不同年型控制灌溉制度表

| 年　型 (降雨频率,%) | 灌水次数 | 平均灌水定额 (mm) | | 灌溉定额 | |
|---|---|---|---|---|---|
| | | 泡田期 | 生育期 | 以单位水深计 (mm) | 以单位面积水量计 (m³/亩) |
| 20 | 6 | 99.7 | 14.7 | 173.4 | 115.6 |
| 50 | 11 | 75.8 | 17.0 | 245.9 | 164.0 |
| 75 | 8 | 111.4 | 18.4 | 240.4 | 160.4 |
| 90 | 9 | 107.9 | 22.5 | 287.7 | 191.7 |
| 95 | 11 | 69.6 | 18.9 | 258.3 | 172.1 |

3. 应用条件

控制灌溉技术的土壤水分状况近似湿润灌溉（试验开始时曾称为控制湿润灌溉）。适于控制灌溉的稻田主要是地下水位较高的低洼易涝田，丘陵山区的下湿冷浸田，江河平原的湿地和圩区，以及地势低洼、土质黏重、保水保肥力强的稻田。不论哪一类田，都必须是在深耕多肥、高产栽培下进行。那种耕作粗放、低产栽培的瘠薄地，不宜采用。

采用控制灌溉技术的水稻田，生育期间（返青以后）田面不建立水层，而且土壤水分大部分时间是处于非饱和的毛管水状态，这就决定了控制灌溉是不适合在盐碱地区和易盐碱地区以及干旱、半干旱地区采用的。因为大气蒸发力引起的非饱和毛管的向上水流会导致土壤表层积盐，而且没有足够的水量淋洗以促使土壤脱盐和淡化。

### 3.8.2　水稻优化灌溉技术

水稻优化灌溉是指在一定环境、技术条件和其他因素的约束下，如何使灌溉过程的效果更好，如耗水耗能少，水稻产量高而且品质优良，技术性能好而且可靠性强，成本低等。优化灌溉的任务是在一定的气候和土壤条件下，适应水稻的生理特性，调节水、肥、气、热等肥力因素，以实现高产和灌溉的高效率、高效益。

1. 性能指标

依据我国北方稻区的土壤和气候条件，以及现有的水稻品种、栽培技术和水稻本身的需水规律，稻田的优化灌溉土壤水分调节可分为 5 种基本模式（图 3-26），各灌溉模式意义说明如下。

A 型：表示水稻各生育阶段（分蘖末期晒田除外）都得到充分供水的淹灌。适用于中、重盐渍土和未经改良的瘠薄地。

B 型、C 型和 D 型：表示水稻生育过程中不同时期不同程度节制供水的浅湿间歇灌溉，但土壤水分状态和节制程度有所不同。

B 型：浅湿交替，灌 3~5cm 浅水，当水层消耗完了即灌水，土壤处于较湿的汪泥汪水状态。土壤水分能量指标前期为 0~5kPa，后期为 5~10kPa。大体来说，土壤水分吸力不超过 10kPa。灌水间隔时间较短（一般为 1~3d）。适合于肥力一般或稍差的土壤。

C 型：浅湿干结合，在水稻有效分蘖期视苗情进行浅灌或浅湿交替，在抽穗后的成熟期浅湿干交替，乳熟前期以湿为主，乳熟后期以干为主。土壤水分能量指标前期为 5~10kPa，后期为 10~30kPa。大体来说，土壤水分吸力在 10kPa 以上。灌水间隔时间前期短（接近 B 型）、后期较长（接近 D 型），适合于肥力中等的土壤。

D 型：浅湿干交替，当浅水层消耗完以后，再过些时间，当土壤由湿变干时再进行灌水，土壤水分能量指标前后期均为 10~30kPa。灌水间隔时间较长（一般为 7~10d）。适合于土壤肥力较高和上等的土壤。

E 型：湿润灌溉，灌水不建立水层，土壤水分能量指标为 10~40kPa，灌水间隔时间接近或超过 D 型，适用于低湿、还原性强的土壤。

不论哪种灌溉模式，当土壤水分能量达到图 3-26 中规定的允许指标（下限）说明即需灌水。黄熟期土壤水分均大于 10kPa（盐碱较重的土壤除外）。

| 土壤肥力等级 | 水分表征 | 水分指标 | 返青期 | 有效分蘖期 | 无效分蘖期 | 孕穗期 | 抽穗开花期 | 乳熟前期 | 乳熟后期 | 黄熟期 | 灌溉模式 | 因土因时因苗制宜 |
|---|---|---|---|---|---|---|---|---|---|---|---|---|
| 上 | 潜湿干交替 | 水层(cm) | 3~5 | 0~(3~5) | 0 | 4~6 | 4~6 | (3~5)~0 | 0~(3~5) | 0 | D | 模式中土壤水分,干旱天气按上限控制;阴湿天按下限控制,反之;土肥旺按下限控制,按上限控制。土壤水分为饱和含水量 |
| | | 土壤水分(%) | 100 | 70~80 | 70 | 100 | 100 | 70~80 | 70~80 | <80 | | |
| 中 | 前期浅浅湿或浅湿后期浅湿干 | 水层(cm) | 3~5 | 0~(3~5) | 0 | 4~6 | 4~6 | (3~5)~0 | 0~(3~5) | 0 | C | |
| | | 土壤水分(%) | 100 | 80~90 | 70~80 | 100 | 100 | 80~90 | 70~80 | <80 | | |
| 下 | 浅湿交替 | 水层(cm) | 3~5 | 0~(3~5) | 0 | 4~6 | 4~6 | (3~5)~0 | 0~(3~5) | 0~3 | B | |
| | | 土壤水分(%) | 100 | 90~100 | 80~90 | 100 | 100 | 90~100 | 80~90 | <80 | | |
| 特 中重度盐碱 | 淹水 | 水层(cm) | 5~7 | 5~7 | 3~5 | 5~7 | 5~7 | 3~5 | 3~5 | 0~3 | A | |
| | | 土壤水分(%) | 100 | 100 | 100 | 100 | 100 | 100 | 90~100 | <90 | | |
| 异 地下水位高渍涝 | 湿润 | 水层(cm) | 3~5 | 0 | 0 | 0 | 0 | 0 | 0 | 0 | E | |
| | | 土壤水分(%) | 100 | 90~00 | 60~70 | 90~100 | 90~100 | 80~90 | 70~80 | <80 | | |
| 适宜的地下水埋深(cm) | | | 0~20 | 20~30 | 40~50 | 30~40 | 30~40 | 30~40 | 40~60 | 60~80 | 活时散水,适叶成熟 | |

| 水肥管理方向 | 薄水插前换 | 适水返青促蘖旱发 | 浅湿促中有效控促蘖增蘖 | 晒田腾苗控上促 | 足水孕胎促蘖增粒,防止颖化退化 | 齐穗开花 | 浅湿以气养限,以根保叶 | 干湿促熟,保粒增重 | 适时散水,适叶成熟 |
|---|---|---|---|---|---|---|---|---|---|

施肥(每亩施肥量)

插前:农肥1~2t,过磷50kg,硫铵15kg

蘖肥:移裁一周后施硫铵13kg,硫酸钾5kg,隔一周二次蘖肥5kg,硫酸钾12kg,有效分蘖终止前调整蘖肥3~5kg

穗肥:7月中旬减分蘖期前硫铵8kg左右,硫酸钾5kg

粒肥:齐穗后硫铵4~7kg

监测:灌溉水情、气象,水稻栽培方式和布局,计划和实际的灌溉进度

水稻产量模式:

$$M = aP \prod_{i=1}^{H} \left[ \frac{Y}{Y_0} \right] \hat{Y}_i = aP$$

由可供水量预测产量或产量目标由生育期合理分配,以取优化灌溉模式和用水量

原则:

在水源不足条件下,按优化模式使水量各生育期的 $Y/Y_0$ 值,调整各生育期提高灌溉保证程度和灌溉效益

定额:在有限供水条件下,调整最大限度地提高灌溉需水,适当压缩非临界期用水,适当压缩非临界期用水,以最大限度灌水,保证临界期需水和灌溉效益

本田每亩总施氮肥硫铵55~60kg;高温、干旱、漏水田,阴雨肥地或无效肥可略多,阴湿、低温、肥地,漏肥可略少

水稻优化灌溉模式土壤水分张力范围

| 项目 | 返青期 | 有效分蘖期 | 无效分蘖期 | 孕穗抽穗期 | 乳熟期 |
|---|---|---|---|---|---|
| 水层(cm) | 3~5 | 0~(3~5) | 0 | 2~5 | 0~3 |
| 土壤水分张力(kPa) | 0 | <15 | 10~30 | 0 | (0~5)~15 |
| 土壤含水量(饱和含水率)(%) | 100 | (75~80)~100 | 60~70 | 100 | (70~80)~100 |

图3-26 水稻优化灌溉土壤水分调节模式

**2. 操作要点**

（1）选择适宜的灌溉模式。优化灌溉首先要确定土壤的肥力等级，然后选定适宜的灌溉模式。根据灌溉模式规定的土壤水分能量指标（图3-26），因土、因时、因苗制宜，促、控、养结合，深、浅、湿、干灵活调节。

（2）以土水势和饱和含水量百分数作为土壤水分调节指标。土水势是土壤中水分赖以存在和运动的势能。在稻田无水层时，由于土壤水分受土粒吸附和毛管引力作用，使水处于负压状态，此时土水势表现为土壤水吸力，用张力计可直接测得土壤负压，即土壤水吸力，吸力为正值，计算方便。土水势可以说明土壤的干湿程度，不受土壤质地的影响，在灌溉上作为通用的水分管理指标更为科学，可以更精确的掌握土壤水分运动。优化灌溉的土壤水分指标还采用土壤饱和含水量的百分数与之对照，而不用田间持水量百分数。这是因为现代灌溉土壤物理学早已指出田间持水量并不是一个常数，而是一个变化范围，而且还有个时间过程，因此精确测定比较困难。对同一质地土壤来说，饱和含水量则为一个常数。另外，稻田淹水时土壤为饱和状态，不淹水时土壤水分用饱和含水量百分数表示，物理概念明确，便于操作。土水势指标与饱和含水量百分数有机结合，为研究稻田土壤水分运动创造了有利条件。图3-27为采用土壤水分能量指标与土壤饱和含水量的百分数指标调节稻田土壤水分的实例。

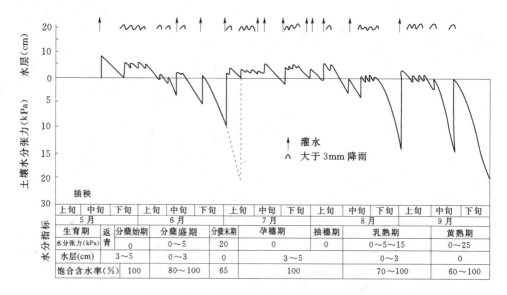

图3-27　水稻优化灌溉土壤水分调节实例

（3）分层次进行田间水分管理。为了充分发挥优化灌溉的性能，提高灌溉质量，将田间水分管理分为3个层次（图3-26）：一是从土壤状态表征上观察来掌握，供农民看水员使用；二是按土壤水分能量指标来掌握，供科技人员和灌区管理人员使用；三是生产决策部门和灌区用水调度，根据水源状况和气象预报资料，对灌区生产规划实行计划用水。

（4）灌水与生产进度和栽培技术密切结合。灌水与灌区生产进度和栽培技术必须密切结合，因此在图 3-26 中列出了水稻各生育期的水肥管理方向，水稻生育期是以辽宁省稻区为背景，各地在应用时应根据当地具体情况作适当修改。

（5）需水临界期和非需水临界期实行不同的灌溉方式。水稻有几个生育期对水分比较敏感，叫需水临界期。这时如供水不足，对生育和产量有严重影响。根据试验结果，返青期缺水影响秧苗成活，孕穗期及抽穗开花期缺水造成严重减产。因此，在需水临界期应创造土壤水分张力低的条件，以满足根系大量吸水的需要。土壤饱和状态土水势为零，土壤水分张力最小，所以在需水临界期应保持充分饱和的水状况。为了保证饱和状态的稳定，采取有浅水层（3~5cm）的淹灌是必要的。因为土壤水分因腾发、渗漏等原因随时间在不断削减，田面水层可以及时补充土壤水的消耗以维持饱和状态。为了防止淹水带来的缺氧危害，应采取的对策一是培育优质壮秧，充分利用其吸水吸肥力强和本身通气组织的优势，由叶向根系输氧；二是改良土壤结构和改善排水条件，保持土壤水的经常流动。这样下渗水流可带给土壤氧气并维持有利的盐分平衡。另外，淹水延续时间不可过长，返青后自分蘖始即采取浅湿灌溉，孕穗、抽穗开花期时间较长，在淹水过程中落水凉田 2~3 次，以改善土壤的通气条件。

在上述需水临界期以外的时间，称为非需水临界期。在此期间水稻要求的水状况是充足的空气含量和适宜的土壤水分张力，需要采用浅湿或浅湿干交替灌溉才能满足要求。根据水稻不同生育期的生理特性，又可分为如下 3 个时期。

有效分蘖期：这是决定水稻穗数和有效分蘖率的关键时期。为了促使分蘖早生快发，加速生长，根系既需要供应充足的氧，又不宜承受较大的土壤水分张力。根据试验结果，土壤水分张力以保持在 0~5~10kPa 为宜，以 5~10kPa 为最小土壤水分控制指标。对中等肥力土壤来说，约相当土壤饱和含水量的 80% 左右，到这时就应灌水。以便为分蘖提供一个昼夜温差大、光照好、土壤热通量大和氧化还原电位高的土壤生态环境。

分蘖末期：此时水稻对水分不敏感，是水稻一生中最耐旱的时期。在正常情况下，可使土壤水分张力达到 10~30kPa，对中等肥力土壤来说，约相当土壤饱和含水量的 60%~75%，提高氧化还原电位到 500mV 以上，正是稻田晒田的好时机。在灌溉上延长两次灌水时间间隔即可实现。从水稻营养生理来看，此期适当节制水分可控制氮素吸收，以提高叶片碳氮比，促使水稻从营养生长向生殖生长适时转化。可以收到发育根系、协调各部分器官生长和提高结实率的效果。

结实期：稻谷产量的 80% 是抽穗到成熟这段时间形成的，因此，乳熟期开始应防止根系早衰和保证有尽可能多的功能叶片。此时期实行浅湿干交替灌溉，将土壤水分张力调节在（0~5）~15kPa 范围，对中等肥力土壤来说，相当于从饱和到饱和含水量 70%~80%。所谓干干湿湿，能改善土壤的通气条件，促进和延长根系活力，供给叶片养分。实现以水调气，以气养根，以根保叶，以叶保粒。

# 第**4**章

# 喷 灌 理 论 与 技 术

## 4.1 概 述

### 4.1.1 喷灌的概念及特点

喷灌是利用专门设备将有压水送到灌溉地段，通过喷头喷射到空中，分散成细小的水滴，像降雨一样均匀洒落到地面上的灌水方法。

与地面灌溉方法相比，喷灌具有节水、增产、适应性强、少占耕地和节省劳力等优点；其缺点是受风的影响大，设备投资高，耗能大。

### 4.1.2 喷灌系统的组成

喷灌系统一般由水源、水泵及动力设备、管道系统和喷头等部分组成，如图 4-1 所示。

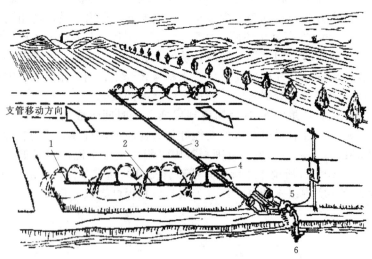

图 4-1 喷灌系统组成示意图

1—竖管；2—支管；3—干管；4—喷头；5—水泵；6—水源

喷灌系统水源的水量与水质必需满足灌溉要求，一般采用地表水，在地表水缺乏的情况下也可采用地下水。地表水可取自河流、沟渠、湖泊、水库和池塘等。为喷灌取水或调蓄水量而修筑的水井、塘坝和蓄水池等，称为水源工程。加压水泵常用的有离心泵、长轴井泵、潜水电泵等。动力设备一般采用电动机，缺乏电源时可采用柴油机或汽油机。管道系统一般包括干管、支管和竖管以及管道附件，其作用是将有压水流按灌溉要求输送并分配到田间各个喷水点。为利用喷灌设施施肥和喷洒农药，可在管网首部配置肥、药贮存罐及注入装置。喷头是喷灌系统的专用设备，是影响喷灌质量的重要部件，一般安装在竖管上。喷头的作用是将管道中有压水流分散成细小的水滴，并均匀地散布到田间。

### 4.1.3 喷灌系统的类型

根据不同的分类依据，喷灌系统有多种分类方法。例如，根据喷灌压力获得的方式，可以分为机压喷灌系统和利用自然水头获得压力的自压喷灌系统；根据喷头工作运行状态，可以分为定喷式喷灌系统和行喷式喷灌系统；根据其设备的组成，喷灌系统可分成机组式喷灌系统和管道式喷灌系统两大类。下面按第三种分类方法，介绍喷灌系统的具体分类。

#### 4.1.3.1 管道式喷灌系统

管道式喷灌系统是指以各级管道为主体组成的喷灌系统。根据管道的可移动程度，管道式喷灌系统又可分为固定管道式喷灌系统、半固定管道式喷灌系统和移动管道式喷灌系统3种。

1. 固定管道式喷灌系统

除喷头外，固定管道式喷灌系统的水泵、动力机、干管和支管都是固定的。竖管一般也是固定的，但也可以是可拆卸的，即在支管上安装竖管快接控制阀（也称方便体）连接竖管。固定管道式喷灌系统操作管理方便，运行费用低，有利于实现自动化控制，工程占地少，易于保证喷洒质量。缺点是工程投资大，设备利用率低。因此，多用于灌水频繁、经济价值高的蔬菜、果园及经济作物。

2. 半固定管道式喷管系统

半固定管道式喷灌系统的水泵、动力机和干管是固定的，支管、竖管和喷头是可移动的。在干管上装有许多给水栓，喷灌时将支管连接在干管给水栓上，再在支管上安装竖管及喷头。喷洒完毕再移到下一个给水栓上继续喷灌。这种喷灌系统由于支管可以移动，减少了支管数量，节省了管材，提高了设备利用率，降低了系统投资。为便于管道的移动、安装与拆卸，管材应采用轻型管材，如薄壁铝管、薄壁镀锌钢管和塑料管等，并且配有各类轻便连接件。

3. 移动管道式喷灌系统

除水源工程外，移动管道式喷灌系统的其他组成部分均可拆卸移动。这种喷灌系统设备利用率高，投资较低，但劳动强度较大，设备拆装时容易破坏作物。

#### 4.1.3.2 机组式喷灌系统

机组式喷灌系统是指以喷灌机组为主体的喷灌系统。按其运行方式可分为定喷式喷灌机和行喷式喷灌机两类。

### 1. 定喷式喷灌机

定喷式喷灌机包括手抬式喷灌机、手推车式喷灌机、拖拉机悬挂式喷灌机和滚移式喷灌机等。喷灌时，喷灌机在一个固定位置喷洒，待灌水量达到灌水定额后，按预先制定的移动方案移动到另一个位置进行喷洒。

（1）手抬式喷灌机。手抬式喷灌机是把水泵、动力机安装在一个机架上，再用软管连接水泵与喷头，如图 4-2 所示。这种喷灌机一般不太重，机架上有专门的手柄，移动时两个人手抬搬移。对移动的道路要求不高，只要能够行走就可以搬移，比较适合于山丘区和水网地区田块较小而分散的作物喷灌。

图 4-2　手抬式喷灌机

1—柴油机或汽油机；2—自吸泵；3—机架；4—手柄；5—滤网；
6—吸水软管；7—输水软管；8—支架；9—喷头

（2）手推车式喷灌机。手推车式喷灌机是将水泵、动力机及传动机构固定在装有胶轮的车架上，喷头可以用竖管直联于水泵上，也可以用管道引出联结在支架上，还可以引出管道进行多喷头组合喷洒，如图 4-3 所示。该系统结构简单，投资及运行

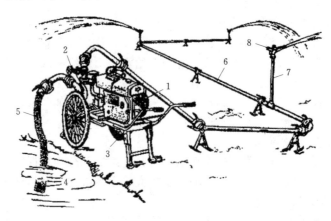

图 4-3　手推车式喷灌机

1—柴油机；2—自吸泵；3—机架；4—滤网；5—进水管；6—薄壁铝合金管；7—竖管；8—喷头

费用较低，使用维修机动灵活，技术要求不高，可以综合利用我国农村保有量很大的小型柴油机。适用于灌溉丘陵山区及平原的小块地，对各种作物、土质都能适用。手推车式喷灌机整机重量较大，虽有手推车，但由于风使喷洒水滴漂移，往往造成道路泥泞，移动困难。

（3）拖拉机悬挂式喷灌机。大、中型拖拉机配套的喷灌机一般由离心泵、增速箱、吸水管、自吸装置、输水管及喷头等组成，如图4-4所示。这类喷灌机的优点是可以使拖拉机一机多用，提高利用率；结构简单、紧凑，拆装方便；机动性好。缺点是机械振动大，影响机件寿命和工作性能；采用远射程单喷头配套时，受风影响较大，喷灌质量较差，而且耗能较大，运行成本较高；机行道占地较多。

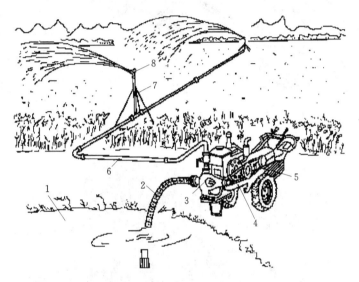

图4-4　手扶拖拉机配套的悬挂式喷灌机
1—水源；2—吸水管；3—水泵；4—手扶拖拉机；5—皮带传动系统；
6—输水管；7—竖管及支架；8—喷头

（4）滚移式喷灌机。滚移式喷灌机又称滚轮式喷灌机，其支管支承在直径为1～2m的许多大轮子上，以管子本身作为轮轴，轮距一般为6～12m，结构如图4-5所示。在一个位置喷完后，用拖拉机拖动将支管滚移到下一个位置再喷。滚移式喷灌机的主要优点是结构简单，操作方便，运行可靠，维修容易。缺点是受轮子直径影响不能灌溉如玉米、高粱等高秆作物；适应地形坡度和土壤的能力较差，一般只能在5%～10%坡地上运行，对于黏土不适宜使用。

2. 行喷式喷灌机

行喷式喷灌机在喷灌过程中一边喷洒一边移动，在灌水周期内灌完计划灌溉的面积。主要类型包括绞盘式喷灌机、中心支轴式喷灌机、平移式喷灌机等。

（1）绞盘式喷灌机。绞盘式喷灌机是指由软管供水，通过绞盘卷绕软管或钢索，牵引喷头车移动喷灌的喷灌机。常用的有软管牵引绞盘式喷灌机和钢索牵引绞盘式喷灌机两种。前一种喷灌机一般包括绞盘车和喷头车两部分，如图4-6所示。绞盘车停在干管旁边并通过高压半软管与干管相连。绞盘车与喷头车之间也用高压半软管相连，软管直径多为 50～125mm，长约 100～300m。钢索牵引绞盘式喷灌机则是由绞盘缠绕钢索来移动喷头车。喷头车上一般只有一个大喷头，少数的也有带几个喷头。绞盘式喷灌机结构紧凑、成本较低、机动性好、适应性强，但耗能大、占地较多、受风影响大。

图 4-5　滚移式喷灌机

图 4-6　绞盘式喷灌机

1—给水栓；2—供水干管；3—绞盘车；4—自动控制装置；

5—聚乙烯半软管；6—喷头车

　　（2）中心支轴式喷灌机。中心支轴式喷灌机又称时针式喷灌机，是指喷洒支管固定在若干个塔架车上，并绕中心支轴旋转的喷灌机。其结构如图 4-7 所示。在喷灌田块的中心有供水系统，其支管支承在可以自动行走的塔架车上，工作时支管就像时针一样不断围绕中心点旋转。常用的支管长 400～500m，根据轮灌需要，转一圈要 2～20d，可灌溉 800～1000 亩。支管离地面 2～3m。这种系统的优点是机械化和自动化程度高；生产效率高，可以适应起伏的地形。但最大缺点是灌溉面积是圆形的。为了克服这一缺点，近年来有些国家在时针式喷灌系统末端安装了喷角装置，可通过无线电控制喷洒地角面积。

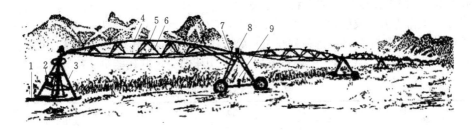

图 4-7  中心支轴式喷灌机

1—供水干管；2—电控箱；3—中心支轴座；4—喷洒支管；5—喷头；

6—腹架；7—塔车；8—塔车控制箱；9—塔车驱动电机

（3）平移式喷灌机。平移式喷灌机又称直线连续自走式喷灌机，是指喷洒支管支承在若干个塔架车上，并沿其垂直方向边移动边喷灌的喷灌机，一般从明渠中取水，如图 4-8 所示。它的支管和时针式系统一样，也是支承在可以自动行走的塔架车上，但它是自动、连续、直线地移动。它能喷灌矩形地块，没有浇不上的地角，土地利用率可高达 98%。且沿机长方向喷洒均匀，受风影响小，结构简单，运行速度调节范围大，能满足各种作物不同生育期的需求要求。但平移式喷灌机自动化程度略差于时针式喷灌机，且适应地坡能力较差。

图 4-8  平移式喷灌机

1—水泵；2—渠道；3—腹架；4—塔车；5—中央跨架；6—喷头；

7—塔车控制箱；8—柔性接头；9—导向系统

# 4.2  喷 灌 设 备

## 4.2.1  喷头的类型

喷头是喷灌系统的主要组成部分，其作用是把有压水流喷射到空中，散成细小的水滴并均匀地散落在它所控制的灌溉面积上。因此，喷头结构形式及其制造质量的好坏直接影响到喷灌质量。喷头的种类很多，通常按喷头工作压力和射程或结构形式和喷洒特征进行分类。

#### 4.2.1.1 按工作压力（或射程）分类

按工作压力（或射程）大小可分为低压喷头（或近射程喷头）、中压喷头（或中射程喷头）和高压喷头（或远射程喷头）等。各类喷头的工作压力和射程的范围及其特点见表4-1。目前，我国使用较普遍的喷头是中压喷头，其耗能少、喷洒质量较高。

表4-1 喷头按工作压力与射程分类

| 类 别 | 工作压力<br>（kPa） | 射 程<br>（m） | 流 量<br>（m³/h） | 特点及使用范围 |
|---|---|---|---|---|
| 低压喷头 | ＜200 | ＜15.5 | ＜2.5 | 射程近，水滴打击强度低，主要用于苗圃、菜地、温室、草坪园林、自压喷灌的低压区或行喷式喷灌机 |
| 中压喷头 | 200～500 | 15.5～42 | 2.5～32 | 喷灌强度适中，适用范围广，果园、菜地、大田及各类经济作物均可使用 |
| 高压喷头 | ＞500 | ＞42 | ＞32 | 喷洒范围大，但水滴打击强度也大，多用于对喷洒质量要求不高的大田作物、牧草等 |

#### 4.2.1.2 按结构形式分类

喷头按结构形式和喷洒特征可分为旋转式喷头、固定式喷头和孔管式喷头3类。

1. 旋转式喷头

旋转式喷头是指可以绕自身铅垂轴旋转的喷头，主要有旋转密封机构、喷体（即由喷管、喷嘴、弯头等组成的一个可以转动的整体）和驱动机构组成。喷洒时喷头绕轴线旋转，水流呈集中射流状，靠喷体旋转将水向四周喷洒，在空气阻力作用下裂散成水滴降落地面。这类喷头的射程较远，喷洒面积较大，平均喷灌强度较小，是中、远射程喷头的基本形式。

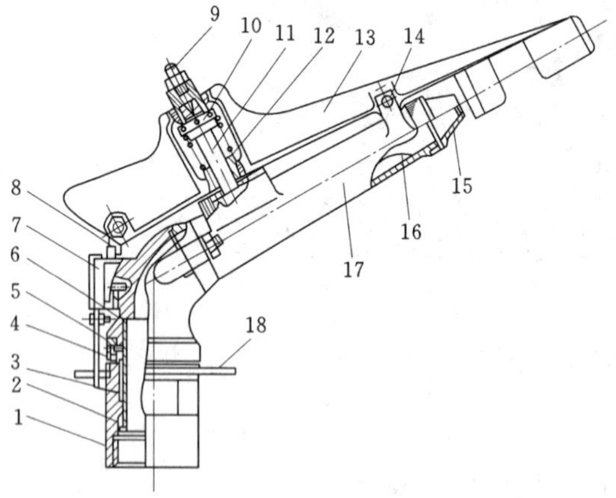

旋转式喷头按驱动机构的特点不同又可分为摇臂式喷头、叶轮式喷头和反作用式喷头3类，其工作压力一般为200～600kPa，其中又以摇臂式喷头应用最广泛。

摇臂式喷头是由摇臂摆动撞击喷体获得驱动力矩使喷体旋转，将水向四周喷洒的喷头，其结构见图4-9。根据喷头喷嘴数量，可分单喷嘴喷头和双喷嘴喷头。又可根据是否装有扇形机构而分全圆喷洒喷头和扇形喷洒喷头。扇形喷洒喷头装有换向机构，喷头不断往返，形成扇形喷洒区域。摇臂式喷头的优点是结构简单，造价低廉，水流集中，射程较远，工作可靠，维修方便；缺点是在有风和安装不平时，旋转速度不均匀，造成喷头

图4-9 单嘴换向机构的摇臂式喷头结构图

1—空心轴套；2—减磨密封圈；3—空心轴；4—防沙弹簧；
5—弹簧罩；6—喷体；7—换向器；8—反向钩；
9—摇臂调位螺钉；10—弹簧座；11—摇臂轴；
12—摇臂弹簧；13—摇臂；14—打击块；
15—喷嘴；16—稳流器；17—喷管；
18—限位环

两侧的喷灌强度不一样，严重影响了喷灌均匀性。

表4-2列出了常用的 ZY 系列摇臂式喷头性能参数，可供设计时参考。

表 4-2　　　　　　　　　　　　ZY 系列部分喷头性能参数表

| 型　号 | 接头形式及尺寸<br>(in) | 喷嘴直径<br>(mm) | 工作压力<br>(kPa) | 喷头流量<br>(m³/h) | 喷头射程<br>(m) |
|---|---|---|---|---|---|
| ZY-1 | 3/4 管螺纹 | 5.0 | 200 | 1.33 | 14.4 |
| | | | 300 | 1.64 | 16.0 |
| | | | 350 | 1.77 | 16.6 |
| | | 6.0 | 200 | 1.93 | 15.3 |
| | | | 300 | 2.37 | 16.9 |
| | | | 350 | 2.56 | 17.6 |
| ZY-1<br>（双喷嘴） | 3/4 管螺纹 | 5.0×2.8 | 200 | 1.96 | 14.4 |
| | | | 300 | 2.36 | 16.0 |
| | | | 350 | 2.54 | 16.6 |
| | | 6.0×3.2 | 200 | 2.47 | 15.3 |
| | | | 300 | 2.98 | 16.9 |
| | | | 350 | 3.20 | 17.6 |
| ZY-2 | 1（内）管螺纹 | 7.0 | 250 | 2.91 | 18.2 |
| | | | 300 | 3.21 | 19.3 |
| | | | 350 | 3.46 | 20.3 |
| | | 7.5 | 250 | 3.35 | 18.7 |
| | | | 300 | 3.67 | 19.9 |
| | | | 350 | 3.96 | 20.6 |
| | | 8.0 | 250 | 3.81 | 19.2 |
| | | | 300 | 4.19 | 20.4 |
| | | | 350 | 4.51 | 21.3 |
| | | 9.0 | 250 | 4.82 | 20.1 |
| | | | 300 | 5.29 | 21.7 |
| | | | 350 | 5.70 | 22.5 |
| ZY-2<br>（双喷嘴） | 1（内）管螺纹 | 7×3.1 | 250 | 3.51 | 18.2 |
| | | | 300 | 3.83 | 19.2 |
| | | | 350 | 4.13 | 20.3 |
| | | 8×3.1 | 250 | 4.38 | 19.3 |
| | | | 300 | 4.82 | 20.4 |
| | | | 350 | 5.17 | 21.2 |
| | | 9×3.1 | 250 | 5.92 | 21.7 |
| | | | 300 | 6.38 | 22.6 |
| | | | 350 | 6.81 | 23.4 |

2. 固定式喷头

固定式喷头也称为漫射式喷头或散水式喷头，它的特点是在喷灌过程喷头的结构部件是固定不动的，而水流是在全圆周或扇形区域上同时散开。固定式喷头多用于公园绿地喷灌。按其结构形式可以分为折射式、缝隙式和离心式3种。

（1）折射式喷头。一般由喷嘴、折射锥和支架组成，如图4-10所示。水流由喷嘴垂直向上喷出，遇到折射锥即被击散成薄水层沿四周射出，在空气阻力作用下即形成细小水滴散落在四周地面上。

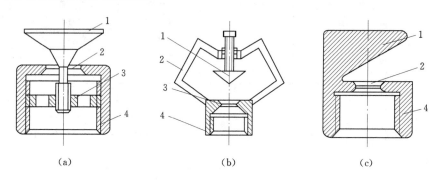

图4-10　折射式喷头
（a）内支架式；（b）外支架式；（c）整体式
1—折射锥；2—喷嘴；3—支架；4—管接头

（2）缝隙式喷头。其结构如图4-11所示，就是在管端开出一定形状的缝隙，使水流能均匀地散成细小的水滴，缝隙与水平面成30°角，使水舌喷得较远，其工作可靠性比折射式要差，因为缝隙易被污物堵塞，所以对水质要求较高，水在进入喷头之前要经过认真的过滤。但是这种喷头结构简单，制作方便。一般用于扇形喷灌。

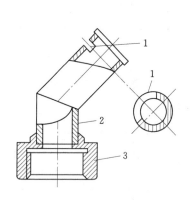

图4-11　缝隙式喷头
1—缝隙；2—喷体；3—管接头

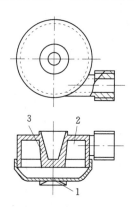

图4-12　离心式喷头
1—喷嘴；2—蜗壳；3—锥形轴

（3）离心式喷头。这种喷头主要由喷嘴、锥形轴（螺旋轴）、蜗壳、接头等部分组成，其结构如图4-12所示。工作时水流沿切线方向或螺旋孔道进入蜗壳，并绕垂直轴旋转，这样经过喷嘴射出的薄水层，同时具有离心速度和圆周速度，所以水流离开喷嘴后就向四周散开，在空气阻力作用下，薄水层被粉碎成小水滴，散落到地面。

3.孔管式喷头

该种喷头由一根或几根较小直径的管子组成，在管子的顶部分布有一些小喷水孔，喷水孔径仅为 1～2mm。有的孔管上分布有一排小孔，并装有自动摆动器，水流朝一个方向喷出，自动摆动器可使管子往复摆动，喷洒管子两侧的土地；有的孔管有几排小孔，以保证管子两侧都能灌到。孔管式喷头结构简单，工作压力较低，但喷灌强度高，喷射水流细小，受风影响大，管孔容易被堵塞，因此目前应用较少。

### 4.2.2 管材与管件

管道是喷灌工程的主要组成部分，管材必须保证能承受设计要求的工作压力和通过设计流量，且不造成过大的水头损失，经济耐用，耐腐蚀，便于运输和施工安装。由于管道在喷灌工程中需要的数量多，占投资比重大，因此必须因地制宜、经济合理地选用管材及管件。

1. 管材

按管道使用条件可将其分为固定式管道和移动式管道两类；按材质可分为金属管和非金属管两大类。目前喷灌用金属管主要是薄壁镀锌钢管和薄壁铝管等，非金属管主要有硬塑料管、涂塑料管和钢筋混凝土管等。

（1）硬塑料管。喷灌常用的硬塑料管有硬聚氯乙烯（PVC－U）管、聚乙烯（PE）管和聚丙烯（PP）管等，其中以硬聚氯乙烯管材最为常用。表 4－3 为硬聚氯乙烯管材的公称外径、公称压力及壁厚。

**表 4－3　硬聚氯乙烯管材的公称直径、壁厚及公差（GB/T 10002.1—2006）**

| 公称外径（mm） | 公称压力 0.63MPa | | 公称压力 0.80MPa | | 公称压力 1.00MPa | |
|---|---|---|---|---|---|---|
| | 壁厚（mm） | 公差 | 壁厚（mm） | 公差 | 壁厚（mm） | 公差 |
| 40 | | | | | 2.0 | +0.4 / 0 |
| 50 | | | 2.0 | +0.4 / 0 | 2.4 | +0.5 / 0 |
| 63 | 2.0 | +0.4 / 0 | 2.5 | +0.5 / 0 | 3.0 | +0.5 / 0 |
| 75 | 2.3 | +0.5 / 0 | 2.9 | +0.5 / 0 | 3.6 | +0.6 / 0 |
| 90 | 2.8 | +0.5 / 0 | 3.5 | +0.6 / 0 | 4.3 | +0.7 / 0 |
| 110 | 2.7 | +0.5 / 0 | 3.4 | +0.6 / 0 | 4.2 | +0.7 / 0 |
| 125 | 3.1 | +0.6 / 0 | 3.9 | +0.6 / 0 | 4.8 | +0.8 / 0 |
| 140 | 3.5 | +0.6 / 0 | 4.3 | +0.7 / 0 | 5.4 | +0.9 / 0 |
| 160 | 4.0 | +0.6 / 0 | 4.9 | +0.8 / 0 | 6.2 | +1.0 / 0 |
| 180 | 4.4 | +0.7 / 0 | 5.5 | +0.9 / 0 | 6.9 | +1.1 / 0 |
| 200 | 4.9 | +0.8 / 0 | 6.2 | +1.0 / 0 | 7.7 | +1.2 / 0 |

塑料管的优点是耐腐蚀，使用寿命长，一般可用 20 年以上，重量轻，内壁光滑，水力性能好，施工容易，有一定的韧性，能适应一定的不均匀沉陷等。其缺点是材质受温度影响大，高温发生变形，低温性脆，易老化，但埋在地下可减慢老化速度。

（2）钢筋混凝土管。钢筋混凝土管分为自应力钢筋混凝土管和预应力钢筋混凝土管，都是在混凝土浇制过程中，使钢筋受到一定拉力，从而使其在工作压力范围内不会产生裂缝。自应力钢筋混凝土管是用自应力水泥和砂、石、钢筋等材料制成，工作压力为 0.4～1.2MPa。预应力钢筋混凝土管是用机械的方法对纵向和环向钢筋施加预应力，其工作压力一般在 1.0MPa 以下。钢筋混凝土管重量大，不便搬运，接头易漏水，因此一般仅大口径干管采用塑料管投资过大难以承受时，才选用钢筋混凝土管。

（3）薄壁铝合金管。具有强度高，重量轻，耐腐蚀，搬运方便等优点，广泛用作喷灌系统的地面移动管道。铝合金的比重约为钢的 1/3，单位长度管材的重量仅为同直径水煤气管的 1/7，比镀锌薄壁钢管还轻，在正常情况下使用寿命可达 15～20 年。其缺点是价格较高，管壁薄，容易碰撞变形。铝合金管一般用快速接头连接。

（4）薄壁镀锌钢管。薄壁镀锌钢管是用厚度为 0.8～1.5mm 的带钢辊压成型，高频感应对焊成管，并切割成所需要的长度，在管端配有快速接头，然后经镀锌而成。其优点是重量轻，搬运方便，强度高，可承受较大的工作压力，不易断裂，抗冲击力强，韧性好，能经受野外恶劣条件下由水和空气引起的腐蚀，寿命长。但由于镀锌质量不易过关，影响使用寿命，而且价格较高，重量也较铝管和塑料管大，移动不如铝管、塑料管方便。目前，薄壁镀锌钢管多用作于竖管及水泵进、出水管。

（5）涂塑软管。用于喷灌的涂塑软管主要有锦纶塑料管和维塑软管两种。锦纶塑料管是用锦纶丝织成网状管坯后在内壁涂一层塑料而成；维塑软管是用维纶丝织成管坯，并在内、外壁涂注氯乙烯而成。这两种管子重量轻，便于移动，价格低，但易老化，不耐磨，怕扎、怕折。由于经常暴露在外面，要求提高抗老化性能，故常在其中掺炭黑做成黑色管子。涂塑软管连接使用内扣式消防接头，规格有 $\phi50$、$\phi65$ 和 $\phi80$ 三种，靠橡胶密封圈止水，密封性较好。使用时只要将插口牙口插入承口的缺口中，旋转一个角度即可扣紧。涂塑软管多用作机组式喷灌系统的进水管和输水管。

2. 管件

管件又称连接件，其作用是根据需要将管道连接成一定形状的管网。常用管件有弯头、正三通、异径三通、管箍、异径接头和堵头等。

### 4.2.3　附属设备

在喷灌管道系统中，除直管和管件外，还有附属设备。附属设备可分为两大类，一是控制件，二是安全件。控制件的作用是根据灌溉的需要来控制管道系统中水流的流量和压力，如闸阀、球阀、喷灌专用阀等；安全件的作用是保护喷灌系统安全运行，防止事故的发生，如逆止阀、进排气阀和减压阀等。

1. 控制件

（1）闸阀。闸阀是喷灌系统中使用较多的阀门，它的优点是阻力小，开关力小，水可从两个方向流动。缺点是结构复杂，密封面容易被擦伤而影响止水功能，高度尺寸较大。驱动方式一般为手动，连接形式为螺纹或法兰。喷灌管道中常用的阀门有闸阀、蝶阀及喷头专用阀等。

（2）球阀。在喷灌系统中多安装于竖管上，用来控制喷头的开启或关闭。其优点是结构简单，体积小，质量轻，对水流阻力小。缺点是启闭速度不易控制，从而使管内产生较大的水锤压力。

（3）给水栓。给水栓是固定喷灌系统的固定管与移动管的连接控制部件，由上、下两部分组成，下部为阀体，与固定管的出水口连接，上部为阀开关，与移动支管连接，可任意水平旋转360°，如图4-13所示。

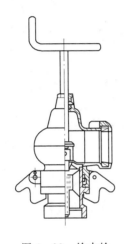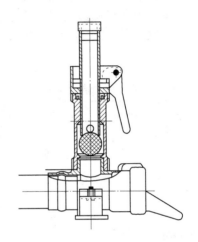

图4-13　给水栓　　　　　　　　　图4-14　竖管快接控制阀

（4）竖管快接控制阀。竖管快接控制阀，也称方便体，如图4-14所示。用于竖管与输水支管的连接处，工作时将装好喷头的竖管插上，出水控制阀自动打开，停止工作时，取出竖管，控制阀自动关闭。

2. 安全件

（1）逆止阀。又叫止回阀或单向阀，是一种根据阀前阀后压力差而自动启闭的阀门。它使流体只沿一个方向流动，当要反方向流动时则自动关闭。常用安装在水泵出口处，以避免突然停机时水倒流。当在灌溉系统中要注入化学药剂（如化肥、农药等）时，一定要安装逆止阀，以免水倒流时污染水源。

（2）进排气阀。其作用是当管道内存有空气时，自动打开通气口；管内充水时可进行排气，排气后封口块在水压的作用下自动封口；当管内产生真空时，在大气的压力作用下打开通气口，使空气进入管内，防止负压破坏。国产定型生产的空气阀分单、双室两种，一般中、小规模的喷灌系统多采用单室空气阀。

（3）减压阀。其作用是在设备或管道内的水压超过规定的工作压力时，自动打开降低压力。如在地势很陡、管轴线急剧下降、管内水压力上升超过了喷头的工作压力或管道的允许压力时，就要用减压阀适当降低压力。适用于喷灌系统的减压阀有膜片式、弹簧薄膜式和波纹管式等几种。

# 4.3　喷 灌 质 量 控 制 参 数

影响喷灌质量的主要因素有喷灌强度、喷灌均匀度以及喷灌雾化指标。进行喷灌时，要求雾化程度适中，喷洒均匀，喷灌强度适宜，以保证作物不受损伤，灌水量均匀，不发生水土流失，土壤结构不被破坏。

## 4.3.1　喷灌雾化指标

喷灌雾化指标是表示喷洒水滴细小程度的技术指标。喷洒水滴过大，会损伤作物，破坏土壤团粒结构，影响作物生长；水滴过小则会导致过多的漂移蒸发损失，且耗能多、不经济。因此在喷灌系统规划设计中，初选喷头后，首先要进行雾化指标校核。通常用喷头进口处的工作压力 $h_P$ 与喷头主喷嘴直径 $d$ 的比值作为喷灌雾化指标，即

$$W_h = \frac{100 h_P}{d} \tag{4-1}$$

式中：$W_h$ 为喷灌雾化指标；$h_P$ 为喷头的工作压力，kPa；$d$ 为喷头的喷嘴直径，mm。

$W_h$ 值越大，表示雾化程度越高，水滴直径越小，打击强度也越小。对于主喷嘴为圆形且不带碎水装置的喷头，设计雾化指标应符合表 4-4。

表 4-4　不同作物的适宜雾化指标

| 作物种类 | $W_h$ |
|---|---|
| 蔬菜及花卉 | 4000～5000 |
| 粮食作物、经济作物及果树 | 3000～4000 |
| 牧草、饲料作物、草坪及绿化林木 | 2000～3000 |

## 4.3.2　喷灌均匀度

喷灌均匀度是指喷灌面积上水量分布的均匀程度，它是衡量喷灌质量的重要指标之一。喷灌均匀度常用喷灌均匀系数表示，需根据实测数据进行计算，计算公式为

$$C_u = 1 - \frac{\Delta h}{h} \tag{4-2}$$

式中：$C_u$ 为喷灌均匀系数；$h$ 为各测点喷洒水深平均值，mm；$\Delta h$ 为各测点喷洒水深平均离差，mm。

在设计风速下，定喷式喷灌系统喷灌均匀系数不应低于 0.75，行喷式喷灌系统不应低于 0.85。喷灌均匀度一般通过确定合理的喷头组合间距来实现。在喷灌系统设计中，一般只要按照规范规定的方法（表 4-5）确定组合间距，一般即可满足均匀度要求。

表 4-5　喷 头 组 合 间 距

| 设计风速 (m/s) | 组 合 间 距 | |
|---|---|---|
| | 垂直风向 | 平行风向 |
| 0.3～1.6 | (1～1.1) $R$ | 1.3$R$ |
| 1.6～3.4 | (0.8～1.0) $R$ | (1.1～1.3) $R$ |
| 3.1～5.4 | (0.6～0.8) $R$ | (1～1.1) $R$ |

注　$R$ 为喷头射程，在每一档风速中可按内插法取值。

喷头布置组合形式一般有矩形、正方形、等腰三角形和正三角形四种。采用等腰三角形和正三角形，可能导致田块边缘部分区域漏喷，因此在实际应用中，一般采用矩形或正方形布置形式。若有稳定风向且风向与支管垂直或平行，采用矩形布置；若风向多变或风向与支管成 45°角，采用正方形布置，在这种情况下，支管上喷头间距和支管间距均采用垂直风向栏的数值。

### 4.3.3 喷灌强度

喷灌强度是指单位时间内喷洒在单位面积上的水量，或单位时间内喷洒在田面上的水深，一般用 mm/h 表示。计算公式为

$$\rho = K_W \frac{1000q\eta_P}{A_{有效}} \qquad (4-3)$$

式中：$\rho$ 为喷灌强度，mm/h；$K_W$ 为风系数，取值方法见表 4-6；$q$ 为喷头流量，$m^3/h$；$\eta_P$ 为田间喷洒水利用系数，风速低于 3.4m/s 时，取 0.8～0.9，风速低于 3.4～5.4m/s 时，取 0.7～0.8；$A_{有效}$ 为喷头有效控制面积，取值方法见表 4-7，$m^2$。

为了考虑风对喷灌强度的影响，引入了风系数，有风情况下，湿润面积也有所减小，因此导致喷灌强度加大。

表 4-6 不同运行情况下的 $K_W$

| 运　行　情　况 | | $K_W$ |
|---|---|---|
| 单喷头全圆喷洒 | | $1.15v^{0.314}$ |
| 单支管多喷头全圆喷洒 | 支管垂直于风向 | $1.08v^{0.194}$ |
| | 支管平行于风向 | $1.12v^{0.302}$ |
| 多支管多喷头同时喷洒 | | 1.0 |

**注** 1. 式中 $v$ 为风速，以 m/s 计。
　　2. 单支管多喷头同时全圆喷洒，若支管与风向既不垂直又不平行时，可近似地用线性插值方法求取 $K_W$ 值。
　　3. 本表公式适用于风速 $v$ 为 1～5.5m/s 的区间。

在单喷头全圆喷洒和单喷头扇形喷洒情况下，喷头有效控制面积分别为圆形和扇形，可根据圆面积和扇形面积公式计算（表 4-7）。

除了轻小型机组式喷灌系统可能采用单喷头喷洒方式外，一般都采用多个喷头同时喷洒，各喷头湿润面积有所重叠，因此多喷头同时喷洒时，喷头有效控制面积小于单喷头喷洒湿润面积。图 4-15 为多支管多喷头同时全圆喷洒时的喷头有效控制面积示意图，显然，喷头有效控制面积为支管上喷头间距与支管间距之积。

图 4-16 为单支管多喷头同时喷灌情况下喷头有效控制面积示意图，这种情况下的喷头有效控制面积计算比较复杂，下面对该计算公式作一简单推导。

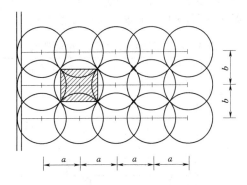

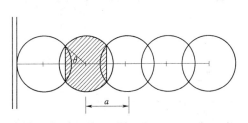

图 4-15　支管行多喷头同时喷洒喷头
　　　　有效控制面积示意图

图 4-16　单支管多喷头同时全圆喷洒喷头
　　　　有效控制面积示意图

图 4-16 中角 $\theta$ 的计算公式为

$$\theta = \arccos\left(\frac{a}{2R}\right) \tag{4-4}$$

则喷头有效控制面积为

$$A_{有效} = \pi R^2 - \frac{\pi R^2 \theta}{90} + 2R^2 \sin\theta\cos\theta \tag{4-5}$$

由式（4-5）得

$$A_{有效} = \pi R^2 - \frac{\pi R^2 \theta}{90} + 2R^2 \sqrt{1-\cos^2\theta}\cos\theta \tag{4-6}$$

将式（4-4）代入式（4-6），并化简得

$$A_{有效} = \pi R^2 - \frac{\pi R^2 \theta}{90} + 2R^2 \sqrt{1-\left(\frac{a}{2R}\right)^2}\left(\frac{a}{2R}\right)$$

进一步化简得

$$A_{有效} = \frac{\pi R^2 [90 - \arccos(a/2R)]}{90} + \frac{a\sqrt{4R^2-a^2}}{2} \tag{4-7}$$

表 4-7 不同运行情况下的喷头有效控制面积

| 运 行 情 况 | 有效控制面积 $A$ |
|---|---|
| 单喷头全圆喷洒 | $\pi R^2$ |
| 单喷头扇形喷洒（扇形中心角为 $\alpha$） | $\pi R^2 \dfrac{\alpha}{360}$ |
| 单支管多喷头同时全圆喷洒 | $\dfrac{\pi R^2 [90 - \arccos(a/2R)]}{90} + \dfrac{a\sqrt{4R^2-a^2}}{2}$ |
| 多支管多喷头同时全圆喷洒 | $ab$ |

注　表内各式中 $R$ 为喷头射程，$\alpha$ 为扇形喷洒范围圆心角，$a$ 为喷头在支管上的间距，$b$ 为支管间距。

对于定喷式喷灌系统设计，喷灌设计强度不得大于土壤的允许喷灌强度。目的是为了喷洒到土壤表面上的水应能够及时渗入土壤中，而不形成地面径流。不同类别土壤的允许喷灌强度可按表4-8确定。当地面坡度大于5%时，允许喷灌强度应按表4-9进行折减。行喷式喷灌系统的设计喷灌强度可略大于土壤的允许喷灌强度。

表 4-8 各类土壤的允许喷灌强度

| 土 壤 类 别 | 允许喷灌强度<br>（mm/h） |
|---|---|
| 砂土 | 20 |
| 砂壤土 | 15 |
| 壤土 | 12 |
| 壤黏土 | 10 |
| 黏土 | 8 |

注　由良好覆盖时，表中数值可提高20%。

表 4-9 坡地允许喷灌强度降低值

| 地面坡度<br>（%） | 允许喷灌强度降低值<br>（%） |
|---|---|
| 5～8 | 20 |
| 9～12 | 40 |
| 13～20 | 60 |
| ＞20 | 75 |

【例 4-1】 已知喷头喷嘴直径为 9mm，设计工作压力为 350kPa，设计流量为 5.70m³/h，设计射程为 23.4m。喷灌区土壤为壤土，地形平坦，作物为果树。风向垂直于支管，设计风速 3m/s。喷头工作方式为单支管多喷头同时喷洒。要求：（1）校核喷头雾化指标；（2）确定喷头组合间距；（3）校核喷灌强度。

**解：**（1）校核喷头雾化指标。已知喷头工作压力为 350kPa，喷嘴直径为 9mm，根据式（4-1）计算喷灌雾化指标

$$W_h = \frac{100h_p}{d} = \frac{100 \times 350}{9} = 3889$$

根据表 4-3，果树适宜的喷灌雾化指标为 3000～4000，实际雾化指标在适宜雾化指标范围内，因此喷灌雾化指标满足要求。

（2）确定喷头组合间距。已知风速为 4m/s，风向垂直于支管，根据表 4-4，按内插法确定喷头间距。当风速为 $v_1 = 3.1$m/s 时，支管上喷头间距和支管间距分别为

$$a_1 = 0.8R = 0.8 \times 23.4 = 18.72\text{(m)}$$
$$b_1 = 1.1R = 1.1 \times 23.4 = 25.74\text{(m)}$$

当风速为 $v_2 = 5.4$m/s 时，支管上喷头间距和支管间距分别为

$$a_2 = 0.6R = 0.6 \times 23.4 = 14.04\text{(m)}$$
$$b_2 = R = 23.4\text{(m)}$$

则在设计风速情况下，支管上喷头间距和支管间距分别为

$$a = a_1 - \frac{v-v_1}{v_2-v_1}(a_1-a_2) = 18.72 - \frac{4.0-3.1}{5.4-3.1} \times (18.72-14.04) = 16.9\text{(m)}$$

$$b = b_1 - \frac{v-v_1}{v_2-v_1}(b_1-b_2) = 25.74 - \frac{4.0-3.1}{5.4-3.1} \times (25.74-23.4) = 24.8\text{(m)}$$

根据上述计算结果，结合 PVC-U 管一般的长度规格，取 $a = 18$m，$b = 24$m。

（3）校核喷灌强度。在单支管多喷头全圆喷洒且支管垂直于风向时，风系数为
$$K_w = 1.08v^{0.194} = 1.08 \times 4.0^{0.194} = 1.41$$
已知 $a = 18$m，$R = 23.4$m，则喷头的有效控制面积为

$$A_{有效} = \frac{\pi R^2 [90 - \arccos(a/2R)]}{90} + \frac{a\sqrt{4R^2-a^2}}{2}$$

$$= \frac{3.14 \times 23.4^2 [90 - \arccos(18/2 \times 23.4)]}{90} + \frac{18\sqrt{4 \times 23.4^2 - 18^2}}{2}$$

$$= 820.9\text{(m}^2)$$

田间喷洒水利用系数取 0.75，则喷灌强度为

$$\rho = K_w \frac{1000q\eta_P}{A} = 1.41 \times \frac{1000 \times 5.70 \times 0.75}{820.9} = 7.34\text{(mm/h)}$$

由表 4-7 可知，壤土的允许喷灌强度为 12mm/h，设计喷灌强度小于允许喷灌强度，因此喷灌强度满足要求。

# 4.4 管道式喷灌系统规划设计

## 4.4.1 收集规划设计资料

(1) 地形资料。最好能获得喷灌区 1/2000～1/1000 地形图，地形图上应标明行政区划、灌区范围以及现有水利设施等。

(2) 气象资料。包括气温、降雨和风速风向等。气温和降雨主要作为计算作物需水量和灌溉制度依据，而风速风向则是确定支管布置方向和确定喷头组合间距时所必需的。

(3) 土壤资料。一般应了解土壤的质地、干密度和土壤田间持水率等，用于确定土壤允许喷灌强度和灌水定额。

(4) 水文资料。主要包括河流、库塘、井泉的历年水量、水位以及水温和水质（含盐量、含沙量和污染情况）等。

(5) 作物种植结构及需水特点。必须了解灌区内各种作物的种植比例、种植行向、生育阶段划分、需水临界期及其需水强度等。

(6) 动力和机械设备资料。了解电力供应情况和可取得电源的最近地点。为了估算工程投资与进行经济比较，也应了解设备、材料的供应情况与价格、电费与柴油价格等。

## 4.4.2 喷灌系统选型

喷灌系统选型应根据喷灌的水源、地形、作物种类、经济条件、设备供应、管理体制等情况，综合考虑各种形式喷灌系统的优缺点，并进行必要的技术经济比较。例如在喷灌次数频繁、经济价值高的蔬菜、果园等作物种植区，可采用固定管道式喷灌系统；大田作物区喷洒次数少，可采用半固定管道式、移动管道式或小型机组式喷灌系统；在地形坡度较陡、地形及地块复杂的丘陵山区，移动喷灌设备困难，可考虑用固定管道式喷灌系统；在灌水次数较少情况下，适度规模经营的大田作物可采用卷盘式喷灌机；在大中型农场可采用时针式喷灌机或平移式喷灌机；在连片集中的牧草地和矮秆作物种植区，可采用滚移式喷灌机。在有自然水头的地方，尽量选用自压式喷灌系统，以降低设备投资和运行费用。

## 4.4.3 管道系统总体布置

### 1. 布置原则

管道系统应根据喷灌区地形、水源位置、耕作方向及主要风向和风速等条件提出几套布置方案，经技术经济比较后选定。布置时一般应考虑以下原则。

(1) 加压泵站应尽量位于喷灌区的中心或中间位置。以地下水为水源时，井及加压泵站宜布置在喷灌区中心位置，如图 4-17 所示；以河流为水源时，则宜将加压泵站布置在喷灌区一侧的中间位置，如图 4-18 所示。这样布置有利于缩短干管输水距离，减少水头损失，节省运行费用，喷灌区域工作压力也比较均衡。

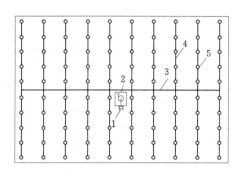

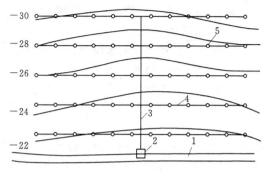

图 4-17　管道布置形式（一）
1—井；2—泵站；3—干管；4—支管；5—喷头

图 4-18　管道布置形式（二）
1—水源；2—泵站；3—干管；4—支管；5—喷头

（2）在坡地上布置时，一般干管垂直于等高线，支管平行于等高线。采用这种布置方式有利于控制支管的水头损失，从而使支管上各喷头出水流量比较均匀。

（3）支管布置应尽量与耕作方向一致。这样对于固定式喷灌系统，便于管道施工，并能减少竖管对机耕的影响；对于半固定式喷灌系统便于支管拆装，减少移动支管时践踏作物，也便于田间耕作管理。

（4）在多风地区，支管应尽可能与主风向（一般指出现频率在 75％以上的风向）垂直布置。这样可增大支管间距，减少支管用量。在这种情况下，虽然需要适当减小支管上喷头间距，以补偿因风力造成的喷头横向射程的缩短，但总体上仍较为经济。

（5）充分考虑地形因素，力求支管与干管垂直，支管长度一致，规格统一，以利于设计、施工和运行管理。

（6）应考虑施工与管理方便。例如，干管沿道路布置，可便于施工，也便于控制支管首部的闸阀，对支管实行轮灌。

2. 结构要求

（1）固定管道一般应埋设在地下，以减少占地和有利于耕作。其埋设深度应大于最大冻土层和最大耕作深度，以防管道被损坏。

（2）固定管道的坡度依地形、土质和管径而定。一般管径大、土质差时管坡应缓；反之可陡一些。从土壤稳定性和便于施工考虑，管坡不宜大于 1:1。

（3）对于管径 $D$ 较大且有一定坡度的管道或者位于转弯处的管道，为防止发生位移，应设置镇墩。在管道过长或基础较差时，应布置支墩。

（4）管道随地形变化而有起伏时，应在管道的最高处设置进排气阀，在管道的最低处应安装泄水阀，以便入冬前或维修时排空管内存水。

（5）在干、支管的首端应安装闸阀，必要时也可安装压力表，以便调节管道流量和压力，保证各处喷头在额定工作压力下运行。

（6）对于固定管道，为避免因温度变形和不均匀沉陷而造成损坏，一般应设置一定的柔性接头。

（7）竖管高度视作物高度而定，以植株不阻碍喷头喷洒为最低限度，一般比地面高 0.5～2m。

#### 4.4.4 喷头选型与组合间距的确定

1. 喷头的选型

喷头的选择包括喷头型号、喷嘴直径和工作压力的选择。选择喷头主要根据作物种类、土壤性质和当地设备供应情况而定。一般大田作物宜选择中压喷头，部分蔬菜及其他幼嫩作物宜选择低压喷头。对黏性土壤要选用喷灌强度较小的喷头，砂性土壤可选用喷灌强度较大的喷头。同时还要考虑喷洒方式对喷头的要求。在喷头选定之后，其性能参数也就确定了。根据式（4-1）校核雾化指标，若雾化指标不在作物适宜的雾化指标范围内，则应调整性能参数，或改选其他喷头，直至雾化指标满足要求为止。

2. 喷头组合形式与组合间距的确定

喷头组合的基本要求是保证喷灌均匀度能达到规定的要求。管道式喷灌系统喷头组合形式主要有矩形和正方形。喷头组合间距按表 4-4 确定。计算得到组合间距值后，还应作必要的调整，适应管道的长度规格。

在管道式喷灌系统中，喷头的作业方式主要有单支管多喷头同时工作和多支管多喷头同时工作两种形式。根据不同的作业方式，确定喷头有效控制面积，并利用式（4-3）计算喷灌强度，再根据土质类型及坡度，确定允许喷灌强度。若喷灌强度大于土壤允许喷灌强度，则应调整喷头性能参数或改选喷头，重新确定喷头组合间距，直到喷灌强度满足为止。

#### 4.4.5 灌溉制度的拟定

喷灌灌溉制度主要包括灌水定额、灌水周期和灌溉定额。

1. 设计灌水定额

设计灌水定额是指作物生育期内最大净灌水定额，可按式（4-8）计算

$$m = 1000\gamma h(\beta_1 - \beta_2) \qquad (4-8)$$

式中：$m$ 为设计灌水定额，mm；$h$ 为土壤计划湿润层深度（一般大田作物取 0.4~0.5m，蔬菜 0.2~0.3m，果树取 0.6~0.8m），m；$\beta_1$ 为适宜土壤含水率上限（水占土壤重量百分比），可取 $(0.90~0.95)\beta_{\boxplus}$；$\beta_2$ 为适宜土壤含水率下限（水占土壤重量百分比），可取 $(0.65~0.70)\beta_{\boxplus}$；$\gamma$ 为土壤干密度，t/m³。

2. 设计灌水周期

设计灌水周期是指两次喷灌之间的最短间隔天数，用式（4-9）计算

$$T = \frac{m}{ET_d} \qquad (4-9)$$

式中：$T$ 为设计灌水周期，计算值取整，d；$ET_d$ 为作物日蒸腾蒸发量，取设计代表年灌水高峰期平均值，mm/d；其余符号含义同前。

生产实践中，大田作物的喷灌周期常用 5~10d，蔬菜 2~3d。在喷灌系统规划设计中，也可根据经验或灌水要求，先确定灌水周期，然后再根据灌水周期和日蒸腾蒸发量计算灌水定额。

3. 灌溉定额

灌溉定额按式（4-10）计算

$$M = \sum_{i=1}^{n} m_i \qquad (4-10)$$

式中：$M$ 为作物全生育期的灌溉定额，mm；$m_i$ 为第 $i$ 次灌水定额，mm；$n$ 为全生育期灌水次数。

**【例 4 - 2】** 某喷灌区种植棉花，计划湿润层深为 0.40m，土质为砂壤土，土壤干密度为 1.45t/m³，田间持水率为 18%（以占干土重的百分比计），土壤适宜含水率上限为田间持水率的 90%，适宜含水率下限为田间持水率的 70%，试计算灌水定额和灌水周期。

**解：**（1）已知土壤干密度 $\gamma = 1.45\text{t/m}^3$，计划湿润层深 $h = 0.40\text{m}$，计划湿润层适宜含水率上限 $\beta_1 = 18\% \times 90\% = 16.2\%$，适宜含水率下限 $\beta_2 = 18\% \times 70\% = 12.6\%$，则灌水定额为

$$m = 1000\gamma h(\beta_1 - \beta_2) = 1000 \times 1.45 \times 0.4 \times (16.2\% - 12.6\%) = 23.49(\text{mm})$$

（2）已知需水临期日平均蒸腾蒸发量为 6mm，则灌水周期为

$$T = \frac{m}{ET_d} = \frac{23.49}{6} = 3.92(\text{d})$$

因此，灌水周期可取 4d。

### 4.4.6 喷灌工作制度的拟定

在灌水周期内，为保证作物适时适量的获得所需要的水分，必须制定一个合理的喷灌工作制度。灌溉工作制度包括喷头在一个喷点上的喷洒时间，每次需要同时工作的喷头数以及确定轮灌分组和轮灌顺序等。

1. 喷头在一个喷点上的喷洒时间

喷洒时间与设计灌水定额、喷头的流量和喷头的组合间距有关，可按式（4 - 11）计算

$$t = \frac{mab}{1000q\eta_P} \tag{4 - 11}$$

式中：$t$ 为喷头在一个工作位置上的喷洒时间，h；$a$ 为支管上的喷头间距，m；$b$ 为支管间距，m；$q$ 为喷头设计流量，m³/h；其余符号意义同前。

2. 一天轮灌组数

一天轮灌组数按式（4 - 12）计算

$$n_d = \frac{t_d}{t} \tag{4 - 12}$$

式中：$n_d$ 为一天内的轮灌组数；$t_d$ 为设计日灌溉时间，可参考表 4 - 10 取值，h；其余符号意义同前。

| 表 4 - 10 | 设 计 日 灌 水 时 间 | | | | 单位：h |
|---|---|---|---|---|---|
| 喷灌系统类型 | 固定管道式 | | | 半固定管道式 | 移动管道式 |
| | 农作物 | 园林 | 运动场 | | |
| 设计日灌水时间 | 12～20 | 6～12 | 1～4 | 12～18 | 12～16 |

3. 同时工作的喷头数

同时工作的喷头数由式（4 - 13）确定

$$n_P = \frac{N_P}{n_d T} \qquad\qquad (4-13)$$

式中：$n_P$ 为同时工作的喷头数；$N_P$ 为喷灌区喷头总数；其余符号意义同前。

4. 同时工作的支管数

可按式（4-14）计算

$$n_z = \frac{n_P}{n_{zP}} \qquad\qquad (4-14)$$

式中：$n_z$ 为同时工作的支管数；$n_{zP}$ 为每条支管上的喷头数。

如果计算出来的 $n_z$ 不是整数，则应考虑减少同时工作的喷头数或适当调整支管的长度。

5. 确定轮灌分组及支管轮灌方案。

为提高管道的利用率，节省设备投资，多采用有序轮灌的工作制度。确定轮灌方案时应考虑以下几点。

（1）轮灌分组应该有一定的规律，方便运行管理。

（2）各轮灌组的工作喷头数应尽量一致，以保证系统的流量变化不大。若各轮灌组的喷头数很难均等时，其差别不宜超过 1～3 个，并且尽可能使地势较高或离泵站较远的喷头数略少。

（3）轮灌编组时尽量使系统轮灌周期与设计的喷灌周期接近。

（4）制定支管轮灌顺序时，应将流量迅速分散到各分配水管道中，避免流量集中于某一条配水管道。如系统需要两根支管同时工作，支管的轮灌方式（对半固定喷灌系统也为支管的移动方式）有 4 种方案：①两根支管在干管的同一侧，从地块的一端同时依次向前移动，如图 4-19 （a）所示；②两根支管在干管的两侧，从地块的一端

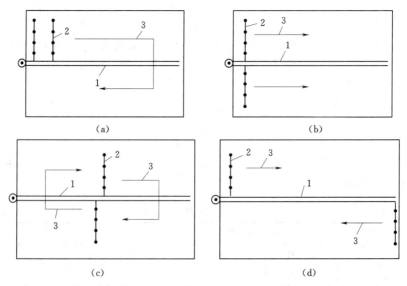

（a）　　　　　　　　　　　　　　（b）

（c）　　　　　　　　　　　　　　（d）

图 4-19　两根支管同时工作时的轮灌方式

1—干管；2—支管；3—移动方向

同时向前移动，如图4-19（b）所示；③两根支管由地块中间向两端交叉移动，如图4-19（c）所示；④两根支管从干管首、尾两端反向移动，如图4-19（d）所示。

这两种方式，干管全部长度上均要通过两根支管的流量，干管管径不变，不经济，后两种方案只有前半段干管通过全部流量，而后半段干管只需要通过一根支管的流量，这样后半段干管的可取较小管径，因此尽量选择后两种轮灌方案。

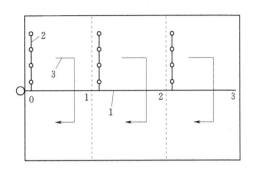

图4-20　三根支管同时工作时的轮灌方式
1—干管；2—支管；3—移动方向

当三根支管同时工作时，以每根支管负担1/3灌溉面积的方案最有利，如图4-20所示。这样，只有0～1段干管需要通过三根支管的流量，1～2段干管需要通过两根支管的流量，2～3段干管只需通过一根支管的流量。

轮灌方案确定好后，干、支管的设计流量即可确定。支管设计流量为支管上各喷头的设计流量之和，干管设计流量依支管的轮灌方式而定。

## 4.4.7　管道设计

管道系统设计主要包括各级管道的管材选择与管径的确定。竖管一般采用镀锌钢管，根据喷头流量大小及竖管高度等因素，选用DN25或DN32管径。下面主要讨论支管和干管的管材选择与管径的确定。

### 4.4.7.1　管材的选择

可用于喷灌的干、支管材种类很多，应该根据喷灌区的具体情况，如地质、地形、气候、运输、供应以及使用环境和工作压力等条件，结合各种管材的特性及适用条件进行选择。对于地埋固定管道，可选用硬塑管、钢筋混凝土管或钢丝网水泥管等。用于喷灌地埋管道的塑料管，一般选用硬聚氯乙烯管（PVC－U管）。对于口径150mm以上的地埋管道，硬聚氯乙烯管在性能价格比上的优势下降，应通过技术经济分析选择合适的管材。对于地面移动管道，则应优先采用带有快速接头的薄壁铝合金管。塑料管经常暴露在阳光下使用，易老化，缩短使用寿命，因此，地面移动管最好不宜采用塑料管。

### 4.4.7.2　干管管径的确定

干管管径通常是在满足下一级管道流量和压力的前提下按综合年费用最小的原则选择。随着管径的增大，管道的投资将随之增高，其折算年值也相应增加，而管道的年运行费随之降低（图4-21）。管道的综合年费用为投资的折算年值和年运行费之和，且必定存在一个最小值，该最小值所对应的管径即经济管径。干管管径一般应采用经济管径，即根据最小费用法确定管径。图4-21

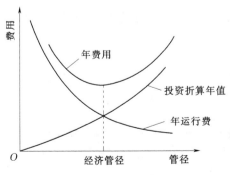

图4-21　最小年费用法原理示意图

就是用最小年费用法确定经济管径的原理示意图。

在实际应用当中，经济管径一般根据经济流速或经验公式确定。

1. 根据经济流速确定干管管径

根据 $A_经=\dfrac{Q}{V_经}$ 和 $A_经=\dfrac{\pi D_经^2}{4}$ 可以得到

$$D_经=18.8\sqrt{\dfrac{Q}{V_经}} \tag{4-15}$$

式中：$A_经$ 为经济断面，$mm^2$；$D_经$ 为经济管径，mm；$Q$ 为管道设计流量，$m^3/h$；$V_经$ 为管道经济流速，一般塑料管经济流速为 $1.0\sim1.8m/s$，混凝土管经济流速为 $0.5\sim1.5m/s$。

2. 根据经验公式确定干管经济管径

$$\left.\begin{array}{l} Q<120m^3/h \text{ 时},D_经=13\sqrt{Q} \\ Q\geqslant120m^3/h \text{ 时},D_经=11.5\sqrt{Q} \end{array}\right\} \tag{4-16}$$

式中：$D_经$ 为管道管径，mm；$Q$ 为管道设计流量，$m^3/h$。

一般情况下，应根据经济流速来确定干管管径，对于规模不算太大的喷灌工程，常用经验公式估算管道的管径。但喷灌工程，系统年工作小时数少，而投资又比较大，这时在喷灌所需压力能得到满足的情况下，选用较小的管径是经济的。但为了保证管道的安全，钢管流速应控制在 2.5m/s 以下，塑料管流速应控制在 1.8m/s 以下。

### 4.4.7.3 支管管径的确定

确定支管管径时，一般要求同一支管上各喷头实际喷水量的相对偏差不大于 10%。设支管上出水流量最大的喷头的流量为 $q_{max}$，出水流量最小的喷头流量为 $q_{min}$，相应的工作压力分别为 $h_{max}$ 和 $h_{min}$，根据孔口出流公式有 $q_{max}/q_{min}=\sqrt{h_{max}}/\sqrt{h_{min}}$，若 $q_{max}/q_{min}=1.1$，则有 $h_{max}/h_{min}=1.21$。因此，为设计方便，实际计算时一般根据同一支管上任意两个喷头的工作压力差不大于喷头设计工作压力的 20% 的要求确定管径。显然若支管沿线地面平坦，一般首末两端喷头间的工作压力差最大。若支管铺设在地形起伏的地面上，则其最大的工作压力差并不一定是首末喷头工作压力之差。考虑地形高差 $\Delta Z$ 时，上述规定可表示为

$$h_\omega+\Delta Z\leqslant0.2h_p \tag{4-17}$$

式中：$h_\omega$ 为同一支管上任意两个喷头间支管段水头损失，m；$\Delta Z$ 为与 $h_\omega$ 对应的两喷头的进水口高程差，m，顺坡铺设支管时，$\Delta Z$ 的值为负，逆坡铺设支管时，$\Delta Z$ 的值为正；$h_p$ 为喷头设计工作压力，m。

从式（4-17）可看出：逆坡铺设支管时，允许的 $h_\omega$ 的值较小，即选用的支管管径应比在平地上大些；顺坡铺设支管时，因 $\Delta Z$ 的本身为负值，其实际允许的 $h_\omega$ 的值要比 $0.2h_p$ 大一些，因此选用的支管管径要比平地上小一些。为此，支管一般应顺坡布置，避免逆坡布置。

式中同一支管上任意两个喷头间支管段水头损失 $h_\omega$ 即为这两个喷头间支管段的沿程水头损失和局部水头损失 $h_j$ 之和。沿程水头损失应按式（4-18）计算

$$h_f=f\dfrac{LQ^m}{d^b} \tag{4-18}$$

式中：$h_f$ 为沿程水头损失，m；$f$ 为摩阻系数；$L$ 为管道长度，m；$Q$ 为流量，$m^3/h$；$d$ 为管内径，mm；$m$ 为流量指数；$b$ 为管径指数。

各种管材的 $f$、$m$ 和 $b$ 可按表 4-11 取值。

表 4-11　　　　　　　　　　　　　　　　$f$、$m$、$b$ 取值表

| 管道种类 | | $f$ | $m$ | $b$ |
|---|---|---|---|---|
| 混凝土及钢筋混凝土管 | $n=0.013$ | $1.312\times10^6$ | 2 | 5.33 |
| | $n=0.014$ | $1.156\times10^6$ | 2 | 5.33 |
| | $n=0.015$ | $1.749\times10^6$ | 2 | 5.33 |
| 旧钢管、旧铸铁管 | | $6.250\times10^5$ | 2.9 | 5.1 |
| 石棉水泥管 | | $1.455\times10^5$ | 1.85 | 4.89 |
| 硬塑料管 | | $0.948\times10^5$ | 1.77 | 4.77 |
| 铝质管及铝合金管 | | $0.861\times10^5$ | 1.74 | 4.74 |

注　$n$ 为粗糙系数。

在喷灌系统中，沿支管安装有许多喷头，使支管的流量自上而下逐渐减小。因此，计算沿程水头损失应分段计算。但为简化计算，常以进口最大流量计算沿程水头损失，然后乘以多口系数进行修正，便得多口管道实际沿程水头损失，即

$$h'_f = h_f F \qquad (4-19)$$

$$F = \frac{N\left(\dfrac{1}{m+1}+\dfrac{1}{2N}+\dfrac{\sqrt{m-1}}{6N^2}\right)-1+X}{N-1+X} \qquad (4-20)$$

式中：$h'_f$ 为多口出流支管沿程水头损失，m；$F$ 为多口系数；$N$ 为喷头数（孔口数）；$X$ 为多口出流支管首孔位置系数，即自该段支管入口至第一个喷头的距离与喷头间距之比；其他符号意义同前。

不同管材其多口系数不同，表 4-12 列出了常用管材的多口系数值。

表 4-12　　　　　　　　　　　　　　　　多口系数 $F$ 值表

| $N$ | $m=1.74$ | | $m=1.77$ | | $m=1.9$ | | $m=2$ | |
|---|---|---|---|---|---|---|---|---|
| | $X=1$ | $X=0.5$ | $X=1$ | $X=0.5$ | $X=1$ | $X=0.5$ | $X=1$ | $X=0.5$ |
| 2～3 | 0.600 | 0.496 | 0.596 | 0.492 | 0.582 | 0.474 | 0.572 | 0.461 |
| 4～5 | 0.485 | 0.420 | 0.481 | 0.416 | 0.466 | 0.398 | 0.455 | 0.386 |
| 6～7 | 0.446 | 0.399 | 0.442 | 0.395 | 0.426 | 0.378 | 0.415 | 0.366 |
| 8～11 | 0.420 | 0.388 | 0.416 | 0.383 | 0.400 | 0.366 | 0.389 | 0.354 |
| 12～20 | 0.397 | 0.378 | 0.394 | 0.374 | 0.378 | 0.357 | 0.366 | 0.345 |

注　$X$ 为第一个喷头到支管进口距离与喷头间距之比值，$N$ 为喷头或孔口数。

管道局部水头损失应如式（4-21）计算

$$h_j = \xi \frac{v^2}{2g} \qquad (4-21)$$

式中：$h_j$ 为局部水头损失，m；$\xi$ 为局部阻力系数，可根据表 4-13 选定；$v$ 为管道

流速，m/s；g 为重力加速度，9.81m/s²。

管道局部水头损失也可按沿程损失的 10%～15% 估算。若取管道局部水头损失为沿程损失的 15%，则式（4-18）可表示为

$$1.15f\frac{LQ^m}{d^b}F+\Delta Z\leqslant 0.2h_p$$

由上式可解得

$$d\geqslant\sqrt[b]{\frac{1.15fLQ^mF}{0.2h_p-\Delta Z}} \qquad (4-22)$$

由式（4-22）可得支管最小管径，再根据管径规格，确定支管实际采用的管径。

表 4-13　　　　　　　　　　　　喷灌常用管件局部水头损失系数表

| 管件形式 | 突缩 | 渐扩 | 渐缩 | 偏心渐缩 | 90°弯头 |
|---|---|---|---|---|---|
| 损失系数 | 0.1～0.4 | 0.1 | 0.2 | 0.18 | 0.2～0.3（焊接件加 50%） |

| 管件形式 | 闭三通 | 全折流三通 | 直流分支三通 | 分流三通 | 异径三通＋突缩 |
|---|---|---|---|---|---|
| 损失系数 | 0.1 | 1.5 | 0.1～1.5 | 1.5 | 等径三通＋突缩 |

| 管件形式 | 闸阀全开 | | | | 水泵进口 | 滤网 | 逆止阀 | 四通 |
|---|---|---|---|---|---|---|---|---|
| 损失系数 | $d$(mm) | 80 | 100 | 150 | 200～250 | 1.0 | 2～3 | 1.7 | 相当于两个三通 |
| | $\xi$ | 0.4 | 0.2 | 0.1 | 0.08 | | | | |

【例 4-3】　某 PVC-U 支管总长 108m，布置 5 个喷头，沿支管方向地形平坦，喷头间距为 24m，支首至第一个喷头的距离为 12m，喷头设计工作压力为 350kPa，喷头设计流量为 4.51m³/h，试确定支管的管径。

**解：** 根据表 4-11，PVC-U 塑料管的摩阻系数 $f=0.948\times10^5$，流量指数 $m=1.77$，管径指数 $b=4.77$。

自第一个喷头到支管末端的长度 $L=24\times4=96$（m），该管段的孔口数为 $N=4$，入口至第一个喷头的距离与喷头间距之比 $X=1$，由此查表 4-12 得多口系数 $F=0.481$。该管段入口流量 $Q=4.51\times4=18.04$（m³/s），喷头工作压力 $h_p=350$kPa $=350/9.81=35.7$（m），首、末喷头高差 $\Delta Z=0$。将以上数据代入式（4-18）得

$$d\geqslant\sqrt[b]{\frac{1.15fLQ^mF}{0.2h_p-\Delta Z}}=\sqrt[4.77]{\frac{1.15\times0.948\times10^5\times96\times18.04^{1.77}\times0.481}{0.2\times35.7-0}}=49.2\text{(mm)}$$

根据表 4-2，选择公称压力为 0.63MPa、公称管径为 63mm 的 PVC-U 塑料

管，壁厚为 2.0mm，内径为 59mm。

　　为了设计方便，多数喷灌系统支管采用等径支管。由于支管内流量自首而末逐渐减小，从节省管材费用的角度来看，采用同一种管径显然是不经济的。对于移动支管，由于支管数量较少，并为安装与拆卸方便，可不考虑采用多种不同管径。但对于地埋固定支管，特别是长度较大的支管，采用变径支管能明显降低管网投资，因而有必要采用变径设计。现以采用两种管径的变径支管为例来说明变径支管的设计方法。

　　图 4-22 为具有两种管径的变径支管示意图，其中后段水头损失计算与等径支管计算完全相同。在计算前段水头损失时，可将下段看成是与前段管径相同的支管，则前段水头损失可表示为

$$h_{w,前}=h'_{w,总}-h'_{w,后}$$

式中：$h_{w,前}$ 为前段水头损失，m；$h'_{w,总}$ 为后段管径与前段相同时的支管总水头损失，m；$h'_{w,后}$ 为后段管径与前段相同时的后段水头损失，m。

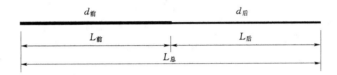

图 4-22　支管变径示意图

　　由此可将式（4-17）可表示为

$$\left(1.15f\frac{L_总}{d_前^b}Q_总^m F_总 - 1.15f\frac{L_后}{d_前^b}Q_后^m F_后\right) + \frac{fL_后}{d_前^b}Q_后^m F_后 + \Delta Z \leqslant 0.2h_p \quad (4-23)$$

式中：$L_总$、$L_后$ 分别为总长和后段长，m；$Q_总$、$Q_后$ 分别为总流量和后段进口流量，$m^3/s$；$d_前$、$d_后$ 分别为前段内径和后段内径，mm；$F_总$、$F_后$ 分别为全长的多口系数和后段的多口系数。

　　具体计算时，可采用试算法确定前后两段管径。也可先根据经验确定其中一段管径，再解不等式，求出另一段的最小管径。

## 4.4.8　水泵和动力机选型

　　选择水泵和动力，首先要确定喷灌系统的设计流量和扬程。喷灌系统设计流量应为全部同时工作的喷头流量之和，即

$$Q=n_p q/\eta_G \quad (4-24)$$

式中：$Q$ 为喷灌系统设计流量，$m^3/h$；$\eta_G$ 为管道系统水利用系数，一般取 0.95～0.98；其余符号意义同前。

　　选择最不利轮灌组及其最不利喷头，并以该最不利喷头为典型喷头。自典型喷头推算系统的设计扬程

$$H=h_p+h_s+\sum h_f+\sum h_j+Z_d-Z_0 \quad (4-25)$$

式中：$H$ 为喷灌系统设计扬程，m；$h_p$ 为典型喷头的工作压力，m；$h_s$ 为典型喷头竖管高，m；$\sum h_f$ 为水泵进水管到典型喷头进口处之间管道的沿程水头损失之和，m；$\sum h_j$ 为水泵进水管到典型喷头进口处之间管道的局部水头损失之和，m；$Z_d$ 为典型喷头处地面高程，m；$Z_0$ 为水源水位。

确定了喷灌系统的设计流量和设计扬程，即可选择水泵，再根据水泵的配套功率选配动力设备。电动机运行管理比较方便，应尽量采用电动机，但在电源供应不足的地区，可考虑采用柴油机。

### 4.4.9 水锤压力计算

有压管道中，由于流速急剧变化而引起管道中水流压力急剧升高或降低的现象，称为水锤或水击。通常水泵有起动水锤、关闭阀门产出的水锤和停泵产生的水锤，其中后两种水锤危害较大。防止关闭阀门产生的水锤的措施是缓慢关闭阀门；防止停泵产生水锤的措施是在水泵出水管取消逆止阀。下面主要介绍为防止水关阀水锤需要控制的关阀时间。

均质管水锤波传播速度按式（4-26）计算

$$a_w = \frac{1425}{\sqrt{1 + \frac{K}{E}\frac{D}{e}}} \tag{4-26}$$

式中：$a_w$ 为水锤波传播速度，m/s；$K$ 为水的体积弹性模数，GPa，常温时为 2.025GPa；$E$ 为管材的纵向弹性模量，GPa，各种管材的纵向弹性模量见表 4-14；$D$ 为管径，m；$e$ 为管壁厚度，m。

表 4-14　各种管材的纵向弹性模量

| 管材 | PVC 管 | PE 管 | 铝管 | 钢筋混凝土管 | 钢管 | 球墨铸铁管 | 铸铁管 |
|---|---|---|---|---|---|---|---|
| $E$(GPa) | 2.8~3 | 1.4~2 | 69.58 | 20.58 | 206 | 151 | 108 |

水锤波在管路中往返一次所需的时间称为一个相长。水锤相长按式（4-27）计算

$$\mu = \frac{2L}{a_w} \tag{4-27}$$

式中：$\mu$ 为水锤相长，s；$L$ 为管长，m。

当阀开关闭时间等于或小于一个水锤相长时，所产生的水锤为直接水锤，否则为间接水锤。间接水锤产生的水锤压力要比直接水锤产生的水锤压力小得多，不会造成严重危害，为此一般应将关阀时间应大于一个水锤相长。

在理论上，闸阀关闭时间越长，水锤压力越小，关闭时间为穷大时，水锤压力降为 0，但是为了管理方便及安全起见，在设计时也应保证管道有足够的抗压等级。一般管道的压力等级应比管道设计工作压力高一个等级，例如在选择 PVC-U 管道时，管道工作压力为 0.4MPa 左右时，应选公称压力为 0.63MPa 管道，工作压力为 0.63MPa 左右时，应选公称压力为 0.8MPa 的管道。另外，为防止水锤对管道造成破坏，流速尽量不要超过允许流速。以塑料管为例，设计流速一般不要大于 1.8m/s。

## 4.5 机组式喷灌系统规划设计

喷灌机在田间作业时，必需与相应的供水系统相配合，有的机组还要求有适当的道路，才能顺利地工作。与管道式喷灌系统一样，机组式喷灌系统设计地目的，仍是要满足作物需水、喷灌三要素以及田间轮灌操作、管理方便等要求。

机组式喷灌系统设计的任务可分为两种情况：第一种情况是使用单台动力机和泵，配一个喷头的喷灌机的系统。由于这类喷灌机的性能已固定，除非原配套不合理，一般不宜再调整，因此系统设计的任务是确定和布设机组的工作位置（定喷式）或工作路线（行喷式），布置和设计供水系统，安排轮灌等。我国现有的中、小轻型单喷头喷灌机都属于这一类。第二种情况是使用从管网给水栓提取压力水的喷灌机系统。这类喷灌机的水力性能有较大的可调范围，如改换喷嘴、连接管管径等。尤其是配多喷头的大型机组，可根据需要改变喷头或喷嘴的配置，机组可根据所负担的灌溉面积大小来设计和组装。本节主要叙述定喷式喷灌机系统的设计，其他喷灌机组系统的设计参考有关书籍。

## 4.5.1 机组选型

定喷机组的选型一般根据地形、喷灌面积的大小、土壤、作物以及水源状况等因素决定，有条件时应通过技术经济综合分析来确定。一般地说，在地块较小、水源比较分散或坡度较大的地方，可采用手提式或手抬式喷灌机组；在面积大、种植作物单一、水源充足以及地面比较平坦的地方，可采用拖拉机悬挂式或牵引式喷灌机组，若为低秆作物，亦可采用滚移式喷灌机组；介于以上两种情况之间的地方，可采用水推车式小型喷灌机组、拖拉机配套的小型喷灌机组以及人工移管式中、小型喷灌机组。

## 4.5.2 机组台数的确定

1. 单台机组的控制面积

单台机组的控制面积可按式（4-28）计算

$$A_0 = \frac{1000 T t_d Q \eta_p \eta_G}{m} \qquad (4-28)$$

式中：$A_0$ 为单台喷灌机组的控制面积，$m^2$；$T$ 为灌水周期，d；$t_d$ 为喷灌机组每天净喷灌时间，一般可取 12～18h；$Q$ 为喷灌机组流量，$m^3/h$；$\eta_p$ 为田间喷洒水利用系数；$\eta_G$ 为管道系统水利用系数；$m$ 为灌水定额，mm。

2. 机组台数

喷灌面积上所需喷灌机组的台数按式（4-29）计算

$$n = \frac{A}{A_0} \qquad (4-29)$$

式中：$n$ 为机组台数，计算值不是整数时，取大于该值的整数；$A$ 为设计喷灌面积，$m^2$。

## 4.5.3 喷洒方式与喷头组合形式

1. 喷洒方式

（1）全圆喷洒。多喷头作业的定喷机组式喷灌系统的喷洒方式多采用全圆喷洒，喷头的布置与管道式喷灌系统相同，一般在风向多变的情况下，采用正方形布置，在有稳定主方向的情况下，采用矩形或等腰三角形布置。

（2）扇形喷洒。单喷头作业的定喷机组式喷灌系统的喷洒方式有时采用扇形喷洒。作业时，喷灌机如为单向控制，喷头最好顺风向喷洒。喷灌机如为双向控制，则喷头应垂直风向喷洒。喷洒扇形中心角一般可采用 270°，以便给机组的移动留出一条干燥的退路。对于多喷头作业的定喷机组式喷灌系统，在灌溉季节风向稳定且有条件顺风喷洒的情况下，亦可采用扇形喷洒。在地块边缘有道路、房屋等不应喷洒时，则需在田边布置喷头作180°或90°的扇形喷洒。

2. 喷头组合形式

一般在管道式喷灌系统中，除了位于地块边缘的喷头作扇形喷洒外，其余均采用全圆喷洒。在移动机组式系统中，为了避免喷湿机行道，给机组移动带来困难，一般都采用扇形喷洒方式。

扇形喷洒矩形组合和扇形喷洒等腰三角形组合常用于定喷机组式系统，扇形中心角常取 $\alpha = 240° \sim 270°$，其在无风情况下的布置间距理论计算值分别为 $a = R$，$b = 1.73R$，$S = 1.73R^2$ 和 $a = R$，$b = 1.865R$，$S = 1.865R^2$，实际应用时也要根据组合均匀度和风速予以缩小。扇形喷洒的喷头组合形式示意如图4-23所示。

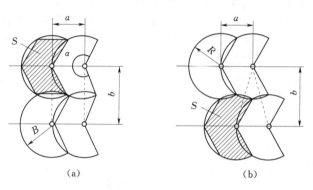

（a）　　　　　　　　　　　　　（b）

图4-23　扇形喷洒的喷头组合形式示意图

$R$—喷头射程；$a$—喷头间距；$b$—支管间距；$S$—喷头有效控制面积；$\alpha$—扇形中心角

### 4.5.4　田间布置

对于不同的机组形式，可考虑不同的布置方式，如直连式单喷头机组，它的喷头是与水泵直连的，机组整个进入田间操作，因此就需要按喷点间距布置集水井（工作池），并用渠道或暗管输水，将各工作池串通，同时布置机行道，以备机组出入。如果是管引式（喷头与水泵间以管道连接）机组，则需按喷头间距 $a$、支管间距 $b$ 布置支管位置及干管（或渠道）位置，并在干管或渠道上按支管间距布置给水栓或机组工作池，在一般情况下应尽可能使用支管顺耕作方向布置，在坡地、梯田上，支管应顺等高线布置。

1. 直连式单喷头机组

一般沿田间渠道工作渠移动，田间渠道顺耕作方向布置，如图4-24所示。喷灌机在 $A_1$ 点位置喷洒后至 $A_2$ 点再进行喷洒，直至第一条渠道喷洒

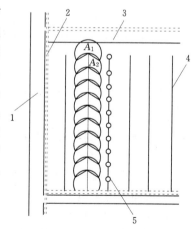

图4-24　直连式单喷头机田间
布置示意图

1—道路；2—输水渠；3—田间路；
4—工作渠；5—工作池

完后再移至下一条渠道。田间渠道的长度一般为 100～300m，最好是喷头间距的数倍，渠道上每隔一个喷头间距设置一个供喷灌机取水的工作池，喷头间距和工作渠的间距应根据工作条件，按喷头喷洒组合后能确保一定均匀度的原则来确定。

2. 管引式单喷头机组

管引式单喷头机组可沿田间渠道两边作业，如图 4-25 所示。如机组移至位置 $A_1$，喷头由管道引出至 $B_1$ 点进行扇形喷洒，当 $B_1$ 点喷洒完后，退至 $B_2$ 点，待此条管道位置各喷点依次喷完后，再将喷头连同管道移至 $C_1$、$C_2$ 各喷头进行喷洒。当取水点 $A_1$ 两边都喷洒完毕后，机组移至 $A_2$ 点，再重复上述方式进行喷洒。

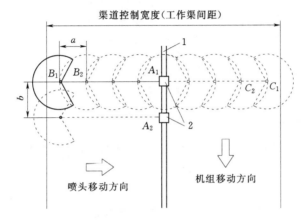

图 4-25　管引式单喷头机组田间布置示意图

1—工作渠；2—机组

3. 管引式多喷头机组

管引式多喷头机组田间布置如图 4-26、图 4-27 和图 4-28 所示，支管移动间距 $b$ 的确定与管道式喷灌系统相同。

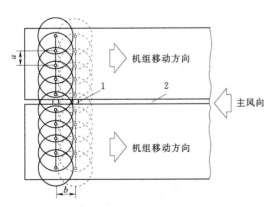

图 4-26　管引式多喷头机组
田间布置形式（一）

1—机组；2—工作渠

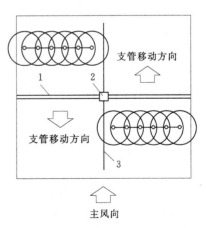

图 4-27　管引式多喷头机组
田间布置形式（二）

1—工作渠；2—机组；3—干管

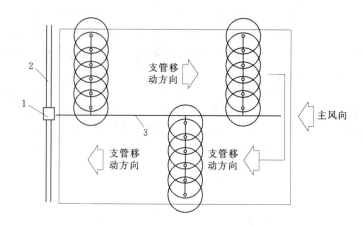

图 4 - 28　管引式多喷头机组田间布置形式（三）

1—工作渠；2—机组；3—干管

### 4.5.5　田间工程设计

定喷机组式喷灌系统除水源外都是可移动的，所以田间工程设计主要是设计输水明渠或暗管，确定工作池尺寸以及布置机行道。

1. 明渠

输水明渠的设计流量应根据自其中取水的喷灌机的喷水量，并考虑输水损失确定。如果渠道还兼作田间排水之用，则还应考虑通过排水流量的要求。输水明渠最好加以衬砌或采用其他的防渗措施，以减少输水损失，提高水的利用系数。

渠道为不加衬砌的土渠时，一般都采用梯形断面，其断面边坡系数视土质而定，通常为 1∶1～1∶1.5。对砂性土壤，边坡应缓些；黏重土壤则可陡些。混凝土或砖石衬砌渠道可采用矩形断面。如用预制混凝土件衬砌，则可采用 U 形断面，以改善受力情况并增大输水能力。

2. 暗管

暗管的埋设深度应考虑机耕和冬季防冻，因此至少为 0.6m，并宜埋设于本地冰冻深度以下。定喷机组式系统的输水暗管，一般是低压管道，可采用混凝土管或缸瓦管，亦可因地制宜采用其他管材，在确保安全运行的前提下，尽量降低造价。暗管的断面尺寸计算与一般输水管道相同。为防止堵塞，暗管从明渠引水时，进口应设置拦污栅。

3. 工作池

工作池是喷灌机组的取水点，由于水泵吸水要求有一定的水深，所以机组从明渠或暗管吸水时，一般都应设置集水的小池。目前我国大量的定喷机组是轻、小型，所用的水泵流量都不太大，因此，工作池中的水深只要保持在 50cm 左右就可以。如果明渠或暗管的水深超过此值，亦可不设工作池。对于大、中型的定喷机组，工作池的尺寸应按水泵进水池的有关规定设计。若暗管的直径较大，为了便于清除来自暗管中的泥沙、污物和探测管内是否损坏等情况，工作池应能容得人上下。有条件时，暗管上的工作池最好能加盖。

工作池一般可用砖砌，或用大口径混凝土管护壁。对于暗管上的工作池，常因地形关系而使池顶部高出地面，此时最好适当调整纵坡，使池顶高程降低，以免妨碍耕作。

4. 机行道

沿着农渠或输水暗管一侧，应设机行道。如果为直连式单机组，还应沿着工作渠或工作暗管一侧布置机行道。机行道的宽度大于机组的宽度，以确保机组能方便地移动。地下输水暗管一般多与机行道结合，下面是暗管，上面是机组道，这时工作池与机行道可采用以下集中布置方式：

（1）使池口与路面齐平，池口加盖，盖上留通气孔。

（2）使工作池设置在路边，用一根小管与暗管的顶部连接。

（3）在设置工作池的地方，把该段暗管拐向路的一侧。

# 4.6 喷灌系统的施工与管理维护

## 4.6.1 喷灌系统的施工

不同形式的喷灌系统，其施工的内容也不同，对于移动式喷灌系统，施工内容除了在田间布置水源（井、渠、塘等），主要是土石方工程；固定式（含半固定式）喷灌系统则还要进行泵站的施工和管道系统的铺设。喷灌系统的施工一般应作为农田基本建设的一个组成部分，在尚未实现园田化的地区最好结合园田化工程进行，在土地平整后再挖渠道和铺设管道，以减少返工。固定式喷灌系统施工的技术要求较高，最好能组成专业队伍，以保证施工质量。

在土地已经平整的地区，喷灌系统施工可大致分为以下几个步骤：定线与放样、开挖基坑和管槽、浇筑水泵基座与安装水泵、安装管道与管件、冲洗、试压、回填和试喷。下面分述这些工序中应注意的事项。

1. 定线与放样

定线和放样就是将设计图纸上的设计方案，直接布置到地面上去。为此，首先要在施工现场布设测量控制网（应保存到施工完毕），然后定出各种建筑物的主轴线、基坑开挖线与建筑物轮廓线等，标明建筑物主要部位和基坑开挖的高程。对于水泵放样应确定水泵的轴线位置和泵房的基脚位置和开挖深度等，对于管道系统则应确定干、支管的轴线位置，弯头、三通及喷点（即竖管）的位置和管槽的深度。对于移动式系统要定出渠道的中心线、坡脚和挖深及喷点（应设吸水池或标志）的准确位置。

2. 挖渠修路、挖基坑和管槽

在便于施工的前提下管槽应尽量挖得窄些，但必须保证边坡的稳定，只是在接头处开挖断面较大一些，这样土方量少，管道承受的土压力也较小。管槽的底面就是管道的铺设平面，所以要挖得平整，以减少不均匀沉陷。若局部超挖则应用相同的土壤填补夯实到接近天然的密实度。沟槽经过岩石、卵石等容易损坏管道的地方应将槽底至少再挖深 15cm，并用砂土或细土回填至设计槽底标高。如基坑中有地下水渗入，则要建立排水系统将积水及时排除。

**3. 浇筑水泵基座与安装水泵**

水泵基座应浇筑在未经松动的原状土上。在浇筑过程中关键在于严格控制基脚螺钉的位置和深度。采用一个木框架，按水泵基脚螺钉位置打孔，按水泵的安装条件把基脚螺钉穿在孔内进行浇筑。或预留较大的孔，在安装水泵时再把螺栓施进预留孔中进行第二次灌浆浇筑。

水泵安装时要特别注意，对于直联机组，水泵轴线应与动力机轴线一致，安装完毕后应用测隙规检查同心度；对于非直联卧式机组，动力机和水泵轴心线必须平行，皮带轴应在同一平面，且中心距应符合设计要求；吸水管要尽量短而直，接头要严格密封。

**4. 管道安装**

安装顺序应先干管后支管，从低处向高处进行。干支管均应埋在地面以下一定深度或埋在当地冻土层以下，以防农业机械压坏管道。对于塑料管道，一般埋在地面以下 0.6～0.8m 即可避免被农业机械压坏。在安装管子时应有一定纵坡，使管内残留的水能向水泵或管道末端汇流，并在末端装上排空阀，以便在灌水结束后将管内积水全部排除。

对于金属管道，需要预先进行防锈处理。当管坡较大时，管子承口应朝上，由下向上进行安装。对于塑料管应装有伸缩节或成波状形平铺在槽内，以适应温度变形。各种管件的连接应该牢固不漏水。安装过程中要始终防止砂石及其他杂物进入管道。如安装中断就要用堵头将敞口封闭，随时注意不要将杂物遗留在管内。

竖管的安装应保证铅直、稳定，其上端接头应与喷头接头配套，而且密封可靠。

**5. 冲洗**

管道装好后先不装喷头，开泵冲洗管道，把竖管敞开任其自由溢流把管中砂石都冲出来，以免以后堵塞喷头。为使冲洗时有较大的流速，各条支管、各个竖管可以轮流冲洗，每次只冲一根支管的一个竖管。应按设计流量连续冲洗，目测直到出口处水的颜色与透明度和进口处一致为止。

**6. 试压**

管道安装完毕填土定位后，应进行管道水压试验。对于面积不小于 30hm² 喷灌工程，应分段进行管道水压试验，试验长度不宜大于 1000m。对于较小的工程也可以只做全系统的水压试验。

在水压试验前首先要检查整个管网的设备状况，看阀门启闭是否灵活，开度是否符合设计要求，排气与进气装置是否通畅等。其次要检查地埋管填土定位情况，主要应考虑受压后管道是否会发生位移，为此，直管段应覆土，而接头处则暂不覆土，以便于观察。

试压时，所有开口全部封闭，喷灌的竖管用堵头堵死，利用控制阀逐段进行试压。试验时首先让管道注满水 24h（对于金属管和塑料管）到 48h（对于钢筋混凝土管和钢丝网水泥管）后才可进行耐水压试验。高密度聚乙烯塑料管试验压力不应小于管道设计工作压力的 1.7 倍，低密度聚乙烯塑料管试验压力不应小于管道设计工作压力的 2.5 倍，其他管材的管道试验压力不应小于管道设计压力的 1.5 倍。试验时升压应缓慢，达到试验压力后，保压 10min，如果在这 10min 内压力管道无泄漏、无破损，下降不超过 50kPa，即为合格，否则应进行渗水量试验。

进行渗水量试验时应先充水，排净空气，然后缓慢升压到试验压力后，立即关闭进水阀，记录下降 100kPa 压力所需要的时间 $T_1$(min)；再将水压上升到试验压力；关闭进水阀并立即开启防水阀，向量水器中放水，记录下压力下降 100kPa 所需要的时间 $T_2$(min)，测量在 $T_2$ 时段内的放水量 $W$(L)，并按式（4-30）计算实际渗水量。

$$q_s = \frac{W}{T_1 - T_2} \times \frac{1000}{L} \qquad (4-30)$$

式中：$q_s$ 为 1000m 长管道的实际渗水量（L/min）；$L$ 为试验管段长度（m）。

将计算出的 $q_s$ 与式（4-31）计算出的允许渗水量进行比较。

$$[q_s] = K_s \sqrt{d} \qquad (4-31)$$

式中：$[q_s]$ 为 1000m 长管道允许渗水量（L/min）；$K_s$ 为渗水系数；钢管 0.05，铸铁管 0.10，钢筋混凝土管或钢丝网水泥管 0.14，硬聚氯乙烯或聚丙烯管 0.08，聚乙烯管 0.12；$d$ 为管道内径，mm。

$q_s < [q_s]$ 即为合格，如果 $q_s > [q_s]$ 则要进行修补，然后重测 $q_s$ 直到 $q_s < [q_s]$ 为止。

上述试压和渗水量试验的整个过程都应当作详细记录，最后编写水压试验报告。

**7. 回填**

在管道安装好后，要立即填土定位，但应将接头部分空出来，待试压证明整个系统施工质量合乎要求后，才可以全部回填。回填前应将沟槽内一切杂物清除干净，排干积水。回填必须在管道两侧同时进行，严禁单侧回填，如管道埋深较大应分层轻轻夯实。采用塑料管时，应掌握回填时间，最好在气温等于土壤温度时回填，以减少温度变形，管道周围所填的土中不能有直径大于 2.5cm 的石子或直径大于 5cm 的土块，半软塑料管在回填时应将管道内充满水。回填土也可以用注水的方法，使之密实。

建筑物基坑的回填，应等砌体砂浆或混凝土凝固，并达到设计强度后再进行；回填土应干湿适宜，分层夯实，与砌体紧密接触。

**8. 试喷**

待冲洗、试验和回填完毕后，装上喷头进行试喷，必要时还应检查在正常工作条件下各喷点处压力是否达到喷头的工作压力，用量雨筒测量系统均匀度，判断是否达到设计要求，检查水泵和喷头运转是否正常。

最后绘制工程竣工图，图上标明埋在地下的管道和管件的实际位置图，以便检修时参考。

### 4.6.2  喷灌系统的管理维护

#### 4.6.2.1  喷灌系统的管理

1. 水源工程的管理

水源工程管理依水源类型不同而异，管理中必须保证这些工程建筑物完好；保证用水计划中用水量及供水时间的要求；同时水质要符合设计规定的标准。

对调蓄水池等水源工程，应经常维修与养护，每年在非灌溉季节，进行一次岁修。对蓄水池沉积的泥沙、污物，定期进行清除。对提水泵站工程，进水池水位必须保持在设计最低水位以上。进水池的杂草和拦污栅上的污物应及时排除。在系统运行前应对泵站、管路、闸阀、调节池等进行全面检查，修复已损坏的部件。当灌水季节结束，应排除所有管中存水，然后封堵阀门井。

2. 输水明渠及低压输水暗管的工程管理

每年在喷灌季节前后，应对输水明渠、输水暗管和工作池、进水池等进行一次岁修。全面检查，清淤除障，修复损坏部位。灌水时如发现渠道或管道有漏水现象，应及时修补，防渗堵漏。如控制闸门失灵，应及时检修或更换。喷灌季节结束后，应排除所有输水渠及暗管中余水，封堵进水口和检查井。

3. 地埋压力管道的管理

每年喷灌季节前，应对地埋压力管进行全面检查、维修、冲洗地埋管并放空存水。做到管道水流通畅；控制闸阀及安全保护设备启闭自如；阀门井中无杂物及积水；过沟、爬坡部分管道完整无损，竖管保持铅直；各种测量仪表盘面清晰，指针灵敏。

灌水期间，如发现地埋管漏水，控制阀门及安全保护设备失灵，应及时停水检修，若量测仪表指示失稳，应校正或更换。

每年灌输季节结束后，应打开所有控制阀和泄水阀，冲净泥沙排尽管中剩余积水，然后关闭所有阀门，排除阀门井中积水，清除杂物，盖好井盖。冬季要预防冻害。对阀门、排气阀、安全阀、调压阀进行拆卸、保养、涂油防锈。有短缺、损坏、失灵部件，应修理调换。对安全阀和调压弹簧弹性，必须进行检验，如发现弹簧疲劳，则应更换。

#### 4.6.2.2  设备运行及维修保管

1. 水泵

水泵启动前应进行检查，并应符合下列要求：①水泵各紧固件无松动；②泵轴转动灵活，无杂音；③填料压盖或机械密封弹簧的松紧度适宜；④采用机油润滑的水泵，油质洁净，油位适中；⑤采用真空泵充水的水泵，真空管道上的闸阀处于开启位置；⑥水泵吸水管进口和长轴深井泵、潜水电泵进水节的淹没深和悬空高达到规定要求。离心泵应关阀启动，待转速达到额定值并稳定时，再缓慢开启闸阀。自吸离心泵第一次启动前，泵体内应注入循环水，水位应保持在叶轮轴心线以上。若启动 3min 不出水，必须停机检查，停机时应先缓慢关阀。潜水电泵严禁用电缆吊装入水。水泵在运行中，各种仪表读数应在规定范围内。填料处的滴水宜调整在每分钟 10～30 滴。轴承部位温度宜在 20～40℃，最高不超过 75℃。运行过程中如出现较大振动或异常现象，必须停机检查。灌溉季节过后，应将泵体内积水放净。冬灌期间每次使用后，均应及时放水。长期存放时，泵壳及叶轮等过流部位应涂油防锈。潜水电泵应存放于室内。

2. 动力机

电力机启动前应进行检查判断是否符合下列要求：①电气接线正确，仪表显示正位；②转子转动灵活，无摩擦声和其他杂音；③电源电压正常，电动机应空载（或轻载）启动，待电流表示值开始回降方可投入运行；④电动机外壳应接地良好，配电盘配线和室内线路应保持良好绝缘，电缆线的芯线没有裸露。电动机正常工作电流不应超过额定电流；如遇电动机温度骤升或其他异常情况，应立即停机排除故障。长期存放的电动机应保持干燥、洁净。对经常运行的电动机，应按照接线盒盖完整、压线螺丝无松动和无烧伤、接地良好等要求，每月进行一次安全检查。灌溉季节过后，应对电动机进行一次检修。对绝缘电阻值小于 $0.5M\Omega$ 的电动机，应进行烘干，下一灌溉季节开始前应进行复测。

柴油机启动前应进行检查判断是否符合下列要求：①零部件完整，连接紧固；②机油油位适中，冷却水和柴油充足，水路、油路畅通；③用辅机启动的柴油机，辅机工作可靠。柴油机经多次操作不能启动或启动后工作不正常，必须排除故障后再行启动。运转过程中，仪表显示应稳定在规定范围内，无杂音，不冒黑烟。严禁取下柴油机空气滤清器启动和运行，严禁在超负荷情况下长时间运转。柴油机事故停车时，除应查明事故原因和排除故障外，尚应全面检查各零部件及其连接情况，待确认无损坏、连接紧固时，方可按柴油机启动步骤重新启动；正常停车时，应先去掉负荷，并逐渐降低转速。柴油机应按规定的周期进行技术保养。长期存放的柴油机应放净柴油、机油并保持干燥和洁净。

3. 地面移动管道

（1）地面移动管道每次使用前，应逐节进行检查。要求管道和管件完好，止水橡胶圈质地柔软，具有弹性。地面移动管道，应从其进水口开始逐级进行铺设。管接头的偏转角不应超过规定值。竖管应稳定立直。当投入运行时，应开启闸阀冲水排气。运行中，管件连接处不应漏水。地面移动管道的移位，应按轮灌次序进行，当前一组（或几组）支管运行时，就应安装好下一组（或几组）支管。轮换时，交替支管的阀门，要同时启闭。每次移动前，应放掉管内积水，拆成单根管，搬移时严禁拖拉、滚动和抛掷。软管应盘卷后搬移，金属管道拆装搬移时，应防止触及输电线。

（2）每次灌水完毕，应对地面移动管进行检查，修理或更换损坏部件。每年灌水季节结束，必须对地面移动管进行保养。对易锈蚀的金属部件要涂油或刷漆。止水橡胶圈应擦净阴干并撒上滑石粉。安全保护设备和测量仪表应拆下保养。

地面移动管道应区分不同材质、规格，在平整的地上码堆存放，堆与堆之间留有通道。两端带有关键的硬质管道，应分层纵横交错或层间加设垫木前交错堆放；一端带管件的硬质管道应分层前后交错堆放；半软塑料管道层间可不加设垫木；软质塑料管应晾干，卷盘捆扎存放。管道的堆放高度，金属管道不得超过 1.5m；硬质和半软质塑料管道不宜超过 1m。各种塑料管道，不得露天存放，距离热源不得小于 1m。各种管件、量测仪表和止水橡胶圈的存放，应按不同规格、型号分类排列，置于架上，不得重压。

4. 喷头

（1）喷头安装前必须进行检查。应当零件齐全，连接牢固，喷嘴规格无误，流道通畅，转动灵活，换向可靠，弹簧松紧适度等。

喷头应按轮灌作业要求定位。当喷头运转时，要进行巡回监视。如发现下列情况应及时处理：进口连接部和密封部位严重漏水；喷头不转或转速过快、过慢，换向失灵；喷嘴堵塞或脱落；支架歪斜或倾倒；全射流式喷头的负压切换失效等。喷头运转一定时间，应对各运转部位加注适量的润滑油。

（2）每次喷灌作业完毕，应将喷头清洗干净，更换损坏部件。整个灌溉季节结束，应进行保养，对转动部位和弹簧件加注适量的润滑油。长期存放的喷头，每半年应进行一次拆检保养，重新油封。喷头应存放在通风、干燥，远离热源处，不得同时放酸碱等物。并将喷头弹簧件放松，按不同规格、型号顺序排列，不得堆压。塑料喷头和有塑料件的金属喷头，应置于不受阳光直接照射处。

5. 轻、小型喷灌机

（1）喷灌机运行前，除应对其他组成各部分进行检查外，还要对整机进行检查，例如各部件是否齐全，联结是否牢固，启动是否自如，移动是否方便。

水泵与动力直连的机组，其轴线必须在一条直线上，联轴器之间应有一定间隙，其值不应小于泵轴与动力轴窜动量之和，小型水泵可选 2～4mm。传动皮带松劲应适度，皮带规格和新旧程度应一致，不得减少根数，并且不得在无安全罩的情况下运行。

（2）喷灌机运行中，必须严密监视其喷灌质量，不允许漏喷和形成地表径流。喷灌机重要部件发生故障，必须停机检修，严禁在运行中检修。

（3）每次喷灌作业完毕，应对喷灌机各部件进行保养，并检查连接紧固情况。每年喷灌季节结束，应对喷灌机排列整齐，安置平稳，互相间留有通道，轮胎或机架应离地，传动皮带应卸下。

# 4.7　管道式喷灌系统规划设计示例

## 4.7.1　基本资料

喷灌区东西长 532m，南北宽 216～293m 不等，总面积约 14.2hm²。经整治后地势较平坦，土质为砂壤土。灌溉季节风向以东风为主，设计风速为 3.0m/s。种植作物为果树，需水临界期日平均蒸腾蒸发量为 6mm。喷灌区东侧有一河流，水量和水质均能满足灌溉要求。

## 4.7.2　工程总体规划

考虑到水果经济价值较高，灌水较频繁，因此采用固定管道式喷灌系统。喷灌系统以果园附近河流为水源，泵站布置在果园东侧中间位置，由泵站自东向西布置干管，垂直于干管布置支管。为管理方便，沿果园东侧河边以及沿干管均布置道路。具体布置如图 4－29 所示。

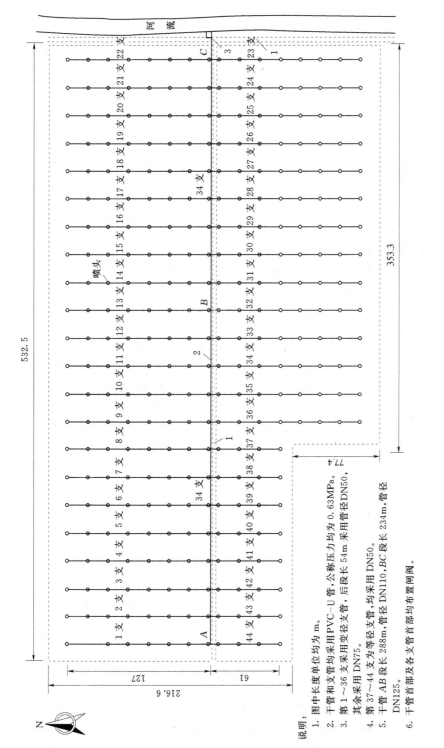

图 4-29 喷灌系统规划布置图

1—道路;2—干管;3—泵站

说明:
1. 图中长度单位均为 m。
2. 干管和支管均采用 PVC-U 管,公称压力均为 0.63MPa。
3. 第 1~36 支采用变径支管,后段长 54m 采用管径 DN50,其余采用 DN75。
4. 第 37~44 支为等径支管,均采用 DN110。
5. 干管 AB 段长 288m,管径 DN125,BC 段长 234m,管径 DN110。
6. 干管首部及各支管首部均布置闸阀。

### 4.7.3　喷头选择

喷头选用 ZY－2 型喷头，其性能参数见表 4－15。

表 4－15　　　　　　　　　　　　　　　喷 头 性 能 参 数 表

| 接头形式及尺寸<br>（in） | 喷嘴直径<br>（mm） | 工作压力<br>（kPa） | 喷头流量<br>（m³/h） | 喷头射程<br>（m） |
|---|---|---|---|---|
| 1（内）管螺纹 | 7.0 | 300 | 3.67 | 19.9 |

注　1in＝2.540cm。

喷头设计工作压力为 300kPa，喷嘴直径为 7mm，因此雾化指标为

$$W_h=\frac{100h_P}{d}=\frac{100\times250}{7}=4286$$

蔬菜适宜雾化指标为 4000～5000，所以喷灌雾化指标满足要求。

### 4.7.4　确定喷头组合间距

支管南北向布置，风向与支管垂直，设计风速为 3.0m/s，根据表 4－4，得支管上喷头的间距和支管间距分别为

$$a=0.9\times19.9=17.91(\text{m})$$
$$b=1.2\times19.9=23.88(\text{m})$$

考虑 PVC－U 管材长度规格（每根长 4m 或 6m），支管上喷头间距取 18m，支管间距取 24m。

支管喷灌方式采用单支管多喷头同时全圆喷洒，已知风速为 3m/s，则风系数为

$$K_w=1.08v^{0.194}=1.08\times3^{0.194}=1.34$$

已知 $a=18$m，$R=19.9$m，则由式（4－7）得，喷头有效控制面积为

$$A_{有效}=\frac{\pi R^2\left[90-\arccos(a/2R)\right]}{90}+\frac{a\sqrt{4R^2-a^2}}{2}$$
$$=\frac{3.14\times19.9^2\left[90-\arccos(18/2/19.9)\right]}{90}+\frac{18\sqrt{4\times19.9^2-18^2}}{2}$$
$$=690.6(\text{m}^2)$$

田间喷洒水利用系数取 0.85，则喷灌强度为

$$\rho=K_w\frac{1000q\eta_P}{A}=1.34\times\frac{1000\times3.67\times0.85}{690.6}=6.1(\text{mm/h})$$

由表 4－7 可知，砂壤土的允许喷灌强度为 15mm/h，设计喷灌强度小于最大允许喷灌强度，所以喷灌强度满足要求。

上述计算结果表明，喷头的雾化指标和喷灌强度均满足要求，故所选喷头是适宜的。

### 4.7.5　设计灌溉制度

1. 灌水定额

喷灌区内土质为砂壤土，田间持水率为 20%（以占土重的百分比计），密度 $\gamma=1.55$g/cm，计划湿润层深取 0.30m，适宜土壤含水量上、下限分别为田间持水率的 85% 与 65%，则灌水定额为

$$m = 1000\gamma H(\beta_1 - \beta_2)$$
$$= 1000 \times 1.55 \times 0.20 \times (20\% \times 85\% - 20\% \times 0.65\%)$$
$$= 12.4(\text{mm})$$

2. 灌水周期

设计取需水强度为 6mm/d。则灌水周期为

$$T = \frac{m}{e} = \frac{12.4}{5} = 2.01(\text{d})$$

为管理方便，实际灌水周期应取整数，所以灌水周期取为 2d，实际灌水定额为

$$m = 6 \times 2 = 12(\text{mm})$$

### 4.7.6 确定工作制度

喷头在每个位置上的工作时间

$$t = \frac{abm}{1000q\eta_P} = \frac{18 \times 24 \times 12}{1000 \times 3.67 \times 0.85} = 1.66(\text{h})$$

根据实际情况，全喷灌区总包括 20 个轮灌组。每天工作 10 个轮灌组，每天工作总时间为 16.6h。综合考虑节省干管投资、受益均衡及管理方便等因素，确定轮灌工作制度见表 4-16。

表 4-16 轮灌制度（轮灌顺序）

| 时 间 | 轮灌组 | 轮灌组中的喷头 | 时 间 | 轮灌组 | 轮灌组中的喷头 |
|---|---|---|---|---|---|
| 第一天 | 第一组 | 1 支，13 支 | 第二天 | 第一组 | 11 支，23 支 |
| | 第二组 | 2 支，14 支 | | 第三组 | 12 支，24 支 |
| | 第三组 | 3 支，15 支 | | 第三组 | 33 支，25 支 |
| | 第四组 | 4 支，16 支 | | 第四组 | 34 支，26 支 |
| | 第五组 | 5 支，17 支 | | 第五组 | 35 支，27 支 |
| | 第六组 | 6 支，18 支 | | 第六组 | 36 支，28 支 |
| | 第七组 | 7 支，19 支 | | 第七组 | 37 支，38 支，29 支 |
| | 第八组 | 8 支，20 支 | | 第八组 | 39 支，40 支，30 支 |
| | 第九组 | 9 支，21 支 | | 第九组 | 41 支，42 支，31 支 |
| | 第十组 | 10 支，22 支 | | 第十组 | 43 支，44 支，32 支 |

注 各支管编号情况见管网布置图；两条支管均为半圆喷洒时，工作时间减半。

### 4.7.7 管道设计

管道设计包括竖管、支管与干管设计。竖管采用普通镀锌钢管，管径根据经验采用 DN32。支管和干管均采用 PVC-U 管，公称压力 PN0.63MPa，管径需通过计算确定。

1. 确定支管管径

根据规范要求，支管上任意两个喷头工作压力之差不大于喷头设计工作压力的 20%。由于地形平坦，只需考虑支管上首末喷头之间的工作压力差应不超过喷头设计工作压力的 20% 即可。

同于田块不规则，支管有两种不同长度，喷头数分别为 8 个和 4 个。具有 8 个喷头支管，长度较长，且数量较多，为节省投资，拟采用变径支管。考虑施工方便，只

变径一次。以支管首、末喷头之间的管段为分析对象，该管段总长为 126m。为了采用不同管径，再将其分为两段，后段长 54m 采用较小管径，前段长 72m 采用较大管径，据式（4-23）确定变径方案，即

$$1.15f\frac{L_{后}\,Q_{后}^m}{d_{后}^b}F_{后}+\left(1.15f\frac{L_{总}\,Q_{总}^m}{d_{前}^b}F_{总}-1.15f\frac{L_{后}\,Q_{后}^m}{d_{前}^b}F_{后}\right)+\Delta Z\leqslant 0.2h_p$$

式中，$f=0.948\times10^5$，$m=1.77$，$b=4.77$，由于地面平坦，在首、末两喷头间管段总长 $L_{总}=126$m，$\Delta Z=0$。具体变径方案由试算确定。

经试算，后段 54m 采用 DN50（内径 46mm），前段 72m 采用 DN75（内径 70.4mm），此时该支管首、末喷头间水头损失为 5.15m。支管首、末喷头间允许工作压力差为 $0.2\times30.6=6.01$（m），因此采用这种变径方案后支管首、末喷头间支管工作压力偏差能满足规范要求。

对于具有 4 个喷头的较短支管，不必采用变径设计，全部采用 DN50，总水头损失为 2.62m，该水头损失小于允许工作压力差。

**2. 确定干管设计**

干管管径由经济流速确定，硬塑料管经济流速取 1.5m/s。根据轮灌方案可知，图 4-29 中 AB 段设计流量为 33.52m³/h，BC 段设计流量为 67.04m³/h，相应经济管径分别为

$$d_{AB}=18.8\sqrt{\frac{Q}{V_{经}}}=18.8\sqrt{\frac{29.36}{1.3}}=89.3(\text{mm})$$

$$d_{BC}=18.8\sqrt{\frac{58.72}{1.3}}=126.4(\text{mm})$$

结合管径规格，AB 段实际选用 DN110，压力 0.63MPa，壁厚 2.7mm，内径 104.6mm；BC 段选用 DN140PVC-U 管，压力 0.63MPa，壁厚 3.5mm，内径 133mm。

### 4.7.8　计算系统需要扬程

**1. 计算干管进口工作压力**

轮灌顺序表中第一天第一轮灌组（即 1 支、13 支同时工作）工作时较为不利，因此依据该轮灌组工作时系统状况计算系统设计扬程。

喷头的工作设计压力为 300kPa（约 30m 水头），竖管用 DN32 钢管，内径 28mm，埋深 0.6m，地面以上高度 1.6m，扣除喷头进口 0.2m，得竖管计算长度为 2.0m。

竖管计算长度为 2.0m，竖管水头损失为

$$h_s=\frac{f_s L_s Q^m}{d_s^b}=\frac{6.25\times10^5\times1.8\times3.67^{1.9}}{28^{5.1}}=0.62(\text{m})$$

支管为 PVC-U 塑料管。则支管沿程水头损失为

$$h_{z,f}=\frac{0.948\times10^5\times48\times7.34^{1.77}\times0.648}{46.8^{4.77}}$$

$$+\left(\frac{0.948\times10^5\times169\times29.36^{1.77}\times0.348}{70.4^{4.77}}-\frac{0.948\times10^5\times48\times7.34^{1.77}\times0.648}{46^{4.77}}\right)$$

$$=4.42(\text{m})$$

局部水头损失估取沿程损失的 15%，则支管水头损失为

$$h_z = 4.42 \times 1.15 = 5.09 (\text{m})$$

干管局部损失取沿程损失的 15%，AB 段水头损失为

$$h_{AB} = 1.15 \times \left( \frac{0.948 \times 10^5 \times 288 \times 29.36^{1.77}}{104.6^{4.77}} \right)$$
$$= 1.15 \times 2.52$$
$$= 2.90 (\text{m})$$

$$h_{BC} = 1.15 \times \left( \frac{0.948 \times 10^5 \times 234 \times 58.72^{1.77}}{133^{4.77}} \right)$$
$$= 1.15 \times 3.80$$
$$= 2.55 (\text{m})$$

参考喷头工作压力水头为 30m，喷头进口工作压力点处（喷头进口以下 0.2m 处）至干管进口的高差为 1.8m，则干管进口工作压力为

$$H_{干} = h_p + h_s + h_z + h_g + \Delta Z$$
$$= 30.6 + 0.62 + 4.42 + 2.90 + 2.55 + 0$$
$$= 41.09 (\text{m})$$

**2. 计算系统流量与扬程**

(1) 系统设计流量。喷灌系统中同时工作的喷头数为 16 个，因此喷头总流量为 $3.67 \times 16 = 58.72$ （m³/h），管道系统水利系数取 0.97，则水泵设计流量为 58.72/0.96 = 60.54 （m³/h）。

(2) 系统设计扬程。水泵进、出水管长各 5m，进水管采用 DN100 镀锌钢管（外径 114mm，壁厚 4mm），出水管采用 DN80 镀锌钢管（外径 88.5mm，壁厚 4mm）。经计算，进、出水管沿程水头损失分别为 0.26m 和 1.45m，总沿程水头损失为 1.71m。

进水管包括进 1 个口滤网、1 个闸阀、1 个渐缩接头和水泵进口，局部水头损失系数为 2.5+0.2+0.2+1=3.9，计算得局部水头损失为 0.54m；出水管包括 1 个渐扩接头、3 个 90°弯头、1 个闸阀和 1 个螺翼式水表，局部水头损失系数为 0.1+0.25×3+0.4=1.25，计算得局部水头损失为 0.70m，另 LXS—80 水表水头损失估计为 0.35m，则进、出水管总局部水头损失为 0.54+0.70+0.35=1.59 （m）。

进、出水管总水头损失为 1.71+1.59=3.30 （m），河流最小水位距地面 2.5m，则系统需要扬程为 41.09+3.30+2.5=46.89 （m）。

### 4.7.9 机组选型

**1. 水泵选型**

根据喷灌系统流量与扬程选择水泵，水泵型号及其技术参数见表 4—17。

表 4－17　　　　　　　　　IS80—50—200 水泵性能参数

| 型号 | 流量 (m³/h) | 扬程 (m) | 转速 (r/min) | 效率 (%) | 电机功率 (kW) | 允许吸上真空高度 (m) |
|---|---|---|---|---|---|---|
| IS80—50—200 | 31 | 55 | 2900 | 69 | 15 | 6.6 |
| | 50 | 50 | | | | |
| | 64 | 45 | | | | |

2. 选择动力机

根据水泵配套功率选配电机，电机为 Y160M—2/15 型。

### 4.7.10　其他配套设备与设施

每条支管进口处各配置闸阀一个，第 1～36 支采用 DN75 闸阀，第 37～第 44 支采用 DN50 闸阀，各闸阀应建阀门井。干管末端布置一空气阀。水泵进水管布置一个 DN100，出水管布置一个 DN80 闸阀、1 个水表（型号 LXS—80）和 1 个压力表。

### 4.7.11　设备用量及费用估算

其他材料及设备用量见表 4-18，设备安装与土建工程投资估算从略。

表 4-18　　　　　　管材及主要附属设备用量与费用估算表

| 序号 | 名　称 | 规　格 | 单　位 | 数量 | 单价（元） | 复价（元） | 备　注 |
|---|---|---|---|---|---|---|---|
| 1 | PVC—U 管材 | DN50×2 | m | 2432 | 7.78 | 18921 | 支管 |
| 2 | | DN75×2.3 | m | 2712 | 15.92 | 43175 | 支管 |
| 3 | | DN110×2.7 | m | 288 | 28.29 | 8148 | 干管 |
| 4 | | DN140×3.5 | m | 234 | 46.35 | 10846 | 干管 |
| 5 | 镀锌钢管 | DN32×3.25 | m | 704 | 25.50 | 17952 | 竖管 |
| 6 | | DN80×4 | m | 5 | 82.25 | 411 | 水泵出水管 |
| 7 | | DN100×4 | m | 5 | 114.60 | 573 | 水泵进水管 |
| 8 | PVC—U 接头 | DN75×50 | 个 | 36 | 5.13 | 185 | 支管变径 |
| 9 | | DN90×75 | 个 | 20 | 9.46 | 189 | 支首 |
| 10 | | DN140×110 | 个 | 1 | 34.12 | 34 | 干管变径 |
| 11 | | DN50 法兰 | 个 | 16 | 15.25 | 244 | 接闸阀 |
| 12 | | DN75 法兰 | 个 | 72 | 20.22 | 1456 | 接闸阀 |
| 13 | PVC—U 三通 | DN110×50 | 个 | 8 | 10.57 | 85 | 引出支管 |
| 14 | | DN110×75 | 个 | 16 | 34.14 | 546 | 引出支管 |
| 15 | | DN140×90 | 个 | 20 | 57.18 | 1144 | 引出支管 |
| 16 | 堵头 | DN50 | 个 | 44 | 2.05 | 90 | 用于支管 |
| 17 | | DN110 | 个 | 1 | 13.82 | 14 | 用于干管 |
| 18 | 竖管鞍座 | DN50/32 | 个 | 120 | 6.50 | 780 | |
| 19 | | DN75/32 | 个 | 216 | 9.20 | 1987 | |
| 20 | 闸阀 | DN50 | 个 | 8 | 68.00 | 544 | 支首 |
| 21 | | DN65 | 个 | 36 | 95.00 | 3420 | 支首 |
| 22 | | DN80 | 个 | 1 | 110.00 | 110 | 水泵出水管 |
| 23 | | DN100 | 个 | 1 | 140.00 | 140 | 水泵进水管 |
| 24 | 空气阀 | KQ42X—10 (13) | 个 | 1 | 180.00 | 180.00 | 干管末端 |
| 25 | 喷头 | ZY—2（喷嘴直径 6mm） | 个 | 320 | 65 | 20800 | |
| 26 | 压力表 | 0～1.6MPa | 个 | 1 | 40 | 40 | |
| 27 | 水表 | LXS—80 | 个 | 1 | 260 | 260 | |
| 28 | 水泵 | IS80—50—200 | 台 | 1 | 1520 | 1520 | |
| 29 | 电机 | Y160M—2/15 | 台 | 1 | 2200 | 2200 | |
| 30 | 配电设备 | | 套 | 1 | 2500 | 2500 | |
| 31 | 其他附件 | | | | 2500 | 2500 | |
| | | 合　计 | | | | 140993 | |

# 4.8 机组式喷管系统规划设计示例

## 4.8.1 基本资料

某喷灌区东西宽 470m，南北长 795m，面积约 560 亩。种植作物均为小麦。区内地形平坦，土质为砂壤土，喷灌水源利用位于田块一侧的输水明渠，明渠流量 500m³/h 以上，水质良好。本地区灌溉季节多南风，风速 3m/s 左右。

## 4.8.2 确定灌溉制度

### 1. 设计灌水定额

本地区砂壤土的田间持水量为 37%（以占土壤体积百分比计），适宜土壤含水量上限为 29.6%，适宜土壤含水量下限为 22.2%，土层湿润深度为 40cm，设计灌水定额为

$$m = 1000 \times 0.4 \times (29.6\% - 22.2\%) = 29.6 \text{(mm)}$$

### 2. 设计灌水周期

小麦需水高峰期的日需水量取为 $ET_d = 4.5 \text{mm/d}$，则灌水周期为

$$T = \frac{m}{ET_d} = \frac{29.6}{4.5} = 6.6 \text{(d)}，取为 7d$$

## 4.8.3 选用机组及确定喷洒方式

田间喷洒水的利用系数为 0.9。选用华北 12C 小型喷灌机，该机组配移动管道 100m 和 PY₁—50 型喷头 1 个，工作压力为 400kPa 时，喷水量为 24.7m³/h，射程为 36.6m。拟采用 240°扇形喷洒，则喷头有效控制面积为

$$A_{有效} = \pi R^2 \frac{\alpha}{360} = 3.14 \times 36.6^2 \times \frac{240}{360} = 2804 \text{(m}^2\text{)}$$

风系数为

$$K_W = 1.15 v^{0.314} = 1.15 \times 3^{0.314} = 1.62$$

则喷灌强度为

$$\rho = K_W \frac{1000 q \eta_P}{A_{有效}} = 1.16 \times \frac{1000 \times 24.7 \times 0.9}{2804} = 9.20 \text{(mm/h)}$$

砂壤土允许喷灌强度 $[\rho] = 15 \text{mm/h}$，$\rho < [\rho]$，喷灌强满足要求。

## 4.8.4 计算单台机组的控制面积

每日喷灌时间定为 $t_d = 12 \text{h}$，则一台机组可控制

$$A_0 = \frac{1000 T t_d q \eta_P}{m} = \frac{1000 \times 7 \times 12 \times 24.7 \times 0.90}{29.6} \approx 63085 \text{(m}^2\text{)}$$

$$\approx 94.58 \text{(亩)}$$

## 4.8.5 计算喷灌面积上所需机组台数

$$n = \frac{A}{A_0} = \frac{560}{94.58} = 6 \text{(台)}$$

## 4.8.6 确定作业方式及田间布置

根据地块为南北向，长 795m，宽 470m，以及主风向为南风这些特点，决定将田间工

作渠（暗管）布置成南北向，喷灌机沿渠（暗管）两边作业，喷头垂直风向 240°喷洒。

考虑到灌溉季节常见风速较大，故喷头工作点采用矩形布置，$a=0.9$，$R=33m$，$b=1.2$，$R=44m$，则地块布置南北向工作渠（暗管）二条。喷灌作业和田间布置如图 4-30 所示。

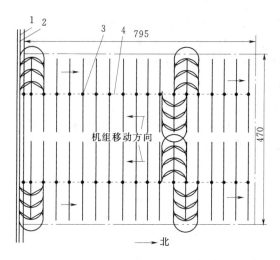

图 4-30 田间作业及工程布置图（单位：m）
1—输水渠；2—道路；3—工作池；4—工作渠

### 4.8.7 计算每个工作点的喷灌时间

每点喷洒时间

$$t=\frac{mab}{1000q\eta_P}=\frac{29.6\times33\times44}{1000\times24.7\times0.9}=1.93(\text{h})$$

### 4.8.8 田间工程设计

为节约用水和充分利用耕地，采用地下暗管输水，每条暗管的流量为 3 台喷灌机的流量。经计算采用当地生产的内径为 30mm 的混凝土井管作为输水暗管，并用水泥砂浆接缝。

根据本地区最大冻土深度 40cm，以及渠道水位情况，确定管道埋深 60cm（管顶至地面）。在预定的喷灌机每个取水点上修建工作池，采用 70cm 内径的混凝土管固壁，为便于清理可能带入管道的泥沙、污物，池底略低于管底，并用砖砌，工作池的结构尺寸如图 4-31 所示。为防止渠道中的漂浮物进入暗管，在暗管进口处设拦污栅。

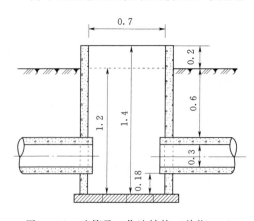

图 4-31 暗管及工作池结构（单位：m）

# 第 5 章

# 微灌理论与技术

## 5.1 概　　述

### 5.1.1　微灌的概念及特点

微灌是按照作物需水要求，通过低压管道系统与安装在末级管道上的特制灌水器，将水和作物生长所需养分以较小的流量，均匀、准确地直接输送到作物根部附近的土壤表面或土层中的一种灌水方法。与地面灌溉和喷灌相比，微灌只以少量的水湿润作物根区附近的部分土壤，因此又叫局部灌溉。微灌具有省水、省力、节能、灌水均匀、增产、对土壤和地形的适应性强和在一定条件下可以利用咸水资源等优点。其主要缺点是灌水器易堵塞，可能引起盐分积累，限制根系的发展，一次性投资大，技术比较复杂，对管理运用要求较高。

### 5.1.2　微灌系统的组成与分类

按所用设备（主要是灌水器）及出流形式的不同，微灌可以分为滴灌、微喷灌、小管出流和渗灌 4 种。

典型的微灌系统通常由水源工程、首部枢纽、输配水管网和灌水器 4 部分组成，其形式如图 5-1 所示。微灌系统可用水质符合要求的河流、湖泊、水库、塘堰、沟渠和井泉等作为水源。首部枢纽是全系统的控制调度中心，一般包括水泵、动力机、肥料和化学药品注入设备、过滤设备、控制器、控制阀、进排气阀和压力流量量测仪表等。其作用是从水源取水增压并将灌溉水处理成符合微灌要求的水流送到管网系统中去。输配水管网包括干管、支管和毛管三级管道及给水阀门（给水栓）和管道连接件等。毛管是微灌系统的最末一级管道，其上安装或连接灌水器。输配水管网的作用是将首部枢纽处理过的水按照要求输送分配到每个灌水单元和灌水器。灌水器是微灌设备中的关键部件，是直接向作物施水的设备，其作用是消减压力，将水流变为水滴或细流或喷洒状施入土壤。

根据微灌工程配水管道在灌水季节中是否移动，可以将微灌系统分成以下 3 类。

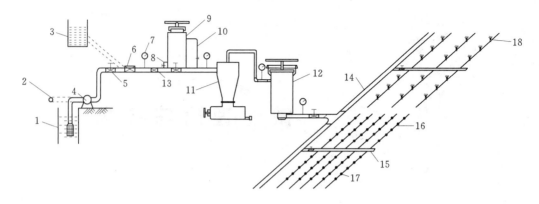

图 5-1　微灌系统组成示意图

1—水源；2—供水管；3—蓄水池；4—水泵；5—闸阀；6—水表；7—压力表；8—施肥罐进水管；
9—压差式施肥罐；10—施肥罐输肥管；11—水力离心式过滤器；12—筛网式过滤器；
13—逆止阀；14—干管；15—支管；16—毛管；17—滴头；18—微喷头

**1. 固定式微灌系统**

在整个灌水季节，系统各个组成部分都是固定不动的。干管和支管一般埋在地下，根据实际情况，毛管有的埋入地下，有的放在地表或悬挂在离地面一定高度的支架上。这种系统主要用于宽行大间距果园灌溉，也可用于条播作物灌溉。因其投资较高，一般应用于经济价值较高的作物。

**2. 半固定式微灌系统**

首部枢纽及干、支管是固定的，毛管连同其上的灌水器可以移动。根据设计要求，一条毛管可以在多个位置工作。

**3. 移动式微灌系统**

系统的各组成部分都可以移动，在灌溉周期内按计划移动安装在灌区内不同的位置进行灌溉。

半固定式和移动式微灌系统提高了微灌设备的利用率，降低了单位面积灌溉的投资，常用于大田作物，但操作管理比较麻烦，仅适合在干旱缺水和经济条件较差的地区使用。

# 5.2　微　灌　设　备

## 5.2.1　灌水器

灌水器的作用是把末级管道（毛管）的压力水流均匀而又稳定地灌到作物根区附近的土壤中。灌水器质量的好坏直接影响到微灌系统的寿命及灌水质量的高低。灌水器种类繁多，各有其特点，适用条件也各有差异。

**1. 灌水器的种类和结构特点**

按结构和出流形式不同，可将灌水器分为滴头、滴灌带（管）、微喷头、小管灌水器、微喷带、其他灌水器等 6 类。

（1）滴头。通过流道或孔口将毛管中的压力水流变成滴状或细流状的装置称为滴头。其流量一般不大于 12L/h。按照滴头在毛管的安装部位不同分为管上式和内镶式；按是否有压力补偿作用分为压力补偿式和非压力补偿式；按消能方式不同可分为长流道型滴头、孔口型滴头、涡流型滴头和压力补偿型滴头。

（2）滴灌管（带）。滴头与毛管制造成一个整体，兼具配水和滴水功能的灌水器称为滴灌管（带）。按滴灌管（带）的结构可分为内镶式滴灌管和薄壁滴灌带；滴灌管（带）有压力补偿式与非压力补偿式两种。

1）内镶式滴灌管。在毛管制造过程中，将预先制造好的滴头镶嵌在毛管内的灌水器称为内镶式滴灌管。内镶式滴头有两种，一种是片式，另一种是管式。内镶式滴灌管外观形状与结构如图 5-2 所示。

2）薄壁滴灌带。目前国内使用的薄壁滴灌带有两种，一种是在 0.2～1.0mm 厚的薄壁软管上按一定间距打孔，灌溉水由孔口喷出湿润土壤；另一种是在薄壁管的一侧热合出各种形状的流道，灌溉水通过流道以滴流的形式湿润土壤。图 5-3 所示是一种单翼迷宫式薄壁滴灌带的结构示意图。

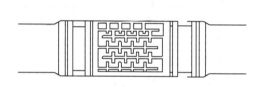 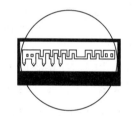

图 5-2　内镶式滴灌管结构示意图　　　　图 5-3　单翼迷宫式薄壁
滴灌带结构示意图

（3）微喷头。微喷头是将压力水流以细小水滴喷洒在土壤表面的灌水器。单个微喷头的喷水量一般不超过 250L/h，射程一般小于 7m。

微喷头是介于喷头和滴头之间的一种灌水器，与喷灌相比，微喷具有工作压力低（一般工作水头为 5～15m）、节能省水等优点；与滴灌相比，又具有出水孔口直径较大（一般孔径为 0.8～2.0mm）、抗堵塞性能好的优点。另外，微喷的湿润面积比滴灌的大，采用微喷增大了毛管间距，减少了滴头和毛管用量，降低了工程投资。因此，微喷技术在各地得到了迅速的发展和应用。

按照结构和工作原理，微喷头分为射流式、离心式、折射式和缝隙式 4 种。射流式有运动部件，又称旋转式。后 3 种没有运动部件，称固定式微喷头。

（4）小管灌水器。它是由 φ4 塑料小管和接头连接插入毛管壁而成的，具有工作水头低、孔口大和不易被堵塞的特点，主要适用于果树和防风林带灌溉。

（5）微喷带。以可折叠式软管（盘卷后呈扁平带状）为母管，在折叠后同一侧的管壁上加工了以组为单位循环排列的喷孔，通过这些喷孔形成多条线状水流进行喷洒灌溉或覆盖地膜后呈滴灌的一种灌溉器材。产品具有喷水柔和、适量、均匀，低水压（1～3m 水头）、低成本，铺设、移动、卷收、保管简单方便等优点。微喷带主要适用于农田、果园、菜地、林草花卉及设施栽培农业灌溉等。

（6）其他灌水器。微灌灌水器除以上介绍的产品外，还有重力滴灌灌水器、滴箭、脉冲微喷灌水器、渗灌管和浸灌器等。

滴箭是由 $\phi2$ LDPE 管和滴箭头及专用接头连接后插入毛管而成，主要适用于温室蔬菜、无土栽培和盆栽花卉等观赏植物的灌溉。

渗灌管是利用再生橡胶粉和聚乙烯及特殊添加剂混合制成的网状渗水多孔管，该管埋入地下渗灌，渗水孔不易被泥土堵塞，植物根也不易扎入。目前，国内外正处于研制开发和试验应用阶段。

浸灌器是我国科技人员新发明的节水新产品，该技术是借鉴了油灯芯"浸润"的道理而发明的。该技术还处在研制开发阶段，在盆栽花卉和沙漠地植树灌溉有着广阔的应用前景。

2. 灌水器的水力性能参数

(1) 流量与压力关系。微灌系统的灌溉水对与之接触的物体（如管道、阀门、灌水器等）产生压力，这种压力可以分为静水压力和动水压力。静水压力是指水不流动液体作用在与之接触的表面上的水压力。一条充满水的管子，阀门全部关闭，系统中的压力即静水压力，静水压力是一个系统所能获得的最大的压力。当阀门打开时，系统中的水就开始运动了，水在管道中流动时，水与管壁由于摩擦而产生压力损失，另外，连接件、阀门、水表和逆止阀等对水的流动都有阻力，这些阻力也会产生压力损失，使管道内水压力减低。动水压力，即水流流动状态下管道内的水压力，磨擦损失和高程变化都会使系统内的动水压力变化。

流量是指单位时间内通过某一过水断面的水体体积，以 L/h 或 $m^3/h$ 来表示。当灌水器的压力发生变化时，流量也会相应地发生变化。微灌灌水器流量与压力关系式是灌水器的重要特征之一，用式 (5-1) 表示。

$$q = kh^x \tag{5-1}$$

式中：$q$ 为灌水器的流量，L/h；$k$ 为流量系数；$h$ 为工作水头，m；$x$ 为流态指数。

流态指数 $x$ 反映了灌水器内水流的流态和流量对压力变化的敏感程度。当灌水器内水流为层流时，流态指数 $x$ 等于1，即流量与工作水头成正比，当系统中运行压力变化 10% 时，其流量也变化 10%；当灌水器内水流为完全紊流时，流态指数 $x$ 等于 0.5，流量与压力水头的平方根成正比，当压力变化 20% 时，流量仅变化 10%；全压力补偿灌水器的流态指数等于或接近于 0，即灌水器出水流量基本不随压力变化而变化。各种形式的灌水器的流态指数在 0～1.0 之间变化。

与层流灌水器比较，在消能长度或流道长度相同时，紊流灌水器的流道断面大；在流道断面相同的情况下，紊流灌水器的流道短，因而紊流灌水器的抗堵塞能力强。

(2) 灌水器流量与温度的关系。灌水器流量对水温变化反应的敏感程度取决于灌水器的流态和灌水器的某些零件的尺寸和性能易受水温的影响。例如压力补偿滴头所用的弹性补偿片，可能随水温而变化，从而影响滴头的流量。

(3) 灌水器的制造偏差。灌水器的制造偏差即灌水器的流量偏差。灌水器的流量与流道直径的 2.5～4 次幂成正比，制造上的微小偏差将会引起较大的流量偏差。在灌水器制造中，由于制造工艺和材料收缩变形等的影响，不可避免地会产生制造偏差。一般制造偏差用灌水器的流量偏差来度量。其偏差系数主要是以修正样本方差 $(n-1)$ 的变差系数 $C_v$ 来表征。$C_v$ 值越小，表示灌水器的制造精度越高。一般认为，

当 $C_v$ <0.03 时，灌水器的制造质量为优等；$C_v$ =0.06～0.12 时为一般；当 $C_v$ >0.12 时，则认为制造不合格。

### 5.2.2 管道管材与连接件

管道是微灌系统的主要组成部分，各种管道与连接件按设计要求组合安装成一个微灌输配水管网，按作物需水要求向田间和作物输水和配水。管道与连接件在微灌工程中用量大、规格多、所占投资比重大，所用的管道与连接件型号规格和质量的好坏，不仅直接关系到微灌工程费用大小，而且也关系到微灌系统能否正常运行和寿命的长短。

1. 微灌管材的种类

(1) 聚氯乙烯管（PVC 管）。聚氯乙烯管是以聚氯乙烯树脂为主要原料，与稳定剂、润滑剂等配合后经挤压成型的。主要优点是重量轻、易于运输和安装，耐化学腐蚀性优良，管壁光滑不结垢，对介质的流动阻力小，卫生无毒，对输送的介质不会造成污染，施工便捷，使用寿命长，维修方便等。它的缺点是抗紫外线和抗冻性能差，一般不宜直接铺设在地面裸露使用，最好埋设在冻土层以下使用。

PVC 管的结构形式分为平放口管和柔性承插管两种，他们的规格系列相同，区别在于平放口管施工连接方式采用的是涂胶粘接法，柔性承插管施工连接方式采用的是加止水胶圈。

PVC 管材公称外径范围为 $\phi20$～$\phi630$，工作压力等级分为 0.6MPa、0.8MPa、1.00MPa、1.25MPa 和 1.60MPa。

(2) 聚乙烯管（PE 管）。目前国内节水灌溉工程中普遍使用的聚乙烯管（PE 管）分为低密度聚乙烯管（LDPE）和高密度聚乙烯管（HDPE）及加筋高密度聚乙烯管（HDPE）。

LDPE 管主要应用于微灌工程输配水管路。LDPE 管材又分为外径公差系列和内径公差系列，两者的区别再与管件的结构和连接形式不同：一种是直接把管子插入管件锁紧连接；另一种是先把管子接口处加热后把带倒扣的管件加入，再用铁丝捆扎。LDPE 管材外径公差系列公称外径为 $\phi4$～$\phi63$，工作压力等级分为 250kPa 和 400kPa。LDPE 管材内径公差系列公称内径为 $\phi4$～$\phi80$，工作压力等级分为 250kPa 和 400kPa。

PE 管材除具有 PVC 管材所具有的大部分优点外，还有优异的抗磨性能，柔韧性好，耐冲击强度高，接头少，管道连接采用插入式、熔焊结或螺纹连接，施工方便，工程综合造价低等优点。

2. 微灌管道连接件的种类

连接件是连接管道的部件，亦称管件。管道种类及连接方式不同，连接件也不同。微灌系统中常用的管件有接头、三通、弯头、堵头、旁通、插杆、密封紧固件等。选用时可参照厂家产品说明书。

### 5.2.3 过滤设备与施肥（农药）装置

1. 过滤设备

微灌系统中灌水器出口孔径一般都很小，极易被水源中的污物和杂质堵塞。任何水源（如湖泊、库塘、河流和沟溪水）中，都不同程度地含有各种污物和杂质，即使水质良好的井水，也会含有一定数量的砂粒和可能产生化学沉淀的物质。因此对灌溉水源进行严格的净化处理是微灌中必不可少的步骤，是保证微灌系统正常运行、延长灌水器使用寿命和保证灌水质量的关键措施。

灌溉水中所含污物和杂质分为物理、化学和生物 3 类。对物理杂质的处理设备与设施主要有：拦污栅（筛、网）、沉淀池、过滤器等。选择净化设备和设施时，要考虑灌溉水源的水质、水中污物种类、杂质含量及化学成分等，同时还要考虑系统所选用的灌水器的种类规格和抗堵塞性能等。

微灌常用的过滤器从制造材料分为钢制过滤器和塑料过滤器两大类。从过滤器结构原理分为旋流式水砂分离器、离心过滤器、砂过滤器、筛网过滤器和叠片式过滤器。

（1）旋流式水砂分离器。旋流式水砂分离器又称为离心式过滤器或涡流式水砂分离器，常见的形式有圆柱形和圆锥形两种。图 5-4 所示的是圆锥形离心式过滤器的构造图。圆锥形离心式过滤器技术参数见表 5-1。在满足过滤要求的条件下，采用 60～150 目的离心式过滤器，分离砂石的效果为 92％～98％。

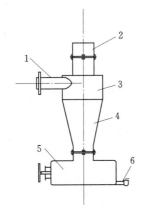

图 5-4　旋流式水砂分离器（圆锥形）

1—进水管；2—出水管；3—旋流室；4—分离室；
5—储污室；6—排污管

此类过滤器基于重力和离心力的工作原理，清除重于水的固体颗粒。水由进水管切向进入离心式过滤器体内，旋转产生离心力，推动泥沙及密度较高的固体颗粒沿管壁移动，形成旋流，使砂子和石块进入集砂罐，净水则顺流沿出水口流出。

离心式过滤器在开闭停泵的工作瞬间，由于水流失稳，影响过滤效果。因此，作为微灌系统的初级过滤，一般不单独使用，常与网式过滤器同时使用效果更佳。

离心式过滤器一般由进口、出口、旋涡室、分离室、储污室和排污口等部分组成。

表 5-1　　　　　　　　　　锥形离心式过滤器技术参数表

| 规格型号 | LX—25 | LX—50 | LX—80 | LX—100 | LX—125 | LX—150 |
|---|---|---|---|---|---|---|
| 外形尺寸（mm） | 420×250×550 | 500×300×830 | 800×500×1320 | 950×600×1700 | 1350×1000×2400 | 1400×1000×2600 |
| 连接方式 | Dg25 锥管螺纹 | Dg50 锥管螺纹 | Dg80 法兰 | Dg100 法兰 | Dg150 法兰 | Dg150 法兰 |
| 流量（m³/h） | 1～8 | 5～20 | 10～40 | 30～70 | 60～120 | 80～160 |
| 重量（kg） | 9 | 21 | 51 | 90 | 180 | 225 |

（2）砂过滤器。砂过滤器又称砂介质过滤器，它是利用砂石作为过滤介质的一种过滤设备，分为单罐反冲洗砂过滤器和双罐反冲洗砂过滤器两种，如图5-5和图5-6所示。单罐反冲洗砂过滤器技术参数见表5-2。主要用于水库、塘坝、沟渠、河湖及其他开放的水源。可分离水中的水藻、漂浮物、有机杂质及淤泥。

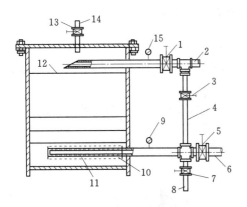

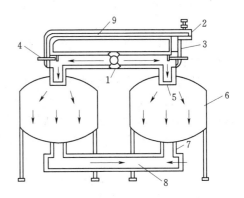

图5-5　单罐反冲洗砂过滤器

1—进水阀；2—进水管；3—冲洗阀；4—冲洗管；
5—输水阀；6—输水管；7—排水阀；8—排
水管；9—压力表；10—集水管；11—150
目网；12—过滤砂；13—排污阀；
14—排污管；15—压力表

图5-6　双罐反冲洗砂过滤器

1—进水管；2—排污管；3—反冲洗管；
4—三向阀；5—过滤罐进口；6—过滤
罐体；7—过滤罐出口；8—集
水管；9—反冲洗管

表5-2　　　　　　　　　　单罐反冲洗砂过滤器技术参数表

| 规格型号 | SS—50 | SS—80 | SS—100 | SS—150 | SS—200 |
|---|---|---|---|---|---|
| 外形尺寸（mm） | 600×800×1520 | 950×2200×2100 | 1900×2200×2100 | 2600×2200×2100 | 3300×2200×2100 |
| 连接方式 | Dg50 锥管螺纹 | Dg80 法兰 | Dg100 法兰 | Dg150 法兰 | Dg200 法兰 |
| 流量（m³/h） | 5～17 | 10～35 | 30～70 | 50～100 | 80～140 |
| 重量（kg） | 120 | 250 | 480 | 780 | 1150 |

此过滤器是通过均质颗粒层进行过滤的，其过滤精度视砂粒大小而定。过滤过程为：水从壳体上部的进水口流入，通过在介质层孔隙中的运动向下渗透，杂质被隔离在介质层上部。过滤后的净水经过过滤器里面的过滤元件从出水口流出。砂过滤器根据灌溉工程用量及过滤要求，可单独使用，也可多个组合或与其他过滤器组合。

砂过滤器要严格按设计流量使用，因为过大的流量可造成砂床流道效应，导致过滤精度下降；过滤器的清洗通过反冲洗装置进行，当进出口压力差大于0.07MPa时就应进行反冲洗；砂床表面污染最严重的地方，应用干净砂粒代替，视水质情况而定，每年处理1～4次。

砂过滤器主要由进水口、出水口、过滤罐体、介质层和排污孔等部分组成。为了使微灌系统在反冲洗过程中也能同时向系统供水，在首部枢纽往往安装两个以上过滤罐。

（3）筛网过滤器。筛网过滤器是一种简单而有效的过滤设备，它的过滤介质是尼龙筛网或不锈钢筛网，其结构如图 5-7 所示。筛网过滤器技术参数见表 5-3。主要用于灌溉水质较好或水质较差时与其他形式的过滤器组合使用，作为末级过滤设备。

筛网过滤器价格低、结构简单、使用方便，在国内外微灌系统中使用最为广泛。过滤过程为：水由进水口进入罐内，通过不锈钢网芯表面，将大于网芯孔径的物质截留在外表面，净水则通过网芯流入出水口。

筛网过滤器当进出口之间的压力降超过 0.07MPa 时需要将网芯抽出，进行冲洗；进水方向必须由网芯外表面进入网芯内表面，不可反向使用。

筛网过滤器主要由进水口、滤网、出水口和排污冲洗口等组成。

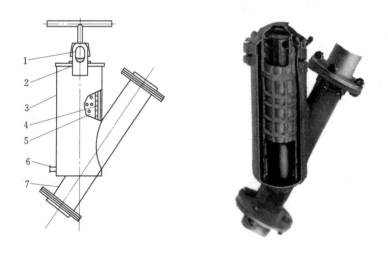

图 5-7　筛网过滤器
1—拆装口；2—密封件；3—罐体；4—进水口；5—网芯；6—冲洗口；7—出水口

表 5-3　　　　　　　　　　　筛网过滤器技术参数表

| 规格型号 | WS—25 | WS—50 | WS—80 | W—80 | WS—100 | WSS—150 |
|---|---|---|---|---|---|---|
| 外形尺寸（mm） | 100×160×260 | 580×250×350 | 850×250×450 | 1000×650×350 | 1200×650×450 | 1400×1000×500 |
| 连接方式 | Dg25 锥管螺纹 | Dg50 锥管螺纹 | Dg80 法兰 | Dg80 法兰 | Dg100 法兰 | Dg150 法兰 |
| 流量（m³/h） | 1~7 | 5~20 | 10~40 | 10~40 | 30~70 | 50~100 |
| 重量（kg） | 0.5 | 14 | 23 | 48 | 60 | 115 |

（4）叠片过滤器。叠片式过滤器是用数量众多的带沟槽的薄塑料圆片作为过滤介质。工作时水流通过叠片，泥沙被拦截在叠片沟槽中，清水通过叠片的沟槽进入下游。其结构如图 5-8 所示，技术参数见表 5-4。

表 5 - 4　　　　　　　　　　叠片式过滤器技术参数表

| 型号 | 过滤元件 | 过滤面积（cm²） | 最大压力（MPa） | 最小冲刷压力（MPa） | 最大流量（m³/h） | 冲刷流量（m³/h） |
|------|---------|---------------|----------------|-------------------|------------------|------------------|
| 2SV | 3X—130 叠片/Disc | 1.402 | 1.0 | 0.3 | 20 | 8.8 |
| 3NV | 3X—130 叠片/Disc | | | | 30 | |

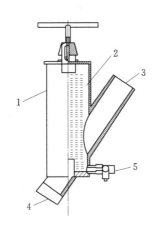

图 5 - 8　叠片式过滤器
1—壳体；2—塑料叠片；3—进水口；4—出水口；5—冲洗阀

　　根据水质处理的需要，常对各种过滤器组合使用，组成过滤站：离心式过滤器与筛网过滤器组合；砂过滤器与筛网过滤器组合；也可以离心、砂石、筛网 3 种过滤器组合。各种组合过滤站技术参数可查阅有关专业书籍。

　　2. 施肥器

　　微灌系统中向压力管道内注入可溶性肥料溶液或农药溶液的设备及装置称为施肥（药）装置。常用的施肥装置有以下几种。

　　（1）压差式施肥罐。压差式施肥罐一般由储液罐（化肥罐）、进水管、供肥液管和调压阀等组成，如图 5 - 9 所示。其工作原理是在输水管上的两点形成压力差，并利用这个压力差，将化学药剂注入系统。储液罐为承压容器，承受与管道相同的压力。

　　压差式施肥罐的优点是加工制造简单、造价较低和不需外加动力设备。缺点是在注肥过程中罐内溶液浓度逐渐变稀、罐体容积有限、添加化肥次数频繁且较麻烦以及输水管道因设有调压阀而造成一定的水头损失。

　　（2）开敞式肥料罐自压施肥装置。在自压微灌系统中，使用开敞式肥料箱（或修建一个肥料池）非常方便，只需要把肥料箱放置于自压水源（如蓄水池）的正常水位下适当的位置上，将肥料箱供水管（及阀门）与水源相连接，将输液管及阀门与微灌主管道连接，打开肥料箱供水阀，水进入肥料箱可将化肥溶解成肥液。关闭供水管阀门，打开肥料箱输液阀，化肥箱中的肥液就自动地随水流输送到灌溉管网及各个灌水器，对作物施肥。

（3）文丘里注入器。文丘里注入器可与开敞式肥料罐配套组成一套施肥装置。其构造简单，造价低廉，使用方便，主要适用于小型灌溉系统（如温室微灌）向管道注入肥料或农药。文丘里注入器的缺点是如果直接装在骨干管道上注入肥料，则水头损失较大，这个缺点可以通过将文丘里注入器与管道并联安装来克服。文丘里注入器的构造如图 5 - 10 所示。文丘里注入器进出口直径有 D20 和 D25 规格。

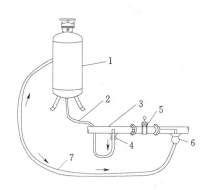

图 5 - 9　压差式施肥罐

1—储液罐；2—进水管；3—输水管；
4—阀门；5—调压阀门；6—供肥
液管阀门；7—供肥液管

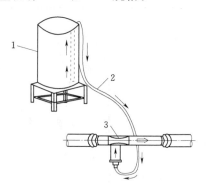

图 5 - 10　文丘里注入器

1—开敞式化肥罐；2—输液管；
3—文丘里注入器

（4）注射泵。注射泵同文丘里注入器相同，是将开敞式肥料罐的肥料溶液注入灌溉系统中。根据驱动水泵的动力来源不同注射泵可以分为水驱动和机械驱动两种形式。使用该装置的优点是肥液浓度稳定不变、施肥质量好、效率高，并且可以实现灌溉液 EC、pH 值实时自动控制，即可严格控制混合比。但其吸入量不易调节且调节范围有限，另外其工作稳定性较差、系统压力损失较大。图 5 - 11 为机械驱动活塞施肥装置，图 5 - 12 为水驱动施肥装置组装图。

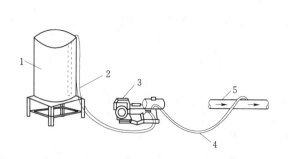

图 5 - 11　机械驱动活塞施肥泵

1—化肥桶；2—输肥管；3—活塞泵；
4—输肥管；5—输水管

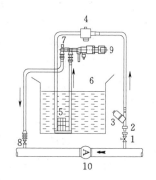

图 5 - 12　水力驱动施肥装置组装图

1—进水阀；2—接头；3—过滤器；4—进水管；
5—肥液吸头；6—肥液；7—空气释放阀；
8—送肥阀；9—排水口；10—检查阀

为了确保微灌系统施肥时运行正常并防止水源污染，必须注意以下 3 点。

1）化肥或农药的注入一定要放在水源与过滤器之间，肥液先经过过滤器之后再进入灌溉管道，使未溶解的化肥和其他杂质被清除掉，以免堵塞管道及灌水器。

2）施肥或施农药后必须利用清水把残留在系统内的肥液或农药全部冲洗干净，防止设备被腐蚀。

3）在化肥或农药输液管出口处与水源之间一定要安装逆止阀，防止肥液或农药流进水源，更严禁把化肥和农药加进水源而造成环境污染。

压差式系列施肥罐技术参数见表5-5。

表5-5　　　　　　　　　压差式系列施肥罐技术参数表

| 结构　　容量（L） | 10 | 16 | 30 | | 50 | | 150 |
| --- | --- | --- | --- | --- | --- | --- | --- |
| | | | A | B | A | B | |
| 施肥罐 型号 | SFG—10×10 | SFG—16×10 | SFG—30×10（16） | | SFG—50×16 | | SFG—150×16 |
| 施肥罐 重量（kg） | 4 | 12 | 21 | 25 | 34 | 40 | 70 |
| 施肥阀 型号 | SFF—25×10 | | SFF—40×10 | | SFF—40×16 | | SFF—80×16 |
| | SFF—40×10 | | SFF—40×16 | | SFF—50×16 | | SFF—100×16 |
| 施肥时间（min） | 10～20 | | 20～50 | | 30～70 | | 50～100 |
| 安装位置 | 大棚 | | 大棚或系统中部 | | 系统中部或系统首部 | | 系统首部 |

### 5.2.4　控制、量测与保护装置

为了控制微灌系统或确保系统正常运行，系统中必须安装必要的控制、测量与保护装置，如阀门、流量和压力调节器、流量表或水表、压力表、安全阀、进排气阀等。其中大部分属于供水管网的通用部件，这里只对微灌中使用的特殊装置作一介绍。

1．进排气阀

进排气阀能够自动向管道排气和进气，而且压力水来时又能自动关闭，有效防止管道破裂。在微灌系统中主要安装在管网系统中最高位置处和局部高地。当管道开始输水时，管中的空气受水的"排挤"向管道高处集中，当空气无法排出时，就会减少过水断面，还会造成高于工作压力数倍的压力冲击。在这些制高点处应装进排气阀以便将管内空气及时排出。当停止供水时，由于管道中的水流向低处逐渐排出时，会在高处管内形成真空，进排气阀能及时补气，使空气随水流的排出而及时进入管道。微灌系统中经常使用的进排气阀有塑料和铅合金材料两种。

2．压力调节器

压力调节器是微灌系统中主要的调压设备之一。该设备用于灌溉系统的压力偏高，而管道进口又需要一个较低的恒定压力的情况。安全阀实际上即是一种特殊的压力调节器。用于微灌支管或毛管进口处的压力调节器的工作原理是利用弹簧受力变形，改变过水断面面积而调节管内压力，使压力调节器出口处的压力保持稳定。

### 5.2.5　自动化灌溉设备

按控制规模和结构形式的不同，灌溉自动化系统可分为中央计算机控制系统和时

序控制系统。中央计算机控制系统功能强大，操作灵活，便于集中控制，适应于种植结构复杂、地形和气候条件变化较大的场合，但结构较为复杂、造价高。时序控制系统造价较低，操作简便，适应于种植结构简单，地形和气候条件差异较小的场合。

1. 中央计算机控制系统结构

中央计算机控制系统结构包括：中央控制室主控制模块、供配水执行模块、田间灌溉墒情采集模块、雨量信息采集模块、灌溉用水信息采集模块、气象测报模块、远程监测模块。系统结构如图 5-13 所示。

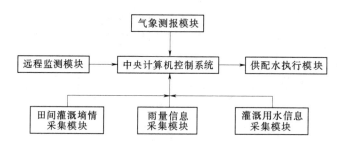

图 5-13　中央计算机控制系统结构

2. 时序控制器控制系统结构

时序控制灌溉系统就是把灌水时间作为控制参数，从而实现自动灌溉。时序控制器与人工控制相结合，用于控制温室内的灌溉系统。

时序控制器的工作原理为：灌溉管理人员预先将开始灌溉时间、每站灌水延续时间、每站机组启动方式等基本参数输入控制器，编制出一个或几个灌溉程序，亦即同时可将几套灌溉方案存入控制器；然后选择目前需要运行的某个程序，控制器自动执行你所选择的这一套灌溉并发出指令，自动启闭机组按一定轮灌顺序进行灌溉，做到系统运行期间无需管理人员的直接参与，即可实现自动化灌溉。

## 5.3　微灌灌溉技术要素

### 5.3.1　微灌设计耗水强度与设计灌溉补充强度

1. 耗水强度

微灌只湿润部分土壤，与地面灌溉和喷灌相比，作物耗水量主要用于本身的生理需水，地面蒸发损失很小。一般应根据当地试验资料确定。在无资料地区，可采用联合国粮农组织推荐的方法。

$$\left.\begin{array}{c} E_a = k_r E_c \\ k_r = \dfrac{G_e}{0.85} \end{array}\right\} \qquad (5-2)$$

式中：$E_a$ 为微灌作物耗水强度，mm/d；$E_c$ 为传统灌溉条件下的作物需水量，可按彭曼公式计算，mm/d；$k_r$ 为作物遮荫率对耗水量的修正系数，若计算出 $k_r$ 大于 1 时，取 $k_r = 1$；$G_e$ 为作物遮荫率，又称作物覆盖率，随作物种类和生育阶段而变化，对于大田和蔬菜作物，设计时可取 0.8～0.9，对于果树，可根据树冠半径和果树所占面积计算确定。

2. 设计耗水强度 $I_c$

设计耗水强度是指在设计条件下微灌的作物耗水强度，它是确定微灌系统最大输水能力和灌溉制度的依据。设计耗水强度越大，系统的输水能力也越大，保证程度越高，但系统的投资也越高，反之亦然。因此，在确定设计耗水强度时既要考虑作物对水分的需要情况，又要考虑经济上合理可行。

对于微灌，一般取设计年灌溉季节月平均耗水强度峰值作为设计耗水强度。在无资料时，可参阅表 5-6 选取，但要根据本地区经验进行论证后选取。

表 5-6                设计耗水强度 $I_c$ 建议值          单位：mm/d

| 灌溉方式<br>作物种类 | 滴灌 | 微喷灌 | 灌溉方式<br>作物种类 | 滴灌 | 微喷灌 |
|---|---|---|---|---|---|
| 果树 | 3～5 | 4～6 | 露地蔬菜 | 4～7 | 5～8 |
| 葡萄、瓜类 | 3～6 | 4～7 | 粮、棉、油等作物 | 4～6 | 5～8 |
| 保护地蔬菜 | 2～3 | | | | |

注 干旱地区取较大值。

3. 设计灌溉补充强度

设计灌溉补充强度是指在设计条件下微灌的灌溉补充强度。微灌的灌溉补充强度是指为了保证作物正常生长必须由微灌提供的水量。因此，微灌的设计灌溉补充强度取决于微灌设计耗水强度、灌溉保证率、降雨量和土壤盐分等条件，通常有以下两种情况。

（1）在年降水量小于 250mm 的干旱地区，地下水很深时，作物生长所消耗的水量全部由微灌提供。

（2）微灌湿润体很小，如果可溶盐分累积在湿润体内，极易对作物造成伤害，因此还必须考虑淋洗盐分的水量。此种情况灌溉补充强度应等于作物的耗水强度加上盐分淋洗水量，淋洗水量的大小既与作物对盐分的反映有关，还与灌溉水的盐分含量及土壤中的盐分有关。我国在淋洗水量方面的研究还没有成熟的成果可用。根据国外经验，建议设计灌溉补充强度取设计耗水强度的 1.0～1.1 倍。

对于湿润地区，微灌只是补充作物耗水不足部分，此时的微灌设计灌溉补充强度为

$$I_a = I_c - P_0 - S \qquad (5-3)$$

式中：$I_a$ 为微灌设计灌溉补充强度，mm/d；$I_c$ 为设计耗水强度，mm/d；$P_0$ 为日均有效降雨量（对于在作物耗水峰值月份降雨分布比较均匀的地区，可取典型年作物耗水峰值月份的日均有效降雨量；对于降雨不均匀地区，在计算系统的最大耗水能力时，建议 $P_0=0$），mm/d；$S$ 为根层土壤或地下水补给的水量，mm/d。

设计灌溉补充强度是确定微灌系统最大供水能力的依据，因此，在确定设计灌溉补充强度时，既要考虑作物对水分的需求情况，又要考虑经济上合理可行。

## 5.3.2 微灌土壤湿润比

微灌时被湿润的土体占计划湿润总土体的百分比称为土壤湿润比。在实际应用

中，常以地面以下 20～30cm 处的湿润面积占总灌水面积的百分比表示。

影响土壤湿润比的主要因素包括毛管的布置方式、灌水器的类型和布置方式、灌水器的流量和灌水量大小、土壤的种类、结构和坡度等。

1. 计算土壤湿润比的方法

（1）单行直线毛管布置，其湿润比为

$$P=\frac{0.785D_w^2}{S_eS_l}\times100\%\tag{5-4}$$

式中：$P$ 为土壤湿润比，%；$D_w$ 为土壤水分水平扩散直径或湿润带宽度（$D_w$ 的大小取决于土壤质地、灌水器流量和灌水量大小），m；$S_e$ 为灌水器或出水点间距，m；$S_l$ 为毛管间距，m。

表 5-7 列出了不同土壤类别、不同灌水器流量和间距时的土壤湿润比，可供设计微灌系统时查用。

表 5-7    土壤湿润比 P 值表    ％

| 毛管有效间距 $S_l$ (m) | 灌水器或出水点流量 $q$ (L/h) | | | | | | | | | | | | | | |
|---|---|---|---|---|---|---|---|---|---|---|---|---|---|---|---|
| | <1.5 | | | 2.0 | | | 4.0 | | | 8.0 | | | >12.0 | | |
| | 对粗、中、细结构的土壤推荐的毛管上的灌水器或出水点的间距 $S_e$（m） | | | | | | | | | | | | | | |
| | 粗0.2 | 中0.5 | 细0.9 | 粗0.3 | 中0.7 | 细1.0 | 粗0.6 | 中1.0 | 细1.3 | 粗1.0 | 中1.3 | 细1.7 | 粗1.3 | 中1.6 | 细2.0 |
| 0.8 | 38 | 88 | 100 | 50 | 100 | 100 | 100 | 100 | 100 | 100 | 100 | 100 | 100 | 100 | 100 |
| 1.0 | 33 | 70 | 100 | 40 | 80 | 100 | 80 | 100 | 100 | 100 | 100 | 100 | 100 | 100 | 100 |
| 1.2 | 25 | 58 | 92 | 33 | 67 | 100 | 67 | 100 | 100 | 100 | 100 | 100 | 100 | 100 | 100 |
| 1.5 | 20 | 47 | 73 | 26 | 53 | 80 | 53 | 80 | 100 | 80 | 100 | 100 | 100 | 100 | 100 |
| 2.0 | 15 | 35 | 55 | 20 | 40 | 60 | 40 | 60 | 80 | 60 | 80 | 100 | 80 | 100 | 100 |
| 2.4 | 12 | 28 | 44 | 16 | 32 | 48 | 32 | 48 | 64 | 48 | 64 | 80 | 64 | 80 | 100 |
| 3.0 | 10 | 23 | 37 | 13 | 26 | 40 | 26 | 40 | 53 | 40 | 53 | 67 | 53 | 67 | 80 |
| 3.5 | 9 | 20 | 31 | 11 | 23 | 34 | 23 | 34 | 46 | 34 | 46 | 57 | 46 | 57 | 68 |
| 4.0 | 8 | 18 | 28 | 10 | 20 | 30 | 20 | 30 | 40 | 30 | 40 | 50 | 40 | 50 | 60 |
| 4.5 | 7 | 16 | 24 | 9 | 18 | 26 | 18 | 26 | 36 | 26 | 36 | 44 | 36 | 44 | 53 |
| 5.0 | 6 | 14 | 22 | 8 | 16 | 24 | 16 | 24 | 32 | 24 | 32 | 40 | 32 | 40 | 48 |
| 6.0 | 5 | 12 | 18 | 7 | 14 | 20 | 14 | 20 | 27 | 20 | 27 | 34 | 27 | 34 | 40 |

注  表中所列数值为单行直线毛管、灌水器或出水点均匀布置，每一灌水周期在施水面积上灌水量为 40mm 时的土壤湿润比。

（2）双行直线毛管布置，其湿润比为

$$P=\frac{P_1S_1+P_2S_2}{S_r}\times100\%\tag{5-5}$$

式中：$S_1$ 为毛管间的窄间距，可以根据给定的流量和土壤类别，查表 5-7 当 $P=$

100%时推荐的毛管间距，m；$P_1$ 为与 $S_1$ 相对应的土壤湿润比，%；$S_2$ 为毛管的宽间距，m；$P_2$ 为与 $S_2$ 相对应的土壤湿润比，%；$S_r$ 为作物行距，m。

（3）绕树环状多出水点布置，其湿润比为

$$P = \frac{0.785 D_w^2}{S_t S_r} \times 100\% \qquad (5-6)$$

或

$$P = \frac{n S_{ep} S_w}{S_t S_r} \times 100\% \qquad (5-7)$$

式中：$n$ 为一株果树下布置的灌水器数目；$S_{ep}$ 为灌水器出水口间距，m；$S_t$ 为果树株距，m；$S_r$ 为果树行距，m；$S_w$ 为湿润带宽度，查表 5-7，当 $P=100\%$ 时相应的毛管间距 $S_l$ 值，m；其余符号意义同前。

（4）微喷头沿毛管均匀布置时的土壤湿润比为

$$P = \frac{A_w}{S_e S_l} \times 100\% \qquad (5-8)$$

$$A_w = \frac{\theta}{360} \pi R^2 \qquad (5-9)$$

式中：$A_w$ 为微喷头的有效湿润面积，m²；$\theta$ 为湿润范围平面分布夹角，当为全圆喷洒时 $\theta=360°$；$R$ 为微喷头的有效喷洒半径，m；其余符号意义同前。

（5）一株树下布置 $n$ 个微喷头的土壤湿润比为

$$P = \frac{n A_w}{S_t S_r} \times 100\% \qquad (5-10)$$

式中：$n$ 为一株树下布置的微喷头数目；其余符号意义同前。

2. 设计土壤湿润比

各种土壤和作物恰当的最小湿润比还没有明确的结论。对于宽行距作物（如葡萄、灌木和果树），合理的设计目标应是至少达到根系水平截面面积的 1/3，至多 2/3，例如，33%＜P＜67%。但试验表明，不同的作物在不同的土壤和气候条件下，合理的湿润比表现出了很大的差异。

如果没有试验资料，可参考表 5-8 选取。

表 5-8　　　　　　　　　　微灌设计土壤湿润比建议取值范围　　　　　　　　　　%

| 作　物 | 滴灌 | 微喷灌 | 作　物 | 滴灌 | 微喷灌 |
|---|---|---|---|---|---|
| 果树 | 25～40 | 40～60 | 蔬菜 | 60～90 | 70～100 |
| 葡萄、瓜类 | 30～50 | 40～70 | 粮、棉、油等作物 | 60～90 | 100 |

注　干旱地区取大值。

### 5.3.3　灌水均匀度

为了保证微灌的灌水质量和提高水利用效率，要求灌水均匀或达到一定的要求，一般用灌水均匀度或灌水均匀系数来表征。影响灌水均匀度的因素很多，如灌水器工作压力的变化，灌水器的制造偏差，堵塞情况，水温变化及地形变化等。

微灌的灌水均匀度有多种表达方法。

1. 克里斯琴森均匀系数 $C_u$ (Christiansen，1942)

微灌的灌水均匀度可以用克里斯琴森（Christiansen）均匀系数来表示，即

$$C_u = 1 - \frac{\dfrac{\sum\limits_{1}^{N} |q_i - \overline{q}|}{N}}{\overline{q}} \tag{5-11}$$

式中：$C_u$ 为克里斯琴森均匀系数；$\overline{q}$ 为灌水器平均流量，L/h；$q_i$ 为同时灌水的第 $i$ 个灌水器的流量，L/h；$N$ 为灌水器个数。

由式（5-11）可以看出，克里斯琴森均匀系数反映的是工程结束后系统应用时的灌水均匀程度。

2. 流量偏差率 $q_v$

微灌系统的设计中，一般采用流量偏差率来控制灌水均匀度。

微灌系统是由多个灌水小区组成的，每个灌水小区中有支管和多条毛管，每条毛管上又有几十个甚至上百个滴头或灌水器，由于水流在管道中流动产生水头损失的缘故，每个灌水器的出流量都不相同。当地形坡度为零时，工作水头最大的是距离支管进口最近的第一条毛管的第一个灌水器，工作水头最小的为距离支管进口最远的一条毛管的最末一个灌水器，微灌系统的灌水均匀度是由限制灌水小区中灌水器的最大流量差来保证。这个流量差异，一般用流量偏差率来表示，即

$$q_v = \frac{q_{\max} - q_{\min}}{q_a} \tag{5-12}$$

式中：$q_v$ 为流量偏差率；$q_{\max}$、$q_{\min}$ 为灌水小区中灌水器最大和最小流量，L/h；$q_a$ 为灌水器设计流量，L/h。

微灌的均匀系数 $C_u$ 与灌水器的流量偏差率 $q_v$ 之间存在着一定的关系，如表 5-9 所示。

表 5-9　　　　　　　　　　$C_u$ 与 $q_v$ 的关系　　　　　　　　　　　%

| $C_u$ | 98 | 95 | 92 |
|---|---|---|---|
| $q_v$ | 10 | 20 | 30 |

灌水小区中灌水器的流量差异取决于灌水器的水头差异，灌水器的最大水头和最小水头与流量偏差率的关系为

$$h_{\max} = (1 + 0.65 q_v)^{\frac{1}{x}} h_a \tag{5-13}$$

$$h_{\min} = (1 - 0.35 q_v)^{\frac{1}{x}} h_a \tag{5-14}$$

式中：$h_a$ 为灌水器设计水头，m；$h_{\max}$、$h_{\min}$ 为灌水小区中灌水器最大与最小工作水头，m；$x$ 为灌水器流态指数；其余符号意义同前。

由式（5-13）和式（5-14）可得灌水小区允许的最大水头差为

$$\Delta H_s = h_{\max} - h_{\min} = (1 + 0.65 q_v)^{\frac{1}{x}} h_a - (1 - 0.35 q_v)^{\frac{1}{x}} h_a \tag{5-15}$$

而灌水小区允许的最大水头差是由小区内支管水头损失和毛管水头损失组成的，即

$$\Delta H_s = \Delta H_支 + \Delta H_毛 \tag{5-16}$$

因此

$$\Delta H_s = \Delta H_支 + \Delta H_毛 = h_{max} - h_{min} = (1+0.65q_v)^{\frac{1}{x}} h_a - (1-0.35q_v)^{\frac{1}{x}} h_a \tag{5-17}$$

式中：$\Delta H_s$ 为灌水小区允许的最大水头差，m；$\Delta H_支$ 为灌水小区中支管允许的最大水头差，m；$\Delta H_毛$ 为灌水小区中毛管允许的最大水头差，m；其余符号意义同前。

若选定了灌水器，已知流态指数 $x$，则可由式（5-16）或式（5-17）求出与流量偏差率相应的灌水小区中允许的最大水头差。

3. Keller 灌水均匀度

上述克里斯琴森均匀系数 $C_u$ 和流量偏差率 $q_v$ 均只考虑了水头差对灌水均匀度的影响。美国农业部土壤保持局推荐使用一种考虑水头差异和制造偏差两个因素后的灌水均匀度表达式，称为 Keller 灌水均匀度（Keller，1975），即

$$E_u = \left(1 - 1.27 \frac{C_v}{\sqrt{n}}\right)\left(\frac{q_{min}}{q_a}\right) \tag{5-18}$$

式中：$E_u$ 为灌水均匀度，%；$C_v$ 为灌水器的制造偏差；$n$ 为每株作物下安装的灌水器数目；$q_a$ 为灌水器的平均或设计出水流量，L/h；$q_{min}$ 为灌水小区中灌水器最小流量，L/h。

Keller 灌水均匀度不仅考虑了水头差异和制造偏差对均匀度的共同影响，并且强调了灌水小区中最小出水量的重要性，认为小于平均灌水器流量的数值比大于平均值的数值更重要，因为微灌系统是以非常小的水量灌溉作物根系层的一部分，重视水量不足部分比过量灌溉更重要。

当设计灌水均匀度 $E_u$ 确定后，由式（5-18）可以求出灌水小区中允许的最小流量 $q_{min}$。

$$q_{min} = \frac{E_u q_a}{1 - 1.27 \dfrac{C_v}{\sqrt{n}}} \tag{5-19}$$

进而利用灌水器流量压力关系式计算出灌水小区中与最小流量对应的灌水器最小水头。

$$h_{min} = \left(\frac{q_{min}}{k_d}\right)^{\frac{1}{x}} \tag{5-20}$$

式中：$k_d$ 为灌水器流量压力关系中的流量系数；其余符号意义同前。

而灌水小区中允许的最大水头差近似为

$$\Delta H_s = 2.5(h_a - h_{min}) \tag{5-21}$$

4. 设计灌水均匀度的确定

在设计微灌工程时，选定的灌水均匀度越高，灌水质量越高，水利用系数也越

高，而系统的投资和运行管理费用也越大，反之亦然。因此设计灌水均匀度的确定，应根据作物对水分的敏感程度、经济价值、水源条件、地形和气候等因素综合确定。

当采用流量偏差率来表征灌水均匀度时，我国微灌技术规范建议，流量偏差率不应大于 20%，即 $C_u = 0.95 \sim 0.98$；当采用 Keller 灌水均匀度时，取 $E_u = 0.9 \sim 0.95$。

### 5.3.4 灌溉水利用系数 $\eta$

灌溉水利用系数为满足作物消耗和淋洗的有效水量占灌溉供水量的百分比。它主要与灌水均匀度、由于土壤湿润模式和不定时的降雨可能产生的渗漏损失、过滤冲洗水量损失、管线冲洗损失等有关。只要设计合理、精心管理，就不会产生输水损失、地面径流和深层渗漏损失。微灌的主要水量损失是由于灌水不均匀和某些不可避免的损失所造成的。

$$\eta = \frac{V_m}{V_a} \tag{5-22}$$

式中：$\eta$ 为灌溉水利用系数；$V_m$ 为微灌时储存在作物根层的水量；$V_a$ 为微灌的灌溉供水量。

微灌工程技术规范规定：对于滴灌，灌溉水利用系数 $\eta \geqslant 0.9$；对于微喷灌，灌溉水利用系数 $\eta \geqslant 0.85$。

### 5.3.5 灌水器设计工作水头

灌水器的工作水头影响着系统的运行费用，对灌水均匀度也有影响。灌水器设计工作水头的确定应综合考虑地形、所选灌水器水力性能、滴灌管（带）的承压能力、运行费用和灌水均匀度。一般滴灌时通常取为 10m，小管灌时取为 5~7m，微喷时工作水头一般以 10~15m 为宜。

## 5.4　微灌系统规划设计

### 5.4.1 微灌工程规划任务

兴建微灌工程如同兴建其他灌溉工程一样，都应有一个总体规划。规划是微灌系统设计的前提。微灌工程的规划任务包括以下几项。

（1）勘测和收集基本资料。包括地形、水文、水文地质、土壤、气象、作物、灌溉试验、动力与设备、乡镇生产现状与发展规划以及经济条件等。资料收集的越齐全，规划设计依据越充分，规划成果也就越符合实际。

（2）根据当地的自然条件、社会和经济状况等，论证工程的必要性和可行性。

（3）根据当地水资源状况和农业生产、乡镇工业、人畜饮水等用户的要求进行水利计算，确定工程的规模和微灌系统的控制范围。

（4）根据水源位置、地形和作物种植情况，合理布置引、蓄、提水源工程、微灌枢纽位置和骨干输配水管网。

（5）提出工程概算。选择微灌典型地段进行计算，用扩大技术经济指标估算出整个工程的投资、设备、用工和用材种类、数量以及工程效益。

### 5.4.2 微灌系统的设计

微灌系统的设计是在微灌工程总体规划的基础上进行的。其内容包括系统的布置，设计流量的确定，管网水力计算，以及泵站、蓄水池和沉淀池的设计等，最后提出工程材料、设备及预算清单、施工和运行管理要求。

1. 微灌系统的布置

微灌系统的布置通常是在地形图上作初步的布置，然后将初步布置方案带到实地与实际地形作对照，并进行必要的修正。微灌系统布置所用的地形图比例尺一般为 1/1000～1/500。在灌区很小的情况下也可在实地进行布置，但应绘制微灌系统布置示意图。由于首部枢纽的位置一般已在规划阶段确定，因此，设计阶段主要是进行管网的布置。

（1）毛管和灌水器布置。毛管和灌水器的布置方式取决于作物种类、生长阶段和所选用灌水器的类型。一般有单行毛管直线布置，单行毛管带绕树管布置，双行毛管平行布置，单行毛管带微管滴头布置。

（2）干、支管的布置。干、支管的布置取决于地形、水源、作物分布和毛管的布置，应达到管理方便、工程费用少的要求。在山丘地区，干管多沿山脊或等高线布置，支管则垂直于等高线向两边的毛管配水。在水平地形，干、支管应尽量双向控制，两侧布置下级管道，以节省管材。当地形水平并采用丰字形布置时，干、支管可分别布置在支管和毛管的中部，如图 5－14（a）所示。当沿毛管方向有坡度时，支管应向上坡方向移动，使上坡毛管长度短于下坡毛管，即存在一个支管定位的问题。

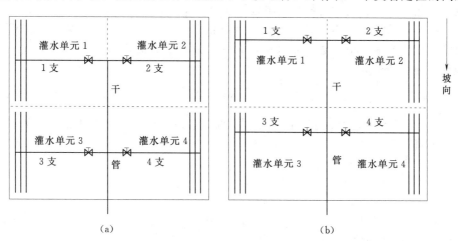

（a）                  （b）

图 5－14   干、支管布置示意图
（a）水平地形布置；（b）沿毛管方向有坡度

2. 灌水器的选择

灌水器是否适用，直接影响工程的投资和灌水质量。在选择灌水器时应遵循以下原则：

（1）满足设计湿润比的要求。

（2）灌水器流量应满足灌溉制度和土壤的要求。

（3）应尽可能选用紊流型灌水器。

（4）应选用制造偏差系数 $C_v$ 值小的灌水器。

（5）选择抗堵塞性能强的灌水器。

（6）选择寿命长而价格低的灌水器。

一种灌水器不可能满足所有的要求，应根据具体条件选择满足主要要求的灌水器。

**3. 灌溉制度的确定**

微灌系统灌溉制度是指作物全生育期（对于果树等多年生作物则为全年）设计条件下的每一次灌水量（灌水定额）、灌水时间间隔（灌水周期）、一次灌水延续时间、灌水次数和全生育期（或全年）灌水总量（灌溉定额）。

**4. 微灌系统工作制度的确定**

微灌系统的工作制度有续灌、轮灌和随机供水 3 种情况。工作制度影响系统的工程费用。在确定工作制度时，应根据作物种类、水源条件和经济状况等因素做出合理选择。

（1）续灌。续灌是同时灌溉灌区内所有作物的一种工作制度。它的优点是灌溉供水时间短和有利于其他农事活动的安排。缺点是干管流量大、增加工程的投资和运行费用以及设备的利用率低。在灌溉面积小的灌区，例如小于 $6.67\text{hm}^2$ 的果园，种植单一作物时可采用续灌的工作制度。

（2）轮灌。较大的微灌系统通常采用轮灌的工作制度。一般是将若干灌水小区分成若干组，由干管轮流向各灌水小区供水。

（3）轮灌组个数 $N$。轮灌组的个数取决于灌溉面积、系统流量、所选灌水器的流量、日运行最大小时数、灌水周期和一次灌水延续时间等。首先利用式（5-23）粗估轮灌组的个数。

$$N = \frac{\sum q}{Q} \tag{5-23}$$

式中：$\sum q$ 为整个灌溉面积上的灌水器总流量，$\text{m}^3/\text{h}$；$Q$ 为水量平衡要求的最小系统设计流量，$\text{m}^3/\text{h}$。

但最大轮灌组数目应满足

$$N \leqslant N_{最大} = \frac{CT}{t} \tag{5-24}$$

式中：$N_{最大}$ 为允许的最大轮灌组数目；$C$ 为水泵一天运行的小时数，一般为 12～20h；$T$ 为灌水周期，d；$t$ 为一次灌水延续时间，h。

**5. 微灌系统流量计算**

（1）毛管流量计算。一条毛管的进口流量为灌水器或出水口流量之和。

（2）支管流量计算。支管流量一般分段计算，支管各段流量等于该段上同时工作的毛管流量之和。

（3）干管流量的推算。对于续灌，任一干管的流量等于该段干管以下支管流量之和；而对于轮灌，任意一段干管流量等于该段干管以下最不利情况时的同时工作支管的流量之总和。

## 6. 管道水力计算

微灌管道内的水流属于有压流动，水力计算的主要任务是确定各级管道的沿程水头损失和局部水头损失。

（1）沿程水头损失。微灌管道沿程水头损失可采用式（5-25）计算

$$h_f = f \frac{Q^m}{d^b} L \tag{5-25}$$

式中：$h_f$ 为沿程水头损失，m；$f$ 为管道摩阻系数；$d$ 为管道内径，m；$L$ 为管道长度，m；$Q$ 为流量，$m^3/h$；$m$ 为流量指数；$b$ 为管径指数。

当采用聚乙烯（PE）管时，常用勃拉修斯（Blasius）公式计算沿程水头损失。

$$h_f = 8.4 \times 10^4 \times \frac{Q^{1.75}}{D^{1.75}} L \tag{5-26}$$

当采用聚氯乙烯管时，沿程水头损失常采用式（5-27）计算

$$h_f = 9.48 \times 10^4 \times \frac{Q^{1.77}}{D^{4.77}} L \tag{5-27}$$

式（5-25）～式（5-27）是在水温为20℃时导出的经验公式，当水温变化时，其沿程水头损失可用一个温度修正系数 $\alpha$ 加以修正，即

$$h_{ft} = \alpha h_f \tag{5-28}$$

式中：$h_{ft}$ 为任意水温时的沿程水头损失，m；$h_f$ 为水温为20℃时的沿程水头损失，m；$\alpha$ 为温度修正系数，查表5-10。

表 5-10　　　　　　　　　温 度 修 正 系 数

| 水温（℃） | 5 | 10 | 15 | 20 | 25 | 30 |
|---|---|---|---|---|---|---|
| $\alpha$ | 1.109 | 1.068 | 1.032 | 1.000 | 0.971 | 0.945 |

（2）多口出流管道的沿程水头损失计算。微灌支管和毛管是沿程多口出流管道，沿程流量逐渐减小，至末端流量等于零。其沿程水头损失的计算，通常用一个多口系数 $F$ 来进行修正。

$$\Delta H_f = F h_{ft} \tag{5-29}$$

$$F = \frac{N \left( \dfrac{1}{m+1} + \dfrac{1}{2N} + \dfrac{\sqrt{m-1}}{6N^2} \right) - 1 + x}{N - 1 + x} \tag{5-30}$$

式中：$\Delta H_f$ 为多口出流沿程水头损失，m；$h_{ft}$ 为无旁孔出流时的沿程水头损失，m；$F$ 为多口系数；$N$ 为出口数目；$x$ 为进口端至第一个出口的距离与孔口间距之比；$m$ 为流量指数。

（3）局部水头损失计算。微灌管网中，各种连接部件（接头、三通、旁通、弯头）、阀门、灌水器、水泵、净化设备及施肥装置等产生的局部水头损失为

$$h_j = \zeta \frac{v^2}{2g} \tag{5-31}$$

式中：$h_j$ 为局部水头损失，m；$\zeta$ 为局部阻力系数；$v$ 为水流的断面平均流速，m/s；$g$ 为重力加速度，$9.81 m/s^2$。

　　如果参数缺乏，干、支管的局部水头损失可取沿程水头损失的 5%～10%，即局部水头损失扩大系数为 1.05～1.1；毛管的局部水头损失可取沿程水头损失的 10%～20%，即局部水头损失扩大系数为 1.1～1.2。水表、过滤器、施肥装置等产生的局部水头损失应使用企业产品样本上的测定数据。

　　7. 管网水力计算

　　管网水力计算是微灌系统设计的中心内容，它的任务是在满足水量和均匀度的前提下，确定管网布置中各级（段）管道的直径、长度及系统扬程，进而选择水泵型号。

　　(1) 微灌灌水小区中允许水头差的分配。每个灌水小区内既有支管又有毛管，因此灌水小区中水头差由支管的水头差和毛管的水头差两部分组成，它们各自所占的比例由于所采用的管道直径和长度不同，可以有许多种组合，因此存在着水头差如何合理地分配给支管和毛管的问题。

　　允许水头差的最优分配比例受所采用的管道规格、管材价格和灌区地形条件等因素的影响，需要经过技术经济论证才能确定。在平坦地形的条件下，允许水头差按式 (5-32) 的比例分配。

$$\Delta H_{毛} = 0.55 \Delta H_s$$
$$\Delta H_{支} = 0.45 \Delta H_s \tag{5-32}$$

式中：$\Delta H_s$ 为灌水小区允许的最大水头差，m；$\Delta H_{毛}$ 为毛管允许的水头差，m；$\Delta H_{支}$ 为支管允许的水头差，m。

　　上述分配方法是将压力调节装置装在支管进口的情况，故允许水头差分配给支、毛管两级。当采用在毛管进口安装调压装置的方法来调节毛管的压力，可使各毛管获得均等的进口压力，支管上的水头变化不再影响灌水小区内灌水器的出水均匀度。因此，允许水头差可全部分配给毛管，即

$$\Delta H_{毛} = \Delta H_s \tag{5-33}$$

　　这种做法虽然安装较麻烦，但可以使支管和毛管的使用长度加大，降低了管网投资。

　　(2) 毛管水力计算。毛管水力计算的任务是根据灌水器的流量和规定的允许流量偏差率，计算毛管的最大允许长度和实际使用长度，并按使用长度计算毛管的进口水头。

　　1) 毛管总水头损失的计算。微灌系统的毛管属于多口出流管，总水头损失为

$$\Delta H_{毛} = K \Delta H_{f毛} = K F h_{f毛} \tag{5-34}$$

式中：$\Delta H_{毛}$ 为毛管的总水头损失，m；$\Delta H_{f毛}$ 为毛管的沿程水头损失，m；$h_{f毛}$ 为无旁孔出流时毛管的沿程水头损失，m；$K$ 为考虑局部损失的加大系数，对于毛管，可取 $K = 1.1 \sim 1.2$；其余符号意义同前。

　　2) 毛管极限长度确定。满足设计均匀度要求的最大毛管长度称为毛管允许的极限长度或最大铺设长度。充分利用这个长度来布置管网，可以节省投资。

　　对于地形坡度为 0 的情况，毛管允许的极限长度为

$$L_m = \mathrm{INT} \left( \frac{5.446 \Delta H_{毛} \, D^{4.75}}{K S q_a^{1.75}} \right)^{0.364} S \tag{5-35}$$

式中：$L_m$ 为毛管允许的极限长度，m；$q_a$ 为灌水器设计流量，L/h；$S$ 为毛管上出水孔间距，m；$D$ 为毛管内径，mm；$K$ 为毛管局部水头损失加大系数；其余符号意义同前。

3）毛管实际取用长度与实际水头损失。式（5-35）计算得到的是毛管极限长度，在田间实际布置时，不一定要按极限长度来布置毛管，应根据田块的尺寸并结合支管的布置，进行适当的调整，但实际铺设长度必须小于允许的极限长度。当确定了毛管的实际铺设长度，并考虑地形高差后，计算出毛管实际的水头差 $\Delta H_{毛实际}$，此时，支管允许的水头差变为

$$\Delta H_{支实际} = \Delta H_s - \Delta H_{毛实际} \tag{5-36}$$

4）当地形为均匀坡，毛管双向布置时支管位置的确定。当地形为均匀坡，支管平行于等高线布置，毛管在支管两侧采用双向布置时，由于地形高差的存在，为提高灌水均匀度，降低系统造价，上坡毛管和下坡毛管的铺设长度应该不同。在上、下坡毛管进口处的水头相同的情况下，应使得上、下坡毛管末端的灌水器水头相同或接近。现在的问题实际上就成为如何确定支管的位置，可采用试算法确定。即先假定上坡毛管和下坡毛管的铺设长度，分别计算上坡毛管和下坡毛管的总水头损失，在上、下坡毛管末端的灌水器水头相同或接近的前提下，利用式（5-37）和式（5-38）计算上下坡毛管的进口水头

$$h_下 = h_{末端,下坡} + \Delta H_{毛,下坡} + (Z_{末端} - Z_{进口}) \tag{5-37}$$

$$h_上 = h_{末端,上坡} + \Delta H_{毛,上坡} + (Z_{末端} - Z_{进口}) \tag{5-38}$$

式中：$h_上$、$h_下$ 为上、下坡毛管的进口水头，m；$h_{末端,下坡}$、$h_{末端,上坡}$ 为上、下坡毛管末端工作压力，m；$\Delta H_{毛,上坡}$、$\Delta H_{毛,下坡}$ 为上、下坡毛管水头损失，m；$Z_{进口}$、$Z_{末端}$ 为上、下坡毛管进口和末端处地形高程，m。

改变上下坡毛管铺设长度，进行试算，直至毛管进口压力相同为止。但应该注意的是计算的单侧毛管的水头差必须小于毛管允许的最大水头差 $\Delta H_毛$，如果超过，则需要减小毛管长度，然后重新进行支管定位计算。

（3）支管水力计算。支管水力计算的任务是确定支管的水损失、沿支管水头分布和支管管径。

1）支管计算的约束条件。在毛管进口不安装调压管时，支管上出水口（或毛管进口）的最大水头差不能超过允许值 $\Delta H_{支实际}$。支管上各出水口的水头满足毛管进口水头的要求。

2）支管水头损失的计算。如果将每条毛管（毛管单向布置）或每对毛管（毛管双向布置）看作是支管上的一个出水口，则支管也为多口出流管。如果支管上每个出口的流量相同，即支管每个出口所带的毛管长度相同，则支管为多口等流量出流管道。如果假定了支管直径，则支管的水头损失可以算出。由于支管向两侧毛管供水，属于沿程出流管，支管内的流量自上而下逐步减少，因此支管既可采用等径管，也可采用变径管。

等径支管的水头损失计算同毛管水头损失的计算。

为了节省管材，减少工程投资，通常将一条支管分段设计成几种直径，这种支管称为变径支管。在计算每一段支管的水头损失时，可以将某段支管及其以下的长度看

成与计算段直径相同的支管，则

$$\Delta H_{\text{支}i} = \Delta H'_{\text{支}i} - \Delta H'_{\text{支}i+1} \tag{5-39}$$

式中：$\Delta H_{\text{支}i}$ 为第 $i$ 段支管的水头损失，m；$\Delta H'_{\text{支}i}$ 为第 $i$ 段支管及其以下管长的水头损失，m；$\Delta H'_{\text{支}i+1}$ 为与第 $i$ 段支管直径相同的第 $i$ 段支管以下管长的水头损失，m。

对于最后一段支管，则按均一管径支管计算。若按照勃拉休斯公式计算水头损失，并考虑局部损失，得到支管水头损失的计算公式

$$\Delta H_{\text{支}i} = 8.4 \times 10^4 \alpha K \frac{Q_{\text{支}i}^{1.75} L'_i F'_i - Q_{\text{支}i+1}^{1.75} L'_{i+1} F'_{i+1}}{D_i^{4.75}} \tag{5-40}$$

若毛管进口流量相同，支管每一个出水口为两条毛管流量之和（$Q_{\text{单孔}}$），则

$$\Delta H_{\text{支}i} = 8.4 \times 10^4 \alpha K Q_{\text{单孔}}^{1.75} \frac{N_i^{1.75} L'_i F'_i - N_{i+1}^{1.75} L'_{i+1} F'_{i+1}}{D_i^{4.75}} \tag{5-41}$$

式中：$Q_{\text{支}i}$、$Q_{\text{支}i+1}$ 为第 $i$ 段和第 $i+1$ 段支管进口流量，$m^3/h$；$F'_i$、$F'_{i+1}$ 为第 $i$ 段和第 $i+1$ 段支管及其以下管道的多口系数；$L'_i$、$L'_{i+1}$ 为第 $i$ 段和第 $i+1$ 段支管及其以下管道的总长度，m；$D_i$ 为第 $i$ 段支管直径，mm；$\alpha$ 为水温修正系数；$K$ 为局部水头损失加大系数，对于支管，可取 $K=1.05 \sim 1.1$；$N_i$、$N_{i+1}$ 为第 $i$ 段和第 $i+1$ 段支管及其以下管道分水口数目；其余符号意义同前。

3）支管各出水口压力分布。支管内任意一点的水头 $h_{\text{支}i}$ 应大于或等于该处毛管进口要求的工作水头 $h_{\text{毛}i}$，并且，如果毛管进口不安装消能管时，支管上最大的水头差应小于允许的水头差 $\Delta H_{\text{支}}$。

如果灌水小区内各毛管长度不同，则毛管进口所需要的水头也不相同，如图 5-15 所示 2 线。支管任一点的水头可以自下而上或自上而下逐段计算，即

$$h_{\text{支}i} = h_{\text{支}i+1} + \Delta H_{i+1} - (Z_i - Z_{i+1}) \tag{5-42}$$

或

$$h_{\text{支}i} = h_{\text{支}i-1} - \Delta H_i + (Z_{i-1} - Z_i) \tag{5-43}$$

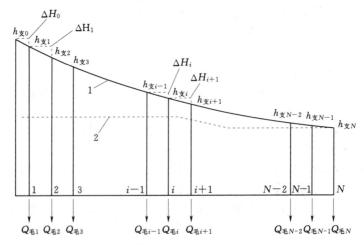

图 5-15　支管水头分布示意图

1—沿支管水头分布线；2—毛管进口要求的工作水头线

式中：$h_{支i}$、$h_{支i+1}$、$h_{支i-1}$为支管第 $i$、第 $i+1$、第 $i-1$ 断面处的水头，m；$\Delta H_{i+1}$、$\Delta H_i$ 为支管第 $i$ 段和第 $i-1$ 段的水头损失，m；$Z_i$、$Z_{i+1}$、$Z_{i-1}$ 为支管第 $i$、第 $i+1$、第 $i-1$ 断面处的地面高程，m。

在设计中，支管的直径应通过水力计算确定。当采用变径支管时，管径和管段长度可以有许多组合，所以它是一种试算过程。如果毛管进口安装调压管，则还需计算支管提供的水头和毛管进口需要的水头，然后根据两者的差计算调压管长度。

（4）毛管进口调压管长度的确定。如果在毛管进口安装调压管，可采用 $D=$ 4mm 的聚乙烯塑料管作为调压管，所需长度为

$$L=\frac{\Delta h-4.13\times10^{-5}Q_{毛}^2}{8.45\times10^{-4}Q_{毛}^{1.696}} \tag{5-44}$$

式中：$L$ 为直径为 4mm 的聚乙烯塑料管的长度，m；$\Delta h$ 为毛管进口处支管水头和毛管要求的工作水头之差，m；$Q_{毛}$ 为毛管进口流量，L/h。

由于毛管数量多，各条毛管所需的调压管长度不同，如果完全按计算结果安装调压管，不仅施工麻烦，而且易发生错误。因此，可以根据实际情况将计算出的调压管长度分成若干组，将长度接近的纳入同一规格。

由于在毛管进口安装调压管计算复杂，目前工程实际中越来越多的情况是将灌溉小区内水头偏差控制在允许范围内，这样毛管进口不需调压。

（5）干管水力计算。干管的作用是将灌溉水输送并分配给支管。当支管进口安装有压力调节装置时，干管或分干管的管径选择不受灌水小区内允许的压力变化的影响，管径的选择主要基于投资和能耗而定。支管以上各级管道管径的确定，一般按经验公式估算

$$D=13\sqrt{Q} \tag{5-45}$$

当 $Q\geqslant120\text{m}^3/\text{h}$ 时

$$D=11.5\sqrt{Q} \tag{5-46}$$

干管水力计算按两个阶段进行，首先按最不利的轮灌组从下而上计算水头损失，确定各段干管的直径和干管进口水头。由于干管上的分水口间距大，自下而上逐段按沿程无分流管计算水头损失。待确定了干管入口工作水头和系统水泵型号后，再由上而下逐段计算其他轮灌组工作条件下支管分水口处的干管压力，然后根据支管分水口处的干管压力与支管进口的压力要求，确定分干管管径或支管进口压力调节器的规格和型号。

（6）系统总扬程的确定和水泵的选型。由最不利轮灌组推求的总水头就是系统总扬程，即

$$H=H_0+\Delta H_{首部}+(Z_1-Z_2) \tag{5-47}$$

式中：$H$ 为系统总扬程，m；$H_0$ 为干管进口所要求的工作水头，m；$\Delta H_{首部}$ 为干管进口至水源的水头损失，包括水泵吸水管、水泵出口至干管进口管段、阀门、接头、施肥装置、过滤器和监测仪表等的水头损失，m；$Z_1$ 为干管进口处地面高程，m；$Z_2$ 为

水源动水位平均高程，m。

根据系统总扬程 $H$ 和最不利轮灌组的流量 $Q$ 选择相应的水泵型号。一般所选择的水泵参数应略大于系统的总扬程和流量。还应核算最有利轮灌组的水泵工作点，以确定水泵是否在高效区内工作，或采取相应的技术措施。

（7）管网水力计算的步骤。

1）确定微灌设计均匀度或流量偏差率 $q_v$，由式（5-15）计算灌水小区允许的水头偏差 $\Delta H_s$，并按式（5-32）计算支、毛管允许的水头差 $\Delta H_支$ 和 $\Delta H_毛$。

2）根据毛管布置的方式和毛管允许的水头差，用试算法或式（5-35），计算毛管极限长度 $L_m$。

3）按毛管极限长度，并考虑地块形状尺寸，确定毛管的实际铺设长度（应小于 $L_m$），根据毛管的使用长度布置管网。

4）根据毛管使用长度，确定毛管实际的水头差 $\Delta H_{毛实际}$ 及毛管进口要求的工作水头。

5）计算支管实际允许的水头差 $\Delta H_{支实际} = \Delta H_s - \Delta H_{毛实际}$。

6）假定支管管径，计算支管压力分布，并与该处毛管要求的进口水头相比较，在满足毛管水头要求并稍有富余的条件下尽可能减小支管管径，支管的水头差要不大于分配给支管的允许水头差 $\Delta H_{支实际}$。

7）按公式（5-45）、式（5-46）初估或假定干、分干管的直径，按最不利的轮灌组流量和水头条件对干管、分干管逐段计算直至管网进口。对于自压管道，按水源水位与管网进口水头要求确定干管和分干管直径。对于需加压的系统，根据管网进口水头和流量，由式（5-47）计算系统总扬程，并选择泵型。

8）根据已定水泵型号及干管、分干管直径，计算其他轮灌组工作时干管、分干管水头分布，确定支管进口压力调节装置。

8. 首部枢纽设计

首部枢纽设计的主要任务是正确选择和合理配置有关设备和设施。首部枢纽对微灌系统运行的可靠性和经济性起着决定性的作用，因此，在设计时应给予高度重视。

（1）水泵。离心泵是微灌系统应用最普遍的泵型，选型时一定要使工作点位于高效区。动力机可以是柴油机、电动机等，但应尽量使用电动机驱动。

（2）过滤设备。选择过滤设备主要考虑水质和经济两个因素。筛网式过滤器是最普遍使用的过滤器，但含有机污物较多的水源使用砂过滤器能得到更好的过滤效果。含沙量大的水源可采用旋流式水砂分离器，但下游必须配置筛网或砂过滤器。筛网的网孔尺寸或过滤器的砂料型号应满足灌水器对水质过滤的要求，对于滴灌，过滤器滤孔的有效尺寸应小于灌水器流道直径的 1/10；对于微喷灌，过滤器滤孔的有效尺寸应小于灌水器流道直径的 1/7。另外，过滤器的过流能力要与水泵流量相适应。

（3）注肥设备。肥料和化学药品注入设备用于将肥料、除草剂、杀虫剂等直接施入微灌系统。注入设备应设在过滤设备之前，并且在注肥设备的上游应安装逆止阀。

（4）量测仪表。流量、压力量测仪表用于测量管线中的流量或压力，包括水表、压力表等。水表用于测量管线中流过的总水量，根据需要可以安装于首部，也可以安装于任何一条干管、支管上。若安装在首部，须设于肥料注入口的上游，以防止肥料对水表的腐蚀，水表的选择要考虑水头损失值在可接受的范围内。在过滤器和密封式施肥装置的前后各安设一个压力表，以观测其压力差，通过压力差的大小能够判定施肥量的大小和过滤器是否需要清洗。

（5）控制器。用于对系统进行自动控制，一般控制器具有定时或编程功能，根据用户给定的指令操作电磁阀或水动阀，进而对系统进行控制。

（6）控制阀。阀门是直接用来控制和调节微灌系统压力流量的操作部件，布置在需要控制的部位上，其形式有闸阀、逆止阀、水动阀、电磁阀等。逆止阀应安装在施肥设备的上游。

（7）进排气阀。一般设置在微灌系统管网的高处或局部高处，首部应在过滤器顶部和下游管上各设一个，其作用为在系统开启、管道充水时排除空气，系统关闭、管道排水时向管网补气。进排气阀的选用，目前可按"四比一"法进行，即进排气阀全开直径不小于排气管道内径的 1/4。如 100mm 内径的管道上应安装内径为 25mm 的进排气阀。另外在干、支管末端和管道最低位置处应安装排水阀。

# 5.5 微灌系统的安装与维护

## 5.5.1 微灌系统的安装

### 5.5.1.1 首部安装

我国当前微灌工程首部枢纽设备一般由水泵、电机、蓄水调节池、控制阀、调压阀、施肥装置、压力表、过滤器和量测仪表等组成。安装顺序为：水泵、动力机、主阀门、压力表、水表、各轮灌区阀门。微灌用的施肥罐和过滤器应安装在压力表和水表之间。首部安装时应符合下列要求。

（1）微灌系统是有压输水，各种设备必须安装严紧，胶垫孔口应与管口对准，防止遮口挡水，法兰盘螺丝应平衡紧固，螺纹连接丝口需加铅油上紧，达到整个系统均不漏水。

（2）各部件与管道的连接，可用法兰或丝扣，但应保持同轴、平行，螺栓自由穿入，不能用强紧螺栓的方法消除歪斜。法兰连接时，需装止水垫。压力表连接管应采用螺纹形缓冲管加上仪表阀门再与水管连接，以防水锤损坏仪表。

（3）直联机组安装时，水泵与动力机必须同轴，联轴器的断面间隙应符合要求。

（4）在易积水处应加排水通道和阀门，以便冬季排除余水，防止冻坏设备。

（5）电气设备安装应由电工按接线图进行，安装后应对线路详细检查，并启动试运行，观察仪表工作是否正常。

### 5.5.1.2 管道安装

1. 管槽开挖

管槽开挖应按下列要求进行。

（1）根据土质、管材、管径、地下水位、埋深等确定断面开挖形式。土质较松、地下水位埋深较浅，宜采用梯形槽；土质坚实、地下水位埋深较深，可采用矩形槽；管径大、沟槽深，宜采用梯形槽。

（2）根据管材规格、施工机具、操作要求，确定管槽开挖宽度。

（3）宜使管道工作在冻土层以下，且埋深不小于 70cm。

（4）槽底应平直、密实，并清除石块与杂物，排除积水。遇软弱地基应采取加固处理。沟槽经过岩石、卵石等容易损坏管道的地方，应将槽底再挖 15～30cm，并用砂或旧土回填至设计槽底高程。

（5）管槽弃土应堆放在管槽一侧 30cm 以外。管槽开挖完毕后经检查合格方可铺设管道。

2. 管道安装

（1）管道安装应从首部到尾部，从低处向高处，先干管后支管；承插口管材，插口在上游，承口在下游，依次施工。

（2）管道中心线应平直，不能用木垫、砖垫和其他垫块。管底与管基应紧密接触。

（3）出地竖管的底部和顶部应采取加固措施。

（4）管道安装应随时进行质量检查。分期安装或因故中断应用堵头将此敞口封闭，不得将杂物留在管内。

（5）塑料管道的连接方法有承插黏接、柔性承插套接、热熔焊接等。

### 5.5.1.3　灌水器安装

微灌灌水器形式有多种，安装方法同中有异，可参照安装说明书进行安装，总的要求是插接处不漏水，灌水器稳固，便于维修保养。

### 5.5.2　微灌系统的维护

整套微灌系统的使用寿命与系统保养水平有直接关系。要想保持工程的正常运行，延长工程和设备的使用寿命，关键是要正确使用及良好的维护和保养。

#### 5.5.2.1　灌溉季节开始前

（1）将系统设备重新安装连接。对灌水器及其连接进行检查和补换。对堵塞和损坏的灌水器及时处理和更换。

（2）检查泵及动力设备连接正确。

（3）检查过滤器各部件完好，连接正确。要求各部件齐全、紧固，仪表灵敏，阀门启闭灵活；开泵后排净空气，检查过滤器，若有漏水现象应及时处理。

（4）检查肥料装置。要求各部件连接牢固，承压部位密封；压力表灵敏，阀门启闭灵活，接口位置正确；应按需要量投肥，并按使用说明进行施肥作业；清除罐体内的积存污物以防进入管道系统。

（5）检查所有的末端竖管，是否有折损或堵头丢失。前者取相同零件修理，后者补充堵头。

（6）关闭主支管道上的排水底阀。

（7）打开相应阀门，开启水泵进行系统冲洗。依次进行干、支管道及毛管冲洗。

#### 5.5.2.2　运行期间的维护

（1）对于旋流式水砂分离器，在运行期间应定时进行冲洗排污；对于筛网、砂、叠片式过滤器，当前后压力表压差接近最大允许值时，必须冲洗排污；对于筛网和叠片式过滤器，如果冲洗后压差仍接近最大允许值，应取出过滤元件进行人工清洗；对于砂过滤器，反冲洗时应避免滤砂冲出罐外，必要时应及时补充滤砂。

（2）系统运行期间应预防灌水器堵塞，经常检查灌水器的工作状况并测定流量，检查水质，定期进行水质化验分析。

（3）每次施肥后，应对施肥装置各部件进行全面检修，清除污垢，更换损坏和被腐蚀的零部件，并对易腐蚀部件和部位进行处理。

### 5.5.2.3　在每个灌溉季节结束时的维护

#### 1. 全系统高压清洗

打开若干轮灌组阀门（少于正常轮灌阀门数），开启水泵，依次打开主管和支管的末端堵头及毛管，使用高压力逐个冲洗，力争将管道内的积攒污物冲洗出去。然后把堵头装回，将毛管弯折封闭。

#### 2. 过滤系统

在管道高压清洗结束后，充分清洗过滤器后排净水。若过滤器是带有砂石分离器的叠片式过滤器，先把各个叠片组清洗干净，然后用干布将塑壳内的密封圈擦干放回。然后开启集砂膛一端的丝堵，将膛中积存物排出，然后将水放净。再将过滤器压力表下的选择按钮置于排气位置。若过滤器是砂过滤器，打开过滤器罐的顶盖，检查砂石滤料的数量，并与罐体上的标识相比较，若数量不足应及时补足以免影响过滤质量。若砂石滤料上有悬浮物，应捞出。同时在每个罐内加入一包氯球，放置 30min 后，启动每罐各反冲 120s 两次，然后打开过滤器罐的盖子和罐体底部的排水阀将水全部排净。再将过滤器压力表下的选择按钮置于排气位置。若罐体表面或金属进水管路的金属镀层有损坏，立即清锈后重新喷涂。若过滤器是自动反冲洗过滤器，应在反冲洗后将叠片彻底清洗干净（必要时需用酸洗，例如用醋酸、草酸等，酸洗后应用清水冲洗干净）后放回。

#### 3. 施肥系统

在进行维护时，关闭水泵，开启与主管道相连的注肥口和驱动注肥系统的进水口，排去压力。若施肥器是注肥泵并配有塑料肥料罐，先用清水洗净肥料罐，打开罐盖晾干。再用清水冲净注肥泵，按照相关说明拆开注肥泵，取出注肥泵驱动活塞，用润滑油进行正常的润滑保养，然后拭干各部件后重新组装好。若使用注肥罐，则应清洗罐内残液并晾干，然后将罐体上的软管取下并用清水洗净置于罐体内保存。每年在施肥罐的顶盖及手柄螺纹处涂上防锈油，若罐体表面的金属镀层有损坏，立即清锈后重新喷涂。

#### 4. 田间设备

把田间位于主支管道上的排水底阀（小球阀）打开，将管道内的水尽量排净，此阀门冬季不必关闭。将各阀门的手动开关置于开的位置。在田间将各条毛管拉直，勿使其扭折。若冬季回收也注意勿使其扭曲放置。将所有球阀拆下晾干后放入库房或置于半开位置（包括过滤器上的球阀），防止阀门被冻裂。

# 5.6 滴灌工程设计示例（果树滴灌系统设计）

## 5.6.1 设计基本资料

### 1. 地形资料

果园面积 25hm²，南北长 520m，东西宽 480m。水平地形，测得有 1/2000 地形图。

### 2. 土壤资料

土壤为中壤土，土层厚度 1.5～2.0m，1.0m 土层平均干密度 1.4t/m³，田间持水量 30%（以占土壤体积的百分比计），凋萎点土壤含水量 10%（以占土壤体积的百分比计）。最大冻土层深度 100cm。

### 3. 作物种植情况

果树株距 3.0m，行距 3.0m，现果树已进入盛果期，平均树冠直径 4.0m，遮荫率约 70%。作物种植方向为东西向。以往地面灌溉实测结果表明，作物耗水高峰期为 7 月，该月日均耗水量 5.6mm/d。

### 4. 气象资料

根据气象站实测资料分析，多年平均年降雨量 585.5mm，全年降雨量的 60% 集中于 7～9 月，并收集到历年降雨量资料。

### 5. 水源条件

该农场地下水埋深大于 6m，在果园的西南边有一口井，抽水试验结果表明，动水位 20m 时，出水量 60m³/h。水质良好，仅含有少量沙（含沙量小于 5g/L）。

## 5.6.2 滴灌系统规划设计参数

### 1. 滴灌设计灌溉补充强度

由上述资料，高峰期耗水量 $E_c = 5.6mm/d$，遮阴率 $G_e = 70\%$，因此遮阴率对耗水量的修正系数为

$$k_r = \frac{G_e}{0.85} = \frac{70\%}{0.85} = 0.82$$

因此，滴灌耗水强度为

$$E_a = k_r E_c = 0.82 \times 5.6 = 4.6 (mm/d)$$

因上述 $E_a$ 为耗水高峰期的耗水强度，所以设计耗水强度取为

$$I_c = E_a = 4.6 (mm/d)$$

不考虑淋洗水量，滴灌设计灌溉补充强度为

$$I_a = I_c = 4.6 (mm/d)$$

### 2. 滴灌土壤湿润比

根据相关资料，对于宽行距作物，在北方干旱和半干旱地区，设计土壤湿润比可取 20%～30%。考虑到苹果为经济作物，故滴灌土壤湿润比取 $p \geqslant 30\%$。

### 3. 灌水小区流量偏差

灌水小区流量偏差 $q_v = 20\%$。

4. 灌溉水利用系数

由于滴灌的水量损失很小，根据有关资料灌溉水利用系数 $\eta = 0.9$。

### 5.6.3 水量平衡计算

1. 设计灌溉用水量

灌溉用水量是指为满足作物正常生长需要，由水源向灌区提供的水量。它取决于灌溉面积、作物生长情况、土壤、水文地质和气象条件等。

各年灌溉用水量不同，因此需要选择一个典型年作为规划设计的依据。

微灌工程一般采用降雨频率 75%～90% 的水文年作为设计典型年。（设计典型年的选择和计算方法可参考有关工程水文书籍）

2. 来、用水平衡计算

来、用水平衡计算的任务是确定工程规模，如灌溉面积等。本设计水源为井水，由基本资料可知，井的出水量为 $60 m^3/h$，取日灌溉最大运行时数 $C = 22h$，则井水可灌溉的最大面积为

$$A = \frac{Q \eta C}{10 I_a} = \frac{60 \times 0.9 \times 22}{10 \times 4.6} = 25.82 (hm^2)$$

本果园面积为 $25 hm^2$，因此，该水源满足滴灌系统的要求。

### 5.6.4 灌水器选择与毛管布置方式

选用某公司内嵌式滴灌管，壁厚 0.6mm，内径 15.4mm。滴头额定工作压力 $h_a = 10m$，额定流量 $q_a = 2.8 L/h$，流态指数 $x = 0.5$，滴头间距 0.5m。采用单行直线布置，即一行果树布置一条滴灌管。

查相关表可知在中壤土中，这种滴头流量的湿润直径为 0.8m，因此此种布置方式下的湿润比为

$$P = \frac{0.785 D_w^2}{S_e S_l} \times 100\% = \frac{0.785 \times 0.8^2}{0.5 \times 3} = 33\% > 30\%$$

说明上述灌水器与毛管布置方式满足设计湿润比的要求。

### 5.6.5 滴灌灌溉制度拟定

1. 最大净灌水定额

微灌土壤计划湿润层深度取 0.8m，土壤中允许的缺水量占土壤有效持水量的比例取 40%，则

$$m_{max} = 1000 \beta (F_d - w_0) z p$$
$$= 1000 \times 0.4 \times (0.3 - 0.1) \times 0.8 \times 0.33 = 21 (mm)$$

2. 毛灌水定额

如果采用 $m_净 = m_{max}$，则

$$m_毛 = \frac{m_净}{\eta} = \frac{21}{0.9} = 23.3 (mm)$$

3. 设计灌水周期

$$T = \frac{m_净}{I_a} = \frac{21}{4.6} = 4.56 (d)$$

**4. 一次灌水延续时间**

$$t=\frac{m_{毛} S_e S_l}{q_a}=\frac{23.3\times0.5\times3}{2.8}=12.5(\text{h})$$

如果采用灌水周期为 2d 的高频灌溉，每次的净灌水深度为 $4.6\times2=9.2$（mm），毛灌水深度为 10.22mm，一次灌水延续时间为 5.47h。这样改变灌溉制度并不影响后面的水力设计。

### 5.6.6　支、毛管水头差分配与毛管极限长度的确定

当 $q_v=20\%$ 时，灌水小区允许的最大水头偏差为

$$h_{\max}=(1+0.65q_v)^{1/x}h_a=(1+0.65\times0.2)^{1/0.5}\times10=12.77(\text{m})$$

$$h_{\min}=(1-0.35q_v)^{1/x}h_d=(1-0.35\times0.2)^{1/0.5}\times10=8.65(\text{m})$$

$$\Delta H_s=h_{\max}-h_{\min}=12.77-8.65=4.12(\text{m})$$

根据支、毛管水头差分配比，得

$$\Delta H_{毛}=0.55\Delta H_s=0.55\times4.12=2.26(\text{m})$$

$$\Delta H_{支}=0.45\Delta H_s=0.45\times4.12=1.84(\text{m})$$

计算毛管极限长度为

$$L_m=\text{INT}\left(\frac{5.446\Delta H_{毛} D^{4.75}}{KSq_a^{1.75}}\right)^{0.364}S$$

$$=\text{INT}\left(\frac{5.446\times2.26\times15.4^{4.75}}{1.1\times0.5\times2.8^{1.75}}\right)^{0.364}\times0.5$$

$$=91(\text{m})$$

### 5.6.7　管网系统布置与轮灌组划分

系统允许的最大轮灌组数为

$$N_{最大}=\frac{CT}{t}=\frac{22\times4.56}{12.5}=8(\text{个})$$

如果实行高频灌溉，灌水周期 $T=2\text{d}$，则

$$N_{最大}=\frac{CT}{t}=\frac{22\times2}{5.47}=8(\text{个})$$

低频灌溉和高频灌溉的轮灌组数相同，因此灌水频率的改变并不影响后面的系统设计。

根据地块形状，采用毛管铺设长度为 80m，毛管采用丰字形布置，整个灌区共有 1040 条毛管，每条毛管流量为 $Q_{毛}=2.8\times80/0.5=448$（L/h），整个灌区所有灌水器的流量和为 $1040\times448/1000=466$（m³/h），如果划分为 8 个轮灌组，每个轮灌组的流量约为 58.2m³/h，该值小于水井的出水量，满足水量平衡的要求。

轮灌组数和每个轮灌组的流量确定以后，管网布置也有多种方案，下面采用两种方案进行比较。

方案 1：共分 8 个灌水小区，一个灌水小区为一个轮灌组。灌水小区内支管长 195m，双向控制 130 条毛管，每个轮灌组的流量为 58.2m³/h，如图 5-16 所示。

方案 2：共分 24 个灌水小区，一个轮灌组控制 3 个灌水小区。灌水小区内支管长 65m，双向控制 44 条毛管，每个灌水小区流量为 $44\times448/1000=19.7$（m³/h），每

个轮灌组流量为 $59.1\text{m}^3/\text{h}$，如图 5-17 所示。

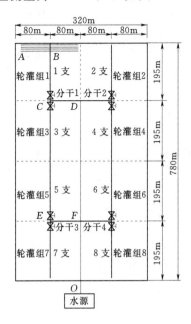

图 5-16 方案 1 管网布置　　　　图 5-17 方案 2 管网布置

## 5.6.8 方案 1 管道水力计算

### 1. 毛管实际水头损失

由于毛管实际铺设长度为 80m，因此毛管实际的水头损失为

$$\Delta H_{\text{毛实际}}=1.1\times8.4\times10^4\times\frac{Q_{\text{毛}}^{1.75}}{D^{1.75}}LF$$

$$=1.1\times8.4\times10^4\times\frac{(448/1000)^{1.75}}{15.4^{4.75}}\times80\times0.365$$

$$=1.51(\text{m})$$

因此，毛管进口水头为

$$h_{\text{毛进口}}=h_{\min}+\Delta H_{\text{毛实际}}+\Delta Z_{AB}=8.65+1.51+0=10.16(\text{m})$$

### 2. 实际分配给支管的水头差

$$\Delta H_{\text{支实际}}=\Delta H_s-\Delta H_{\text{毛实际}}=4.12-1.51=2.61(\text{m})$$

### 3. 支管管径与支管进口水头计算

每条支管双向控制 130 条毛管，单侧 65 条毛管。每条毛管流量为 448L/h，相当于支管上有 65 个出水口，每个出水口的流量为 $448\times2=896$（L/h），每条支管长 $780/4=195$（m）。如果支管采用 D110PVC 管（内径 103mm），支管水头损失为

$$\Delta H_{\text{支}}=1.05\times9.48\times10^4\times\frac{Q_{\text{支}}^{1.77}}{D^{4.77}}LF$$

$$=1.05\times9.48\times10^4\times\frac{(896\times65/1000)^{1.77}}{103^{4.77}}\times195\times0.366$$

$$=2.31(\text{m})<\Delta H_{\text{支实际}}=2.61(\text{m})$$

满足要求。支管进口水头为

$$h_{支进口} = h_{毛进口} + \Delta H_支 + \Delta Z_{BC} = 10.16 + 2.31 + 0 = 12.47(\text{m})$$

### 4. 分干管与干管水力计算

以第一轮灌组为最不利轮灌组确定干管直径,分干管 1 长度为 80m,干管长度为 585m。由于采用一个轮灌组控制一个灌水小区,因此分干管 1 与干管流量相同。

$$Q_{分干} = Q_干 = 58.2\text{m}^3/\text{h}$$

利用经济流速初选干管管径

$$D = 13\sqrt{Q} = 13 \times \sqrt{58.2} = 99(\text{mm})$$

选用管径 D=110mm 的 PVC 管作为分干管 1 和干管。分干管与干管水头损失为

$$\Delta H_{分干} = 1.05 \times 9.48 \times 10^4 \times \frac{Q_{分干}^{1.77}}{D^{4.77}} L$$

$$= 1.05 \times 9.48 \times 10^4 \times \frac{58.2^{1.77}}{103^{4.77}} \times 80$$

$$= 2.65(\text{m})$$

$$\Delta H_干 = 1.05 \times 9.48 \times 10^4 \times \frac{Q_干^{1.77}}{D^{4.77}} L$$

$$= 1.05 \times 9.48 \times 10^4 \times \frac{58.2^{1.77}}{103^{4.77}} \times 585$$

$$= 19.42(\text{m})$$

干管进口水头为

$$h_{干进口} = h_{支进口} + \Delta H_{分干} + \Delta H_干 + \Delta Z_{CO}$$

$$= 12.47 + 2.65 + 19.42 + 0 = 34.54(\text{m})$$

### 5. 水泵扬程确定及水泵选型

如果首部枢纽水头损失(包括过滤器、控制阀、施肥装置、弯头和泵管等)$\Delta H_{首部} = 10\text{m}$,则水泵总扬程为

$$H = h_{干进口} + \Delta H_{首部} + (Z_1 - Z_2) = h_{干进口} + \Delta H_{首部} + H_{动水位深}$$

$$= 34.54 + 10 + 20 = 64.54(\text{m})$$

### 6. 其他轮灌组水力计算

水泵扬程确定以后,还需要对其他轮灌组进行核算,计算其他分干管的直径或设置压力调节阀。由布置图知,轮灌组 1 与轮灌组 2 对称,这两个轮灌组又分别与轮灌组 3 和轮灌组 4 对称,轮灌组 5 和轮灌组 6 对称,这两个轮灌组又分别与轮灌组 7 和轮灌组 8 对称,因此只需对轮灌组 5 进行计算便可。由于轮灌组 5 与轮灌组 1 的面积、形状、支管(毛)长度和管径、支(毛)管流量均相同,因此轮灌组 5 支管进口点(F 点)要求的水头为

$$h_{5支进口要求} = h_{1支进口} = 12.47(\text{m})$$

干管 E 点的水头为

$$h_{干E点} = h_{干进口} - \Delta H_{OE}$$

$$= 34.54 - 1.05 \times 9.48 \times 10^4 \times \frac{58.2^{1.77}}{103^{4.77}} \times 195$$

$$= 28(\text{m})$$

若分干管 3 采用变径管，即前段 $L_1 = 11m$，采用 D90PVC 管（内径 86mm），后段 $L_2 = 69m$，采用 D75PVC 管（内径 70mm），则分干管 3 的水头损失为

$$\Delta H_{分干3} = 1.05 \times 9.48 \times 10^4 \times \frac{58.2^{1.77}}{70^{4.77}} \times 69 + 1.05 \times 9.48 \times 10^4 \times \frac{58.2^{1.77}}{86^{4.77}} \times 11$$

$$= 15.4 (m)$$

则由干管提供给轮灌组 5 支管进口的水头为

$$h_{干提供给5支进口} = h_{干E点} - \Delta H_{分干3} = 28 - 15.4 = 12.6 (m) \approx h_{5支进口要求}$$

上述方法是通过调节分干管的直径，来满足其他轮灌组的水头要求，也可不改变分干管的直径，在其他各轮灌组支管进口设置压力调节器，但这种办法会提高系统投资。

### 5.6.9 材料统计

表 5-11 为方案 1 滴灌系统设备材料表，表中材料数量为实际使用的量，没有考虑损耗。

表 5-11 　　　　　　　　　　方案 1 滴灌系统设备材料表

| 规 格 名 称 | 数 量 | 单 位 | 单 价（元） | 复 价（元） | 备 注 |
|---|---|---|---|---|---|
| D16 滴灌管 | 83200 | m | | | |
| D16 旁通 | 1040 | 个 | | | 毛管与 PVC 管连接 |
| D16 堵头 | 1040 | 个 | | | |
| D16 接头 | 200 | 个 | | | |
| D16 毛管 | 2000 | m | | | 作为出地直管 |
| D110PVC 管 | 2310 | m | | | |
| D90PVC 管 | 90 | m | | | |
| D75PVC 管 | 80 | m | | | |
| D110×50 变径 | 8 | 个 | | | 接排水阀 |
| 2in 阀门 | 8 | 个 | | | 排水阀 |
| 4in 阀门 | 9 | 个 | | | |
| 4in 法兰管接头 | 17 | 个 | | | |
| D110PVC 管三通 | 9 | 个 | | | |
| D75×110 变径 | 2 | 个 | | | |
| D110×90×110 变径三通 | 2 | 个 | | | |
| D110 弯头 | 2 | 个 | | | |
| SS-100 砂过滤器 | 1 | 台 | | | |
| SFF-100×16 施肥罐 | 1 | 台 | | | |
| 4in 逆止阀 | 1 | 个 | | | |
| 4in 水表 | 1 | 个 | | | |
| 压力表 | 2 | 个 | | | |
| 1in 进排气阀 | 1 | 个 | | | |
| 200JQ60 潜水泵 | 1 | 台 | | | 扬程 65m，流量 60m³/h |
| 泵管及其他附件 | | | | | |

### 5.6.10　方案 2 管道水力计算

**1. 毛管实际水头损失**

毛管铺设长度仍为 80m，毛管实际的水头损失与毛管进口水头均与方案 1 相同，即 $\Delta H_{毛实际}=1.51m$，$h_{毛进口}=10.16m$。

**2. 支管实际水头差**

实际分配给支管的水头差也与方案 1 相同，$\Delta H_{支实际}=2.61m$。

**3. 支管管径与支管进口水头计算**

每条支管双向控制 44 条毛管，单侧 22 条毛管。相当于支管上有 22 个出水口，每条毛管流量为 448L/h，每个出水口的流量为 $448\times2=896$（L/h），每条支管长 $33\times2=66$（m）。

如果支管采用 D63PE 管（内径 58mm），支管水头损失为

$$\Delta H_支=1.05\times8.4\times10^4\times\frac{Q_支^{1.75}}{D^{4.75}}LF$$

$$=1.05\times8.4\times10^4\times\frac{(896\times22/1000)^{1.75}}{58^{4.75}}\times66\times0.372$$

$$=1.68(m)<\Delta H_{支实际}=2.61(m)$$

故满足要求。支管进口水头为 $h_{支进口}=h_{毛进口}+\Delta H_支+\Delta Z_{BC}=10.16+1.68+0=11.84(m)$

**4. 轮灌组划分**

每个轮灌组控制 3 个灌水小区，为减少分干管和干管流量，降低系统投资，将每个轮灌组控制的灌水小区分散。各轮灌组控制的灌水小区如表 5-12 所示。

表 5-12　　　　　　　　　　　　轮 灌 组 划 分 表

| 轮灌组号 | 灌水小区号/灌水小区流量（m³/h） | | 轮灌组流量（m³/h） | 轮灌组号 | 灌水小区号/灌水小区流量（m³/h） | | 轮灌组流量（m³/h） |
|---|---|---|---|---|---|---|---|
| 第一轮灌组 | 1/19.7 | 9/19.7 | 24/19.7 | 59.1 | 第五轮灌组 | 5/19.7 | 13/19.7 | 20/19.7 | 59.1 |
| 第二轮灌组 | 2/19.7 | 10/19.7 | 23/19.7 | 59.1 | 第六轮灌组 | 6/19.7 | 142/19.7 | 19/19.7 | 59.1 |
| 第三轮灌组 | 3/19.7 | 11/19.7 | 22/19.7 | 59.1 | 第七轮灌组 | 7/19.7 | 15/19.7 | 18/19.7 | 59.1 |
| 第四轮灌组 | 4/19.7 | 12/19.7 | 21/19.7 | 59.1 | 第八轮灌组 | 8/19.7 | 16/19.7 | 17/19.7 | 59.1 |

**5. 分干管与干管水力计算**

以上轮灌组划分方法，第一轮灌组和第八轮灌组都有可能是最不利轮灌组，需要通过计算确定。按照最不利轮灌组确定水泵扬程后，还需要核算其他轮灌组，确定各分干管的管径，使各支管进口要求水头与干管、分干管提供的水头一致。或采用简单的办法，即在各支管进口或分干管进口安装压力调节器。

其他省略。

## 5.7　微喷灌工程设计示例（柑橘园微喷灌系统规划设计）

### 5.7.1　设计基本资料

**1. 地形、土壤及作物种植资料**

柑橘园种植面积 13.98hm²，南北长 448m，东西宽 312m，地形水平。

土壤为红壤土，平均入渗强度为 8.0mm/h，土层厚度约 1.0m，田间持水量 31%（水占土体体积百分比），凋萎点土壤含水量 22%（水占土体体积百分比）。

种植的温州蜜橘树龄已 8 年，株行距均为 4.0m，平均树冠直径 3.0m。橘园管理良好，每年深翻 3 次，深度为 0.6～0.7m。

2. 气象资料

根据气象站实测资料分析，多年平均年降雨量 1518mm，4～6 月为雨季，降雨量占全年降雨量的 58%，7～10 月为旱季。

3. 水源条件

该柑橘基地西边有一蓄水池，主要是拦蓄当地地面径流，水量充足。但干旱时供电紧张，每天平均供电仅 12h。

### 5.7.2　微喷灌系统规划设计参数

1. 设计灌溉补充强度

不考虑淋洗水量，微喷灌设计灌溉补充强度取 $I_a = 3.5 \text{mm/d}$。

2. 土壤湿润比

根据相关资料，设计土壤湿润比可取 $p \geqslant 80\%$。

3. 灌水小区流量偏差

灌水小区流量偏差 $q_v = 20\%$。

4. 灌溉水利用系数

根据有关资料灌溉水利用系数 $\eta = 0.9$。

### 5.7.3　灌水器选择与毛管布置方式

选某公司生产的双向折射式微喷头（又称双向雾化喷头）。该微喷头额定工作压力 $h_a = 10\text{m}$，额定流量 $q_a = 44\text{L/h}$，射程为 2.67～2.8m，平均喷洒强度为 4.5mm/h，湿润面积 $A_w = 7.39\text{m}^2$，灌水器的流态指数 $x = 0.5$。

采用单行直线布置，每一行树布置一条毛管。毛管间距等于柑橘的行距，微喷头距树干 1m 布置，间距 2.0m，即每棵橘树下布置两个微喷头，微喷头和毛管连接的连接管管径为 4mm，长度为 2.0m。此种布置方式下的湿润比为

$$P = \frac{nA_w}{S_t S_r} \times 100\% = \frac{2 \times 7.39}{4 \times 4} \times 100\% = 92\% > 80\%$$

说明上述灌水器与毛管布置方式满足设计湿润比的要求。

### 5.7.4　微喷灌灌溉制度拟定

1. 最大净灌水定额

微喷灌土壤计划湿润层深度取 0.8m，土壤中允许的缺水量占土壤有效持水量的比例取 40%，则

$$m_{\max} = 1000\beta(F_d - w_0)zp$$
$$= 1000 \times 0.4 \times (0.31 - 0.22) \times 0.8 \times 0.92 = 26.5 \text{(mm)}$$

2. 毛灌水定额

如果采用 $m_净 = m_{\max}$，则

$$m_{毛}=\frac{m_{净}}{\eta}=\frac{26.5}{0.9}=29.4(\mathrm{mm})$$

3. 设计灌水周期

$$T=\frac{m_{净}}{I_a}=\frac{26.5}{3.5}=7(\mathrm{d})$$

4. 一次灌水延续时间

$$t=\frac{m_{毛}\,S_e S_l}{q_a}=\frac{29.4\times2\times4}{44}=5.35(\mathrm{h})\ 取\ t=6\mathrm{h}$$

### 5.7.5　支、毛管水头差分配与毛管极限长度的确定

当 $q_v=20\%$ 时，灌水小区允许的最大水头偏差为

$$h_{\max}=(1+0.65q_v)^{\frac{1}{x}}h_a=(1+0.65\times0.2)^{\frac{1}{0.5}}\times10=12.77(\mathrm{m})$$

$$h_{\min}=(1-0.35q_v)^{\frac{1}{x}}h_d=(1-0.35\times0.2)^{\frac{1}{0.5}}\times10=8.65(\mathrm{m})$$

$$\Delta H_s=h_{\max}-h_{\min}=12.77-8.65=4.12(\mathrm{m})$$

根据支、毛管水头差分配比，得

$$\Delta H_{毛}=0.55\Delta H_s=0.55\times4.12=2.26(\mathrm{m})$$

$$\Delta H_{支}=0.45\Delta H_s=0.45\times4.12=1.84(\mathrm{m})$$

如果毛管选用 D16PE 管（内径 14.8mm），计算毛管极限长度为

$$L_m=\mathrm{INT}\left(\frac{5.446\Delta H_{毛}\,D^{4.75}}{KSq_a^{1.75}}\right)^{0.364}S$$

$$=\mathrm{INT}\left(\frac{5.446\times2.26\times14.8^{4.75}}{1.1\times2\times44^{1.75}}\right)^{0.364}\times2=35(\mathrm{m})$$

### 5.7.6　管网系统布置与轮灌组划分

系统允许的最大轮灌组数为

$$N_{最大}=\frac{CT}{t}=\frac{12\times7}{6}=14(个)$$

根据地块形状，采用毛管铺设长度为 32m，整个灌区共有 997 条毛管，每条毛管流量为 $Q_{毛}=44\times32/2=704$（L/h），整个灌区所有灌水器的流量和为 $997\times704/1000=702$（m³/h）。

考虑到灌水与其他农业技术措施相结合的问题，并使系统有足够的停水维修时间，将全系统分成 21 个灌水小区，11 个轮灌组，1 个轮灌组控制两个灌水小区，最后 1 个灌水小区为 1 个轮灌组。灌水小区内支管长 104m，双向控制 52 条毛管，每个灌水小区流量为 $52\times704/1000=36.6$（m³/h），前 10 个轮灌组，每个轮灌组的流量为 73.2m³/h，最后 1 个轮灌组的流量为 36.6m³/h。管网布置如图 5-18 所示。

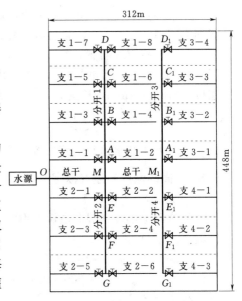

图 5-18　柑橘微喷灌工程管网布置

为减少分干管和干管流量，降低系统投资，将每个轮灌组控制的灌水小区分散。各轮灌组控制的灌水小区划分如表5-13所示。

表 5-13　　　　　　　　　　　　　　轮 灌 组 划 分 表

| 轮灌组号 | 灌水小区号 | 灌水小区流量（m³/h） | 轮灌组流量（m³/h） | 轮灌组号 | 灌水小区号 | 灌水小区流量（m³/h） | 轮灌组流量（m³/h） |
|---|---|---|---|---|---|---|---|
| 1 | 支1-7 | 36.6 | 73.2 | 7 | 支1-2 | 36.6 | 73.2 |
|  | 支3-4 | 36.6 |  |  | 支2-5 | 36.6 |  |
| 2 | 支1-5 | 36.6 | 73.2 | 8 | 支2-1 | 36.6 | 73.2 |
|  | 支3-3 | 36.6 |  |  | 支4-1 | 36.6 |  |
| 3 | 支1-6 | 36.6 | 73.2 | 9 | 支2-3 | 36.6 | 73.2 |
|  | 支2-4 | 36.6 |  |  | 支4-2 | 36.6 |  |
| 4 | 支1-3 | 36.6 | 73.2 | 10 | 支2-6 | 36.6 | 73.2 |
|  | 支3-2 | 36.6 |  |  | 支4-3 | 36.6 |  |
| 5 | 支1-4 | 36.6 | 73.2 | 11 | 支1-8 | 36.6 | 36.6 |
|  | 支2-2 | 36.6 |  |  |  |  |  |
| 6 | 支1-1 | 36.6 | 73.2 |  |  |  |  |
|  | 支3-1 | 36.6 |  |  |  |  |  |

### 5.7.7 管道水力计算

1. 毛管实际水头损失

由于毛管实际铺设长度为32m，因此毛管实际的水头损失为

$$\Delta H_{毛实际}=1.1\times8.4\times10^4\times\frac{Q_{毛}^{1.75}}{D^{1.75}}LF$$

$$=1.1\times8.4\times10^4\times\frac{(704/1000)^{1.75}}{14.8^{4.75}}\times32\times0.376$$

$$=1.66(m)$$

毛管与灌水器连接管的水头损失为

$$\Delta H_{连接管}=1.1\times8.4\times10^4\times\frac{Q_{连接管}^{1.75}}{D^{1.75}}L$$

$$=1.1\times8.4\times10^4\times\frac{(44/1000)^{1.75}}{4^{4.75}}\times2$$

$$=1.08(m)$$

因此，毛管进口水头为

$$h_{毛进口}=h_{min}+\Delta H_{毛实际}+\Delta H_{连接管}=8.65+1.66+1.08=11.39(m)$$

2. 实际分配给支管的水头差

$$\Delta H_{支实际}=\Delta H_s-\Delta H_{毛实际}-\Delta H_{连接管}=4.12-1.66-1.08=1.38(m)$$

3. 支管管径与支管进口水头计算

灌水小区内支管长104m，每条支管双向控制52条毛管。每条毛管流量为704L/h，

相当于支管上有 26 个出水口，每个出水口的流量为 $704 \times 2 = 1408$（L/h），如果支管采用 D90PVC（内径 86mm）管，支管水头损失为

$$\Delta H_支 = 1.05 \times 9.48 \times 10^4 \times \frac{Q_支^{1.77}}{D^{4.77}} LF$$

$$= 1.05 \times 9.48 \times 10^4 \times \frac{(36.6)^{1.77}}{86^{4.77}} \times 104 \times 0.371$$

$$= 1.33(m) < \Delta H_{支实际} = 1.38(m)$$

满足支管水头差的要求。支管进口水头为

$$h_{支进口} = h_{毛进口} + \Delta H_支 + \Delta Z = 11.39 + 1.33 + 0 = 12.72(m)$$

**4. 分干管与干管水力计算**

以第一轮灌组为最不利轮灌组确定干管和分干管的直径。干管长度为 208m，分干管 3 长度为 224m。

$$Q_{干OM} = 73.2 m^3/h$$

$$Q_{分干3} = Q_{干MM_1} = 33.6 m^3/h$$

利用经济流速初选干管和分干管管径

$$D_{干OM} = 13\sqrt{Q} = 13 \times \sqrt{73.2} = 111(mm)$$

$$D_{干MM_1} = D_{分干3} = 13\sqrt{Q} = 13 \times \sqrt{36.6} = 78.6(mm)$$

选用管径 $D = 110mm$ 的 PVC 管（内径 103mm）作为干管 OM 段的管径，选用管径 $D = 90mm$（内径 86mm）的 PVC 管为分干管 3 和干管 $MM_1$ 的管径。干管与分干管 3 水头损失为

$$\Delta H_{分干3} = 1.05 \times 9.48 \times 10^4 \times \frac{Q_{分干3}^{1.77}}{D^{4.77}} L$$

$$= 1.05 \times 9.48 \times 10^4 \times \frac{36.6^{1.77}}{86^{4.77}} \times 224$$

$$= 7.73(m)$$

$$\Delta H_干 = \Delta H_{干OM} + \Delta H_{干MM_1} = 1.05 \times 9.48 \times 10^4 \times \frac{73.2^{1.77}}{103^{4.77}} \times 104$$

$$+ 1.05 \times 9.48 \times 10^4 \times \frac{36.6^{1.77}}{86^{4.77}} \times 104$$

$$= 5.18 + 3.59 = 8.77(m)$$

干管进口水头为

$$h_{干进口} = h_{支3-4进口} + \Delta H_{分干3} + \Delta H_干 + \Delta Z_{OD_1}$$

$$= 12.72 + 7.73 + 8.77 + 0 = 29.22(m)$$

分干管 1 采用变径管道，即前段 $L_1 = 160m$，采用 D90PVC 管（内径 86mm），后段 $L_2 = 64m$，采用 D75PVC 管（内径 70mm），则分干管 1 的水头损失为

$$\Delta H_{分干1} = \Delta H_{分干1MC} + \Delta H_{分干1CD}$$

$$= 1.05 \times 9.48 \times 10^4 \times \frac{36.6^{1.77}}{86^{4.77}} \times 160 + 1.05 \times 9.48 \times 10^4 \times \frac{36.6^{1.77}}{70^{4.77}} \times 64$$

$$= 11.4(m)$$

此时要求的干管进口水头为

$$h_{干进口} = h_{支1-7进口} + \Delta H_{干OM} + \Delta H_{分干1}$$
$$= 12.72 + 5.18 + 11.4$$
$$= 29.30(m)$$

所以干管进口水头确定为 29.30m。

5. 水泵扬程确定及水泵选型

如果首部枢纽水头损失（包括过滤器、控制阀、施肥装置、弯头和泵管等）$\Delta H_{首部} = 15m$，则水泵总扬程为

$$H = h_{干进口} + \Delta H_{首部} + (Z_1 - Z_2) = 29.30 + 15 + 0$$
$$= 44.30(m)$$

6. 其他轮灌组水力计算

水泵扬程确定以后，还需要对其他轮灌组进行核算，计算其他分干管的直径或设置压力调节阀。首先对第十轮灌组进行水力计算，确定分干管 2 和分干管 4 的管径。

$$h_{支4-3进口要求} = h_{支2-6进口要求} = 12.72(m)$$

干管 $M_1$ 点的水头为

$$h_{干M_1点} = h_{干进口} - \Delta H_{干}$$
$$= 29.30 - 8.77 = 20.53(m)$$

干管 M 点的水头为

$$h_{干M点} = h_{干进口} - \Delta H_{干OM}$$
$$= 29.30 - 5.18 = 24.12(m)$$

若分干管 4 采用变径管，即前段 $L_1 = 120m$，采用 D90PVC 管（内径 86mm），后段 $L_2 = 40m$，采用 D75PVC 管（内径 70mm），则分干管 4 的水头损失为

$$\Delta H_{分干4} = 1.05 \times 9.48 \times 10^4 \times \frac{36.6^{1.77}}{86^{4.77}} \times 120 + 1.05 \times 9.48 \times 10^4 \times \frac{36.6^{1.77}}{70^{4.77}} \times 40$$
$$= 7.82(m)$$

则由干管提供给轮灌组 10 支管 4-3 进口的水头为

$$h_{干提供给支4-3进口} = h_{干M_1点} - \Delta H_{分干4} = 20.53 - 7.82$$
$$= 12.71(m) \approx h_{支4-3进口要求}$$

若分干管 2 采用变径管，即前段 $L_1 = 60m$，采用 D90PVC 管（内径 86mm），后段 $L_2 = 100m$，采用 D75PVC 管（内径 70mm），则分干管 3 的水头损失为

$$\Delta H_{分干2} = 1.05 \times 9.48 \times 10^4 \times \frac{36.6^{1.77}}{86^{4.77}} \times 60 + 1.05 \times 9.48 \times 10^4 \times \frac{36.6^{1.77}}{70^{4.77}} \times 100$$
$$= 11.30(m)$$

则由干管提供给轮灌组 10 支管 2-6 进口的水头为

$$h_{干提供给支2-6进口} = h_{干M点} - \Delta H_{分干2} = 24.12 - 11.30$$
$$= 12.82(m) \approx h_{支2~6进口要求}$$

通过调节分干管 2 和 4 的直径，均满足轮灌组 10 的水头要求，在轮灌组 10 的支管进口不需设置压力调节器。各级管道管径及长度如表 5-14。

表 5 - 14　　　　　　　　　　各 级 管 道 管 径 和 长 度

| 名　称 | 管　径<br>（mm） | 长　度<br>（m） | 名　称 | 管　径<br>（mm） | 长　度<br>（m） |
|---|---|---|---|---|---|
| 主干管 | 110 | 104 | 分干管 2 | 90 | 60 |
|  | 90 | 104 |  | 75 | 100 |
| 分干管 1 | 90 | 160 | 分干管 4 | 90 | 120 |
|  | 75 | 64 |  | 75 | 40 |
| 分干管 3 | 90 | 224 | 支管 | 90 | 104 |

　　其他轮灌组的水力计算是在各干管和分干管管径均已确定的情况下，计算干管提供给各轮灌组支管的进口水头，与支管允许的进口水头相比，确定是否需要安装压力调节器。计算方法同轮灌组 10。计算结果见表 5 - 15。

表 5 - 15　　　　干管提供给各轮灌组支管的进口水头与支管允许的进口水头

| 轮灌组号 | 支 管 号 | 支管要求<br>进口水头<br>（m） | 干管提供给<br>支管的水头<br>（m） | 应消除的<br>水头<br>（m） | 备　注 |
|---|---|---|---|---|---|
| 1 | 支 1—7 | 12.72 | 12.72 | 0 |  |
|  | 支 3—4 | 12.72 | 12.80 | 0.08 |  |
| 2 | 支 1—5 | 12.72 | 18.60 | 5.88 | 支管进口设置压力调节器 |
|  | 支 3—3 | 12.72 | 15.01 | 2.29 | 支管进口设置压力调节器 |
| 3 | 支 1—6 | 12.72 | 18.60 | 5.88 | 支管进口设置压力调节器 |
|  | 支 2—4 | 12.72 | 18.73 | 6.01 | 支管进口设置压力调节器 |
| 4 | 支 1—3 | 12.72 | 20.81 | 8.09 | 支管进口设置压力调节器 |
|  | 支 3—2 | 12.72 | 17.22 | 4.50 | 支管进口设置压力调节器 |
| 5 | 支 1—4 | 12.72 | 20.81 | 8.09 | 支管进口设置压力调节器 |
|  | 支 2—2 | 12.72 | 23.02 | 10.3 | 支管进口设置压力调节器 |
| 6 | 支 1—1 | 12.72 | 23.02 | 10.3 | 支管进口设置压力调节器 |
|  | 支 3—1 | 12.72 | 19.43 | 6.71 | 支管进口设置压力调节器 |
| 7 | 支 1—2 | 12.72 | 23.02 | 10.3 | 支管进口设置压力调节器 |
|  | 支 2—5 | 12.72 | 12.82 | 0.1 |  |
| 8 | 支 2—1 | 12.72 | 23.02 | 10.3 | 支管进口设置压力调节器 |
|  | 支 4—1 | 12.72 | 19.43 | 6.71 | 支管进口设置压力调节器 |
| 9 | 支 2—3 | 12.72 | 18.73 | 6.01 | 支管进口设置压力调节器 |
|  | 支 4—2 | 12.72 | 15.66 | 2.94 | 支管进口设置压力调节器 |
| 10 | 支 2—6 | 12.72 | 12.82 | 0.1 |  |
|  | 支 4—3 | 12.72 | 12.71 | 0 |  |
| 11 | 支 1—8 | 12.72 | 16.38 | 3.66 | 支管进口设置压力调节器 |

　　其他省略。

# 第 **6** 章

## 低压管道输水灌溉工程技术

# 6.1 概　述

低压管道输水灌溉系统是 20 世纪 90 年代在我国迅速发展起来的一种节水节能型的新式地面灌溉系统。它利用低耗能机泵或由地形落差所提供的自然压力水头将灌溉水加低压（一般不超过 0.2MPa），然后再通过低压管道网输配水到农田进行灌溉，以充分满足作物的需水要求。因此，在输、配水上，它是以低压管网来代替明渠输配水系统的一种农田水利工程形式，而在田间灌水上，通常采用畦、沟灌等地面灌水方法。与喷灌、微灌系统比较，其最末一级管道压力是最不利出水口的工作压力，一般远比喷灌、微灌等喷洒口的工作压力为低，通常只需控制在 2～3kPa。

## 6.1.1 低压管道输水灌溉系统的组成与类型

### 6.1.1.1 低压管道输水灌溉系统类型

低压管道输水灌溉系统类型很多，特点各异，一般可按下述两个特点进行分类。

1. 按低压管道输水灌溉系统在灌溉季节中各组成部分的可移动程度分类

（1）固定式低压管道输水灌溉系统。低压管道输水灌溉系统的所有各组成部分在整个灌溉季节，甚至常年都固定不动。该系统的各级管道通常均为地埋管。固定式低压管道输水灌溉系统只能固定在一处使用，故需要管材量大，单位面积投资高。

（2）移动式低压管道输水灌溉系统。除水源外，引水取水枢纽和各级管道等各组成部分均可移动。它们可在灌溉季节中轮流在不同地块上使用，非灌溉季节时则集中收藏保管。这种系统设备利用率高，单位面积投资低，效益较高，适应性较强，使用方便，但劳动强度大，若管理运用不当，设备极易损坏。其管道多采用地面移动管道。

（3）半固定式低压管道输水灌溉系统，又称半移动式低压管道输水灌溉系统。这类系统的引水取水枢纽和干管或干、支管为固定的地埋暗管；而配水管道，支管、农管或仅农管可移动。这种系统具有固定式和移动式两类低压管道输水灌溉系统的特点，是目前渠灌区低压管道输水灌溉系统使用最广泛的类型。由于其枢纽和干管笨重，固定它们可以降低移动的劳动强度；而配水管道一般较轻，但所占投资比例较大，所以使其移动相对劳动强度不大，又可节省投资。

2. **按获得压力的来源分类**

（1）机压式低压管道输水灌溉系统。在水源的水面高程低于灌区的地面高程，或虽略高一些但不足以提供灌区管网输配水和田间灌水所需要的压力时，则要利用水泵机组加压。在其他条件相同的情况下，这类系统因需消耗能量，故运行管理费用较高。我国井灌区和提水灌区的低压管道输水灌溉系统均为此种类型。

（2）自压式低压管道输水灌溉系统。水源的水面高程高于灌区地面高程，管网配水和田间灌水所需要的压力完全依靠地形落差所提供的自然水头得到。一般地形坡度只要有 1/250～6/1000 的地面坡度，即可满足自压式低压管道输水灌溉系统正常运行所需要的工作压力。这种类型不用水泵加压，故可大大降低工程投资，特别适宜在引水自流灌区、水库自流灌区和大型提水灌区内田间工程应用。在有地形条件可利用的地方均应首先考虑采用自压式低压管道输水灌溉系统。

目前，我国单井、群井汇流灌区和规模小的提水灌区及部分小型塘坝自流灌区多采用移动式低压管道输水灌溉系统，其管网采用一级或两级地面移动的塑料软管或硬管。面积较大的群井联用灌区、抽水灌区以及水库灌区与自流灌区主要采用半固定式低压管道输水灌溉系统，其固定管道多为地埋暗管，田间灌水则采用地面移动软管。

#### 6.1.1.2　低压管道输水灌溉系统组成

低压管道输水灌溉系统依其各部分所担负的功能作用不同，一般可划分为水源与取水枢纽、输水配水管网、田间灌水系统、附属建筑物和装置等部分，如图6-1所示。

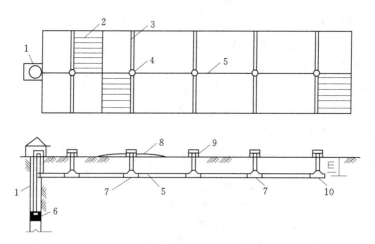

图6-1　灌溉管道系统组成图

1—水源（井）；2—畦；3—供水毛沟（移动管）；4—分水池；5—输水管；6—泵；
7—三通；8—移动管；9—出水口；10—弯头

1. **水源**

低压管道输水灌溉系统的水源有井（泉）、水库（塘坝）、河（湖）和渠（沟）

等，水质应符合农田灌溉用水标准的要求，且水中不得含有大量杂草和泥沙等易于堵塞管网的物质。

2. 取水枢纽

取水枢纽的形式主要取决于水源种类，其作用是从水源取水，并进行处理以符合管网与灌溉在水量、水质和水压3方面的要求。

需要机压的低压管道输水灌溉系统必须要有水泵和动力。可根据用水量和扬程的大小，选择适宜的水泵类型和型号。

在有自然地形落差可利用的地方，可采用自压式，以节省投资。渠灌区有条件时，应尽量发展自压式形式，以节省投资。

在自流灌区或大中型抽水灌区以及灌溉水中含有大量杂质的地区建设低压管道输水灌溉系统，取水枢纽除必须设置进水闸和量水建筑物外，还必须设置拦污栅、沉淀池或水质净化处理等设施。

3. 输配水管网

输配水管网是由各级管道、管件及附属装置连接成的输配水通道。在灌溉面积较大的灌区，输配水管网主要由干管、支管等多级管道组成。在灌溉面积较小的灌区，一般只有单机泵、单级管道输水和灌水。

井灌区输配水管网一般采用1～2级地面移动管道，或1级地埋管和1级地面移动管。渠灌区输配水管网多由多级管道组成，一般均为固定式地埋管。地埋管管材目前我国主要采用混凝土管、硬塑料管、钢管、石棉水泥管和一些当地材料。输配水管网的最末1级管道，可采用固定式地埋管，也可采用地面移动管道。地面移动管道管材目前我国主要选用薄塑软管、涂塑布管，也有采用造价较高的硬塑管、锦纶管、尼龙管和铝合金管等管材。

4. 田间灌水系统

渠灌区低压管道输水灌溉系统的田间灌水系统可以采用多种形式，常用的主要有以下3种形式。

(1) 采用田间灌水管网输水和配水，应用地面移动管道来代替田间毛渠和输水垄沟，并运用退管灌法在农田内进行灌水。这种方式输水损失最小，可避免田间灌水时灌溉水的浪费，而且管理运用方便，也不占地，不影响耕作和田间管理。井灌区多采用这种形式。

(2) 采用明渠田间输水垄沟输水和配水，并在田间应用常规畦、沟灌等地面灌水方法进行灌水。这种方式仍要产生部分田间输配水损失，不可避免地还要产生田间灌水的无益损耗和浪费，劳动强度大，田间灌水工作也困难，而且输水沟还要占用农田耕地，因此最为不利。

(3) 仅田间输水垄沟采用地面移动管道输、配水，而农田内部灌水时仍采用常规畦、沟灌等地面灌水方法。这种方式的特点介于前两种方式之间，但因无需购置大量的田间灌地用软管，因此投资可大为减少。田间移动管可用闸孔管道、虹吸管或一般引水管等，向畦、沟放水或配水。

5. 附属建筑物和装置

由于低压管道输水灌溉系统一般都有2～3级地埋固定管道，因此必须设置各种类型的建筑物或装置。依建筑物或装置在系统中所发挥的作用不同，可把它们划分为以下 9 种类型。

（1）取水建筑物：包括进水闸或闸阀、拦污栅、沉淀池或其他净化处理设施等。

（2）分水配水建筑物：包括干管向支管、支管向下级管道分水配水用的闸门或闸阀。

（3）控制建筑物：如各级管道上为控制水位或流量所设置的闸门或阀门。

（4）量测建筑物：包括量测管道流量和水量的装置或水表，量测水压的压力表等。

（5）保护装置：为防止管道发生水击或水压过高或产生负压等致使管道变形、弯曲、破裂、吸扁等现象，以及为管道开始进水时向外排气、泄水时向内补气等，通常均需在管道首部或管道适当位置处设置通气孔和排气阀、减压装置或安全阀等。

（6）泄退水建筑物：为防止管道在冬季冻裂，在冬季结冻前将管道内余水退净泄空所设置的闸门或阀门。

（7）交叉建筑物：管道若与路、渠、沟等建筑物相交叉，则需设置虹吸管、倒虹吸管或有压涵管等。

（8）田间出水口和给水栓：由地埋输配水暗管向田间畦、沟配水时需要装置竖管和给水栓，灌溉水流出地面处应设置出水口。

（9）管道附件及连通建筑物：主要有三通、四通、变径接头、同径接头等以及为连通管道所需设置的井式建筑物。

### 6.1.2　输配水管网规划布置的基本要求

（1）输配水管网的规划布置应使网总长度最短，管道顺直，水头损失小，总造价小，而且管理运用方便。

（2）输配水地埋固定管道应尽可能布设在坚实的地基上，尽量避开填方区以及可能发生滑坡的地带和受山洪威胁的地带，若管道因地形条件限制，必须铺设在松软地基或有可能发生不均匀沉陷的地段，则应对管道地基进行处理。

（3）根据水源和用户情况，输配水管网在平原地区可采用环状封闭式管网或树枝状管网，应尽量采取两侧分水的布置形式；在山区丘陵地区宜采用树枝状管网，其主要管道应尽量沿山脊布置，以尽量减少管道起伏。地形复杂需要管道沿纵坡布置时，管道最大纵坡不宜超过 1∶1.5，而且应小于土壤的内摩擦角，并应在变坡处设置镇墩。对于直径大于 100mm 且铺设在地面上的固定管道，应在其拐弯处和直管段超过 30m 处设置镇墩。固定管道转弯角度应大于 90°，埋设深度应在冻土层以下，且不小于 70cm。

（4）输配水管网的进口设计流量和设计压力，应根据全灌溉管道系统所需要的设计流量和大多数配水管进口所需要的设计压力确定。若局部地区供水压力不足，而提高全系统工作压力又不经济时，应采取增压措施。若部分地区供水压力过高，则可结合地形条件和供水压力要求，设置压力分区，采取减压措施，或采用不同等级的管材和不同压力要求的灌水方法，布置成不同的灌溉系统。在进行各级管道水力计算时，应同时验算各级管道产生水锤的可能性以及水锤压力，以便采取水锤防护措施。特别是在管道纵向拐弯处，应检验是否会产生水锤和真空现象，并依此条件，在管道工作压力中预留 2～3m 水头的余压。

（5）输配水管网各级管道进口必须设置节制阀，并应装设压力和流量的调节装置。分水口较多的输配水管道，每隔 3～5 个分水口应设置一个节制阀。管道最低处应设置退水泄水阀，在水泵出口闸阀的下游、压力池放水阀的下游以及可能产生水锤负压或水柱分离的管道处，应安装进气阀，在管道的驼峰处或管道最高处应安装排气阀，在水泵逆止阀的下游或闸阀的上游处安装水锤防护装置。

（6）应尽可能发挥输配水管网综合利用功能，把农田灌溉与农村供水以及水产、环境美化等相结合，充分发挥输配水管网的效益。

### 6.1.3 低压管道输水灌溉工程技术的优点

1. 节水节能

低压管道输水系统有效地防止了水的渗漏和蒸发损失，其输水过程中水的有效利用率可达 90% 以上，而土渠输水灌溉，其水的有效利用率只有 45% 左右，因此，管灌可大大提高水的利用率，是一项有效的节水灌溉工程措施。井灌区管道输水比土渠输水节水 30% 左右，比土渠输水灌溉节能 20%～30%。

2. 省地省工

以管道代替土渠输水，一般可减少占地 2%～4%；而且管道灌溉输水速度快，浇地效率高，一般效率提高一倍，用工减少一半以上。所以，渠灌区实现管道灌溉后，减少渠道占用耕地的优点尤为突出。这对于我国土地资源紧缺，人均耕地面积不足 1.5 亩的现实来说，具有显著的社会效益和经济效益。

3. 扩大灌溉面积

低压管道输水灌溉，减少了水量损失，可有效地扩大灌溉面积。淮北井灌区，用管道输水代替土渠输水，单井灌溉面积可由 40～60 亩扩大到 100～120 亩。

4. 灌水及时，促进增产增收

低压管道输水灌溉供水及时，可缩短轮灌周期，改善了田间灌水条件，有利于适时适量灌溉，从而可有效地满足作物生长的需水要求。特别是在作物需水关键期，土渠灌溉往往因为轮灌周期长，灌水不及时，而影响作物生长，造成减产，管道输水灌溉较好地克服了这一缺点，从而起到了增产增收的效果。

5. 适应性强，管理方便

低压管道输水灌溉不仅能满足灌区微地形及局部高地农作物的灌溉，而且能适应当前农业生产责任制的要求，灌水时户与户之间干扰小、矛盾少，每个出水口灌溉数户承包田，群众自己能够负责把出水口和移动软管管好用好。

# 6.2 低压管道输水灌溉系统规划与布置

低压管道输水灌溉系统规划与布置的基本任务是，在勘测和收集基本资料以及掌握低压管道输水灌溉区基本情况和特点的基础上，论证发展低压管道输水灌溉技术的必要性和可行性，确定规划原则和主要内容。通过技术论证和水力计算，确定低压管道输水灌溉系统工程规模和低压管道输水灌溉系统控制范围；选定最佳低压管道输水灌溉系统规划布置方案；进行投资预算与效益分析，以彻底改变当地农业生产条件，建设高产稳产、优质高效农田及适应农业现代化的要求为目的。因此，低压管道输水灌溉系统规划与其他灌溉系统规划一样，是农田灌溉工程的重要工作，必须予以重视，认真做好。

### 6.2.1　系统布设的基本原则

规划布设低压管道输水灌溉系统一般应遵循以下基本原则。

（1）低压管道输水灌溉系统的布设应与水源、道路、林带、供电线路和排水等紧密结合，统筹安排，并尽量充分利用当地已有的水利设施及其他工程设施。

（2）低压管道输水灌溉系统布设时应综合考虑低压管道输水灌溉系统各组成部分的设置及其衔接。

（3）在山丘区，大中型自流灌区和抽水灌区内部以及一切有可能利用地形坡度提供自然水头的地方，只要在最末级管道最不利出水口处有 0.3～0.5m 的压力水头，就应首先考虑布设自压式低压管道输水灌溉系统。对于地埋暗管，沿管线具有 1/200 左右的地形坡度，就可满足自压式低压管道输水灌溉系统输水压力能坡线的要求。

（4）小水源如单井、群井、小型抽水灌区等应选用布设全移动式低压管道输水灌溉系统。群井联用的井灌区和大的抽水灌区及自流灌区宜布设固定式低压管道输水灌溉系统。

（5）输水管网的布设应力求管线总长度最短，控制面积最大；管线平顺，无过多的转折和起伏；尽量避免逆坡布置。

（6）田间末级暗管和地面移动软管的布设方向应与作物种植方向或耕作方向及地形坡度相适应，一般应取平行方向布置。

（7）田间给水栓或出水口的间距应依据现行农村生产管理体制相结合，以方便用户管理和实行轮灌。

（8）低压管道输水灌溉系统布局应有利于管理运用，方便检查和维修，保证输水、配水和灌水的安全可靠。

### 6.2.2　水量供需平衡分析

1. 可供水量

可供水量应根据水源的类型进行确定。井灌区水源为地下水时，应收集年内最高与最低埋深及出现时间，含水层的厚度以及埋藏深度、地下水位变幅、给水度、渗透系数、影响半径和水力梯度和单位降深涌水量等有关资料；河灌区水源一般来自河、沟、渠，应收集取水水源的正常、最高、最低水位，不同频率年的来水量及年内分配过程，水位流量关系曲线及年内含沙量的分配等资料；当水源位水库塘坝时，应收集流域降雨径流情况、历年蓄水情况、水位库容曲线、水库调节性能及可供灌溉用水量。

2. 需水量

需水量中应包括灌溉、牧副渔业、工业及生活等用水量，并应考虑发展计划。

3. 水量供需平衡分析

当可供水量大于需水量时，说明水量充沛，管灌系统所规划的灌溉面积尚有灌溉保证，不会引起地下水超采。否则，应调整种植比例，减少灌溉面积或开辟新水源，但绝不能超量开采地下水。

## 6.2.3　取水工程规划布置

取水工程是管灌系统的重要组成部分，对于新建井灌区，当 $W_{供} \geqslant W_{需}$ 时，应进行整体规划，合理确定井位。

1. 单井控制灌溉面积

$$F_0 = \frac{QT\eta t(1-\eta_1)}{m} \qquad (6-1)$$

式中：$F_0$ 为单井控制灌溉面积，亩；$Q$ 为单井出水量，$\mathrm{m^3/h}$，由水文地质条件确定；$\eta$ 为灌溉水利用系数；$T$ 为规划区轮灌一次所需时间，d；$t$ 为灌溉期每天开机时间，h；$\eta_1$ 为干扰抽水的水量消减系数；$m$ 为综合净灌水定额，$\mathrm{m^3/亩}$。

2. 井距

在大型灌区，井的布局通常采用方形或梅花形两种排列形式。

方形布置

$$L_0 = 25.8\sqrt{F_0} \qquad (6-2)$$

梅花形布置

$$L_0 = 27.8\sqrt{F_0} \qquad (6-3)$$

式中：$F_0$ 为单井控制灌溉面积，亩；$L_0$ 为井距，m。

3. 井数

$$N = F/F_0 \qquad (6-4)$$

式中：$N$ 为规划区内机井眼数；$F$ 为规划区灌溉面积，亩；$F_0$ 为单井控制灌溉面积，亩。

4. 井群布置原则

（1）便于输水和控制最大的灌溉面积。地形平坦，井应布置在灌区中央；地形起伏较大，井应布置于高处。

（2）沿河地带，井应平行于河流布置。

（3）应与输变电、交通及排灌渠道统筹结合。

对旧井灌区，在长期运行过程中，井的质量及出水量都发生了变化，形成了不合理的机井布局。因此，在管网规划时应对规划区内现有机井状况进行普查，调整不合理井位，以便进行合理的管网规划布置。

## 6.2.4　管网系统布设形式

地埋暗管固定管网的布设形式可根据水源位置、控制范围、地面坡度、田块形状和作物种植方向等条件，布设成环状、树枝状或混合状 3 种类型。

1. 环状管网

干、支管均呈环状布置。其突出特点是，供水安全可靠，管网、内水压力较均匀，各条管道间水量调配灵活，有利于随机用水，但管线总长度较长，投资一般均高于树枝状管网。目前，环状管网在低压管道输水灌溉系统中应用很少，仅在个别单井灌区试点示范使用。

（1）水源位于田块一侧、控制面积较大（10～20hm²）的环状管网布置形式，如

图 6-2 (a) 所示。

（2）水源位于田块中心，控制面积为 $7\sim10\mathrm{hm}^2$、田块长宽比不大于 2 的环状管网布置形式，如图 6-2 (b) 所示。

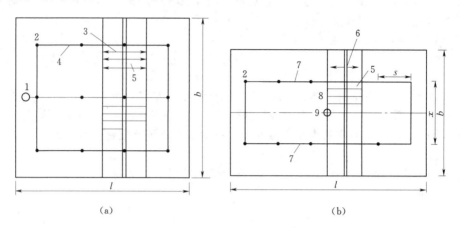

(a)　　　　　　　　　　　　　　(b)

图 6-2　环状管网布置

（a）水源位于田块一侧；（b）水源位于田块中心

1—井；2—出水口；3—灌水方向；4—环状管道；5—畦；6—双向控制毛渠；

7—支管；8—干管；9—水源

**2. 树枝状管网**

树枝状管网由干、支管或干、支、农管组成，并均呈树枝状布置。其特点是，管线总长度较短，构造简单，投资较低，但管网内的压力不均匀，各条管道间的水量不能相互调剂。

（1）当控制面积较大、地块近似正方形、作物种植方向与灌水方向相同或不相同时，可布置成梳齿形（图 6-3）或鱼骨形（图 6-4）。

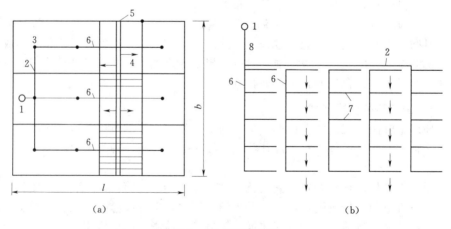

(a)　　　　　　　　　　　　　　(b)

图 6-3　梳齿形布置

1—水源；2—干管；3—出水口；4—灌水方向；5—双向控制毛渠；

6—支管；7—农管；8—主管

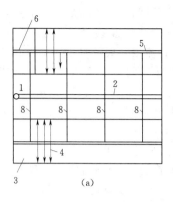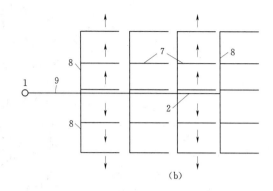

图 6-4　鱼骨形布置

1—水源；2—干管；3—畦；4—灌水方向；5—出水口；6—双向控制毛渠；7—农管；8—支管；9—主管

（2）水源位于田块一侧，树枝状管网呈一字形（图 6-5）、T 形（图 6-6）、L 形（图 6-7）布置。这 3 种形式主要适用于控制面积较小的井灌区，一般井的出水量为 $20\sim40\text{m}^3/\text{h}$，控制面积 $3\sim7\text{hm}^2$，田块的长宽比（$l/b$）不大于 3 的情况，多用地面移动软管输水和浇地，管径大致为 100mm 左右，长度不超过 400m。

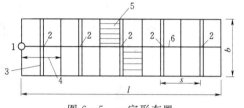

图 6-5　一字形布置

1—水源；2—出水口；3—毛渠（双向控制）；
4—灌水方向；5—畦；6—干管

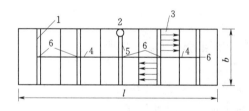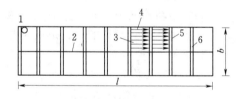

图 6-6　T 形布置

1—双向控制毛渠；2—水源；3—畦；4—支管；
5—干管；6—出水口

图 6-7　L 形布置

1—水源；2—干管；3—畦；4—灌水方向；
5—单向控制毛渠；6—出水口

3. 混合状

当地形复杂时，常将环状与树枝状管网混合使用，形成混合状。

对于井灌区，这两种布置形式主要适用于井出水量 $60\sim100\text{m}^3/\text{h}$，控制面积 $10\sim20\text{hm}^2$，田块的长宽比（$l/b$）约为 1 的情况。常采用 1 级地埋暗管输水和 1 级地面移动软管输水、灌水。地埋暗管多采用硬塑料管、内光外波纹塑料管和当地材料管，管径约为 $100\sim200\text{mm}$，管长不超过 1.0km。地面移动软管主要使用薄膜塑料软管和涂塑布管，管径 $50\sim100\text{mm}$，长度不超过灌水畦、沟长度。

水井位于田块中部的井灌区，常采用 H 形和长一字形树枝状管网布置形式（图 6-8 和图 6-9）。主要适用于井出水量 $40\sim60\text{m}^3/\text{h}$，控制面积 $7\sim10\text{hm}^2$；田块的长宽比（$l/b$）不大于 2 时，采用 H 形；当长宽比大于 2 时，常采用长一字形。

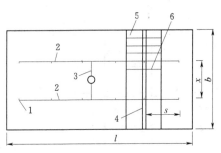

图 6-8　H 形布置

1—出水口；2—支管；3—干管；
4—双向控制毛渠；5—畦；6—灌水方向

对于渠灌区，常为多级半固定式或固定式低压管道输水灌溉系统，其控制面积可达 70hm²，干管流量一般约在 0.4m³/s 以下，管径在 300～600mm 间，长度可达 2.0km 以上；支管流量一般 0.15m³/s，管径 100mm 左右，管长即支管间距 200～400m，农管间距即灌水沟畦长度，一般为 70～200m。大管径（300mm 以上）地埋暗管管材常用现浇或预制素混凝土管，300mm 以下管径的常用管材有硬塑料管、石棉水泥管、素混凝土管、内光外波纹塑料管以及当地材料管等。一般要求农管（或支管）采用同一管径，干管或支管可分段变径，以节省投资；但变径不宜超过 3 种，以方便管理。

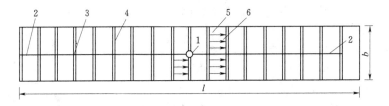

图 6-9　长一字形布置

1—水源；2—支管；3—出水口；4—单向控制毛渠；5—畦；6—灌水方向

### 6.2.5　地面移动管网的布设和使用

地面移动管网一般只有 1 级或 2 级，其管材通常有移动软管、移动硬管和软管硬管联合运用 3 种。常见的布设形式及相应的使用方法有以下几种。

1. 长畦短灌

长畦短灌又称为长畦分段灌，是将一条长畦分为若干短段，从而形成没有横向畦埂的短畦，用软管或纵向输水沟自上而下或自下而上分段进行畦灌的灌水方法，如图 6-10 所示。其畦长可达 200m 以上，畦宽可达 5～10m。

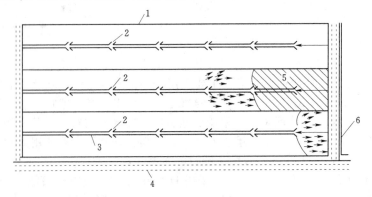

图 6-10　长畦分段灌布置

1—畦埂；2—放水口；3—输水软管或输水沟；4—道路；5—已灌区域；6—农渠或毛渠

2. 长畦短灌双向灌溉

长畦短灌双向灌溉（图 6-11）是在长畦短灌的基础上由一个出水口放水双向灌地的方法。其单口控制面积 0.09～0.18hm²，移动管长 20m 左右。

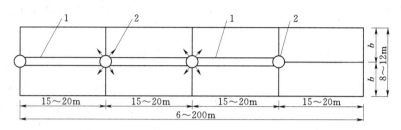

图 6-11　长畦短灌双向灌溉
1—移动管；2—出水口

3. 长畦短灌单向灌溉

地面坡度较陡，灌水不宜采用双向控制时，可在长畦短灌基础上采用单向控制灌溉，如图 6-12 所示。

4. 方畦双向灌溉

地面坡度小，畦的长宽比约等于 1（或 0.6～1.0）时可采用方畦双向灌溉。移动管长不宜大于 10m，畦长亦不宜大于 10m，如图 6-13 所示。

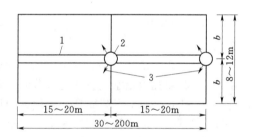

图 6-12　长畦短灌单向灌溉图
1—移动管；2—出水口；3—灌水方向

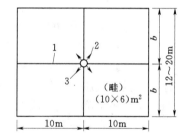

图 6-13　方畦双向灌溉
1—移动管；2—出水口；3—灌水方向

5. 移动闸管

移动闸管是在移动管（软管或硬管）上开孔，孔上设有控制闸门，以调节放水孔的出流量。移动闸管可直接与井泵出水管口相连接，也可与地埋暗管上的给水栓相连接。闸管顺畦长方向放置。闸管长度不宜大于 20m。畦的规格及灌水方法均与移动管网相同。移动软管上的开孔间距视灌水畦、沟的布置而定。

## 6.2.6　低压管道输水灌溉系统建筑物的布设

在井灌区，若采用移动软管式低压管道输水灌溉系统，一般只有 1～2 级地面移动软管，无需布设建筑物，只要配备相应的管件即可；若采用半固定式低压管道输水灌溉系统，也只布设 1 级地埋暗管，再布设必要数量的给水栓和出水口即可满足输水和灌水要求。而在渠灌区，通常控制面积较大，需布设 2～3 级地埋暗管，故必须设置各种类型的附属建筑物。

**1. 渠灌区低压管道输水灌溉系统的取水枢纽布设**

渠灌区的低压管道输水灌溉系统需从支、斗渠或农渠上引水。其渠、管的连接方式和各种设施的布置均取决于地形条件和水流特性（如水头、流量、含沙量等）以及水质情况。通常管道与明渠的连接均需设置进水闸门，其后应布设沉淀池，闸门进口尚需安装拦污栅，并应在适当位置处设置量水设备。

**2. 渠灌区低压管道输水灌溉系统的分、配水控制和泄水建筑物的布设**

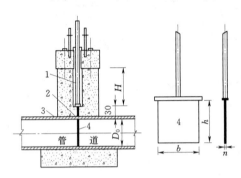

图6-14　闸板式圆缺孔板量水装置结构图
1—闸室；2—等径距测压孔；3—角接测压孔；
4—节流闸板

在各级地埋暗管首、尾和控制管道内水压、流量处均应布设闸板门或闸阀，以利分水、配水、泄水及控制调节管道内的水压或流量。采用自来水管网中的闸阀，造价过高，连接安装麻烦，图6-14为比较适宜一种专用于低压管灌系统的闸板式建筑物，其启闭灵活方便，造价低，装配容易。

**3. 量测建筑物的布设**

低压管道输水灌溉系统中，通常都采用压力表量测管道内的水压。压力表的量程不宜大于0.4MPa，精度一般可选用1.0级。压力表应安装在各级管道首部进水口后为宜。

在井灌区，低压管道输水灌溉系统流量不大，可选用旋翼式自来水表，但其口径不宜大于$\phi 50$，否则造价过高，会影响投资。

在渠灌区，各级管道流量较大，如仍采用自来水表，既造价高，又会因渠水含沙量大，还含有其他杂质，而使水表失效。采用闸板式圆缺孔板量水装置或配合分流式量水计则量水精度更精确，其测流误差不小于3%，价格低，加工安装简易，使用维护均很方便。如用于量水，应装在各级管道首部进水闸门下游，以节流板位置为准，要求上游直管段需要有10～15倍管道内径的长度，下游应有5～10倍管道内径的长度。

**4. 给水装置的布设**

给水装置是低压管道输水灌溉系统由地埋暗管向田间灌水、供水的主要装置，可分为两类：直接向土渠供水的装置，称出水口；接下一级软管或闸管的装置，称给水栓。一般每个出水口或给水栓控制的面积为0.7hm²左右，压力不小于3kPa，间距为30～60m。

出水口和给水栓的结构类型很多，选用时应因地制宜，依据其技术性能、造价和在田间工作的适应性，并结合当地的经济条件和加工能力等，综合考虑确定，一般要求：结构简单，坚固耐用；密封性能好，关闭时不渗水，不漏水；水力性能好，局部水头损失小；整体性能好，开关方便，容易装卸；功能多，除供水外，尽可能具有进排气、消除水锤、真空等功能，以保证管路安全运行，造价低。

根据止水原理，出水口和给水栓可分为外力止水式、内水压式和栓塞止水式等三大类型。图6-15～图6-19为目前我国低压管灌系统中主要采用的出水口与给水栓类型。

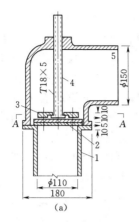 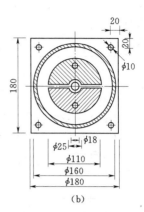

图 6-15 螺杆压盖型给水栓图（单位：mm）

1—与管道三通立管插接的法兰盘管；2—压盖；3—半圆扣瓦；4—螺杆；5—弯头外壳

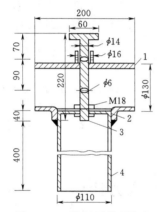 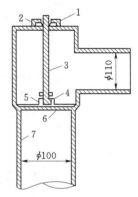

图 6-16 销杆压盖型给水
栓图（单位：mm）

1—三通管；2—压盖；3—销杆；4—铸铁管

图 6-17 弹簧销杆压盖型
给水栓图（单位：mm）

1—顶帽；2—卡棍；3—压杆；4—弹簧；
5—凹槽；6—压盖；7—立管

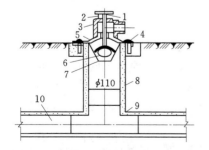 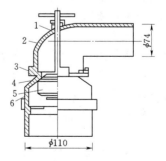

图 6-18 浮球阀型给水栓图（单位：mm）

1—压杆；2—挂钩；3—上栓体；4—出水口嘴；
5—浮塞；6—下栓体；7—钢筋笼；
8—竖管；9—三通管；10—输水管

图 6-19 浮塞型给水栓图（单位：mm）

1—丝杆；2—上栓体；3、4—密封圈；
5—浮塞；6—下栓体

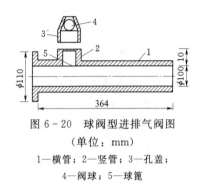

图 6-20　球阀型进排气阀图
（单位：mm）
1—横管；2—竖管；3—孔盖；
4—阀球；5—球笼

**5. 管道安全装置的布设**

为防止管道进气、排气不及时或操作运用不当，以及井灌区泵不按规程操作或突然停电等原因而发生事故，甚至使管道破裂，必须在管道上设置安全保护装置。目前在低压管道输水灌溉系统中使用的安全保护装置主要有：球阀型进排气装置（图 6-20）、平板型进排气装置（图 6-21）、单流门进排气阀（图 6-22）和安全阀 4 种。它们一般应装设在管道首部或管线较高处。

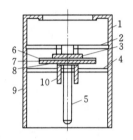

图 6-21　平板型进排气装置图
1—上阀体；2—螺母；3—大垫圈；4—导向管支筋；
5—导轴；6—橡胶垫；7—阀盖板；8—小垫圈；
9—下阀体；10—导向管

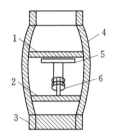

图 6-22　单流门进排气阀图
1—孔盖；2—弹簧支座；3—螺纹口；
4—阀壳体；5—压盖；6—弹簧

# 6.3　管网系统设计与水力计算

## 6.3.1　灌溉系统设计流量

设计流量是指灌溉期间管道通过的最大流量。当灌溉规模确定后，根据水源条件、作物灌溉制度、灌溉面积、作物种植结构等因素确定。设计流量是管道灌溉系统水力计算的主要依据。

**1. 灌水定额**

灌水定额是指单位面积一次灌水的灌水量或水层深度。设计中，采用作物生育期内各次灌水量中最大一次作为设计灌水定额，对于种植不同作物的灌区，通常采用设计时段内主要作物的最大灌水定额作为设计灌水定额。灌水定额应根据当地灌溉试验资料确定，无资料地区可参考邻近地区试验资料确定，也可按式（6-5）计算。

$$m = 1000\gamma_s h(\beta_1 - \beta_2) \qquad (6-5)$$

式中：$m$ 为灌水定额，mm；$\gamma_s$ 为计划湿润层土壤干密度，g/cm$^3$；$h$ 为土壤计划湿润层深度，m，一般大田作物取 0.4～0.6m，蔬菜取 0.2～0.4m，果树取 0.8～1.0m；$\beta_1$ 为土壤适宜含水量（以占土重的百分比计）上限，可取田间持水量的 85%～

95%；$\beta_2$ 为土壤适宜含水量（以占土重的百分比计）下限，可取田间持水量的 60%～65%。

2. 设计灌水周期

灌水周期就是作物一次灌水延续的天数。应根据灌水临界期内作物最大日需水量计算出理论灌水周期，因实际灌水中可能出现停水，故取设计灌水周期小于理论灌水周期。

当控制区内种植单一作物时

$$T_{理} = \frac{m}{E_d} \tag{6-6}$$

当控制区内种植多种作物时

$$T_{理} = \frac{mA}{\sum_{i=1}^{n}(E_{di}A_i)} \tag{6-7}$$

$$T < T_{理}$$

式中：$T_{理}$ 为理论灌水周期，d；$T$ 为设计灌水周期，d；$E_d$ 为控制区内作物最大日需水量，mm/d；$m$ 为设计灌水定额，mm；$E_{di}$ 为设计时段内不同作物的最大日需水量，mm/d；$A_i$ 为设计时段内不同作物的灌溉面积，亩；$A$ 为系统设计灌溉总面积，亩；$n$ 为作物种类数。

3. 设计流量

当已知控制灌溉面积、设计灌水定额后，灌溉系统设计流量可按式（6-8）计算。

$$Q_0 = \frac{\alpha m A}{\eta T t} \tag{6-8}$$

式中：$Q_0$ 为灌溉系统设计流量，$m^3/h$；$\alpha$ 为控制性作物种植比例；$A$ 为系统设计灌溉面积，亩；$m$ 为设计灌水定额，$m^3/$亩；$\eta$ 为灌溉水利用系数，取 $\eta = 0.8 \sim 0.9$；$T$ 为设计灌水周期，d；$t$ 为日工作小时数，h。

当 $Q_0$ 大于水泵流量时，应取 $Q_0$ 等于水泵流量，并相应减小灌溉面积或调整种植比例。

4. 管道设计流量

（1）树状网。管网中上一级管道流量等于下一级各管道流量之和，支管各管段设计流量按其控制的出水口个数及各出水口设计流量推算，干管各管段设计流量按其控制的支管条数及各支管入口流量推算。

当各出水口流量相同时，树状网各级管道设计流量可按式（6-9）计算

$$Q = n\frac{Q_0}{N} \tag{6-9}$$

式中：$Q$ 为管道设计流量，$m^3/h$；$Q_0$ 为灌溉系统设计流量，$m^3/h$；$N$ 为全系统同时开启的给水栓（或出水口）个数；$n$ 为管道控制范围内同时开启的给水栓（出水口）个数。

（2）环状网。环状网各管段流量在管径未确定时不是惟一的，一般首先按满足节点水流连续条件初步分配管段流量，然后选定管径，再按各环满足能量方程进行平差

计算，得到最终的管段设计流量。因此，环状网管段流量计算比树状网要复杂得多。

对于单井控制的单环管网，每条管段可分配大致相同的流量，管道设计流量可按式（6-10）计算

$$Q=\frac{Q_0}{2} \qquad (6-10)$$

式中：$Q$ 为管道设计流量，$m^3/h$；$Q_0$ 为灌溉系统设计流量，$m^3/h$。

### 6.3.2 设计水头

（1）管道系统最大工作水头

$$H_{max}=Z_2-Z_0+\Delta Z_2+\sum h_{f2}+\sum h_{j2} \qquad (6-11)$$

（2）管道系统最小工作水头

$$H_{min}=Z_1-Z_0+\Delta Z_1+\sum h_{f1}+\sum h_{j1} \qquad (6-12)$$

式中：$H_{max}$ 为管道系统最大工作水头，m；$H_{min}$ 为管道系统最小工作水头，m；$Z_0$ 为管道系统进口高程，m；$Z_1$ 为参考点 1 地面高程，在平原井区，参考点 1 一般为距水源最近的出水口，m；$Z_2$ 为参考点 2 地面高程，在平原井区，参考点 2 一般为距水源最远的出水口，m；$\Delta Z_1$、$\Delta Z_2$ 分别为参考点 1 与参考点 2 处出水口中心线与地面的高差，m，出水口中心线高程应为所控制的田间最高地面高程加 0.15m；$\sum h_{f1}$、$\sum h_{j1}$ 分别为管道系统进口至参考点 1 的管路沿程水头损失与局部水头损失，m；$\sum h_{f2}$、$\sum h_{j2}$ 分别为管道系统进口至参考点 2 的管路沿程水头损失与局部水头损失，m。

（3）管道系统设计工作水头，宜按最大和最小工作水头的平均值近似取用。

$$H_0=\frac{H_{max}+H_{min}}{2} \qquad (6-13)$$

式中：$H_0$ 为管道系统设计工作水头，m。

（4）灌溉系统设计扬程，应按式（6-14）计算

$$H_P=H_0+Z_0-Z_d+\sum h_{f0}+\sum h_{j0} \qquad (6-14)$$

式中：$H_P$ 为灌溉系统设计扬程，m；$Z_d$ 为机井动水位，m；$\sum h_{f0}$、$\sum h_{j0}$ 分别为水泵吸水管进口至管道系统进口之间的管道沿程水头损失与局部水头损失，m；其余符号意义同前。

（5）水泵运行的扬程（流量）范围，应通过水泵工作点计算确定。

### 6.3.3 管径的初选及管道的水力计算

#### 1. 初选管径

通常按式（6-15）初选管径

$$d=\sqrt{\frac{4Q}{\pi v}}=1.13\sqrt{\frac{Q}{v}} \qquad (6-15)$$

式中：$d$ 为管道内径，m；$Q$ 为设计流量，$m^3/s$；$v$ 为管道内的适宜流速，m/s。

适宜流速对管径选择影响很大，目前在低压管道输水灌溉系统中尚研究不够，一般凭经验选取，多控制在 0.5～1.5m/s 之间，以不产生淤积和不发生水击为度。各种管材适宜流速的选取可参考表 6-1。

| 表 6-1 | | 低压管道输水适宜流速值 | | | |
|---|---|---|---|---|---|
| 管　材 | 混凝土管 | 石棉水泥管 | 水泥砂管 | 塑料管 | 移动软管 |
| 适宜流速（m/s） | 0.5～1.0 | 0.7～1.3 | 0.4～0.8 | 1.0～1.5 | 0.4～0.8 |

**2. 管道的水力计算**

管道水力计算的任务是计算管道水头损失，包括沿程水头损失与局部水头损头两部分。

（1）计算沿程水头损失

$$h_f = f\frac{LQ^m}{d^b} \tag{6-16}$$

式中：$h_f$ 为沿程水头损失，m；$f$ 为摩阻系数，与管材有关；$Q$ 为管中流量（指计算管道的最大流量），$m^3/h$；$d$ 为管内径，mm；$L$ 为管长，m；$m$、$b$ 为与管材有关的流量指数和管径指数。

各种管材的 $f$、$m$、$b$ 值，见表 6-2。

| 表 6-2 | | | | 管道沿程水头损失公式中的 $f$、$m$、$b$ 值 | | | |
|---|---|---|---|---|---|---|---|
| 管　材 | $f$ | $m$ | $b$ | 管　材 | $f$ | $m$ | $b$ |
| 混凝土管及钢筋混凝土管 | | | | 旧钢管、旧铸铁管 | $6.25\times10^5$ | 1.9 | 5.1 |
| $n=0.013$ | $1.312\times10^6$ | 2 | 5.33 | 石棉水泥管 | $1.455\times10^5$ | 1.85 | 4.89 |
| $n=0.014$ | $1.516\times10^6$ | 2 | 5.33 | 硬塑料管 | $0.948\times10^5$ | 1.77 | 4.77 |
| $n=0.015$ | $1.749\times10^6$ | 2 | 5.33 | 铝管、铝合金管 | $0.861\times10^5$ | 1.74 | 4.74 |

（2）局部水头损失按式（6-17）计算

$$h_j = \xi\frac{v^2}{2g} \tag{6-17}$$

式中：$h_j$ 为局部水头损失，m；$v$ 为管内断面平均流速，m/s；$g$ 为重力加速度；$\zeta$ 为局部水头损失系数，可参考水力学或有关手册选定。

局部水头损失也可按沿程水头损失的 $10\%\sim15\%$ 估算。较长的平直管道，局部水头损失可忽略不计。

**3. 确定管径**

输水管各段流量分配确定后，如何选择管径是管道输水灌溉水力计算的主要任务之一。

已知允许流速及经济流速。当输水系统各段流量确定后

$$D = \sqrt{\frac{4q}{\pi V}} = 18.8\sqrt{\frac{q}{V}} \tag{6-18}$$

式中：$D$ 为管段直径，mm；$q$ 为管段流量，$m^3/h$；$V$ 为管中流速，m/s。

从式（6-18）可知，管径不但和管段流量有关，而且和流速大小有关，当管段的流量已知，但是流速未定，管径还是无法确定。因此，要确定管径必须先选定流速。

（1）允许流速。为防止管道因水击作用而产生破坏，最大设计流速不应超过 2.5～3.0m/s；为了防止水中悬浮物在管内沉积，渠灌区最低流速通常不得小于 0.6m/s，

为避免流速过小在管壁滋生微生物，井灌区最小流速不应小于 0.25m/s。

（2）经济流速。从式（6-18）可以看出，管段流量已定时，管径和流速的平方根成反比。流速取得小些，管径相应增大，管网造价增加，但水头损失减小，水泵扬程可以降低，抽水耗费的电能减少。反之，若采用较大流速，管径相应减小，管网造价低，但水头损失增大，运行费用也增加。因此，一般采用优化方法求得流速和管径的最优解，在教学上表现为求投资偿还期内管网造价和管理费用（主要是电费）之和为最小的流速，称为经济流速。

经济流速受当地材料价格、使用年限、施工费用及动力价格等因素影响，各地区经济流速有不同的数值，但从理论上计算：经济流速有一定难度。当缺乏资料时可采用平均经济流速，表6-3列出了不同管材平均经济流速的参考值。若当地材料价格较低，而动力费用较高，经济流速应选取较小值，反之则选取较大值。

表6-3　　　　　　　　　　　平 均 经 济 流 速

| 管　材 | 水泥沙土管 | 石棉水泥管 | 硬塑料管 | 管　材 | 混凝土管 | 陶　瓷 | 移动软管 |
|---|---|---|---|---|---|---|---|
| 流速（m/s） | 0.4～0.8 | 0.7～1.3 | 1.0～1.5 | 流速（m/s） | 0.5～1.0 | 0.6～1.1 | 0.5～1.2 |

对于井灌区，平均流速一般在允许流速范围之内，故按经济流速确定管道流速，然后利用式（6-18）计算管径，最后按市场销售标准管径选取。

### 6.3.4　管网布置优化及管径优选

优化管网布置及优化各级管道的管径是管网优化的两个相互联系的部分。对于小型灌区，例如单井控制面积不大的低压管道输水灌溉系统，对两部分分别优化和统一优化，其结果差别不大。对控制面积大的渠灌区，低压管道输水灌溉系统应统一进行管网优化布置和管径优选，否则，其优化结果将相差悬殊。

管网优化理论方法基本上有线性规划法、非线性规划法、动态规划法等，以非线性规划法常用，并已有计算机软件可供使用。

管网优化多以年费用最小为分析目标，目标函数为

$$F_{min} = C/T + F_y \tag{6-19}$$

约束条件为：

（1）工作压力约束

$$H_{min} \leqslant H_i \leqslant H_{max} \tag{6-20}$$

（2）流速约束

$$V_{min} \leqslant V_i \leqslant V_{max} \tag{6-21}$$

（3）管径约束。对于树枝状管网，要求

$$d_{min} \leqslant d_i \leqslant d_{max} \tag{6-22}$$

$$d_1 \geqslant d_2 \geqslant d_3 \geqslant \cdots \geqslant d_n \tag{6-23}$$

（4）流量约束

$$Q_i \leqslant Q_{max} \tag{6-24}$$

（5）井灌区和抽水灌区尚有水泵工作点约束

$$H_{max} - H_{min} \leqslant \Delta H \tag{6-25}$$

式中：$F$ 为管网年费用折算值，元；$C$ 为管网基建投资，元；$T$ 为管网折旧年限，a；$F_y$ 为管网年管理运行费，元；$H_{max}$ 为管网允许的最大工作压力，m，取决于管材的承压能力；$H_{min}$ 为管网允许的最小工作压力，m，取决于最末级管道上最不利的出水口或给水栓所需要的压力水头，一般取 $H_{min}=0.3\sim0.5m$；$\Delta H$ 为水泵工作点要求的压力，m，一般要求应在水泵的高效区内；$V_{max}$ 为管网允许的最大流速，m/s，取决于管材种类；$V_{min}$ 为管网允许的最小流速，为防止管道淤积，一般取 $V_{min}=0.4m/s$；$d_{min}$、$d_{max}$ 为管网各级管道所选用的管径，必须在已有生产的管径规格范围，mm；$d_1$、$d_2$、$\cdots$、$d_n$ 为树枝状管网的干管或支管分段变径的管径，管径应由大向小变化，以节省投资；$Q_{max}$ 为水源所提供的最大工作流量，m³/s；$H_i$ 为管网某处的设计工作压力；$V_i$ 为管网某处的设计流速；$d_i$ 为管网某处的管径；$Q_i$ 为管网某处的流量。

（6）基础建设投资约束，不得超过规定的公顷投资指标值。

影响管网年费用的主要因素是管网系统类型（固定式、半固定式或移动式）、管网布置形式（走向、间距、长度等）、管材和管径。利用正交表优化管网布置和优选管径，方法简便，并已有计算机通用软件，可供借鉴应用。

### 6.3.5 管道水击压力计算与防护

有压管道中，由于阀门的启闭或水泵突然启动或停止，会使管内流速急剧变化而引起管道中动水压强急剧上升或下降，这种现象称之为"水击"或"水锤"。水击压力过大将影响管道系统安全。因此，在工程设计中必须引起足够重视。

对于低压管道系统，由于管内流速不大，一般情况下水击压力不会很大，只要配齐安全保护装置，严格按操作规程运行，可不进行水击压力计算，但必须进行水击压力验算。在管道系统设置单向阀时，应验算突然停泵时的水击压力，遇到下列情况时，应采取水击防护措施：①水击情况下，管道内压力超过管材公称压力；②水击情况下，管内可能出现负压。

1. 水击压力计算

（1）水击波速。

$$a=\frac{1435}{\sqrt{1+\alpha\dfrac{D}{\delta}}} \tag{6-26}$$

式中：$a$ 为水击波速，m/s；$D$ 为管径，m；$\delta$ 为管壁厚度，m；$\alpha$ 为水的体积弹性模数与管材弹性模数之比，常用管材 $\alpha$ 值见表 6-4。

表 6-4 常用管材 α 值

| 管 材 | 钢 管 | 铸铁管 | 混凝土管 | 石棉水泥管 | PVC 管 | 灰土管 | 陶土管 |
|---|---|---|---|---|---|---|---|
| $\alpha$ | 0.01 | 0.02 | 0.10 | 0.06 | 0.53 | 0.35 | 0.42 |

（2）水击分类。水击波在管路中往返一次所需的时间称为相长，用 $T$ 表示。

$$T=\frac{2L}{a} \tag{6-27}$$

式中：$T$ 为水击相长，s；$L$ 为计算管段长度，m；$a$ 为水击波速，m/s。

关闭（或开启）阀门所需时间 $T_s$，将 $T_s$ 与水击相长 $T$ 比较，水击可分为两种类型。当 $T_s \leqslant 2L/a$ 时，阀门处的压强不受阀门关闭时间长短的影响，称作直接水击。当 $T_s > 2L/a$ 时，阀门处的水击压强与阀门关闭时间的长短有关，称作间接水击。在相同条件下，直接水击压强大于间接水击压强。

（3）水击压强计算。管道中产生水击后，阀门前断面水击压强变幅最大，持续时间最长，是水击验算的最危险断面之一。阀门前断面水击压强水头计算见式（6-28）或式（6-29）。

直接水击

$$H_d = \frac{a}{g} V_0 \qquad\qquad (6-28)$$

间接水击

$$H_i = \frac{2LV_0}{g(T+T_s)_0} \qquad\qquad (6-29)$$

式中：$H_d$ 为直接水击压强水头，m；$H_i$ 为间接水击压强水头，m；$V_0$ 为阀门启闭前阀门前断面平均流速，m/s；$T_s$ 为关闭（或开启）阀门时间，s；$g$ 为重力加速度，取 $g=9.81$m/s；其余符号意义同前。

2. 减小水击压强的措施

水击压强计算公式表明，影响水击压强的主要因素有阀门启闭时间、管道长度、管中水击前初始流速、管径及管壁厚度等。因此，在低压管道工程设计和运行管理中，可采取以下措施来减小水击危害。

（1）延长阀门启闭时间，从而避免产生直接水击。

（2）由于水击压强与管中流速成正比，设计中控制管内流速不超过允许流速最大值。

（3）由于水击压强与管长成正比，对于长管道可采取每隔一定距离设调压井或安装安全阀和进气阀，以减小管段计算长度。

（4）水击压强与管径成反比，与管壁厚成正比，应尽量选用大管径的薄壁管。

### 6.3.6　机泵选型与配套

1. 基本原则

（1）宜选用国家公布的节能型产品，严禁选用国家公布的淘汰产品。

（2）选用水泵的流量应满足灌溉系统设计流量的要求，且不大于根据抽水试验确定的机井出水量；扬程应满足灌溉系统的设计扬程。

（3）系统运行时水泵的工作点应在水泵高效区内，如偏离过大应重新选择水泵或调整管道系统。

（4）井用水泵类型选择，一般应按地下水位的埋深选择水泵类型。当机井动水位埋深在允许吸程范围内时，宜选用卧式离心泵或下卧安装；动水位埋深大于 10m 时，宜选用长轴深井泵、潜水电泵等。

（5）井泵配合间隙，应根据泵体入井部分的最大外径与井管的最小内径之差，合理选定。对金属井管，其差不得小于 50mm，非金属井管其差不得小于 100mm。

（6）动力机机型应根据能源条件合理选配。有电地区宜选用电动机，无电地区可选用柴油机或其他动力机。

(7) 动力机的功率，应根据水泵的轴功率，且在动力机的额定功率之内合理选配。动力配用系数，电动机可采用 1.1～1.3，柴油机可采用 1.2～1.4。

(8) 动力机和水泵的转向及转速应相互适应。当其额定转速相差不超过 2％时，可采用直接传动。否则，应采用间接传动。

(9) 按选定的机组建站，投资最省，操作维修方便，运行管理费用最小。

(10) 新配机井装置效率，电机配套应不低于 45％，柴油机配套应达到 40％；现有机井装置效率，电动机配套应不低于 35％，柴油机配套应不低于 30％。

2. 水泵工作点

水泵工作点是指水泵性能曲线 $Q—H_泵$ 与管道系统性能曲线 $Q—H_需$ 的交点。

水泵 $Q—H_泵$ 曲线是水泵在一定转速下，水泵扬程随流量而变化的关系曲线。管道 $Q—H_需$ 曲线又称管道所需扬程曲线。应先求出管路损失 $h_w$ 随流量 $Q$ 变化的关系曲线 $Q—h_w$，然后与所需净扬程 $H_0$ 叠加，得到管道系统性能曲线 $Q—H_需$，如图 6-23 所示。

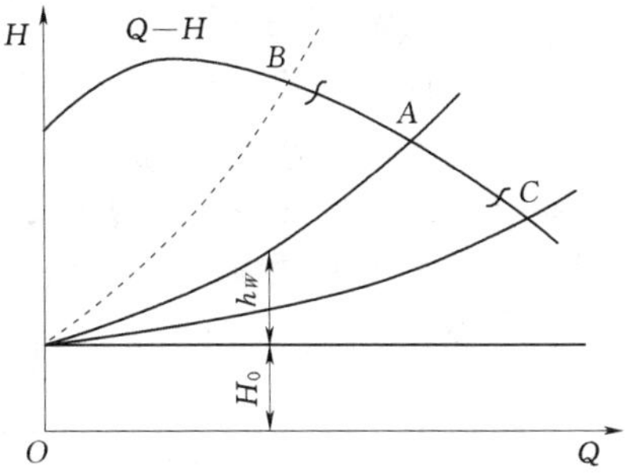

图 6-23 水泵工作点

水泵工作点。水泵性能曲线 $Q—H$ 与管道性能曲线 $Q—H_泵$ 的交点，就是系统运行时水泵的工作点，如图 6-23 中的点 $A$。

管道系统最大工作水头和最小工作水头，水泵的工作点均应在高效区内。如果工作点超出高效区范围，则应采取相应措施调整水泵工作点，使其位于高效区内。例如，对于水泵工作点 $B$，可通过减小管道水头损失（如增大管径等）使 $B$ 点向右移动；对于工作点 $C$，可通过降低水泵扬程（如减少叶轮级数、车削叶轮、调速等）使水泵性能曲线 $Q—H$ 下移，从而使 $C$ 点向左移动。最终应使 $B$ 点及 $C$ 点均位于水泵高效区内。

3. 动力机的选型配套

水泵动力机的选配，首先取决于该地区的能源供应情况，然后结合工程实际选定。最常用的动力机是电动机和柴油机。对于井泵而言，一般是成套供应的，尤其是潜水电泵，其动力机和水泵是组合成一体销售的。一般离心泵和长轴井泵的动力机可单独配置。

(1) 动力机选配电动机。应根据电源容量大小、电压等级、水泵轴功率、转速以及传动方式确定电动机的类型及工作参数。一般情况，卧式离心泵与 Y 和 YZ 系列电动机配套，长轴井泵与 YLB 系列电动机配套，潜水中泵与 YLB 系列电动机配套。

(2) 动力机选配柴油机。要根据水泵的转速和功率匹配适宜的柴油机。选柴油机速度性能曲线和水泵性能曲线相适应的机型，按柴油机的负荷特性曲线和万有特性曲线校核所选机型是否合理。

(3) 动力机功率确定。一般水泵产品样本上都标出了配套功率，也可按式（6-30）计算。

$$P_配 = KP_效/(\eta\eta_传) \qquad (6-30)$$

式中：$P_配$为动力机配套功率，kW；$P_效$为水泵有效功率，kW；$K$为动力机功率备用系数，电动机取$K=1.1\sim1.3$，柴油机取$K=1.2\sim1.4$，水泵轴功率大时取小值；$\eta$为水泵效率；$\eta_传$为传动效率。

# 6.4　常用管材及附件

管材是低压管道输水灌溉系统的主要组成部分，直接影响低压管道输水灌溉系统工程的质量和造价。在低压管道输水灌溉系统中，地埋暗管（固定管道）使用的管材主要有塑料硬管、水泥制品管及当地材料管等；地面移动管道的管材有软管和硬管两类。

## 6.4.1　地埋暗管管材

（1）塑料硬管。塑料硬管具有重量轻、内壁光滑、输水阻力小、耐腐蚀、易搬运和施工安装方便等特点。目前低压管道输水灌溉系统中使用的国标塑料硬管主要有聚氯乙烯管（PVC）、高密度聚氯乙烯管（HDPE）、低密度聚氯乙烯管（LDPE）、改性聚丙烯管（PP）等，其规格、公称压力和壁厚的关系见表6-5。要求管材内外壁光滑、平整，不允许有气泡、裂隙、显著的波纹、凹陷、杂质、颜色不均一及分解变色等缺陷。

表6-5　　　　　　　　　塑料管材规格、公称压力与管壁厚

| 外径（mm） | 公称压力（MPa） | | | | | |
|---|---|---|---|---|---|---|
| | 0.6 | | | 0.4 | | |
| | 壁厚及公差（mm） | | | 壁厚及公差（mm） | | |
| | PVC | PP | LDPE | PVC | PP | LDPE |
| 90 | 3.0+0.6 | 4.7+0.7 | 8.2+1.1 | — | 3.2+0.6 | 5.3+0.8 |
| 110 | 3.5+0.7 | 5.7+0.8 | 10.0+1.2 | 3.2+0.5 | 3.9+0.6 | 6.5+0.9 |
| 125 | 4.0+0.8 | 6.5+0.8 | 11.4+1.4 | — | 4.4+0.7 | 7.4+1.0 |
| 160 | 5.0+1.0 | 8.3+1.1 | 14.0+1.7 | 4.0+0.8 | 5.7+0.8 | 9.5+1.2 |

（2）薄壁聚氯乙烯硬管。薄壁聚氯乙烯硬管壁厚为1.7~2.0mm，压力为0.20~0.25MPa，其壁厚与公称压力的关系见表6-6。

表6-6　　　　　　　　薄壁聚氯乙烯硬管壁厚及公称压力

| 外径（mm） | 壁厚及公差（mm） | 公称压力（MPa） | 安全系数 | 外径（mm） | 壁厚及公差（mm） | 公称压力（MPa） | 安全系数 |
|---|---|---|---|---|---|---|---|
| 110 | 1.7+0.5 | 0.25 | 3 | 160 | 2.0+0.5 | 0.20 | 3 |

（3）聚氯乙烯双壁波纹管。聚氯乙烯双壁波纹管具有内壁光滑、外壁波纹的双层结构特点，不仅保持了普通塑料硬管的输水性能，而且还具有优异的物理力学性能，特别是在平均壁厚减薄到1.4mm左右时，仍有较高的扁平刚度和承受外载的能力，是一种较为理想的低压管道输水灌溉系统管材，其规格见表6-7。

表 6 - 7　　　　　　　　　　　　　双壁波纹管的基本尺寸

| 公称尺寸 (mm) | 平均内外径 (mm) | | 平均壁厚 (mm) | | | 单根长度 $L$ (m) |
|---|---|---|---|---|---|---|
| | $D_外$ | $D_内$ | $\delta_外$ | $\delta_内$ | $\delta_凹$ | |
| 110 | 110 | 100 | 0.85 | 0.57 | 1.17 | 5000～6000 |
| 160 | 160 | 147 | 1.20 | 0.95 | 1.57 | 5000～6000 |

（4）水泥制品管。水泥制品管可以预制，也可以在现场浇注。各种水泥制品管，例如素混凝土管、水泥土管等，都造价较低，且可就地取材，利用当地材料，容易推广。

（5）石棉水泥管。石棉水泥管是用石棉和水泥为主要原料，经制管机卷制而成。其特点是，内壁光滑，摩阻系数小，抗腐蚀，使用寿命长，重量轻，易搬移，且机械加工方便，但其质地较脆，不耐碰撞，抗冲击强度不高。其规格主要有 $\phi100$、$\phi150$、$\phi200$、$\phi250$ 和 $\phi300$ 等 5 种。耐压有 300kPa、700kPa、900kPa 和 1200kPa 等。

（6）灰土管是以石灰、黏土为原料，按一定配合比混合，并加水拌匀，经人工或机械夯实成型的管材。

石灰质量要求含 CaO 以大于 $60\%$ 为优。灰土比各地因灰、土质量而异，一般在 $1:5\sim1:9$ 之间，含水率约 $20\%$ 左右，干密度应在 $1.60g/cm^3$ 以上。其在空气中养护一周的抗压强度，即可达 $1.0\sim1.7MPa$。但最好采用湿土养护方法，养护至少两周后再投入运用，以有利于灰土后期强度继续增高，保证运用安全可靠。

各种管材的糙率见表 6 - 8。

表 6 - 8　　　　　　　　　　　　　各 种 管 材 的 糙 率

| 管 材 | 糙 率 | 管 材 | 糙 率 |
|---|---|---|---|
| 塑料硬管 | 0.008～0.009 | 预制混凝土管 | 0.013～0.014 |
| 石棉水泥管，灰土管 | 0.012～0.013 | 内壁较粗糙的混凝土管，现浇混凝土管 | 0.014～0.015 |
| 水泥砂管，水泥土管 | 0.012～0.014 | | |

## 6.4.2　地面移动管材

地面移动管材有软管和硬管两类。软管管材主要使用塑料软管（亦称薄塑软管）和涂塑布管。硬管管材多用塑料硬管。

（1）塑料软管。塑料软管主要有低密度聚乙烯软管、线性低密度聚乙烯软管、锦纶塑料软管、维纶塑料软管等 4 种。锦纶、维纶塑料软管，管壁较厚（2.0～2.2mm），管径较小（一般在 90mm 以下），爆破压力较高（一般均在 0.5MPa 以上），相应造价也较高，低压管道输水灌溉系统中不多用。低压管道输水灌溉系统中以线性低密度聚乙烯软管（即改性聚乙烯软管）应用较普遍。其规格见表 6 - 9。

表 6-9 线性低密度聚乙烯软管规格表

| 折径 (mm) | 直径 (mm) | 壁厚 (mm) | | 质量 (kg/m) | | 每公斤长度 (m/kg) | |
|---|---|---|---|---|---|---|---|
| | | 轻型 | 重型 | 轻型 | 重型 | 轻型 | 重型 |
| 80 | 51 | 0.20 | 0.30 | 0.029 | 0.044 | 34.0 | 22.0 |
| 100 | 64 | 0.25 | 0.35 | 0.046 | 0.064 | 21.0 | 15.6 |
| 120 | 76 | 0.30 | 0.40 | 0.066 | 0.088 | 15.0 | 11.4 |
| 140 | 89 | 0.30 | 0.40 | 0.077 | 0.105 | 13.0 | 9.5 |
| 160 | 102 | 0.30 | 0.45 | 0.088 | 0.118 | 11.4 | 8.5 |
| 180 | 115 | 0.35 | 0.45 | 0.116 | 0.149 | 8.6 | 6.7 |
| 200 | 127 | 0.35 | 0.45 | 0.128 | 0.165 | 7.8 | 6.1 |
| 240 | 153 | 0.40 | 0.50 | 0.176 | 0.220 | 5.7 | 4.5 |
| 280 | 178 | | 0.50 | | 0.258 | | 3.9 |
| 300 | 191 | | 0.50 | | 0.276 | | 3.6 |
| 320 | 204 | | 0.50 | | 0.293 | | 3.4 |
| 400 | 255 | | 0.60 | | 0.412 | | 2.4 |
| 500 | 318 | | 0.70 | | 1.280 | | 0.8 |
| 600 | 382 | | 0.70 | | 1.420 | | 0.7 |

（2）NG 涂塑软管。涂塑软管以布管为基础，两面涂聚氯乙烯，并复合薄膜，黏接成管。其特点是价格低，使用方便，易于修补，质软易弯曲，低温时不发硬，且耐磨损。目前生产的产品规格有 $\phi25$、$\phi40$、$\phi50$、$\phi65$、$\phi80$、$\phi100$、$\phi125$、$\phi150$ 和 $\phi200$ 等 9 种。工作压力一般为 $1\sim300\text{kPa}$。

地面软管的糙率大多不是固定值，它随内径及铺设条件不同而变，其野外测试值见表 6-10。

表 6-10 地面软管糙率测试值

| 管 材 | 管径 d (mm) | 沿程阻力系数 λ | 谢才系数 C | 糙率 n |
|---|---|---|---|---|
| 维纶塑料软管 | 101.6 | 54 | 0.027 | 0.010 |
| | 63.5 | 56 | 0.025 | 0.009 |
| | 50.8 | 69 | 0.016 | 0.007 |
| 离压聚乙烯软管 | 203.2 | 55 | 0.026 | 0.011 |
| | 152 | 64 | 0.019 | 0.009 |
| | 127 | 63 | 0.020 | 0.009 |
| | 101.6 | 60 | 0.022 | 0.009 |
| | 76 | 74 | 0.014 | 0.007 |
| 涂胶布质软管 | 101.6 | 45 | 0.038 | 0.012 |

### 6.4.3 管件与附属设备

管件将管道连接成完整的管路系统。管件包括弯头、接头、堵头、三通、四通、变径管、闸阀及给水立管等。附属设备是指能使管道系统安全正常运行并进行科学管理的装置，包括给水装置、安全保护装置、取水控制装置、退水装置、给水栓保护罩、量测装置等。

### 6.4.3.1 管件

1. 塑料管件

一般情况下都是与管路尺寸相配套的定型产品，有时也可用塑料管进行加工、焊接，满足特殊部位的要求，当地面易发生不均匀沉陷时，个别部位需制作钢管件。

塑料软管干、支分水处，可采用软三通、四通连接，在接头处，可采用快速活接头、塑料卡环接头或简易硬塑料管接头连接。

标准塑料管件类型与公称直径见表6-11，管件示意图如图6-24所示。

表6-11　　　　　　　　　　标准塑料管件类型与公称直径

| 塑料管件类型 | | | 公称直径（连接管材的公称外径）(mm) |
| --- | --- | --- | --- |
| 溶剂黏接型 | 弯头 | 90°等径 | 20～160 |
| | | 45°等径 | 20～160 |
| | 三通 | 90°等径 | 20～160 |
| | | 45°等径 | 20～160 |
| | 套管 | | 20～160 |
| | 变径管（长型） | | 25（20）～160（140） |
| | 堵头 | | 20～160 |
| | 活接头 | | 20～63 |
| 弹性密封圈连接型 | 90°三通 | | 63～225 |
| | 套管 | | 63～225 |
| | 变径管 | | 75（63）～225（200） |

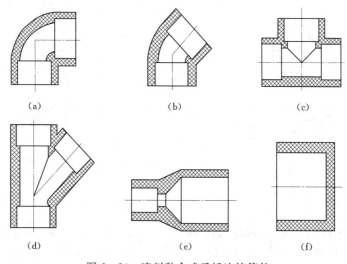

图6-24　溶剂黏合式承插连接管件

(a) 90°弯头；(b) 45°弯头；(c) 90°三通；(d) 45°三通；(e) 异径；(f) 堵头

**2. 混凝土管件**

目前没有混凝土管件制作方面的标准可依,国内尚未形成系列产品,制作时可参考有关灌溉用混凝土管国家或行业技术标准要求进行,各项性能指标应不低于配套管材的技术要求。混凝土管件的接口一般做成子母口型的母(承)口,其形状和尺寸可参考Ⅲ型混凝土管承口的设计规范。

**3. 钢管管件**

钢管可采用焊接、法兰连接和螺纹连接。一般公称直径小于 50mm 者可采用螺纹连接,有相应的定型产品可供选用;对公称直径大于 50mm 者,为了与水表、闸阀等管件连接,可采用法兰连接。

### 6.4.3.2　出水口及给水栓

出水口是指把地下管道系统的水引出地面进行灌溉的放水口,一般不能连接地面移动软管;给水栓是能与地面软管连接的出水口。给水装置有多种型式,选用给水装置应从它的使用性能、工作条件、造价、运行管理等多方面综合考虑,需满足以下条件:①整体性好,结构简单,操作方便,坚固耐用,耐腐蚀;②优先选用定型产品,选择的规格应在适宜流量范围内,局部水头损失小,止水性能好;③价格低,功能多,易管理。

**1. 塑料管材系统上的给水装置**

(1) G1Y5—S 型球阀移动式给水栓。该装置上、下栓体采用组装形式,结构合理,连接方便,集给水、进排气于一体,可一阀多用,快速接头式连接,浮阀内力止水,地上保护。具有重量轻,造价低,上栓体便于移动,可进行工厂化批量生产,质量稳定,但耐老化性较差。

根据所用材料的不同,又分为 A 型和 B 型两种。A 型给水栓由 ABS 工程塑料制成,B 型由 PVC 塑料制成。A 型还具有良好的耐低温和抗冲击性,表面硬度高,耐磨性好,密封性好,最小密封压力为 5kPa,工作压力为 0.2MPa,局部阻力系数 $\zeta=1.23$,水力性能好,A 型如图 6-25 所示。

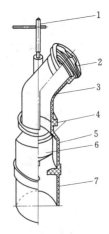

图 6-25　G1Y5—S 型球阀移动式给水栓
1—操作杆;2—快速接头;3—上栓壳;
4—密封胶圈(垫);5—下栓壳;
6—浮子;7—连接管

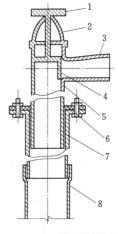

图 6-26　G2G1—S 型平板阀固定式给水栓
1—开关手轮;2—冲土帽;3—出水嘴;
4—阀门;5—升降管;6—双层橡胶圈;
7—外套管;8—立管

（2）G2G1—S 型平板阀固定式给水栓。结构形式如图 6-26 所示。法兰盘外套管与主管承插连接，升降管在外套管内上下滑动，外套管可以自由转动，灌水方向可随意调节，外力止水，地下保护，主要性能参数见表 6-12。

表 6-12  G2G1—S 型平板阀固定给水栓主要性能参数

| 项 目 | 参 数 | 项 目 | | 参 数 |
|---|---|---|---|---|
| 升降管直径（mm） | 75 | 灌溉工作压力（kPa） | | 6～15 |
| 出水嘴直径（mm） | 62.5 | 顶出压力（kPa） | 一般 | 40 |
| 配套地埋管直径（mm） | 100～125 | | 最大 | 70 |
| 总水头损失系数 | 1.938 | 顶部最大埋深（mm） | | 300 |
| 单口出水量（m³/h） | 18～30 | 顶出时间（s） | | <300 |
| 顶出过程中单个出水口底部出水量（m³/h） | <2.0 | 重量（kg） | 竖管部分 | 2.0 |
| | | | 总重 | 3.5 |

管道系统工作时，启动水泵输水后，外套管与升降管之间有一定的水量渗出，浸润、冲蚀周围土壤，减轻了升降管的上升阻力。在水压力作用下，升降管克服自重、摩擦力及上部土体压力，从地面以下 30cm 处升出地面，此时，升降管底部的密封胶圈因内水压力而封闭，套管与升降管间渗水停止。入口接上出水嘴，打开阀门即可供水；停水时，关闭阀门取下水嘴即可。停机时，管道水流产生一定负压，升降管借助自重及负压回落到地面以下 30cm 处。

（3）G2G1—G 型平板阀固定式出水口。G2G1—G 型平板阀固定式出水口又分 A 型和 B 型两种，如图 6-27 所示。为便于保护，出水口的外部常设预制混凝土保护罩。这种给水装置主要特点是结构简单，易于加工制作，安装、操作方便，造价低，坚固耐用，保护性好。外力止水，适合于出水流量及压力较小的管道系统。

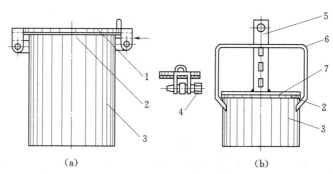

图 6-27  G2G1—G 型平板阀固定式出水口

（a）A 型；（b）B 型

1—顶盖；2—密封胶垫；3—外壳；4—销钉；5—操作杆；6—支撑框架；7—阀瓣

**2. 混凝土管材上的给水装置**

（1）G2Y5—S/H 型球阀移动式给水栓。G2Y5—S/H 型球阀移动式给水栓结构形式如图 6-28 所示。其主要特点是有自动进排气、自动关闭、给水、超压保护等多种功能。结构简单，制作容易，造价较低，内力止水，密封性好。适用流量范围大，出水弯头重量轻，移动方便，耐老化性差。

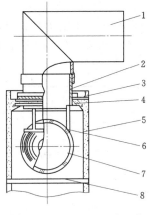

图 6-28　G2Y5—S/H 型
球阀移动式给水栓
1—出水弯头；2—连接管；
3—密封胶垫；4—密封口环；
5—球室；6—推球支架；
7—球阀；8—拦球栅

工作过程：管道充水前，球阀因自重落在球室底栅上，管道充水时，管道内空气从出水口排出，球阀随着管内水的逐渐上升而上浮至密封口环，在内水压力作用下密封出水口。灌水时，将出水弯头插入密封口环内旋紧，球被迫离开密封口环，水经出水弯头流出。停泵时，球阀随管中水的回流而下跌，使空气进入管道从而破坏真空。当管道内水压超过系统最大允许工作压力时，球从位置较低的未安装出水弯管的密封口环内弹出，随着水流流出，管道压力降低，起到保护管道的作用。

（2）C7G7—N 型丝盖固定式出水口。结构形式如图 6-29所示。出水口用一丝盖封口止水，可分为内丝盖型和外丝盖型。该形式结构简单、造价低，止水可靠，但开关较费力，垫圈易损坏，尤其是外丝盖型，胶圈易脱落。适用于流量、压力较小的灌溉系统。

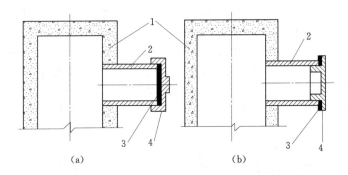

图 6-29　C7G7—N 型丝盖固定式出水口
（a）外丝盖式；（b）内丝盖式
1—混凝土立管；2—出水横管；3—密封胶垫；4—止水盖

**3. 金属管材上的给水装置**

可采用图 6-30 所示的 G1Y1 H/L、G1Y3 H/L 型平板阀移动式给水栓。该结构主要特点是上下栓体、阀瓣组装采用快速旋紧锁口连接，并用同一密封胶垫止水，整体结构简单，另配有下栓体保护盖和专用扳手。内外力结合止水，密封性好，水力条件好。下栓体材料为铸铁，经久耐用，易保护。上栓体材料为铸铝，重量轻，移动方便，可多向给水，易损件少，运行费用低。G1Y3—H/L 型上栓体出水口为快速接头式，连接地面软管更加方便。

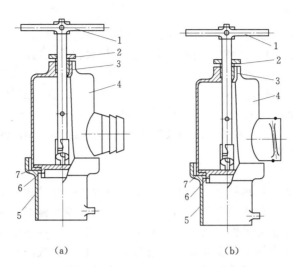

图 6-30  G1Y1—H/L、G1Y3—H/L 型平板阀移动式给水栓
(a) G1Y1—H/LⅡ型；(b) G1Y3—H/LⅢ型
1—阀杆；2—填料压盖；3—填料；4—上栓壳；5—下栓壳；6—阀瓣；7—密封胶垫

### 6.4.3.3 安全保护装置

1. 自动进排气阀

自动进气阀的作用是破坏管道真空，消除气蚀危害；自动排气阀则是排除管内空气，减小输水阻力。管道进排气阀常设于水泵出口与管道连接处，管道中间驼峰处及多功能给水栓上。其工作原理为：当开启水泵时，管道水流突然加压，排气阀此时为开启状态，管内空气从阀门排除，起到缓冲加压保护管道的作用，待管内水位顶到阀门时，阀门在水压作用下自动关闭，管道开始正常工作。停泵时，水泵出水管内的水顿时变为负压，阀门被吸开进气，破坏管内真空，从而保护管道。当管道布置有驼峰时，水流通过，驼峰处空气从阀门自动排出，消除局部气阻现象，使过流顺畅。在管道输水灌溉系统中应用的进排气阀有很多种，按阀瓣的结构可分为球阀式和平板阀式两大类。其中常用的有 JP3Q—H/G 型球阀和JP1P—G 型平板阀。

进排气阀应铅垂安装，通气孔直径应按式（6-31）确定

$$d_c = 1.05D\sqrt{\frac{V}{V_a}} \qquad (6-31)$$

式中：$d_c$ 为进排气阀通气孔直径（mm）；$V_a$ 为排出空气流速，m/s，可取 $V_a = 45$ m/s；其余符号意义同前。

JP3Q—H/G 型球阀式进排气阀结构形式如图 6-31所示。它结构简单，规格齐全，灵敏度高，密封性能好，规格齐全，造价低，适用于顺坡布置的管道系统，泵与主管道的连接处。

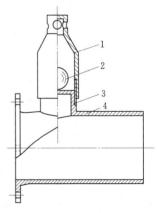

图 6-31  JP3Q—H/G 型球
阀式进（排）气阀
1—阀室；2—球阀；3—球算管；
4—法兰管

**2. 超压保护装置**

超压保护装置主要是针对低压管道灌溉系统研制的，该装置除超压保护功能外，一般还兼有进排气、止回水功能，有的还兼有灌溉给水和其他功能，故又称为多功能保护装置。它的最大特点是结构紧凑，体积小，安装方便，但设计比较复杂，安装位置及使用条件有一定的局限性。对经济技术条件较好的地区，可选用定型产品，按产品性能及使用要求来安装运行。例如：Y 式三用阀，如图 6-32 所示；AJD 型多功能保护装置，如图 6-33 所示；等等。对经济条件较差的地区，可通过设置调压管来实现超压保护。

**6.4.3.4　分水装置**

**1. 箱式控水阀**

箱式控水阀是一种集控制、调节、汇水、分水于一体的控制装置，其作用主要是将管网系统分成几个独立的部分。当其一部分管道需要维修时，可关闭该部分管道而不影响其余管线的正常工作，从而提高供水保证率。箱式控水阀有两通、三通、四通等形式。两通式控水阀主要安装在直段管道上，起接通、截断水流的作用；三通式控水阀主要安装在管道系统的分叉处，起接通、截断、分流、汇流及三通等作用；四通式控水阀主要安装在管道系统的分支处。

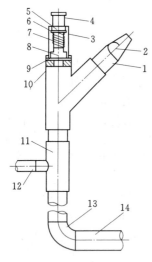

图 6-32　Y 式三用阀

1—锥形阀室；2—球阀调压部分；3—支架；
4—调压螺栓；5—调压螺母；6—弹簧垫；
7—弹簧；8—止水阀体；9—密封胶垫；
10—下阀体连接件；11—三通；
12—水泵出水管；13—弯头；
14—地下管道

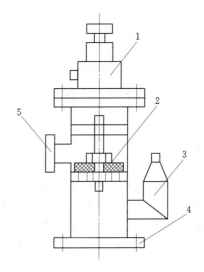

图 6-33　AJD 型多功能保护装置
结构示意图

1—安全阀；2—止回阀阀瓣；3—进（排）气阀；
4—与水泵连接的法兰；
5—与地下管道连接
的法兰

箱式控水阀结构简单，体积小，重量轻，制作安装容易，操作方便，水力性能好。其中 JN 型箱式控水阀一般用于公称直径小于 200mm 的管道系统，SQ 型箱式控水阀用于公称直径大于 110mm 的管道系统。JN 型箱式控水阀结构形式如图 6-34 所示,其性能参数见表6-13。

表 6-13 JN 型箱式控水阀的规格及性能参数

| 形 式 | 规格φ（mm） | 密封压力（MPa） | 耐久性能 | 局部阻力系数ζ |
|---|---|---|---|---|
| 两通式 | | | | |
| 三通式 | 95，110，125，160 | ≥0.50 | 启闭300次性能良好 | 3.73 |
| 四通式 | | | | |

2. 分水闸门

图 6-35 所示分水闸门主要适用于混凝土管道系统，用于控制支管道的输水和配水。该装置结构简单，可因地制宜修建，操作方便，设有检修井，维修方便，易于保护。

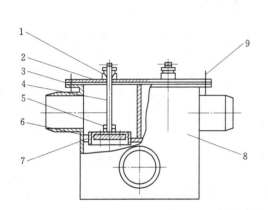
图 6-34　三通式 JN 型箱式控水阀
1—填料函；2—阀顶盖板；3—密封胶垫；4—螺杆；
5—活节套；6—阀瓣；7—阀座；8—箱体；
9—螺栓

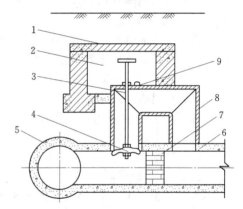
图 6-35　分水闸门及其安装示意图
1—盖板；2—保护井；3—操作杆；4—阀瓣；
5—干管；6—支管；7—截流板；
8—铸铁弯管；9—挂环

### 6.4.3.5　退水装置

退水装置是管道灌溉的必须装置。地下管道部分，如果没有退水装置，在管道需要维修时或北方的管道工程过冬时，管道中的积水无法排出，影响维修和过冬。常见的退水装置有设于管道末端的排水井和设于首部的退回水井。

1. 排水井

该装置由退水阀、泄水井和井盖组成。一般设于管道支管低处末端，也可设于几条管道的交汇处，一般单井控制的管灌系统设置1～4个排水井。为了节省投资，便于维修管理，退水阀直径为25～75mm，阀门手柄朝上，以便在地面上用开启闸门的闸杆启闭，排水井直径不宜小于1m，以便退水通畅和井内维修清淤方便。

2. 退水回井

该设备是用一阀门控制把管道和机井连接起来，开启阀门的闸杆露出地面且设于井房内，需要退水时，打开退水阀门，管道系统的水能自动退回机井中。退水回井与管道末端的退水井相比，具有节省投资，宜于维护管理，退水速度快等优点。整个管网的存水约1~2h就可以退空，而设于管道末端的排水井，退时则需7~8d甚至更长时间。该装置主要适合于平原井灌区且首部位于低处的情况。

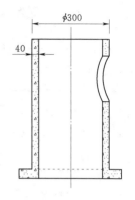

图6-36 圆筒型保护罩
（单位：mm）

#### 6.4.3.6 给水栓保护罩

低压管道灌溉工程由于田间人为活动的影响，给水栓和主管是易损部件，尤其是塑料主管，更容易碰损。因此，要设保护罩加以保护，实际工程中常用混凝土保护罩。圆筒型混凝土保护罩的结构形式如图6-36所示，底座为防沉陷稳定设计，中部圆孔为放水孔。如果是接软管的单向式给水栓，需要把接口伸出圆孔以便连接。上部开口为启闭给水栓口。

#### 6.4.3.7 量测装置

低压管道灌溉系统中常用的量测装置有测量压力用的压力表和测流量的流量计。它是实现系统科学用水管理的主要依据。

（1）压力表。可固定安装在管道某一部位，用来量测管道系统工作压力状况，监测管道运行是否正常平稳，能否满足设计要求。在低压管道输水灌溉系统中常用的压力表有Y型弹簧管压力表和YX—150型电接点压力表，设计、安装和维护应参照产品说明书进行。

（2）流量计。测量管道流量可用流速流量计、水表、孔板压差量水计、电磁流量计、超声波流量计等。

管灌系统常用LXS型旋翼湿式水表和LZL型水平螺翼式水表。水平安装时两种水表均可，非水平安装时，宜选用水平螺翼式水表。

# 6.5 工 程 设 计 示 例

## 6.5.1 基本情况

某新建井灌区长3000m，宽2000m，总面积为6km$^2$（8996亩）。土壤为中壤土，土壤密度$r=1.5t/m^3$，单井出水量80m$^3$/h，灌区内以种植小麦、玉米和其他经济作物为主，生育期最大耗水强度$E=5.0mm/d$，灌溉期间机泵运行时间18h/d，灌溉水利用系数为0.8，抽水削减系数取0.2，田间持水率$\beta=25\%$，土壤含水率上限取田间持水率的95%，下限取65%，计划湿润层深度55cm。小麦全生育期需水357mm（238m$^3$/亩），生育期内有效降雨量120mm（80m$^3$/亩）。为节约用水，增加产值，该灌区拟采用低压管道输水灌溉。

## 6.5.2 工程规划布置

### 1. 拟定灌溉制度

（1）设计灌水定额。灌区内小麦是需水量大的作物，设计时以小麦日需水量最高的灌浆期确定灌水定额。

$$m = 1000r_s h(\beta_1 - \beta_2)$$
$$= 1000 \times 13.5 \times 0.55 \times 25\% \times (95\% - 65\%)$$
$$= 55.69 (\text{mm})$$
$$= 37.1 (\text{m}^3/\text{亩})$$

取 $m = 40 \text{m}^3/\text{亩}$。

（2）灌水次数。小麦全生育期需水 238m³/亩，降雨 80m³/亩，缺水 158m³/亩，应由灌溉补充，灌水定额 40m³/亩，故小麦全生育期内应灌水 4 次，分别为返青水、拔节水、抽穗水、灌浆水。玉米生长期一般灌水 2 次即可。其他经济作物可适时灌溉。

（3）灌水周期。

理论上

$$T = m/E = 57/5.0 = 11.4 (\text{d})$$

取 $T = 11$ （d）。

2. 机井规划布置

（1）单井控制灌溉面积。

$$F_0 = QT\eta t(1 - \eta_1)/m$$
$$= 80 \times 11 \times 0.8 \times 18 \times (1 - 0.2)/40$$
$$= 253.4 (\text{亩})$$

（2）机井眼数。

$$N = F/F_0$$
$$= 8996/253.4$$
$$= 35.5 (\text{眼})$$

（3）机井布置。井群采用方形网格布置，井距：

$$L_0 = 25.8\sqrt{F_0} = 25.8\sqrt{250} = 408 (\text{m})$$

长边机井布置列数：3000/408≈8

短边机井布置行数：2000/408≈5

实际布置井距为 400m，机井 40 眼，单井实际控制面积 224.9 亩。

3. 管网布置

以单井控制面积为例，当地形起伏不大时，采用圭字形固定管道布置，双向分水，给水栓出水量 20m³/h。管网规划布置如图 6-37 所示。

### 6.5.3 工程设计

1. 设计流量

根据作物种植比例，单井控制面积及灌水定额，由式（6-8）计算的设计流量

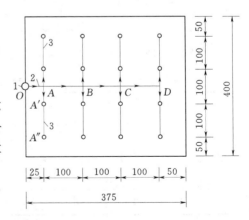

图 6-37 单井控制灌溉面积管网布置图(单位:m)

1—井；2—干管；3—支管

小于单井出水量，故采用单井出水量为设计流量。

2. 管道流量分配

由系统设计流量和给水栓设计流量可知，该系统必须采用轮灌方式，按分配计算各管段流量。

轮灌组数：$N=\text{int}(nq/Q_{设})=\text{int}(16\times20/80)=4$（组）

各轮灌组同时开启的给水栓个数：

$$n/N=16/4=4（个）$$

编组：支 1、支 2，第一轮灌组；

支 3、支 4，第二轮灌组；

支 5、支 6，第三轮灌组；

支 7、支 8，第四轮灌组。

干管各管段流量均为 80m³/h。

支管入口段流量均为 40m³/h，末端管段流量均为 20m³/h。

3. 管材与管径的选择

PVC 管材生产厂家多，规格品种齐全，耐压能力较强，施工方便，决定选用 PVC 硬管。

按经济流速法选择管径，该系统有两级管道，按表 6-4 可确定经济流速。干管取 1.3m/s，支管取 1.5m/s。对于井灌区，平均经济流速均在允许流速范围之内，故按平均经济流速确定管道流速后计算管径。

$$D=\sqrt{\frac{4q}{\pi V}}$$

$$D_{干}=\sqrt{\frac{4\times80}{\pi\times1.3\times3600}}\approx0.1476(\text{m})=148(\text{mm})$$

$$D_{支上}=\sqrt{\frac{4\times40}{\pi\times1.5\times3600}}\approx0.0966(\text{m})=97(\text{mm})$$

$$D_{支下}=\sqrt{\frac{4\times20}{\pi\times1.5\times3600}}\approx0.0696(\text{m})=69(\text{mm})$$

参考市场销售标准管径规格，选取管径见表 6-14。

表 6-14 单井控制面积管径选择表

| 管段 | 管径 (mm) | 壁厚 (mm) | 许可操作压力 (MPa) | 管长 (m) | 管段 | 管径 (mm) | 壁厚 (mm) | 许可操作压力 (MPa) | 管长 (m) |
|---|---|---|---|---|---|---|---|---|---|
| OA | 160 | 4.9 | 0.63 | 25 | CD | 160 | 4.9 | 0.63 | 100 |
| AB | 160 | 4.9 | 0.63 | 100 | AA′ | 110 | 3.4 | 0.63 | 50 |
| BC | 160 | 4.9 | 0.63 | 100 | A′A″ | 75 | 2.3 | 0.63 | 100 |

4. 管道水力计算

沿程水头损失按式（6-16）计算，硬塑料管材 $f=0.948\times10^5$，$m=1.77$，$b=$

4.77。局部水头损失按沿程水头损失的10％计入。管道水力计算结果见表6-15。

表 6-15　　　　　　　　　　　单井控制面积水力计算

| 流量<br>（m³/h） | 管径<br>（mm） | 内径<br>（mm） | 管长<br>（m） | 沿程损失<br>（m） | 局部损失<br>（m） | 总损失<br>（m） |
|---|---|---|---|---|---|---|
| 80 | 160 | 150.2 | 25 | 0.23 | 0.023 | 0.253 |
| 80 | 160 | 150.2 | 325 | 2.98 | 0.298 | 3.278 |
| 40 | 110 | 103.2 | 50 | 0.81 | 0.081 | 0.891 |
| 20 | 75 | 70.4 | 100 | 2.93 | 0.293 | 3.223 |

第一轮灌组管道进口工作压力：
$$H_1 = 0.253 + 0.891 + 3.223 = 4.367 (\text{m})$$
第四轮灌组管道进口工作压力：
$$H_4 = 3.278 + 0.891 + 3.223 = 7.392 (\text{m})$$
管道系统设计工作压力：
$$H_0 = \frac{1}{2}(H_1 + H_2) = \frac{1}{2}(4.367 + 7.392)$$
$$= 5.88 (\text{m})$$

**5. 水泵的选择**

（1）水泵扬程。
$$H_P = H_0 + H_m + h_{\text{泵}} + \Delta Z + 0.15$$
式中：$H_P$ 为水泵设计扬程，m；$H_0$ 为管道系统进口工作压力，m；$H_m$ 为机井动水位，根据水文地质资料分析，该灌区机井动水位25m；$h_{\text{泵}}$ 为水泵进出水管总损失，约5m；$\Delta Z$ 为管道进口与灌区内最高点处给水栓的地面高差，顺坡为负，逆坡为正，该灌区 $\Delta Z = 0.2$m；0.15 为田间灌溉水头，m。
$$H_P = 5.88 + 25 + 5.0 + 0.2 + 0.15$$
$$= 36.23 (\text{m})$$

（2）水泵流量。
$$Q = 80 (\text{m}^3/\text{h})$$

根据设计流量，设计扬程，由水泵产品样本选择 250QJ80—40/2 型潜水电泵。效率 $\eta = 73\%$，转速 $n = 2875$r/min，配套功率 $N = 15$kW。

（3）水泵工况校核。绘出该泵流量扬程 $Q$—$H$ 曲线以及 $Q$—$\eta$ 曲线，并在该图上绘出第一轮灌组及第四轮灌组系统运行时管道特性曲线。这两条曲线与 $Q$—$H$ 的交点均位于 $Q$—$\eta$ 的高效区内。说明所选泵型管道系统运行时，水泵在高效区工作。

**6. 经济效益分析**

以单井控制灌溉面积为例进行分析，以扩大指标推广到整个灌区。灌区总灌溉面积8996亩，新打机井40眼，单井控制灌溉面积225亩。以一眼单井灌区为典型设计，新打机井一眼，配250QJ80—40/2潜水电泵1台，投资2400元，机井及井房投资3300元，管道总长度1525m，管道建设投资14700元，工程当年建成，井管和管道的经济使用寿命 20 年，机泵的经济使用寿命为 5 年，平水年年运行费用为 6620 元，年水利效益为 26437.5 元。采用动态法进行分析。整个工程的经济计算期取 20 年，年利率 7%，则机泵需更新 3 次，其折算现值分别为：

$$2400/(1+0.07)^5 = 1711.2 \text{（元）}$$
$$2400/(1+0.07)^{10} = 1220.0 \text{（元）}$$
$$2400/(1+0.07)^{15} = 869.9 \text{（元）}$$

工程投资折算总值为：

$$3300+2400+14700+1711.2+1220.0+869.9 = 24201.1 \text{（元）}$$

换算系数 $\alpha = [0.07(1+0.07)^{20})] / [(1+0.07)^{20}-1] = 0.0944$

各项计算指标见表 6-16。

表 6-16       经 济 效 益 分 析

| 投资折算年值<br>（元） | 运行费年值<br>（元） | 效益年值<br>（元） | 益本比 | 年净效益<br>（元） | 内部回收率<br>（%） | 还本年限<br>（a） |
|---|---|---|---|---|---|---|
| 2284.6 | 6620.0 | 26437.5 | 2.97 | 17532.9 | 0.81 | 1.32 |

单项技术经济指标：

平均亩投资 107.6 元/亩；

亩均固定管道长度 6.7m/亩；

亩均固定管道投资 65.3 元/亩；

亩用工 0.17 个工日；

亩均年净效益 77.9 元/(亩·a)。

# 第 **7** 章

# 渠道防渗工程技术

## 7.1 概　　述

### 7.1.1 渠道防渗的作用和意义

渠道防渗工程技术就是为减少或杜绝灌溉水由渠道渗入渠床而流失所采取的各种工程技术措施和方法。渠道防渗是我国目前应用最广泛的节水灌溉工程技术措施。

目前我国农田灌溉用水总量约为 3600 亿 $m^3$，灌溉用水量占农业用水量的 90% 左右。经过多年努力，我国灌溉水的有效利用率也只有 45% 左右，其中输水渠道渗漏是灌溉用水浪费的主要方面。我国已建渠道防渗工程 55 万多 km，仅占渠道总长的 18%，80% 以上的渠道没有防渗措施，渠系水的利用系数很低，平均不到 0.50，也就是说，从渠首引进的水有 50% 以上损失掉了。如果我国灌溉渠系水的有效利用系数提高 0.10，则每年可减少灌溉用水量 360 亿 $m^3$。因此，加强渠道防渗可以极大地减少农业灌溉用水浪费问题。

渠道采取防渗措施后，一方面可以提高渠系水的利用系数，缓解农业用水供需矛盾，节约的水还可以扩大灌溉面积，促进农业生产的发展；另一方面可以减少渠道占地面积，防止渠道冲刷、淤积和坍塌，节约投资和运行管理费用，有利于灌区的管理；此外，还可以降低灌区地下水位，防止土壤盐碱化和沼泽化，有利于生态环境和农业现代化建设。

### 7.1.2 渠道防渗技术发展概况

1. 我国渠道防渗工程技术发展概况

我国很早就有采用黏土、灰土、三合土夯实、黏土锤打、砌砖、砌石等方法进行渠道防渗的记载。新中国成立以后，20 世纪 50 年代甘肃及新疆就开始因地制宜地采用卵石进行渠道防渗，并试验采用沥青混凝土作防渗材料；60 年代陕西、山西、河北、河南等省先后开展了混凝土防渗的试验研究和推广工作，渠道防渗工作的范围和规模越来越大，对渠道防渗意义的认识也越来越深入。中国水利学会于 1964 年在西安市曾召开"提高灌溉水利用率学术讨论会"，交流和总结新中国成立十几年来渠道防渗工作的经验。1976 年，在水利部的重视、组织和领导下，全国 26 个省（自治区、直辖市）开展了渠道防渗科技协作攻关活动，成立了"全国渠道防渗科技协调组"和"全国渠道防渗科技情报网"，有组织地进行了试验研究工作，有力地促进了渠道防渗技术的发展，大大推动了防渗工程建设。

在渠道防渗材料方面，研究证明灰土除有气硬性外，还有一定的水硬性。为了提高灰土早期强度及减少缩裂缝，应在灰土中分别掺入砂、砾石、炭渣等。为了提高水泥的抗冻及抗裂性，应选用砂粒含量为 70％、黏粒含量为 3％～10％的土料，密度应在 1.8g/cm³ 以上。适当提高水泥的掺量，施工中严格控制含水量，加强早期养护。为了提高砌石防渗的效果，除保证施工质量外，应在砌体下设不同材料的防渗层，或采用灌浆及表面作防渗处理等方法。对于混凝土，主要是在性能满足工程要求的前提下，成功地采用了细砂、页岩及泥岩拌制混凝土，并利用外加剂改善混凝土性能，减少水泥用量以降低造价。20 世纪 80 年代以来，经过室内外试验，成功地采用和推广了薄膜等新型防渗材料和新的复合材料防渗结构形式，取得了明显的经济和社会效益。

在防渗渠道断面形式方面，20 世纪 70 年代中期以来，研究并推广了 U 形断面刚性材料防渗渠道。对大、中型渠道，也研究提出了弧形坡脚梯形断面和弧形底梯形断面渠道。这种渠道将逐渐替代我国沿用已久的梯形断面渠道，具有重要的意义。

在渠道防冻胀技术方面，我国经过 20 多年的研究实践采用了"允许一定冻胀位移量"的工程设计标准，提出了"适应、削减或消除冻胀"的防冻害原则和技术措施，与国外技术相比，显著地降低了工程造价。目前对影响冻害的因素，例如土质、水分、气温、地下水位、渠道走向及断面形式等，已研究和掌握了它们影响冻害的规律，取得了大量的研究成果。

在施工技术方面，对大、中型渠道衬砌，研究开发了混凝土滑模施工技术和喷射混凝土防渗技术，但还缺乏机械化和自动化程度高的衬砌机械。对小型 U 形衬砌渠道，我国研制了系列的渠道基槽开挖机、混凝土现浇衬砌机和混凝土构件成型机械等，由于上述方法施工速度快，施工质量高，已经得到大面积推广。

2. 国外渠道防渗工程技术发展概况

世界上许多国家，如美国、日本、印度、前苏联、巴基斯坦、伊朗、加拿大等，由于渠道渗漏损失的水量很大，均非常重视并积极开展渠道防渗工程建设。例如，美国以往对渠道防渗工作认识不够，曾规定渠道一般不做防渗工程，如要做，应进行技术经济论证。实践证明，渠道不防渗不仅因渗漏而损失了大量的水，加剧了水资源供需的矛盾，而且会引起地下水位上升，造成土壤次生盐碱化，导致农业减产。因此美国将原来的规定改为：渠道一般均要做防渗工程，如不做，应进行技术经济论证。

在渠道防渗材料方面，发达国家多采用砌石、混凝土、塑膜等作防渗材料。美国认为混凝土防渗具有防渗性能好，能适应高流速，占地少，清草、清淤及管理费用低和寿命长等优点，故目前多用此种材料。为了防冻、节约投资和充分利用原有的土坝碾压机械设备，压实土防渗仍占 1/3 左右。塑膜等新型材料目前正在发展推广中。膜料防渗的保护层材料多采用砂砾料，或下层为土料、表面为砂砾料。在无砂砾料地区，亦有采用现浇或喷射混凝土作保护层的。日本渠道防渗所用的材料有硬质类（包括混凝土、钢筋混凝土、钢丝网喷射混凝土、砂浆、沥青混凝土、沥青砂浆、水泥加固土、砌石等）、薄膜类（包括塑料薄膜、沥青膜、合成橡胶膜、膨润土膜等）和土料类等。为了提高软弱基础渠道的承载力，多采用钢板桩、混凝土桩或木桩加固，从而提高了衬砌渠道的坚固耐久性，减少了维修费用，保证了行水安全。

在渠道防渗的断面结构形式上，美国多采用梯形或弧形坡脚梯形断面，压实土及膜料防渗多采用梯形断面。目前日本防渗渠道的断面结构形式有明渠及暗渠暗管两大类。不同材料明渠防渗的断面结构形式有梯形、矩形和 U 形 3 种；暗渠、暗管的断面形式有圆形、方形和马蹄形 3 种。普遍采用的是 L 形预制混凝土矩形防渗渠道。边坡预制件可以在工厂机械化生产，施工速度快，质量高，且底部为现浇混凝土，渠道断面可以根据需要变宽或变窄，适应范围较广。

在渠道防渗工程的冻害防治方面，美国采用的防冻措施是：在冻害地区采用压实土防渗，不采用对冻胀敏感的混凝土材料；渠基设排水设施；无冬灌习惯，且在冻结前一个月渠道停止输水。日本北部有严重的冻害问题，因此对冻害机理和防冻害措施研究较多。采用的防冻胀方法有回避法（埋设法、置槽法和梯形法）、置换法（一般置换法和特殊置换）和隔热法（一般、特殊和完全隔热法）等 3 类（8 种）方法。

（1）回避法。

1）埋设法是将明渠改为暗渠埋在冻层以下（冬季不通水时埋在积雪冻结深度的 1.5 倍处，冬季通水时与一般上下水管道相同），这种方法是完善的，但造价高，且受水头的控制。

2）置槽法使侧墙外填土高度降低，避免冻胀。一般填土高度以不大于槽深的 1/3 和侧墙厚度的 3 倍为好。这种方法投资低，但受地形限制，且渠壁外露，容易风化，因此仅用于平原地区渠宽 1.0m 左右的中、小型渠道上。

3）梯形法是将渠做成梯形，由于积雪面积大，利用积雪保温防冻。日本目前多采用矩形渠道，这个办法已不再使用。

（2）置换法。

1）一般置换法是将冻胀层用能控制冻胀的砂、砾石和碎石换置，以减轻冻胀，但仍有冻胀，因而在设计刚性大、容许变形小的混凝土渠槽时仍必须考虑冻胀力，这是日本目前采用最多的一种方法。

2）特殊置换法是用筛分的材料置换，使之不发生冻胀，较一般置换法可靠，但冻深相应增大，置换厚度从而增加，且要有防细粒侵入的措施，故造价很高，除特殊情况外，已较少采用。

（3）隔热法。

1）一般隔热法是用聚苯乙烯泡沫板等保温隔热材料代替砂砾料置换层。

2）特殊及完全隔热法是加厚这种保温置换层，减轻或消除冻胀。这类材料价格高，除特殊需要的情况外，多不采用。

### 7.1.3　我国渠道防渗技术发展中存在的问题及今后发展方向
#### 7.1.3.1　存在的问题

我国在渠道防渗技术方面已做了大量的工作，取得了显著的成果，但目前已经防渗衬砌的渠道所占比例很小，与发达国家相比，还存在很大的差距。一是防渗衬砌标准低，已经防渗衬砌的渠道损坏严重。我国渠道防渗衬砌与发达国家相比标准较低，在渠道防冻胀技术措施方面，采用"适应削减冻胀"的防冻害原则，虽然降低了工程造价，但工程老化损坏严重。据调查，黄河上中游大型灌区干、支渠道及建筑物老化损坏率为 30%～40%，其中，冻胀破坏占 30%～40%。二是在防渗抗冻新材料、新技术的研究开发及推广应用方面还做得很不够。近年来，发达国家在渠道防渗新材料、新技术的研究及应用方面取得了显著的成果，美国、德国研制了土工合成材料黏土衬垫（Geosynthetic Clay Liner，简称 GCL）、聚氨基甲酸酯和土工织物复合材料等防渗新材料，并成功地应用于渠道防渗、运河衬砌系统等，均取得了较好的防渗漏效果。我国过去多采用灰土及三合土夯实、砌石和混凝土防渗，近年来采用和推广了薄膜等新型防渗材料和新型复合材料防渗结构形式，取得了较好的防渗效果，但与发达国家相比还存在很大的差距。三是在施工技术方面，发达国家渠道衬砌机械化程度较高，施工质量好，进度快。我国小型 U 形沙土衬砌渠道已逐渐向半机械化和机械化施工方面发展，但大中型渠道衬砌目前仍以人工施工为主，与发达国家相比差距较大。

### 7.1.3.2 我国渠道防渗技术研究方向

1. 以提高渠道防渗、防冻和耐久性为重点，积极开展渠道改性防渗材料、新材料及应用技术研究

（1）改性混凝土防渗材料性能的研究。混凝土防渗是目前广泛采用的一种渠道防渗工程技术措施，具有防渗效果好、抗冲刷能力强等优点，但是抗冻性能不理想。国内外建筑业已开始利用纳米技术来改进混凝土的性能，并应用于高速公路路面及路缘施工中，表现出良好的耐久性和抗冻性。在渠道防渗方面，应积极开展利用纳米改进混凝土的防渗抗冻性能的研究。

（2）新型固化土材料的研究。土壤固化剂是一种新型固化土防渗材料，具有其他传统防渗材料所不具备的一些特点，其作用对象是各类土壤，材料来源丰富，应用范围广，并且有很好的防渗效果，渗透系数一般为 $1 \times 10^{-8}$～$1 \times 10^{-6}$ cm/s，国外目前已经广泛应用到各类工程中，我国从 20 世纪 80 年代开始引进这项技术，90 年代初应用于渠道防渗工程中，取得了较好的防渗效果。但土壤固化剂用于渠道防渗其抗冻性和耐久性较差，急需开展抗冻性和耐久性能好的新型土壤固化剂、固化土复合材料和复合结构形式等研究。

（3）新型复合土工膜的研究。我国从 20 世纪 60 年代以来开始采用塑膜做防渗材料，取得了较为理想的防渗效果，一般可减少渗漏量的 90% 以上，且塑膜埋入地下避免了紫外线照射和光的照射，延长了使用寿命，一般使用年限可达 20～30 年。近年来又研制出复合防渗膜料，但价格较高，渠道防渗应用较少。过去 10 年中，美国、德国已开始研究应用一种新型复合土工合成防渗材料 GCL，它利用膨润土遇水膨胀特性进行防渗。GCL 是在两层土工合成材料之间夹封膨润土，通过针刺、缝合或粘合而成的一种复合材料，也有的 GCL 产品只有一层土工膜，其上用水溶性粘合剂粘合一层薄薄的膨润土。与其他防渗材料相比，GCL 具有防渗能力强，柔性好，能适合地基的不均匀沉降，且能防止土料漏失等显著优点。近年来，我国已有 GCL 产品研制成功并投入批量生产。

（4）特殊土渠道防渗技术研究。我国特殊土（如膨胀土、盐渍土及湿土及湿陷性黄土等）地区分布广泛，特殊土基对渠道工程的危害十分严重，我国在这方面也进行了大量的研究工作，针对不同的特殊土，提出了如浸水预沉法、化学添加剂处理法、置换法、固化法等技术措施，但均存在施工复杂、成本高等问题。因此，研究特殊土对渠基的危害机理，提出相应的防治危害的工程技术措施和适合我国国情的、经济合理的特殊土渠道防渗工程设计标准和设计方法具有重要的意义。

2. 以防治冻害为中心，开展渠道新型防冻胀结构形式与新材料的研究

（1）建立渠道冻胀指标及分区信息系统。关于土壤的冻胀性分类问题，美国、前苏联和我国等，在 20 世纪 70～80 年代均已提出了分类等级，并各有衡量标准，我国 90 年代初编制的 SL 23—2006《渠道防渗工程抗冻胀设计规范》中，也规定了地基土的冻胀性工程分类标准。但就不同地区从冻胀特征指标进行分区并建立相应的信息系统，尚未见到有关正式成果。同时，由于冻土是个复杂介质，其分类标准划分内容仍需进一步研究。

（2）防冻胀最佳结构形式研究。对于渠道防冻胀的结构形式问题，我国从 20 世纪 60 年代至今进行了大量的研究，先后提出了肋梁板、楔形板、中部加厚板、空心板，以及板与膜料、保温材料、换填材料复合等多种形式，在防治冻害方面取得了许多成果和经验。发达国家如日本现在多采用钢筋混凝土矩形渠槽加换填材料复合形式，美国、俄罗斯则多采用混凝土或钢筋混凝土大型平板形式，防冻胀效果好，但投资过大，不适于我国当前的经济条件。研究适合我国国情、经济实用的防冻胀最佳结构形式是今后的发展方向。

（3）新型保温复合材料及应用技术研究。在渠道保温材料方面，我国以往采用珍珠岩、膨胀蛭石、岩棉等，加入水泥、石膏等胶结材料制成各种形式的保温制品，近年来国内外应用高分子聚合物来制造保温材料，如聚苯乙烯泡沫塑料板等，取得了较好的效果，但造价较高。今后应通过改善聚苯板成分、结构和工艺，研制渠道防冻胀专用和经济实用的新型复合聚苯板。

3. 以提高渠道防渗工程质量和施工速度为目的，积极开展对渠道防渗工程施工机械的研究

渠道防渗抗冻新材料与新技术的推广应用是与施工技术和施工机械的研制及应用分不开的。国外发达国家都非常重视研究开发机械化、自动化程度高的渠道衬砌机械，如美国的混凝土现浇施工机械、碾压机、铺膜机等，日本的 L 形混凝土构件预制机械。我国小型渠道 U 形混凝土衬砌机械化程度较高，大、中型渠道目前仍以人工施工为主，施工速度慢，工程质量难以保证，与发达国家相比差距较大，应加大研究力度，特别是加强大、中型渠道施工机械的研究。

# 7.2　渠道防渗工程建设一般规定和衬砌方式的选定

## 7.2.1　渠道防渗工程建设应收集的基本资料

1. 水文气象、地质和地形资料

（1）水文气象资料。渠道防渗工程建设，除应取得与渠道工程有关的工程总体设

计资料外，还应根据地区特点、工程规模、等级要求取得水源的有关水位、流量、泥沙、水质、冰情以及工程地点的降水、蒸发、气温、负气温指数、冻融期、冻土深度、风向、风速等水文气象资料。可采用条件相似的邻近水文、气象站（台）的多年资料平均值及极值，其资料系列不宜少于 20a。

（2）工程地质资料。渠道沿线应进行必要的地质勘测，取得岩土分类、地质构造和工程地质隐患等资料，以及土的颗粒组成、含水量、干密度、孔隙率、液塑限、有机质、可溶盐、冻胀性、湿陷系数、渗透系数和抗剪强度等物理、力学、化学性质资料。对特殊地质问题应进行专题研究。

（3）水文地质资料。地下水埋深小于 5m 时，应取得地下水类型、埋深、动态、流向、补给和排泄条件、水质与污染源等水文地质资料。

（4）地形资料。应具有灌区地形图和工程布置图，包括项目区总体布置图、渠系平面布置图、典型田间渠系布置图和渠道纵横断面图等，必要时还应有沿渠线带状地形图。带状图宽度视地形、工程规模和施工布置等条件而定。

2. 建筑材料和施工条件资料

（1）应搜集工程邻近地区的水泥、石灰、砂、石、膜料、沥青等建筑材料的产源、产（储）量、质量、开采与运输条件、单价等资料。

（2）应取得施工机械、设备、施工用水、电源、交通、通信、工期要求和技术人员、劳力供给等施工条件资料。

3. 其他资料

（1）扩建、改建工程，应对渠道渗漏情况和工程病害进行调查，取得原渠道的水力要素、渗漏量以及渠床土质和水分状况等资料。

（2）应取得建设单位对工程运用的要求，搜集当地或类似已建成渠道防渗工程的设计与施工资料、管理运用经验、试验研究成果和竣工验收等资料。

### 7.2.2 渠道防渗规划设计应遵循的基本原则

（1）应按建筑物等级、设计阶段，遵照有关规范进行勘测和调查，充分收集和掌握拟建渠道的基本情况、渠基土壤及建筑材料等有关资料，吸取已建渠道防渗和防冻害工程的经验，以及国内外先进的技术成果，认真进行设计。

（2）设计时，遵照 SL 18—2004《渠道防渗工程技术规范》及 SL 23—2006《渠系工程抗冻胀设计规范》的规定，把防渗、防冻害、防土壤盐碱化、渠系综合利用以及山、水、林、田、路等规划结合起来考虑，使设计方案能满足灌区总体布置的要求。

（3）应贯彻因地制宜、就地取材、情况不同区别对待的原则。

（4）应结合拟建渠道当地的地形、土壤、气温、地下水位等自然条件，渠道的大小、耐久性、防渗性等工程要求，水资源供需、地表水和地下水结合运用的情况，社会经济、生态环境等因素，进行技术经济论证，务必使设计方案满足技术先进、经济合理、经久耐用、运行安全、管理方便的要求。

### 7.2.3 渠道防渗的种类和防渗方式的选定条件

（1）渠道防渗工程按使用材料种类可分为：土料类、水泥土类、石料类、膜料类、混凝土类和沥青混凝土类等。

（2）渠道防渗方式的选定条件：①防渗效果好，最大渗漏量能满足工程要求；②经久耐用，使用寿命较长；③输水能力和防淤抗冲能力高；④施工简易，质量容易保证；⑤管理维修方便，价格合理。各种防渗材料的防渗效果及适用条件见表7-1。

表7-1　　　　各种防渗材料的防渗效果（允许最大渗漏量）及适用条件

| 防渗衬砌结构（材料）类别 | | 主要原材料 | 允许最大渗漏量 [m³/(m²·d)] | 使用年限 (a) | 适用条件 |
|---|---|---|---|---|---|
| 土料类 | 黏性土 黏砂混合土 | 黏质土、砂、石、石灰等 | 0.07～0.17 | 5～15 | 就地取材，施工简便，造价低，但抗冻性、耐久性较差，工程量大，质量不易保证。可用于气候温和地区的中、小型渠道防渗衬砌 |
| | 灰土 三合土 四合土 | | | 10～25 | |
| 水泥土类 | 干硬性水泥土 塑性水泥土 | 壤土、砂壤土、水泥等 | 0.06～0.17 | 8～30 | 就地取材，施工较简便，造价较低，但抗冻性较差。可用于气候温和地区，附近有壤土或砂壤土的渠道衬砌 |
| 石料类 | 浆砌块石 浆砌卵石 浆砌料石 浆砌石板 | 卵石、块石、料石、石板、水泥、石灰、砂等 | 0.09～0.25 | 25～40 | 抗冻、抗冲、抗磨和耐久性好，施工简便，但防渗效果一般不易保证。可用于石料来源丰富、有抗冻、抗冲、耐磨要求的渠道衬砌 |
| | 干砌卵石（挂淤） | | 0.20～0.40 | | |
| 埋铺式膜料类 | 土料保护层 刚性保护层 | 膜料、土料、砂、石、水泥等 | 0.04～0.08 | 20～30 | 防渗效果好，重量轻，运输量小，当采用土料保护层时，造价较低，但占地多，允许流速小。可用于中、小型渠道衬砌；采用刚性保护层时，造价较高，可用于各级渠道衬砌 |
| 沥青混凝土类 | 现场浇筑 预制铺砌 | 沥青、砂、石、矿粉等 | 0.04～0.14 | 20～30 | 防渗效果好，适应地基变形能力较强，造价与混凝土防渗衬砌结构相近。可用于有冻害地区，且沥青来源有保证的各级渠道衬砌 |
| 混凝土类 | 现场浇筑 | 砂、石、水泥、速凝剂等 | 0.04～0.14 | 30～50 | 防渗效果、抗冲性和耐久性好。可用于各类地区和各种运用条件下的各级渠道衬砌；喷射法施工宜用于岩基、风化岩基以及深挖方或高填方渠道衬砌 |
| | 预制铺砌 | | 0.06～0.17 | 20～30 | |
| | 喷射法施工 | | 0.05～0.16 | 25～35 | |

# 7.3　防渗渠道设计

## 7.3.1　防渗渠道断面形式

防渗明渠常用断面形式有梯形、弧形底梯形、弧形坡脚梯形、复合形、U 形、矩形，无压防渗暗渠的断面形式可选用城门洞形、箱形、正反拱形和圆形，如图 7-1 所示。防渗渠道断面形式的选择应结合防渗结构（材料）的选择一并进行。不同防渗材料适用的断面形式可按表 7-2 选定。

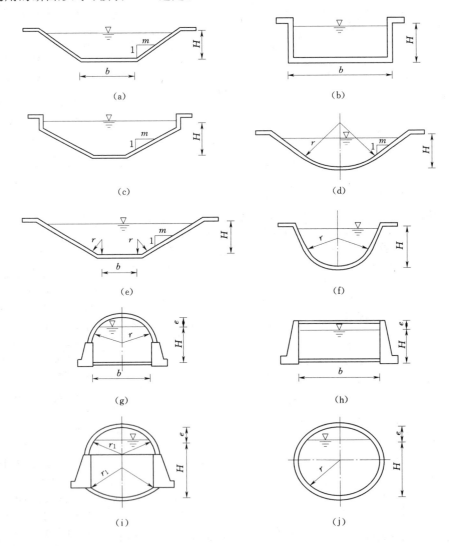

图 7-1　防渗渠道断面形式

（a）梯形断面；（b）矩形断面；（c）复合形断面；（d）弧形底梯形断面；（e）弧形坡脚梯形断面；

（f）U 形断面；（g）城门洞形暗渠；（h）箱形暗渠；（i）正反拱形暗渠；（j）圆形暗渠

表 7-2　　　　　　　　　　不同防渗材料渠道适用的断面形式

| 防渗材料类别 | 明渠 | | | | | | 暗渠 | | | |
|---|---|---|---|---|---|---|---|---|---|---|
| | 梯形 | 矩形 | 复合形 | 弧形底梯形 | 弧形坡脚梯形 | U形 | 城门洞形 | 箱形 | 正反拱形 | 圆形 |
| 黏性土 | √ | | | √ | √ | | | | | |
| 灰土 | √ | √ | √ | √ | √ | | √ | | √ | |
| 黏砂混合土 | √ | | | √ | √ | | | | | |
| 膨润混合土 | √ | | | √ | √ | | | | | |
| 三合土 | √ | √ | √ | √ | √ | | √ | | √ | |
| 四合土 | √ | √ | √ | √ | √ | | | | | |
| 塑性水泥土 | √ | | | √ | √ | | | | | |
| 干硬性水泥土 | √ | √ | √ | √ | √ | | √ | | √ | |
| 料石 | √ | √ | √ | √ | √ | √ | √ | √ | √ | √ |
| 块石 | √ | √ | √ | √ | √ | √ | | | | |
| 卵石 | √ | | | √ | √ | √ | | | | |
| 石板 | √ | | √ | | √ | | | | | |
| 土保护层膜料 | √ | | | √ | √ | | | | | |
| 沥青混凝土 | √ | | | √ | √ | | | | | |
| 混凝土 | √ | √ | √ | √ | √ | √ | √ | √ | √ | √ |
| 刚性保护层膜料 | √ | √ | √ | √ | √ | √ | √ | √ | √ | √ |

梯形断面施工简便、边坡稳定，在地形、地质无特殊问题的地区，可普遍采用。而弧形底梯形、弧形坡脚梯形、弧形、U形断面渠道等，由于适应冻胀变形的能力强，能在一定程度上减轻冻胀变形的不均匀性，在北方地区得到了推广应用。U形断面渠道从 20 世纪 70 年代后期开始在陕西省大量应用，目前在全国很多省份的小渠道上得到普遍应用。其主要优点是：①水力条件好，近似最佳水力断面，可减少衬砌工程量，输沙能力强，有利于高含沙引水；②在冻胀性和湿陷性地基上有一定的适应地基不均匀变形的能力；③渠口窄，节省土地，减少挖填方量；④整体性强，防渗效果优于梯形渠道；⑤便于机械化施工，可加快施工进度。在冻胀破坏严重的地区，目前尚限于在小型渠道上应用。

暗渠具有占地很少、在城镇区安全性能高、水流不易污染等优点。在冻土地区，暗渠可避免冻胀破坏。因此，在土地资源紧缺地区，如江苏省应用较广。新疆、甘肃一些冻胀地区以及四川省升钟水库干渠也有采用。

### 7.3.2　防渗断面设计参数的确定

#### 7.3.2.1　边坡系数

防渗渠道边坡系数选用得是否正确，直接关系到防渗渠道能否稳固和安全运用，故应谨慎设计，认真选择。影响边坡系数设计的因素有：防渗材料、渠道大小、基础情况等，可分别按下列方法计算确定或选用。

**1. 土料防渗渠道最小边坡系数的确定**

堤高超过 3m 或地质条件复杂的填方渠道，堤岸为高边坡的深挖方渠道，大型的黏性土、黏砂混合土防渗渠道的最小边坡系数应通过边坡稳定计算确定。其他挖、填方黏性土防渗渠道的最小边坡系数可按 SDJ 217—84《灌溉排水渠系设计规范》中的规定选用。

**2. 土保护层膜料防渗渠道最小边坡系数的确定**

大、中型渠道的边坡系数可按 SL 18—2004《渠道防渗工程技术规范》附录 C 通过分析计算确定。无条件进行分析计算的渠道，其最小边坡系数可按表 7-3 选定。

表 7-3　　　　　　　　　土保护层膜料防渗的最小边坡系数

| 保护层土质类别 | 渠道设计流量 (m³/s) | | | |
|---|---|---|---|---|
| | <2 | 2~5 | 5~20 | >20 |
| 黏土、重黏土、中壤土 | 1.50 | 1.50~1.75 | 1.75~2.00 | 2.25 |
| 轻壤土 | 1.50 | 1.75~2.00 | 2.00~2.25 | 2.50 |
| 砂壤土 | 1.75 | 2.00~2.25 | 2.25~2.50 | 2.75 |

**3. 刚性防渗渠道最小边坡系数的确定**

混凝土、沥青混凝土、砌石、水泥土等刚性材料防渗渠道，以及用这些材料作保护层的膜料防渗渠道的最小边坡系数，可参照表 7-4 选用。

表 7-4　　　　　　　　　刚性材料防渗渠道的最小边坡系数

| 防渗结构类别 | 渠基土质类别 | 渠道设计水深 (m) | | | | | | | | | | |
|---|---|---|---|---|---|---|---|---|---|---|---|---|
| | | <1 | | | 1~2 | | | 2~3 | | | >3 | | |
| | | 挖方 | 填方 | | 挖方 | 填方 | | 挖方 | 填方 | | 挖方 | 填方 | |
| | | 内坡 | 内坡 | 外坡 | 内坡 | 内坡 | 外坡 | 内坡 | 内坡 | 外坡 | 内坡 | 内坡 | 外坡 |
| 混凝土、砌石、水泥土、灰土、三合土、四合土、沥青混凝土以及上述材料作为保护层的膜料防渗 | 稍胶结的卵石 | 0.75 | — | — | 1.00 | — | — | 1.25 | — | — | 1.50 | — | — |
| | 夹砂的卵石或砂石 | 1.00 | — | — | 1.25 | — | — | 1.50 | — | — | 1.75 | — | — |
| | 黏土、重黏土、中壤土 | 1.00 | 1.00 | 1.00 | 1.00 | 1.00 | 1.00 | 1.25 | 1.25 | 1.00 | 1.50 | 1.50 | 1.25 |
| | 轻壤土 | 1.00 | 1.00 | 1.00 | 1.25 | 1.25 | 1.25 | 1.25 | 1.25 | 1.25 | 1.50 | 1.50 | 1.50 |
| | 砂壤土 | 1.25 | 1.25 | 1.25 | 1.25 | 1.50 | 1.50 | 1.50 | 1.50 | 1.50 | 1.75 | 1.75 | 1.50 |

### 7.3.2.2　糙率

防渗渠道的糙率应根据防渗结构类别、施工工艺、养护情况合理选用，并应符合下列要求。

（1）不同防渗结构渠道的糙率可按表7-5选定。

（2）砂砾石保护层膜料防渗渠道的糙率，可按式（7-1）计算确定。

$$n = 0.028 d_{50}^{0.1667} \qquad\qquad (7-1)$$

式中：$n$为砂砾石保护层的糙率；$d_{50}$为通过砂砾石重50%的筛孔直径，mm。

（3）渠道护面采用几种不同材料的综合糙率，当最大糙率与最小糙率的比值小于1.5时，可按湿周加权平均计算。

（4）有条件的地区，宜用类似条件下的实测值予以核定。

表 7-5　　　　　　　　　　　　　　　不同材料防渗渠道糙率

| 防渗结构类别 | 防渗渠道表面特征 | 糙率 $n$ | 防渗结构类别 | 防渗渠道表面材料 | 糙率 $n$ |
|---|---|---|---|---|---|
| 黏性土、黏砂混合土 | 平整顺直，养护良好 | 0.0225 | 混凝土 | 抹光的水泥砂浆面 | 0.0120～0.0130 |
| | 平整顺直，养护一般 | 0.0250 | | 金属模板浇筑，平整顺直，表面光滑 | 0.0120～0.0140 |
| | 平整顺直，养护较差 | 0.0275 | | 刨光木模板浇筑，表面一般 | 0.0150 |
| 灰土、三合土、四合土 | 平整，表面光滑 | 0.0150～0.0170 | | 表面粗糙，缝口不齐 | 0.0170 |
| | 平整，表面粗糙 | 0.0180～0.200 | | 修整及养护较差 | 0.0180 |
| 水泥土 | 平整，表面光滑 | 0.0140～0.0160 | | 预制板砌筑 | 0.0160～0.0180 |
| | 平整，表面粗糙 | 0.0160～0.0180 | | 预制渠槽 | 0.0120～0.0160 |
| 砌石 | 浆砌料石，石板 | 0.0150～0.0230 | | 平整的喷浆面 | 0.0150～0.0160 |
| | 浆砌块石 | 0.0200～0.0250 | | 不平整的喷浆面 | 0.0170～0.0180 |
| | 干砌块石 | 0.0250～0.0330 | | 波状断面的喷浆面 | 0.0180～0.0250 |
| | 浆砌卵石 | 0.0230～0.0275 | 沥青混凝土 | 机械现场浇筑，表面光滑 | 0.0120～0.0140 |
| | 干砌卵石，砌筑良好 | 0.0250～0.0325 | | 机械现场浇筑，表面粗糙 | 0.0150～0.0170 |
| | 干砌卵石，砌筑一般 | 0.0275～0.0375 | | 预制板砌筑 | 0.0160～0.0180 |
| | 干砌卵石，砌筑粗糙 | 0.0325～0.0425 | | | |

### 7.3.2.3　超高

防渗渠道渠堤的超高与一般土渠相同，可根据 SDJ 217—84《灌溉排水渠系设计规范》的规定选用。埋铺式膜料防渗渠道由于有不同材料的保护层，此保护层除保护膜料层不被外力破坏、延长工程寿命外，还具有一定的防渗作用，同时渠水位超过设计最大水位的运用是偶然的和瞬时的。如确实发生此情况，在保护层的防渗作用下，渗漏水量有限，故埋铺式膜料防渗渠道可以不设超高。其他材料防渗的超高，可按表7-6选用。

表 7 - 6　　　　　　　　　　　　防渗渠道的防渗层超高

| 渠道设计流量<br>（m³/s） | <1 | 1～5 | 5～30 | >30 |
|---|---|---|---|---|
| 防渗层超高（m） | 0.15～0.20 | 0.20～0.30 | 0.30～0.60 | 0.60～0.65 |

#### 7.3.2.4 不冲不淤流速

防渗渠道的不淤流速可按适宜于当地条件的经验公式计算。黄土地区渠道的不淤流速，可按 GB 50288—99《灌溉与排水工程设计规范》附录 G 确定。

防渗渠道的不冲流速因防渗材料及施工条件的不同差异很大。通过对我国部分工程实践资料的分析，建议防渗渠道的不冲流速按表 7 - 7 选用。

表 7 - 7　　　　　　　　　　　　防渗渠道允许的不冲流速

| 防渗结构<br>类别 | 防渗材料名称及<br>施工方式 | 允许不冲流速<br>（m³/s） | 防渗结构<br>类别 | 防渗材料名称及<br>施工方式 | 允许不冲流速<br>（m³/s） |
|---|---|---|---|---|---|
| 土料 | 轻壤土 | 0.60～0.80 | 沥青<br>混凝土 | 现场浇筑施工 | <3.00 |
| | 中壤土 | 0.65～0.85 | | 预制安砌施工 | <2.00 |
| | 重壤土 | 0.70～1.00 | 石料 | 浆砌料石 | 4.00～6.00 |
| | 黏土、黏砂混合土 | 0.75～0.95 | | 浆砌块石 | 3.00～5.00 |
| | 灰土、三合土、四合土 | <1.00 | | 浆砌卵石 | 3.00～5.00 |
| 土保护层<br>膜料 | 砂壤土、轻壤土保护层 | <0.45 | | 干砌卵石挂淤 | 2.50～4.00 |
| | 中壤土保护层 | <0.60 | | 浆砌石板 | <2.50 |
| | 重壤土保护层 | <0.65 | 混凝土 | 现场浇筑施工 | 3.00～5.00 |
| | 黏土保护层 | <0.70 | | 预制安砌施工 | <2.50 |
| | 砂砾料保护层 | <0.90 | | | |
| 水泥土 | 现场浇筑施工 | <2.50 | | | |
| | 预制安砌施工 | <2.00 | | | |

**注** 表中土料防渗及土保护层膜料防渗的允许不冲流速为半径 $R=1m$ 时的情况。当 $R\neq1m$ 时，表中的数值应乘以 $R^{\alpha}$ 值。砂砾石、卵石及疏松的砂壤土和黏土，$\alpha=1/4\sim1/3$；中等密实的沙壤土、壤土和黏土，$\alpha=1/5\sim1/4$。

### 7.3.3 防渗断面尺寸水力计算

#### 7.3.3.1 防渗渠道断面尺寸水力计算

各种防渗渠道断面尺寸，应通过如下公式进行计算，即

$$v=C\sqrt{Ri} \tag{7-2}$$

$$Q=Av=AC\sqrt{Ri}=A\frac{1}{n}R^{2/3}i^{1/2} \tag{7-3}$$

$$R=A/\chi$$

式中：$v$ 为过水断面平均流速，m/s；$C$ 为谢才系数；$R$ 为渠道水力半径，m；$i$ 为渠道比降；$Q$ 为渠道设计流量，m³/s；$A$ 为渠道过水断面面积，m²；$n$ 为渠道糙率；$\chi$ 为湿周。

#### 7.3.3.2 梯形、矩形断面设计

梯形、矩形渠道水力最佳断面及实用经济断面的水力计算应按 GB 50288—99《灌溉与排水工程设计规范》规定的方法进行。如地下水位较高，采用窄深式渠道断面将引起水下挖方量较大，给施工带来困难；或如土壤的冻胀性较强，采用窄深式渠道断面将加大渠道边坡的不均匀冻胀，在消融时又可能引起滑塌时，应采用宽浅式渠道断面形式。一般混凝土等刚性材料防渗渠道的宽深比为 1～2；黏性土夯实防渗渠道和黏性土保护层膜料防渗渠道的宽深比为 1～4。

#### 7.3.3.3 U形、弧形底梯形断面设计

此种断面的过水面积按式（7-4）计算，湿周按式（7-5）计算。

$$A=\left(\frac{\theta}{2}+2m-2\sqrt{1+m^2}\right)K_r^2H^2+2(\sqrt{1+m^2}-m)K_rH^2+mH^2 \qquad (7-4)$$

$$\chi=2(\theta+m-\sqrt{1+m^2})K_rH+2\sqrt{1+m^2}H+b_1 \qquad (7-5)$$

$$K_r=\frac{r}{H} \qquad (7-6)$$

$$b=\frac{2r}{\sqrt{1+m^2}} \qquad (7-7)$$

式中：$H$ 为断面水深，m；$\theta$ 为渠底圆弧的圆心角，rad；$r$ 为渠底圆弧半径，m；$m$ 为渠道上部直线段的边坡系数；$b$ 为圆弧底的弦长，m；其余符号意义同前。

各符号分别参见图 7-2 和图 7-3。

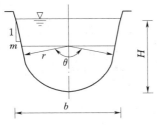

图 7-2　U形断面

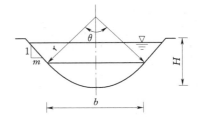

图 7-3　弧形底梯形断面

由式（7-6）推导出的最佳水力断面半径与水深之比 $K_r=1$，即水面线刚好通过圆心。此时，弧形底梯形渠的弦长与水深之比为

$$K_b=\frac{b}{H}=\frac{2}{\sqrt{1+m^2}} \qquad (7-8)$$

实际设计中常选用实用经济断面。实用经济断面的 $K_r$（U形渠）和 $K_b$（弧形底梯形渠）值可按下列方法选用。

1. U形渠断面 $K_r$ 的取值

（1）当渠顶以上挖深不超过 1.5m，边坡系数 $m$ 不大于 0.3，渠线经过耕地时，$K_r$ 的取值见表 7-8。

（2）填方断面或渠顶以上挖深很小（接近 0）、土质差时，$K_r$ 取 1.0～0.8。

表 7 - 8                      U 形 渠 道 的 $K_r$ 值

| $m\ (\alpha)$ | 0 (0°) | 0.1 (5.7°) | 0.2 (11.3°) | 0.3 (16.7°) | 0.4 (21.8°) |
|---|---|---|---|---|---|
| $K_r$ | 0.65～0.72 | 0.62～0.68 | 0.56～0.63 | 0.49～0.56 | 0.39～0.47 |

注　挖深大、土质好、土地价值高时取小值。

**2. 弧形底梯形渠断面 $K_b$ 值的选择**

一般情况下，$K_b$ 值可按普通梯形断面确定宽深比的方法选择。地形，地质条件要求采用宽浅式断面时，允许选取较大的 $K_b$ 值。防渗范围超过最佳水力断面 5% 时的 $K_b$ 值，按表 7 - 9 选用。

表 7 - 9                      弧形底梯形渠的 $K_b$ 值

| 边坡系数 | 0.5 | 1.0 | 1.25 | 1.5 | 1.75 | 2.0 |
|---|---|---|---|---|---|---|
| 水力最佳 $K_b$ | 1.79 | 1.41 | 1.25 | 1.11 | 0.992 | 0.894 |
| 允许 $K_b$ | 3.22 | 3.25 | 3.44 | 3.50 | 3.75 | 3.76 |

**3. U 形、弧形底梯形断面尺寸的计算**

U 形、弧形底梯形断面的尺寸可按表 7 - 10 的公式计算和设计。

表 7 - 10                      U 形、弧形底梯形断面尺寸的计算公式

| 名　称 | 符　号 | 已 知 条 件 | 计 算 公 式 |
|---|---|---|---|
| 水面宽 | $B$ | $H$、$r$、$m$ | $2m(H-r)+2r\sqrt{1+m^2}$ |
| 圆心角 | $\theta$ | $m$ | $2\cot^{-1}m$ |
| 直线段水深 | $H_2$ | $H$、$r$、$\theta$ | $H-\left(r-r\cos\dfrac{\theta}{2}\right)$ |
| 过水面积 | $A$ | $r$、$m\ (\alpha)$、$H_2$ | $\dfrac{r^2}{2}\left[\pi\left(1-\dfrac{\alpha}{90°}\right)-\sin2\alpha\right]+H_2\ (2r\cos\alpha+H_2\tan\alpha)$ |
| 湿周 | $\chi$ | $B$、$r$、$m$、$(\alpha)$、$H_2$ | $\pi r\left(1-\dfrac{\alpha}{90°}\right)+\dfrac{2H_2}{\cos\alpha}$ 或 $\dfrac{B}{m}\sqrt{1+m^2}-2r/m\ (1-m\cot^{-1}m)$ |
| 水力半径 | $R$ | $A$、$\chi$ | $A/\chi$ |
| 弧段水深 | $H$ | $H$、$H_2$ | $H-H_2$ |

注　湿周计算中 $2\cot^{-1}m$ 为弧度值。

#### 7.3.3.4　弧形坡脚梯形防渗渠道断面设计

弧形坡脚梯形防渗渠道断面如图 7 - 4 所示，其断面的宽深比可参照梯形渠道的宽深比经过比较后确定。断面尺寸按式（7 - 2）、式（7 - 3）以及式（7 - 9）～式（7 - 11）进行水力学计算。

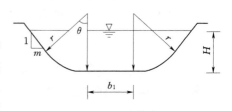

图 7 - 4　弧形坡脚梯形断面

$$A=(\theta+2m-2\sqrt{1+m^2})K_r^2H^2+2(\sqrt{1+m^2}-m)K_rH^2+mH^2+b_1H \qquad (7-9)$$

$$\chi=2(\theta+m-\sqrt{1+m^2})K_rH+2\sqrt{1+m^2}H+b_1 \qquad (7-10)$$

$$B = 2m(H - r) + 2r\sqrt{1 + m^2} + b_1 \tag{7-11}$$

式中：$b_1$ 为渠底水平段宽，m；$B$ 为水面宽度，m；其余符号意义同前。

### 7.3.3.5 暗渠防渗渠道中箱形、城门洞形和正反拱形断面设计

暗渠防渗断面中的箱形 [图 7-5 (a)]、城门洞形 [图 7-5 (b)] 和正反拱形 [图 7-5 (c)]，其宽深比应按施工要求通过经济比较确定，宜用窄深式，其水面以上的净空高度 $e_0$：城门洞形及正反拱形可用 $e_0 \geqslant \frac{1}{4} H_g$（$H_g$ 为暗渠断面总高度），箱形可采用 $e_0 \geqslant \frac{1}{6} H_g$。断面尺寸应通过水力计算确定。

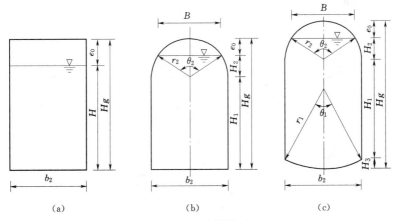

图 7-5 暗渠断面
(a) 箱形断面；(b) 城门洞形断面；(c) 正反拱形断面

（1）城门洞形断面按式 (7-2)、式 (7-3) 以及式 (7-12)～式 (7-15) 进行计算。

$$A = H_1 b_2 + \frac{1}{2}\left[r_2^2(\pi - \theta_2) + B H_2\right] \tag{7-12}$$

$$\chi = b_2 + 2H_1 + (\pi r_2 - r_2\theta_2) \tag{7-13}$$

$$B = 2\sqrt{r_2^2 - H_2^2} \tag{7-14}$$

$$\theta_2 = 2\arctan\left(\frac{\sqrt{r_2^2 - H_2^2}}{H_2}\right) \tag{7-15}$$

式中：$H_1$ 为暗渠直墙段高，m；$H_2$ 为顶部圆弧段水深，m；$b_2$ 为暗渠宽，m；$B$ 为水面宽，m；$r_2$ 为顶部圆弧半径，m；$\theta_2$ 为水面宽圆弧圆心角，rad。

（2）正反拱形断面按式 (7-2)、式 (7-3) 以及式 (7-16)～式 (7-18) 进行计算。

$$A = H_1 b_2 + \frac{1}{2}\left[r_1^2\theta_1 - b_2(r_1 - H_3) + r_2^2(\pi - \theta_2) + B H_2\right] \tag{7-16}$$

$$\chi = 2H_1 + r_1\theta_1 + r_2(\pi - \theta_2) \tag{7-17}$$

$$\theta_1 = 2\arctan\left(\frac{\sqrt{r_1^2 - (r_1 - H_3)^2}}{H_3}\right) \tag{7-18}$$

式中：$H_3$ 为底部圆弧矢高，m；$\theta_1$ 为底部圆弧圆心角，rad；$r_1$ 为底部圆弧直径，m。

此外，水面宽 $B$、水面宽圆弧圆心角 $\theta_2$ 可分别按式（7-14）和式（7-15）进行计算。

### 7.3.4　伸缩缝、砌筑缝及堤顶宽度和封顶板

1. 伸缩缝

刚性材料渠道防渗结构应设置伸缩缝。伸缩缝的间距应依据渠基情况、防渗材料和施工方式按表7-11选用；伸缩缝的形式如图7-6所示；伸缩缝的宽度应根据缝的间距、气温变幅、填料性能和施工要求等因素，采用 $2\sim3\text{cm}$。伸缩缝宜采用黏结力强、变形性能大、耐老化、在当地最高气温下不流淌、最低气温下仍具柔性的弹塑性止水材料，如焦油塑料胶泥填筑，或缝下部填焦油塑料胶泥、上部用沥青砂浆封盖，还可用制品型焦油塑料胶泥填筑。

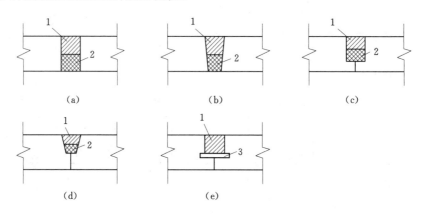

图 7-6　刚性材料防渗层伸缩缝形式

（a）矩形缝；（b）梯形缝；（c）矩形半缝；（d）梯形半缝；（e）止水带

1—封盖材料；2—弹塑性胶泥；3—止水带

表 7-11　　　　　　　　　　防渗渠道的伸缩缝间距

| 防渗结构 | 施工材料和施工方式 | 纵向伸缩缝间距（m） | 横向伸缩缝间距（m） |
|---|---|---|---|
| 土料 | 灰土，现场浇筑 | 4~5 | 3~5 |
| | 三合土或四合土，现场浇筑 | 6~8 | 4~6 |
| 水泥土 | 塑性水泥土，现场浇筑 | 3~4 | 2~4 |
| | 干硬性水泥土，现场浇筑 | 3~5 | 3~5 |
| 砌石 | 浆砌石 | 只设置沉降缝 | |
| 沥青混凝土 | 沥青混凝土，现场浇筑 | 6~8 | 4~6 |
| 混凝土 | 钢筋混凝土，现场浇筑 | 4~8 | 4~6 |
| | 混凝土，现场浇筑 | 3~5 | 3~5 |
| | 混凝土，预制铺砌 | 4~8 | 6~8 |

**注**　1. 膜料防渗不同材料保护层的伸缩缝间距同本表。

　　　2. 当渠道为软基或地基承载力明显变化时，浆砌石防渗结构宜设置沉降缝。

特殊要求的伸缩缝宜采用高分子止水带或止水管等。伸缩缝填料的配合比和制作方法参见 SL18—2004《渠道防渗工程技术规范》附录 F。

### 2. 砌筑缝

水泥土、混凝土预制板（槽）和浆砌石，应用水泥砂浆或水泥混合砂浆砌筑，水泥砂浆勾缝。砌筑缝处理得好坏，往往是此类防渗工程防渗效益能否发挥的关键，应引起重视，妥善设计，认真施工。混凝土 U 形槽也可用高分子止水管及其专用胶砌筑，不需勾缝。浆砌石还可用细粒混凝土砌筑。砌筑和勾缝砂浆的强度等级可按表7－12选定；细粒混凝土强度等级不低于 C15，最大粒径不大于 10mm。沥青混凝土预制板宜采用沥青砂浆等砌筑。砌筑缝宜采用梯形或矩形缝，缝宽 1.5～2.5cm。

表 7－12　　　　　　　　砌筑砂浆的强度等级　　　　　　　　单位：MPa

| 防渗结构 | 砌筑砂浆 | | 勾缝砂浆 | |
|---|---|---|---|---|
| | 温和地区 | 严寒和寒冷地区 | 温和地区 | 严寒和寒冷地区 |
| 水泥土预制板 | 5.0 | | 7.5～10.0 | |
| 混凝土预制板 | 7.5～10.0 | 10.0～20.0 | 10.0～15.0 | 15.0～20.0 |
| 料石 | 7.5～10.0 | 10.0～15.0 | 10.0～15.0 | 15.0～20.0 |
| 块石 | 5.0～7.5 | 7.5～10.0 | 7.5～10.0 | 10.0～15.0 |
| 卵石 | 5.0～7.5 | 7.5～10.0 | 7.5～10.0 | 10.0～15.0 |
| 石板 | 7.5～10.0 | 10.0～15.0 | 10.0～15.0 | 15.0～20.0 |

### 3. 堤顶宽度

防渗渠道的堤顶宽度可按表7－13选用，渠堤兼作公路时，应按道路要求确定。U 形和矩形渠道，公路边缘宜距渠口边缘 0.5～1.0m。堤顶应做成向外倾斜 1/100～2/100 的斜坡。堤岸为高边坡时，

表 7－13　　防渗渠道的堤顶宽度

| 渠道设计流量<br>（m³/s） | <2 | 2～5 | 5～20 | >20 |
|---|---|---|---|---|
| 堤顶宽度<br>（m） | 0.5～1.0 | 1.0～2.0 | 2.0～2.5 | 2.5～4.0 |

应在其坡脚设置纵向排水沟，保证堤顶或高边坡坡面的雨水顺利排出堤外，不冲坏防渗渠道。如渠道通过城镇、交通要道或人口密集地区，应在堤顶设置安全栏栅，以保证安全。

### 4. 封顶板

防渗渠道在边坡防渗结构顶部应设置水平封顶板，其宽度为 15～30cm。当防渗结构下有砂砾石置换层时，封顶板宽度应大于防渗结构与置换层的水平向厚度 10cm，当防渗结构高度小于渠深时，应将封顶板嵌入渠堤。

# 7.4 土 料 防 渗

土料防渗就是将渠基土夯实或者在渠床表面铺筑一层夯实的土料防渗层的防渗措施。采用材料包括黏性土、黏砂混合土、灰土、三合土或四合土等。土料防渗是我国

沿用已久的、实践经验丰富的防渗措施。

### 7.4.1 特点和适用条件

土料防渗具有一定的防渗效果 $[0.07\sim0.17m^3/(m^2 \cdot d)]$，能就地取材，造价低廉，投资节省，并且技术简单，可以充分利用现有的碾压机械设备，群众容易掌握。

但是，土料防渗渠道允许流速小，土料防渗层的抗冻耐久性差，往往由于冻融的反复作用，使防渗层疏松、剥蚀，不用几年即会被完全蚀坏，从而失去防渗性能。故土料防渗仅适用于我国气候温和地区的流速较小的中、小型渠道，当地应有丰富的土料资源。

### 7.4.2 防渗结构和材料

（1）土料防渗，一般由等厚的土料防渗层构成。在寒冷地区，应根据冰冻情况，加设 $30\sim50cm$ 的保护层，土料防渗层的厚度可参考表7-14选用。

表7-14　　　　土料防渗技术指标参考表

| 土料种类 | 配 合 比 | 最佳含水率（%） | 防渗层厚度（cm） | | |
|---|---|---|---|---|---|
| | | | 渠底 | 渠坡 | 侧墙 |
| 高液限黏质土 | — | 23～28 | 20～40 | 20～40 | — |
| 中液限黏质土 | — | 15～25 | 30～40 | 30～60 | — |
| 灰土 | 石灰：土＝1：3～1：9 | 20～30 | 10～20 | 10～20 | — |
| 三合土 | 石灰：土砂总重＝1：4～1：9 | 15～20 | 10～20 | 10～20 | 20～30 |
| 四合土 | 在三合土基础上掺卵石和碎石25%～35% | 15～20 | 15～20 | 15～25 | 20～40 |
| 黏砂混合土 | 高液限黏质土：砂石总重＝1：1 | 塑限±4 | 10～20 | 10～20 | — |

为了防止三合土、四合土、灰土等混合土料防渗层由于温度变化等原因引起裂缝，可每隔 $3\sim5m$ 设一条伸缩缝。为了提高土料防渗层的表面强度，可用水泥砂浆抹面1cm厚，也可在三合土、四合土和灰土防渗层表面，刷涂一层 $1:10\sim1:15$ 的硫酸亚铁溶液。

（2）不同黏性土的选用和混合土料的配合比，应通过试验确定最大干密度和最佳含水率，按照强度最大、渗透系数最小的原则选用黏性土和确定混合土料的最优配合比。无条件试验时，可参照表7-14选用。

（3）黏性土和黏砂混合土应进行泡水试验。若发现在水中崩解或呈浑浊液时，应改换黏性土和调整黏砂混合土的配合比。

### 7.4.3 施工技术要点

土料防渗要做到"六防"，即"防渗、防冻胀、防湿胀、防干缩、防滑坡和防冲刷"。除了必须要有的设计外，施工质量直接影响工程效果和寿命。因此，施工时必须掌握好削坡清淤、配料、拌和、铺料、夯压和施工养护等各个环节。主要应注意如下几点。

（1）土料必须粉碎过筛，黏性土的粒径应不大于 2cm，石灰应不大于 0.5cm。膨润土应过 100 目或 200 目筛；钙质膨润土施工前还应加入 2%～4% 的碳酸钠进行预处理。若使用存放期过长的石灰或活性氧化钙含量较低的三级石灰时，要在配合比中加大石灰的用量。石灰块使用前还应用粉碎机磨碎，或分层加水消解，加水量一般为石灰干重的 30%～50%。石灰熟化后应过 5mm 孔径的筛，把未熟化的过烧石灰块除掉。

（2）施工中应严格控制配合比和含水率，拌和后含水率与最佳含水率的偏差值不应大于 1%。无论是灰土、三合土还是贝灰混合土，都应充分拌和，闷料熟化。人工拌和要"三干三湿"，即拌和料配置好后，先干拌三次，加水后再湿拌三次。机械拌和要洒水匀细，加水量要严格控制在最优含水量的范围内，使拌和后的混合料能"手捏成团，落地散开"。

（3）混合土料宜先干拌后湿拌。

（4）铺筑时，灰土、三合土、四合土宜采用先渠坡后渠底的顺序施工；黏性土和黏砂混合土则宜采用先渠底后渠坡的施工顺序。各种土料防渗层都应从上游向下游方向铺筑，保证防渗层顺水流方向的稳定。防渗层厚度大于 15cm 时，应分层铺筑。铺筑时应边铺筑，边夯实，夯实后土料的干密度不得小于设计干密度。

# 7.5 水泥土防渗

## 7.5.1 特点和适用条件

水泥土是由土料、水泥和水拌和而成的材料。因其主要靠水泥与土料的胶结与硬化，故水泥土硬化的强度类似混凝土。水泥土防渗因施工方法不同分为干硬性水泥土和塑性水泥土两种，北方多用前者，南方多用后者。其主要优点如下。

（1）料源丰富，可以就地取材。水泥土中土料占 80%～90%，土料来源丰富地区，可以就地取材进行水泥土防渗工程建设。

（2）防渗效果较高。水泥土防渗较土料防渗效果要好。一般可以减少渗漏量 80%～90%，渗漏量为 0.06～0.17m³/(m·d)。

（3）技术较简单，容易为群众所掌握。

（4）投资较少，造价较低。

（5）可以利用现有的拌和机、碾压机等施工设备施工，能充分发挥现有设备的作用。

水泥土防渗的主要缺点是水泥土早期的强度及抗冻性较差，因而，水泥土防渗宜用于气候温和的无冻害地区，且附近有沙土和沙壤土而缺乏砂石料的渠道。

## 7.5.2 水泥土防渗对原材料的质量要求

1. 土料

（1）黏粒含量宜为 8%～10%。

（2）砂粒含量宜为 50%～80%。

（3）岩石风化料的最大粒径不得超过 50mm 和衬砌厚度的 1/2，且不含直径大于 5mm 的土团。

（4）土料应选用良好的级配，当黏粒含量少于 5% 时应掺入黏土；当砂、砾少于 50%，宜掺入砂、砾料。

（5）土料中其他杂质含量满足：①有机质含量不超过 2%；②水熔盐总含量（重量计）不大于 2.5%，且硫酸盐含量不超过 0.5%，碳酸钠含量不超过 0.005%，氯盐含量不超过 2%；③土的酸碱度（pH 值）为 4～10；④土料中不得含有树根、杂草、淤泥等杂物。

2. 水泥

（1）一般水工混凝土使用的水泥均可用以拌制水泥土。有抗冻和抗冲刷要求的渠道，宜使用硅酸盐或普通硅酸盐水泥，常用的水泥标号为 325 和 425。

（2）水泥应符合国家标准的规定。应有出厂合格单，否则应按 DL/T 5150-2001《水工混凝土试验规程》进行胶砂强度测定，检验其标号。受潮结块的水泥要压碎并筛除硬块，其标号经检验符合要求后，方能使用。

3. 水

凡饮用水，均可用以拌制和养护水泥土。

### 7.5.3　对水泥土防渗的技术要求

（1）在气候温和地区，水泥土的抗冻标号不宜低于 F12。

（2）水泥土允许的最小干密度见表 7-15。

（3）水泥土的渗透系数不应大于 $1\times10^{-6}$ cm/s。

（4）水泥土允许的最小抗压强度见表 7-16。

表 7-15　　　　　　　　　　水泥土干密度允许最小值　　　　　　　　　单位：g/cm³

| 水泥土种类 | 含砾土 | 砂土 | 壤土 | 风化页岩渣 | 水泥土种类 | 含砾土 | 砂土 | 壤土 | 风化页岩渣 |
|---|---|---|---|---|---|---|---|---|---|
| 干硬性水泥土 | 1.9 | 1.8 | 1.7 | 1.8 | 塑性水泥土 | 1.7 | 1.5 | 1.4 | 1.5 |

表 7-16　　　　　　　　　　水泥土抗压强度允许最小值　　　　　　　　　单位：MPa

| 水泥土种类 | 渠道运行条件 | 28d 抗压强度 | 水泥土种类 | 渠道运行条件 | 28d 抗压强度 |
|---|---|---|---|---|---|
| 干硬性水泥土 | 常年输水 | 2.5 | 塑性水泥土 | 常年输水 | 2.0 |
| | 季节性输水 | 4.5 | | 季节性输水 | 3.5 |

同时，为了保证施工质量，设计水泥土配合比时，水泥土的强度应按施工时的配制强度设计。水泥土的配制强度可按式（7-19）计算，即

$$R_{配}＝AR_{设} \tag{7-19}$$

式中：$R_{配}$ 为水泥土防渗工程施工时的配制强度，MPa；$R_{设}$ 为水泥土防渗工程的设计强度，MPa；$A$ 为施工不均匀系数，一般取 1.2～1.25。

### 7.5.4 水泥土防渗层的厚度及结构设计

水泥土防渗结构的厚度，宜采用 8～10cm；小型渠道不应小于 5cm。水泥土预制板的尺寸，应根据制板机、压实功能、运输条件和渠道断面尺寸等因素确定，每块预制板的重量不宜超过 50kg。耐久性要求高的明渠水泥土防渗结构，宜用塑性水泥土铺筑，表面用水泥砂浆、混凝土预制板、石板等材料作保护层。水泥土 28d 的抗压强度不应低于 1.5MPa。

### 7.5.5 施工技术要点

（1）水泥土所用土料应风干、粉碎、并过孔径 5mm 的筛子。

（2）水泥土铺筑应做到配料准确，拌和均匀、摊铺平整、浇注密实。拌和水泥土时宜先干拌后湿拌，铺筑塑性水泥土前，应先洒水润湿渠基，安装伸缩缝模板，然后按先渠坡后渠底的顺序铺筑。水泥土料应摊铺均匀，浇捣拍实。在初步抹干后，宜在表面撒一层厚度 1～2mm 的水泥，随即揉压抹光。应连续铺筑，每次拌和料从加水至铺筑完宜在 1.5h 内完成。

（3）铺筑干硬性水泥土时，应先立模，后分层铺料夯实。每层铺料厚度宜为 10～15cm，面间应刨毛、洒水。铺设保护层的塑性水泥土，其保护层应在塑性水泥土初凝前铺设完毕。

# 7.6 膜 料 防 渗

### 7.6.1 特点和适用条件

膜料防渗是用塑料薄膜、沥青玻璃纤维布油毡和土工织物（即土工膜）作为防渗层，再在其上边盖上保护层的防渗方法。

膜料防渗具有防渗性能好，适应变形能力强，质轻，用量少，运输量小，施工简便，工期短，耐腐蚀性强和造价低等优点。该方法在南、北方均可采用，特别是北方冻胀变形较大的地区，防渗效果理想。缺点是防渗膜料在运用中不可避免要产生老化，因而其耐久性成为普遍关注的问题。

### 7.6.2 防渗结构和材料

膜料防渗层应采用埋铺式，其结构一般包括：膜料防渗层、过渡层和保护层等，如图 7-7 所示。无过渡层的防渗结构［图 7-7（a）］宜用于土渠基和用黏性土、水泥土作防护层的防渗工程。为保证发挥各自的作用，选用的材料需符合要求。有过渡层的防渗结构［图 7-7（b）］，宜用于岩石、砂砾石、土渠基和用石料、砂砾石、现浇碎石混凝土或预制混凝土作保护层的防渗工程。

膜料防渗层的铺设范围，有全铺式、半铺式和底铺式 3 种。半铺式和底铺式可用于宽浅渠道，或渠坡有树木的改建渠道。土渠基膜料防渗层铺膜基槽断面形式，应根据土基稳定性、防渗、防冻要求与施工条件合理选定，可采用梯形、弧底梯形、弧形坡脚梯形等断面形式。

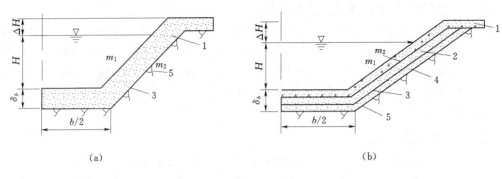

图 7-7 埋铺式膜料防渗结构

(a) 无过渡层的防渗结构；(b) 有过渡层的防渗结构

1—黏性土、水泥土、灰土或混凝土、石料、砂砾石保护层；2—膜上过渡层；

3—膜料防渗层；4—膜下过渡层；5—土渠基或岩石、砂砾石渠基

### 7.6.2.1 膜料

膜料的基本材料是聚合物和沥青，但种类很多，可按下述两种方法分类。

1. 按防渗材料分

(1) 塑料类。如聚乙烯、聚氯乙烯、聚丙烯和聚烯烃等。

(2) 合成橡胶类。如异丁烯橡胶、氯丁橡胶等。

(3) 沥青和环氧树脂类等。

2. 按加强材料组合分

(1) 不加强土工膜。① 直喷式土工膜。在施工现场直接用沥青、氯丁橡胶混合液或其他聚合物液喷射在渠床上，一般厚度为 3mm；② 塑料薄膜，在工厂制成聚乙烯、聚氯乙烯、聚丙烯等薄膜，一般厚度为 0.12～0.24mm。

(2) 加强土工膜。用土工织物（如玻璃纤维布、聚酯纤维布、尼龙纤维布等）作加强材料。如由玻璃纤维布上涂沥青玛琦脂压制而成的沥青玻璃纤维布油毡，厚度 0.60～0.65mm；用聚酯平布加强，上涂氯化聚乙烯，膜料厚度 0.75mm；用裂膜聚酯编织布加强，上涂氯磺化聚乙烯，膜料厚度 0.9mm 等。

(3) 复合型土工膜。用土工织物作基材，将不加强的土工膜或聚合物，用人工或机械方法，把两者合成的膜料，称为复合土工膜。可分单面复合土工膜和双面复合土工膜。单面复合土工膜，就是在土工织物上复合一层不加强的土工膜；双面复合土工膜，就是在不加强土工膜的两面复合土工织物的土工膜。

除上述基本分类外，在土工膜的防渗材料混合物内还可加填充料、纤维、过程助剂、炭黑、稳定剂、抗老化剂和杀菌剂等添加剂，改善其性能，开发出新的土工膜。

目前我国渠道防渗工程普遍采用聚乙烯和聚氯乙烯塑料薄膜，其次是沥青玻璃纤维布油毡，此外，复合土工膜和线性低密度聚乙烯等其他塑膜，近几年也在陆续采用。

### 7.6.2.2 膜层顶部

膜层顶部，宜按图 7-8 铺设。

### 7.6.2.3 过渡层

用作过渡层的材料种类很多，包括土、灰土、水泥土、砂和砂浆等。各地使用情况表明，灰土、水泥土和水泥砂浆都具有一定的强度和整体性，造价较低，适用范围广，效果好。过渡层材料，在严寒和寒冷地区宜采用水泥砂浆，在温暖地区可采用灰土和水泥土。灰土、塑性水泥土和砂浆过渡层厚度宜为 2～3cm，采用素土和砂料作过渡层时应采取防止淘刷的措施，其厚度为 3～5cm。

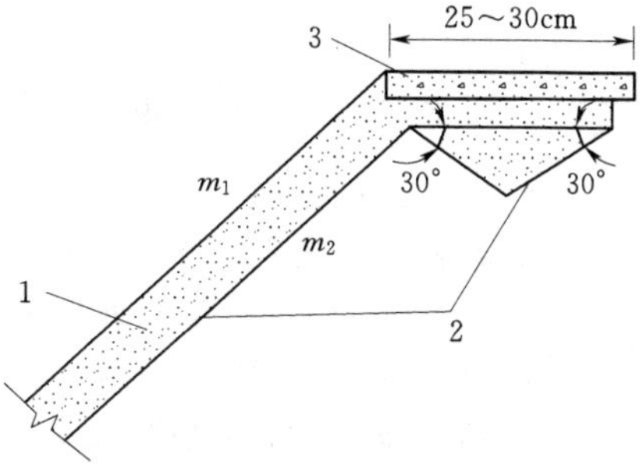

图 7-8　膜层顶部铺设形式
1—保护层；2—膜料防渗层；3—封顶板

### 7.6.2.4 保护层

保护层材料，应根据当地材料来源和渠道流速的大小合理采用。土、水泥土、砂砾、石料和混凝土等都可用作膜料防渗的保护层。土保护层的厚度，根据渠道流量大小和保护层土质情况，可按表 7-17 采用。

水泥土、石料、砂砾料和混凝土等刚性材料保护层的厚度可按表 7-18 选用。在渠底、渠坡或不同渠段，可采用具有不同抗冲能力、不同材料的组合式保护层。

表 7-17　　　　　　　　　　土 保 护 层 的 厚 度　　　　　　　　　　单位：cm

| 保护层土质 | 渠 道 设 计 流 量（m³/s） | | | |
|---|---|---|---|---|
| | <2 | 2～5 | 5～20 | >20 |
| 砂壤土、轻壤土 | 45～50 | 50～60 | 60～70 | 70～75 |
| 中壤土 | 40～45 | 45～55 | 55～60 | 60～65 |
| 重壤土、黏土 | 35～40 | 40～50 | 50～55 | 55～60 |

表 7-18　　　　　　　　　　刚性材料保护层的厚度　　　　　　　　　　单位：cm

| 保护层材料 | 水泥土 | 块石、卵石 | 砂砾石 | 石板 | 混凝土 | |
|---|---|---|---|---|---|---|
| | | | | | 现浇 | 预制 |
| 保护层厚度 | 4～6 | 20～30 | 25～40 | ≥30 | 4～10 | 4～8 |

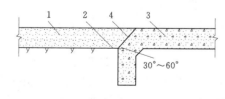

图 7-9　膜料防渗层与建筑物的连接
1—保护层；2—膜料防渗层；3—建筑物；
4—膜料与建筑物黏结面

土保护层的设计干密度，应经过试验确定。无试验条件时，采用压实法施工，砂壤土和壤土的干密度不应小于 1.50g/cm³；砂壤土、轻壤土、中壤土采用浸水泡实法施工时，其干密度宜为 1.40～1.45g/cm³。

### 7.6.2.5 防渗结构与建筑物的连接

防渗结构与建筑物的连接，应符合下列要求。

（1）膜料防渗层应按图 7-9 用黏结剂与建筑物黏结牢固。

（2）土保护层与跌水、闸、桥连接时，应在建筑物上、下游改用石料、水泥土或混凝土保护层。

（3）水泥土、石料和混凝土保护层与建筑物连接应按规范要求设置伸缩缝。

### 7.6.3　施工技术要点

防渗膜料的施工程序为渠道基槽开挖整平、膜料加工及铺设、保护层回填夯实等3个步骤。岩石砂砾石基槽或用砂砾料、刚性材料作保护层的膜料防渗工程，在铺膜前后还要进行过渡层施工。膜料防渗施工质量的核心问题，是在施工过程中保持膜层的完整和土保护层的边坡稳定。

土渠基的铺膜基槽可采用梯形、台阶形、五边形和锯齿形等断面形式，当渠槽开挖整平后，首先进行灭草处理，然后根据渠道大小将膜料加工成大幅，自渠道下游向上游，由渠道一岸向另一岸铺设膜料，膜料应留有小褶，并平贴渠基。

保护层的回填夯实，直接影响到保护层的稳定和衬砌防渗效果。土保护层可用压实法或浸水泡实法填筑，刚性材料保护层的施工，与刚性材料防渗层施工相同。

## 7.7　混 凝 土 防 渗

### 7.7.1　特点和适用范围

混凝土防渗就是用混凝土衬砌渠道，减小或防止渗漏损失。这是目前广泛采用的一种渠道防渗技术措施。它一般能减少渗漏损失 90%～95% 以上，具有防渗效果好、耐久性好（正常情况下，混凝土衬砌渠道可运用 50 年以上）、糙率小、强度高、适应性强和便于管理等优点。因而，适用于各种地形、气候和运行条件的大、中、小型渠道。其缺点是，混凝土衬砌板适应变形的能力差，在缺乏砂、石料的地区，造价较高。

### 7.7.2　混凝土防渗的结构和材料

#### 7.7.2.1　混凝土防渗采用的结构形式

混凝土防渗采用的结构形式有板型、槽型和管型等几种。

（1）板型结构。有素混凝土、钢筋混凝土和预应力钢筋混凝土板等。素混凝土板常用在水文地质条件较好（如挖方渠床、砂砾石地基、地下水深埋的地区）的渠段；钢筋混凝土和预应力钢筋混凝土板则用于水文地质条件较差和防渗要求高的重要渠段。板型结构按其截面形状不同又有等厚板、楔形板、肋梁板、Ⅱ形板和空心板等。等厚板适用于无特殊地基要求地区的各种渠道，楔形、肋梁、Ⅱ形板和空心等板型多用于有冻胀地区的各种渠道。板型结构是我国各地应用最广泛的一种结构类型。

（2）槽型结构。有铺砌式和架空式两种。铺砌式是把混凝土或钢筋混凝土槽（如矩形槽或 U 形槽）铺砌在挖好的基槽内；架空式是把槽架设在支座（架）上。此种结构常用在丘陵和地形较复杂的地区，以减少大量的填挖土方和占地面积，用在傍山、塬边、地质条件很差或经过城镇、工矿企业上游的渠段，以确保输水安全。

（3）管型结构。具有少占地、减少渗漏和蒸发损失、行水快速、灌水方便、利于交通、便于管理、节省劳力等优点，但投资较多，水头损失较大。因此，适用于防渗要求高、水源水位有保证的地区。

混凝土衬砌的施工方式有现场浇筑、预制装配和喷射衬砌 3 种。现场浇筑法的优点是衬砌接缝少，造价较低；预制装配法的优点是受气候条件的影响小，混凝土质量容易保证，如在已成渠道上施工，能减少施工与行水的矛盾，但运输麻烦，接缝多，安装质量不易得到控制。一般采用预制板型构件装配的造价比现场浇筑约高 10％。渠槽地基基础地质条件较好，有条件的地区可采用喷射混凝土衬砌，它具有强度高，厚度薄，抗渗性和抗冻性好等优点，但需专用的机械设备。

### 7.7.2.2 渠道断面形式

一般情况下，混凝土防渗常用梯形断面，其优点是施工方便。20 世纪 70 年代以来，我国混凝土防渗渠道出现了许多新型的断面形式，其中较普遍的有 U 形渠道、弧形底梯形及弧形坡脚梯形渠道。

梯形渠道的边坡系数与渠床土质、渠道、边坡稳定性等因素有关。当水深小于 3m 时，边坡系数可按表 7-19 选用；当水深超过 3m 时，边坡系数需通过稳定分析和优化设计确定。

表 7-19　　水深小于 3m 的混凝土渠道边坡系数

| 渠床土壤种类 | 边坡系数 |
| --- | --- |
| 砂砾石、中等黏壤土、黄土 | 1.0～1.25 |
| 砂、密实砂壤土、轻壤土 | 1.25～1.50 |
| 松散砂土、砂壤土、冲积土 | 1.5～2.0 |

### 7.7.2.3 混凝土性能与配合比

混凝土性能应按工程规模、水文气象和地质条件以及防渗要求等因素选用。大、中型渠道防渗工程混凝土的配合比，应按 DL/T 5150—2001《水工混凝土试验规程》进行试验确定，其选用配合比应满足强度、抗渗、抗冻和和易性的设计要求。小型渠道混凝土的配合比，可参照当地类似工程的经验采用。

混凝土的性能指标不应低于表 7-20 中的数值。严寒和寒冷地区的冬季过水渠道，抗冻等级应比表内数值提高一级。渠道流速大于 3m/s，或水流中挟带推移质泥沙时，混凝土的抗压强度不应低于 15MPa。

表 7-20　　　　　　　　混凝土标号的允许最小值

| 工程规模 | 混凝土性能 | 严寒地区 | 寒冷地区 | 温和地区 |
| --- | --- | --- | --- | --- |
| 小型 | 强度（C） | 10 | 10 | 10 |
| | 抗冻（F） | 50 | 50 | — |
| | 抗渗（W） | 4 | 4 | 4 |
| 中型 | 强度（C） | 15 | 15 | 10 |
| | 抗冻（F） | 100 | 50 | 50 |
| | 抗渗（W） | 6 | 6 | 6 |
| 大型 | 强度（C） | 20 | 15 | 10 |
| | 抗冻（F） | 200 | 150 | 50 |
| | 抗渗（W） | 6 | 6 | 6 |

**注**　1. 强度等级的单位为 MPa。

　　2. 抗冻等级的单位为冻融循环次数。

　　3. 抗渗等级的单位为 0.1MPa。

　　4. 严寒地区为最冷月平均气温低于−10℃；寒冷地区为最冷月平均气温高于或等于−10℃，但低于或等于−3℃；温和地区为最冷月平均气温高于−3℃。

大、中型渠道所用的混凝土，其胶凝材料的最小用量不宜少于 $225kg/m^3$；严寒地区不宜少于 $275kg/m^3$。用人工捣固时，应增加 $25kg/m^3$；当掺用外加剂时，可减少 $25kg/m^3$。渠道防渗工程所用水泥品种以 $1\sim2$ 种为宜，并应固定厂家。当混凝土有抗冻要求时，应优先选择普通硅酸盐水泥；当环境水对混凝土有硫酸盐侵蚀时，应优先选择抗硫酸盐水泥。

粉煤灰等掺和料的掺量，大、中型渠道应按 DL/T 5055—1996《水工混凝土掺用粉煤灰技术规范》通过试验确定；小型渠道混凝土的粉煤灰掺量，可按 SL 18—2004《渠道防渗工程技术规范》中表 8.4.1-6 选定。

### 7.7.2.4 混凝土防渗层

混凝土防渗层的结构形式如图 7-10 所示。防渗层一般采用等厚板，当渠基有较大膨胀、沉陷等变形时，除采取必要的地基处理措施外，对大型渠道宜采用楔形板、肋梁板、中部加厚板或 Ⅱ 形板。小型渠道应采用整体式 U 形或矩形渠槽，槽长不宜小于 1.0m。特种土基宜采用板膜复合式结构。渠道流速小于 3m/s 时，梯形渠道混凝土等厚板的最小厚度，应符合表 7-21 的规定；流速为 $3\sim4m/s$ 时，最小厚度宜为 10cm；流速为 $4\sim5m/s$ 时，最小厚度宜为 12cm。水流中含有砾石类推移质时，渠底板的最小厚度宜为 12cm。渠道超高部分的厚度可适当减小，但不应小于 4cm。

渠基土稳定且无外压力时，U 形渠和矩形渠防渗层的最小厚度，应按表 7-21 选用；渠基土不稳定或存在较大外压力时，U 形渠和矩形渠宜采用钢筋混凝土结构，并根据外荷载进行结构强度、稳定性及裂缝宽度验算。预制混凝土板的尺寸，应根据安装、搬运条件确定。砌筑缝的形式及填筑材料可按 SL 18—2004《渠道防渗工程技术规范》6.6.2 的规定设计。

肋梁板和 Ⅱ 形板的厚度，比等厚板可适当减小，但不应小于 4cm。肋高宜为板厚的 $2\sim3$ 倍。楔形板在坡脚处的厚度，比中部宜增加 $2\sim4$ cm。中部加厚板加厚部位的厚度，宜为 $10\sim14$ cm。板膜复合式结构的混凝土板厚度可适当减小，但不应小于 4cm。

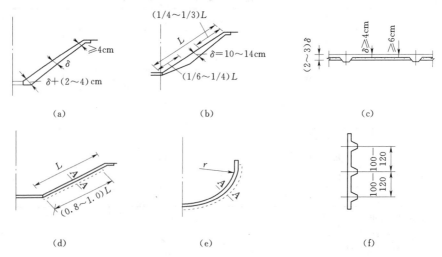

图 7-10 混凝土防渗层的结构形式

(a) 楔形板；(b) 中部加厚板；(c) Ⅱ 形板；(d) 平板；(e) 弧板；(f) A—A

表 7 - 21 混凝土防渗层的最小厚度 　　　　　　　　　单位：cm

| 工程规模 | 温 和 地 区 | | | 寒 冷 地 区 | | |
|---|---|---|---|---|---|---|
| | 钢筋混凝土 | 混凝土 | 喷射混凝土 | 钢筋混凝土 | 混凝土 | 喷射混凝土 |
| 小型 | — | 4 | 4 | — | 6 | 5 |
| 中型 | 7 | 6 | 5 | 8 | 8 | 7 |
| 大型 | 7 | 8 | 7 | 9 | 10 | 8 |

#### 7.7.2.5　混凝土衬砌伸缩缝

混凝土防渗作为刚性护面应设置伸缩缝，防止混凝土板因温度变化、渠基土冻胀等因素引起裂缝，伸缩缝的间距选用和结构形式选择分别参见表 7 - 11 和图 7 - 6 所示。

### 7.7.3　施工技术要点

为了保证混凝土防渗渠道的防渗效果和耐久性，除了正确合理地设计之外，还必须严格提高施工技术水平，保证施工质量，做到优质、经济、安全。

混凝土衬砌按施工方法主要分为现场浇筑和预制装配两种。现场浇筑混凝土防渗层时，除了有分块的两侧挡板和伸缩缝成型夹板外，还应有外模板，以保证施工质量。为了节约模板、提高质量、降低成本，可采用活动模板和分块跳仓法、滑模振捣器法施工。近几十年来使用衬砌机浇筑 U 形混凝土渠道，在土基梯形和 U 形渠道上采用喷射混凝土以及对塑料养护剂的试验应用是混凝土衬砌施工技术的重要发展，现场浇筑完毕后，应及时收面，及时养护。

对于混凝土预制板，初凝后即可拆模，并应在其强度达到设计强度的 70％ 以上时才能运输；安砌应平稳、坚固；衬砌缝要用水泥砂浆填筑并勾缝，缝内砂浆要填满、捣实、压平、抹光，并注意养护。

# 7.8　沥青混凝土防渗

### 7.8.1　特点和适用条件

1. 沥青混凝土防渗的优点

沥青混凝土是以沥青为胶结剂，与矿粉、矿物骨料（碎石或砾石和砂）经过加热、拌和、压实而成的防渗材料。它有如下优点。

（1）防渗效果好。一般可以减少渗漏 90％～95％。

（2）具有适当的柔性和黏附性，因而沥青混凝土防渗工程如发生裂缝，有自愈能力。如阿尔及利亚的格里布沥青混凝土斜墙坝，1939 年蓄水达到新的高度时，由于坝体的不均匀沉陷，引起斜墙裂缝，廊道内发现渗水，但未作处理，数月后停止渗水，迄今运用良好。

（3）能适应较大的变形，具有适应渠基土冻胀而不裂缝的能力，防冻害能力强。如西北水科所与青海省水科所在青海省做的沥青混凝土渠道防渗工程，在最低气温为

$-30\sim-7℃$、最大冻胀量为 79mm 的情况下，沥青混凝土防渗层的裂缝率仅为水泥混凝土防渗层裂缝的 1/17。

（4）老化不严重。我国 1953 年在甘肃省完成的沥青混凝土渠道防渗工程，经 28 年运用，防渗层基本上完整，骨料与沥青黏结紧密，渠面呈暗灰色，而内部沥青仍乌黑发亮，沥青的标号降低了一级。因此，沥青混凝土虽系黑色有机材料，存在老化问题，但其老化并不严重，其防渗工程耐久性较好。一般可以使用 30 年。

（5）造价较低。据统计，沥青混凝土防渗的造价仅为水泥混凝土防渗的 70％。

（6）对人畜无害。沥青混凝土主要由石油沥青拌制而成，而国内外的研究表明：石油沥青是无毒的，因而对人畜无害。基于此点，前苏联卫生部做出关于供生活用水的渠道可以用 60 号沥青制成的沥青混凝土衬砌的决定。我国也做了不少引水和蓄水的沥青混凝土防渗工程。

（7）容易修补。防渗工程尽管设计技术先进，且严把施工质量关，但运用中仍很难避免发生裂缝等事故，需要及时修补。而沥青混凝土防渗工程发生裂缝的几率较低，而且它是随温度高低而变化的黏弹性材料，修补时仅将其裂缝处加热，然后用锤子击打使裂缝弥合即可。

由于沥青混凝土防渗具有上述优点，国外在 20 世纪 30 年代即用它做大坝防渗斜墙，50～70 年代各国已广泛将其用于渠道、水库大坝和蓄水池等防渗工程上。近年来应用范围日益广泛。据统计，国外已兴建了 100 多座沥青混凝土斜墙土石坝、几十项运河和渠道防渗工程。

我国在 20 世纪 50 年代初就在甘肃省渠道上试用沥青混凝土防渗。60 年代后期，在钱塘江下游试用了水下浇筑沥青混凝土作为水下抛石的保护措施。70 年代以后，由于我国石油工业迅速发展，沥青料源逐渐丰富，沥青混凝土防渗工程相应得到发展。例如，1971 年修建了黑龙江省三道镇和吉林省上河湾等水库渣油沥青混凝土护坡；1972 年修建了陕西省冯家山灌区沥青混凝土防渗渠道；1979 年在青海省湟海渠上建成了沥青混凝土防渗工程等。截至 1982 年，我国已建成土石坝防渗斜墙、心墙、面板、渠道、蓄水池、围堰等沥青材料防渗工程 95 项，其中沥青混凝土渠道防渗工程 8 项，取得了显著的经济效益和社会效益。

**2. 沥青混凝土防渗的缺点**

虽然我国在 20 世纪 50 年代初就开始研究将沥青混凝土用于渠道防渗工程上，继而全国很多单位又做了很多工作，其技术条件已基本成熟，也证明它是一种很好的防渗材料。但迄今推广应用得较慢，究其原因，是因为它存在以下缺点和问题。

（1）料源不足。目前我国石油工业虽有很大发展，但沥青仍满足不了生产上的需要，因而沥青混凝土的推广和应用受到影响。另外，我国石油沥青多为含蜡沥青，其性能不能满足水工沥青的要求，如要应用，需经掺配或改性等工序，这也是推广不快的原因之一。

（2）施工工艺要求严格，且加热拌和等在高温下施工，人们由不习惯到接受此项技术，需要一个过程。

（3）存在植物穿透问题，工程实践证明，较薄的沥青混凝土防渗层，存在植物穿透问题。在穿透性植物丛生的地区，对渠基土壤要作灭草处理。

### 7.8.2　防渗结构和材料

沥青混凝土衬砌分有整平胶结层和无整平胶结层两种，其构造如图 7－11 所示。一般岩石地基的渠道才考虑使用整平胶结层断面，无整平胶结层断面宜用于土质地基。

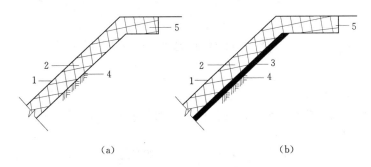

（a）　　　　　　　　　　　　　　　（b）

图 7－11　沥青混凝土渠道防渗结构形式

（a）无整平胶结层的防渗结构；（b）有整平胶结层的防渗结构

1—封闭层；2—防渗层；3—整平胶结层；4—土（石）渠基；5—封顶板

防渗层沥青混凝土孔隙率不大于 4%，渗透系数不大于 $1 \times 10^{-7}$ cm/s，斜坡流淌值小于 0.80cm，水稳定系数大于 0.90，低温下不得开裂；对于整平胶结层沥青混凝土，其渗透系数不小于 $1 \times 10^{-3}$ cm/s，热稳定系数小于 4.5。

沥青混凝土配合比应根据技术要求，经过室内试验和现场试铺筑确定。亦可参照 SLJ 01—88《土石坝沥青混凝土面板和心墙设计准则》（试行）选用。防渗层沥青含量应为 6%～9%；整平胶结层沥青含量应为 4%～6%。石料最大粒径，防渗层不得超过压实厚度的 1/3～1/2；整平胶结层不得超过压实厚度的 1/2。

沥青混凝土防渗层宜为等厚断面，其厚度宜采用 5～10cm。有抗冻要求的地区，渠坡防渗层可采用上薄下厚的断面，坡顶厚度可采用 5～6cm，坡底厚度可采用 8～10cm。为提高防渗效果，防止老化和延长使用年限，通常在防渗层表面涂刷沥青玛琋脂封闭层，厚度应为 2～3mm。沥青玛琋脂配合比应满足高温下不流淌、低温下不脆裂的要求。

当防渗层沥青混凝土不能满足低温抗裂性能的要求时，可掺用高分子聚合物材料进行改性，其掺量应经过试验确定。如改性沥青混凝土仍不能满足抗裂要求时，可按表 7－11 的规定设置伸缩缝。

沥青混凝土预制板的边长不宜大于 1m；厚度宜采用 5～8cm；密度应大于 2.30g/cm³。预制板宜用沥青砂浆或沥青玛琋脂砌筑；在地基有较大变形时，也可采用焦油塑料胶泥填筑。

### 7.8.3　施工技术要点

沥青混凝土正式施工前，必须首先进行试铺筑，以确定沥青混合料的配合比、摊铺厚度、施工温度、碾压遍数等工艺参数。

沥青混凝土防渗结构的施工顺序是先铺筑整平胶结层，再铺筑防渗层，最后涂刷封闭层，摊铺应按选定的厚度均匀摊铺，先静压 1～2 遍再采用震动碾压实，压实系数一般为 1.2～1.5。压实过程中要严格控制压实温度和遍数。沥青混凝土预制板应采用钢模板预制。预制板振压密实后，即可拆模，但必须在降温后方可搬动。模板安砌应平整稳固。砌筑缝需用沥青砂浆或沥青玛琋脂填筑，并捣实压平。在防渗层表面上均匀涂刷沥青玛琋脂时，涂刷量一般为 2～3kg/m²，涂刷温度不应低于 160℃。

# 7.9　渠道防渗冻害防治技术

## 7.9.1　冻害类型

根据负气温造成各种破坏作用的性质，冻害可以分为以下 3 种类型。

### 1. 防渗材料的冻融破坏

不同防渗材料修建的渠道防渗层本身，除膜料防渗层外，均含有或多或少的自由水，这些水分在负温下冻结成冰，体积发生膨胀。当这种膨胀作用引起的应力超过材料强度时，就会产生裂缝并增大吸水性，使第二个负温周期中，结冰膨胀破坏的作用更为加剧。如此经过多个冻结—融化循环和应力的反复作用，最终导致材料的冻融破坏。这种破坏的形式，轻微的如混凝土表面砂浆层的剥蚀，严重的如砖砌体、三合土和拌制不良的混凝土的冻酥，结构完全受到破坏。

### 2. 水体结冰造成防渗工程的破坏

当渠道因运行管理的要求，在负温期间通水时，渠道内的水体将发生冻结。起初只是形成岸冰，在特别寒冷或严寒条件下，岸冰逐渐向中心扩大，逐步连成一体，表面封冻。此后，冰层逐渐加厚，对两岸衬砌体产生冰压力，造成衬砌体的破坏，或者在冰推力作用下，砌块被推上坡，发生破坏性的变形。同时，当渠水面封冻时，上游流来的浮冰块或冰屑团，部分钻到冰面以下，当来冰量大于排冰能力时，冰块及冰屑团就将在某个断面的冰面下积累，减少过水断面，逐渐演变到断面的完全封堵，形成冰坝。此时水流将漫溢渠顶，造成渠堤决口，或者水从衬砌体背后流入地下，带走基土中的细粒，造成渠床土壤中的空洞，使衬砌塌陷破坏。

### 3. 冻融对防渗工程的破坏

由于渠道水的渗漏，地下水和其他水源补给，渠道基土中含水量比较高。在冬季负温作用下，土壤中的水分发生冻结而造成土体膨胀，使混凝土衬砌开裂、隆起而折断。在春季消融时又造成渠床表土层过湿，使土体失去强度和稳定性，导致衬砌体的滑塌。

上述 3 类渠道防渗工程的冻害虽然是并列的，但对工程的危害程度是不同的。就冬季不行水的渠道而言，冻融对防渗工程的破坏是基本的和主要的；而对于冬季行水的渠道防渗工程而言，因渠水位以下有保温作用，故其冻害主要为水体结冰造成防渗工程的破坏。另外，对具体工程来说，其冻害不是某一类冻害单一的表现，而往往是几种冻害类型同时产生的综合作用的结果。

## 7.9.2　冻胀破坏形式

### 1. 混凝土防渗

水泥混凝土（包括预制混凝土板），属于刚性衬砌材料，较薄，具有较高的抗压强度，但抗拉强度较低，适应拉伸变形或不均匀变形的能力较差。在冻胀力或热应力的作用下，容易破坏，其破坏形式可归纳如下。

（1）鼓胀及裂缝。在冬季，混凝土衬砌板与渠床基土冻结成一个整体，承受着冻结力、冻胀力，以及混凝土板本身收缩产生的拉应力等，当这些应力值大于混凝土板在低温下的极限应力时板体就发生破坏。

渠道衬砌的冻胀裂缝多出现在尺寸较大的现浇混凝土板顺水方向，缝位一般在渠坡坡脚以上 $1/4\sim3/4$ 坡长范围内和渠底中部。当冬季渠道积水或行水时，一般出现在水面附近的渠坡土。

当混凝土板块尺寸过大，不能适应温度收缩变形时，将由于温度应力造成纵向或横向裂缝。当缝间止水材料不能适应低温变形时，将在分缝处发生开裂。

此外，当混凝土板与基土冻结在一起后，由于冻土出现冻胀裂缝．混凝土板亦可能因此而被拉裂。

在冬季，渠内存水并结成较厚冰层的情况下，冰面附近渠坡含水量较高，水分补给充分，冻胀量较大。但混凝土衬砌板的冻胀上抬受到冰层一侧的限制，因而可能在冰缘线处，受弯出现裂缝或折断。

冻胀裂缝宽度与基土的冻胀性及其不均匀程度有关。基土冻胀性弱，则裂缝小，基土冻胀性强，则裂缝宽，而且将发展成其他形式更严重的破坏。温度裂缝和拉裂缝一般呈发缝状，但这些裂缝，往往都与土的冻胀同时发生，因而缝宽亦随之扩大，特别是其中的纵向裂缝常常成为冻胀缝。

不论上述哪种形式的裂缝，一旦出现，就难以或不可能在基土融化时完全复原，甚至由于裂缝块间相互挤顶而留下宽缝或局部挤碎。裂缝的出现，不但造成渠道漏水，而且由于泥沙通过裂缝被带入板下，污染垫层，加剧土的冻胀。在逐年冻融循环作用下，裂缝宽度和冻胀累积发展，会导致衬砌体破坏愈来愈严重。

（2）隆起架空。在地下水位较高的渠段，渠床基土距地下水近，冻胀量大，而渠顶冻胀小，造成混凝土衬砌板大幅度隆起、架空。这种现象，一般出现在坡脚或水面以上 $0.5\sim1.5m$ 坡长处和渠底中部。有时也顺坡向上形成数个台阶状。

（3）滑塌。渠道衬砌的冻融滑塌有两种形式：①由于冻胀隆起，架空，使得坡脚支承受到破坏，衬砌板垫层失去稳定平衡，因而基土融化时，上部板块顺坡向下滑移，错位，互相穿插，迭叠；②渠坡基土融化期的大面积滑坡，渠坡滑塌，导致坡脚混凝土板被推开，上部衬砌板塌落下滑。

（4）整体上抬。渠深 1.0m 左右的较小渠道，基土的冻胀不均匀性较小，尤其是在弱冻胀地区和衬砌整体性较好时，如小型混凝土 U 形渠槽可能发生整体上抬。

**2．砌石防渗**

砌石亦属刚性衬砌，其冻害破坏形式与水泥混凝土衬砌相似，表现为裂缝、隆起架空、滑塌等形式。此外，浆砌石防渗渠道，往往还由于勾缝砂浆受冻融作用而开裂。

**3．沥青混凝土防渗**

沥青混凝土在低温下，仍具有一定的柔性，能适应一定的变形。但基土冻胀大时仍可能破坏。且沥青混凝土的温度收缩系数大，在低温下易产生收缩裂缝，若不进行处理，就给渠水入渗造成通路。拌和不均匀或碾压不密实的地方，还会出现冻融剥落等破坏现象。此外，沥青混凝土在自然条件作用下，存在逐年老化问题，从而降低了适应冻胀的能力。

4. 膜料防渗

目前，用于渠道防渗的膜料，有塑料薄膜、沥青席、沥青玻璃丝布油毡等。有的采用埋藏式，有的采用外露式衬砌。

埋藏式衬砌的冻害主要表现在膜料的保护层上。保护层一般常用当地土料压实，水泥混凝土预制板或干砌石等。土料保护层常因逐年冻融剥蚀变薄，甚至膜料外露而遭到破坏。水泥混凝土等刚性保护层，一般效果较好，但在强冻胀性土区，也可能出现类似于前述刚性材料衬砌的冻害形式。不论何种保护层，当膜料和保护层厚度及坡度等处置不当时，都可能发生冻融滑塌。

外露式膜料衬砌，易受机械作用破坏或老化。在冻胀土区，由于渠坡的反复冻融，融土蠕动不滑，易使薄膜鼓胀，无法复位。

### 7.9.3 造成冻害的主要原因

由于渠道衬砌板薄、体轻，因而抗冻胀能力较弱。渠道的断面形式和走向不同，决定了断面上各部位的冻结和冻胀很不均匀，对冬季不行水渠道，其冻害主要与渠基的土质、水分、温度和防渗结构形式等有关。

1. 渠床的土质条件

当渠床为粗砂、砾石等粗颗粒土时，一般冻胀量很小。如果衬砌适应不均匀冻胀变形能力较强，则不会出现冻害，如新疆地区的许多引水干渠，通过戈壁滩上的第四纪砂砾层，采用浆砌卵石衬砌，自1960年前后运用至今，一般无冻害问题。当地下水位较高时，砂质渠床的衬砌仍会出现冻胀破坏，如辽宁省碧流河灌区和刘大灌区的引水干渠混凝土衬砌试验段，均产生冻胀破坏，原因在于两处地下水位都较高。

当渠床为细粒土，特别是粉质土时，在渠床土含水量较大，且有地下水补给时，就会产生很大的冻胀量。如果在渠床上采用混凝土或浆砌石等适应变形能力弱的刚性衬砌时，往往会产生冻胀破坏。根据水利部东北勘测设计院科学研究所在吉林省榆树县松前灌区向阳泄洪渠和输水干渠现场观测，在有地下水补给条件下，渠床的最大冻胀量分别为43cm和41cm，在这样的强冻胀土地区，如不采用消除或削减冻因措施，即使采用适应冻胀变形能力强的柔性衬砌也难免受冻胀破坏。

冻结过程中的水分积聚和冻胀与土质密切相关，通常可认为与土的粉黏粒牙量成正相关。土质因素对冻胀的作用，渠道衬砌工程和其他工程基本相同。应注意的是，当渠道土基为非均质而由许多土壤层次组成时，渠道横断面不同部位的土壤性质各异，因而增大了渠道冻胀的不均匀性，当断面较深而各土层土质相差较大时，这种影响可能是不小的。

2. 渠床的水分特征

渠床土壤含水量的大小通常与衬砌的防水性能、地表排水、相邻水渠的渗漏及渠床的排水等条件有关。总的说来，渠床土壤的含水量，由渠堤堤顶向渠底逐渐增加，这主要是因为渠堤顶部排水条件较好，距地下水位较远。

渠床冬季的地下水位高低，主要取决于渠床所在位置的水文地质条件，同时也与衬砌的防渗好坏、渠道停水时间和有无冬灌行水等直接相关，大致分为如下几种情况。

（1）地下水位深，在临界距离以下。此时，断面上各点的冻胀量取决于土中含水量的高低，一般只在渠底和坡下部发生轻微冻胀或无冻胀，对衬砌体的破坏作用不大。

（2）地下水位在渠底以下，但小于临界距离，渠道内不行水、不积水，此时渠底将有较大的冻胀，并沿渠坡向上，冻胀量由大到小，渠顶冻胀量最小或无冻胀量出现。

（3）地下水位高于渠底，渠内冬季积水，或渠道冬季行水。当渠内有一定水深时，由于渠内水的结冰保温作用，渠底冻胀较小，甚至渠底不冻而无冻胀现象，两坡则由于土的含水量较高，特别是在水（冰）面以上的一定范围内冻胀量最大。当水面以上渠堤较高时，渠顶可能不出现冻胀，冰面处的冻胀，亦将受冰层限制。

（4）渠顶有大量外水补给，冬灌田间渗水和降雨等，特别是穿山渠道，在地下水位接近坡顶的情况下，渠坡上部冻胀量将大于下部，或上下冻胀量分布比较均匀，但此时渠底一般有一定深度的积水，故渠底冻胀量最小或如上述原因不发生冻胀。

### 3. 渠基土的温度条件

渠基土的冻结冻胀过程，实际上是在负气温的作用下土中温度的变化过程。土在达到起始冻结温度后开始冻结，然后再降温至起始冻胀温度时开始冻胀，最后达到停止冻胀温度后停止冻胀。这些温度特征值因土的颗粒组成和矿物成分、含水量及水溶液浓度的不同而异。对黏土来说，起始冻胀温度比起始冻结温度约低 $0.5\sim0.8℃$；砂性土约低 $0.2\sim0.3℃$；砂砾石则两者相近。在封闭体系中，黏土的冻胀停止温度为 $-10\sim-8℃$；亚黏土为 $-7\sim-5℃$；亚砂土为 $-5\sim-3℃$；砂土为 $-2℃$ 左右。

### 4. 人为因素

渠道防渗衬砌工程会由于施工和管理不善而加重冻害破坏。

（1）施工不善。抗冻胀换基材料不符合质量要求或在铺设过程中掺混了冻胀性土料；填方质量不善引起沉陷裂缝或施工不当引起收缩裂缝，加大了渗漏，从而加重了冻胀破坏；防渗层施工未严格按施工工艺要求进行（如混凝土密实度不够，预制板勾缝质量差，膜料破损未予修补等），导致防渗效果不好，使冻胀加剧；排水设施堵塞失效，造成土层中雍水或长期滞水；等等。

（2）管理不善。渠道停水过迟，土壤中水分不及时排除即开始冻结；开始放水的时间太早，基土还在冻结状态下即行放水，极易引起水面线附近部位的强烈冻胀，或在冻结期放水后又停水，常引起滑塌破坏；对冻胀裂缝不及时修补，会造成裂缝年复一年地扩大，变形累积，以致破坏。

渠道防渗衬砌工程能否长时期安全高效地运行而不受冻胀的破坏，在很大程度上取决于施工质量和管理水平。没有高标准的施工质量，再好的防渗衬砌设计也不能达到预期目的。如果没有科学管理措施，一条建设十分完善的渠道，也可能在较短时期内受到破坏。

### 7.9.4 冻害防治的基本措施

渠道防渗工程的冻害主要因渠基土的冻胀而产生。当土的冻胀变形量超过了防渗材料和防渗断面形式所允许的冻胀变形量时，根据 SL 18—2004《渠道防渗工程技术规范》要求，应采取防治冻胀的措施。防治冻胀的措施，应以适应、消除、削减渠基土冻胀的措施为主，辅之以经济适用的加强结构抵抗冻胀的措施，不宜单纯提高防渗层的厚度、强度和重量。

渠基土冻胀的3个基本要素是：易冻胀的土质、水分（土中水及外界补给的水），及土中的负温值。如能消除或削弱上述3个基本要素之一，即能消除或削弱渠基土的冻胀。据此原理，并考虑设计与施工和管理方面的因素，结合我国近年来的科研成果和工程实践经验，提出如下防治冻胀的基本措施。

#### 7.9.4.1 回避冻胀

回避冻胀是在渠道衬砌工程的规划设计中，注意避开出现较大冻胀量的自然条件；或者在冻胀性土区，注意避开冻胀对渠道衬砌工程的作用。例如，采用埋入、置槽和架空渠槽等措施。

1. 衬砌的渠系避开较大冻胀的自然条件

（1）尽可能避开黏土、粉质土壤、松软土层、淤土地带、沼泽和高地下水位的地段，选择透水性较强的（如砂砾石）不易产生冻胀的地段，或地下水位埋藏较深的地段。将渠底冻结层控制在地下毛管水补给高度以上。

（2）尽可能采用填方渠道。

（3）尽量使渠线走在地形较高的脊梁地带，避免渠道两侧有地面水（降水或灌排水）入渠。

（4）在有坡面旁渗水和地面回归水入渠的渠段，尽量做到渠路、沟相结合，或者专设排水设施。

（5）沿渠道外两侧应规划布置林带，最好是多种柳树，因柳树根须发达，密集伸向水源，可以改善渠床土基，有利于防冻害。

总之，在渠系规划设计中，要尽可能地控制渠道衬砌工程基土的水、土条件，以避免和减少衬砌工程的冻害。上述措施若能满足式（7-20）的要求，则是防止衬砌渠道出现冻害的理想条件。

$$Z > Z_0 + H_d$$
$$W < W_p + 2\%  \tag{7-20}$$

式中：$Z$ 为地下水位至渠底的埋深，cm；$Z_0$ 为土壤毛管水上升高度，cm；$W$ 为冻结初期土的含水量，%；$W_p$ 为土的塑限含水量，%；其余符号意义同前。

2. 埋入措施

将渠道构造作成管或涵埋设在冻结深度以下的措施，即采用暗渠（管）输水。可以免受冻胀力、热作用力等的作用，是一种可靠的防冻胀措施。它基本上不占地，易于适应地形条件，配水控制严密，水量损失最小，管理养护方便。特别适用于地形起伏、不规则的地区，以及实行精耕细作的地区。但多受水头及造价方面的限制，一般当流量大、坡度又缓时不经济。

### 3. 置槽措施

置槽这种工程措施如图7-12所示，不使侧壁与土接触以回避冻胀，常被用于中小型填方渠道上，是一种价廉的冻胀防治措施。

如新疆生产建设兵团143团一分场，1964年设计施工了两条矩形预制装配渠槽，运行至今，情况完好。它们是将预制渠槽构件放在压实整平的地面上，装配成渠，每节长度199cm，其造价接近同样输水能力的梯形混凝土衬砌渠道。又如河南省新乡地区采

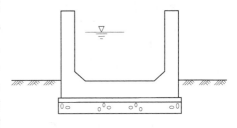

图7-12 置槽

用预制的混凝土矩形渠槽，槽长lm，在压实整平的地面上对接成渠，其结构尺寸见表7-22，每隔5m做一伸缩缝，这种渠槽施工简单方便，适宜于小型渠道。

表7-22 混凝土矩形渠槽结构尺寸 单位：cm

| 型 号 | 槽宽 | 槽高 | 槽底厚 | 槽墙上部厚 | 槽墙下部厚 | 水位超高 | 水位断面 |
|---|---|---|---|---|---|---|---|
| I | 28 | 24 | 4 | 3 | 5 | 5 | 20×15 |
| II | 33 | 24 | 4 | 3 | 5 | 5 | 25×15 |
| III | 33 | 29 | 4 | 3 | 5 | 5 | 25×20 |
| IV | 34 | 34.5 | 4.5 | 3.5 | 5.5 | 5 | 25×25 |
| V | 39 | 34.5 | 4.5 | 3.5 | 5.5 | 5 | 30×25 |

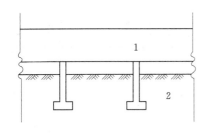

图7-13 架空渠槽
1—渠槽；2—桩墩

### 4. 架空渠槽

用桩、墩等构筑物支撑渠槽（图7-13），使其与基土脱离，避开冻胀性基土对渠槽的直接破坏作用。但必须保证桩、墩等不被冻拔。此法形似渡槽，占地少，易于适应各种地形条件，不受水头和流量大小的限制，管理养护方便，但造价较高。

#### 7.9.4.2 削减冻胀

当估算渠道最大冻胀变形值较大，且渠床在冻胀融沉的反复作用下，可能产生冻胀累积或后遗性变形情况时，可采用适宜的削减冻胀的措施，将渠床基土的最大冻胀量削减到衬砌结构允许变位范围内。

### 1. 置换

置换法是在冻结深度内将衬砌板下的冻胀性土换成非冻胀性材料（纯净的砂砾、砂卵石、及中、粗砂）的一种方法，通常又称铺设砂砾石垫层。砂砾石垫层不仅本身无冻胀，而且能排除渗水和阻止下卧层水分向表层冻结区迁移，所以砂砾石垫层能有效地减少冻胀，防止冻害现象的发生。为完全消除冻胀影响，可将冻结深度全部置换，但用砂砾石置换后，冻结深度会比原地基扩大（因砂砾石的导热系数比一般土

大），若置换到冻不到的深度，工程量必然增加很多，因此，当冻结深度较大时，应根据冻胀强度沿冻深的分布状况（如上大下小或上大下无，上小下大或上无下大，上下两端小，中部偏大或上下均匀）和衬砌结构的允许变位值，计算渠床各部位的置换深度，确定置换断面。渠床各部位的置换深度可按下列公式计算。

（1）当冻胀强度沿冻层分布是上大下小或上大下无时

$$Z_1 = H_d - \sqrt{\frac{h_0 H_d}{f}} \qquad (7-21)$$

（2）当冻胀强度沿冻层分布是上下均匀或上下两端小，中部偏大时

$$Z_1 = \frac{F H_d - h_0}{f} \qquad (7-22)$$

（3）当冻胀强度沿冻层分布是上小下大或上无下大时

$$Z_1 = \sqrt{H_d^2 - \frac{h_0 H_d}{f}} \qquad (7-23)$$

式中：$Z_1$ 为渠床某部位的置换深度，cm；$H_d$ 为渠床某部位的设计冻深，cm；$h_0$ 为衬砌体的允许冻胀变形值，cm；$f$ 为渠道某部位冻土层的平均冻胀强度，%。

渠床各部位置换深度还可按表 7-23 数值选定，但应做到：置换层的砂砾料是纯净的，粉黏粒含量一般不宜大于 3%～5%，且需有畅通的排水设施相结合才能发挥应有的效果。特别是置换层有饱水条件冻结时，必须保证冻结期置换层有排水出路。若衬砌缝漏水或旁渗水的含沙量足以能污染置换层时，应在置换层外围设置一层土工薄膜保护。

置换法虽能有效地防止衬砌的冻胀，但由于一般灌区内砂砾石料急缺，垫层工程量大，造价高，衬砌施工不便。所以除地下水位较高的渠段和砂砾石料丰富的地区可采用外，一般较少采用。

表 7-23　　　　　　　　　　　渠 床 置 换 比 $\varepsilon$ 值 表

| 地下水埋深 $Z_w$（m） | 土　　壤 | 置 换 比 $\varepsilon$（%） | |
|---|---|---|---|
| | | 坡面上部 | 坡面下部、渠底 |
| $Z_w > H_d + 2.5$ | 黏土、粉质黏土 | 50～70 | 70～80 |
| $Z_w > H_d + 2.0$ | 重壤土、中壤土 | | |
| $Z_w > H_d + 1.5$ | 轻壤土、砂壤土 | 40～50 | |
| $Z_w$ 小于上述值 | 黏土、重、中壤土 | 60～80 | 80～100 |
| | 轻壤土、砂壤土 | 50～60 | 60～80 |

注　置换比等于衬砌厚度与置换深度之和除以设计冻深。

2. 隔热保温

将隔热保温材料（如炉渣、石蜡渣、沥青草、泡沫水泥、蛭石粉、玻璃纤维、聚苯乙烯泡沫保温板等）布设在衬砌体背后及地表面，以减轻或消除寒冷因素，并可减少置换深度，隔断下层土的水分补给，从而减轻或消除渠床的冻深和冻胀。

对冬季行水的渠道，水位按等流量控制时，在设计最小水位以下，可按水（冰）

保温考虑，在水（冰）面以上采用隔热材料（聚苯乙烯泡沫板）保温，以达到防冻胀的目的。

随着化学工业的发展，聚苯乙烯泡沫塑料及其他新型保温材料的来源日益丰富。聚苯乙烯泡沫塑料等新型保温材料，目前在山东、山西和宁夏等省（自治区）也已开始试用，削减冻深和冻胀的效果良好。这种保温材料具有自重轻，强度高，吸水性低，隔热性好，运输和施工方便等优点。根据加拿大工程部门的经验，1cm 厚的泡沫塑料保温层相当于 14cm 厚填土的保温效果，6cm 厚的隔热层可使冻结深度减小 50％以上。

聚苯乙烯泡沫保温板的铺设可根据灌区内不同渠道、同一渠道的不同渠段，以及同一渠段阴、阳坡面等不同部位的冻胀情况采取不同的形式。图 7-14 属全断面铺设聚苯乙烯泡沫板的渠道衬砌形式。阴、阳坡、渠底的铺设厚度有所不同，可参见图中数据。图 7-15 是局部断面铺设聚苯乙烯泡沫板的衬砌形式，在阴坡的中下部铺设 3.3cm 厚的聚苯乙烯泡沫板，各灌区在选用时，可以根据衬砌灌区具体情况灵活运用。另外，衬砌时，在聚苯乙烯泡沫板下再铺设一层聚乙烯塑料薄膜，可起到防渗的效果。

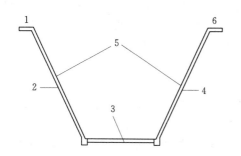

图 7-14　全断面铺设保温垫层

1—阳坡；2—2.5cm 聚苯乙烯板；

3—5cm 或 2.5cm 聚苯乙烯板；

4—5cm 聚苯乙烯板；

5—混凝土衬砌；

6—阴坡

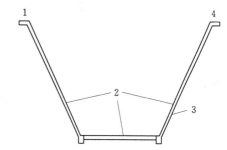

图 7-15　局部铺设保温垫层

1—阳坡；2—混凝土衬砌；

3—3.3cm 聚苯乙烯板；

4—阴坡

隔热保温层的厚度，可根据基土土质、含水量、设计冻深或冻结指数，通过热工计算加以确定。对中小型渠道，聚苯乙烯泡沫板的厚度可按设计置换深度的 $1/15 \sim 1/10$ 取用。冻胀量大的部位取大值，冻胀量小于允许变形值的部位可不设泡沫板。

作为永久性的隔热材料，要求具有耐久性、小的吸水性及不易变质等特性。当隔热材料承受荷载作用时，还要求隔热材料不产生大的变形并具有足够的抗压强度。

一般说来，隔热效果大的隔热材料其抗压强度则小，隔热材料受湿后隔热效果及强度均会下降。多数保温材料的保温效果随着潮湿及吸水率的增大而降低。特别是当地下水位较高时，由于地下水的长期浸泡会使其导热系数增加，进而降低保温效果。较好的聚苯乙烯泡沫塑料使用寿命也只有 30 多年。

有些保温材料抗压性能低，当放在荷载较大的衬砌板下时易产生大的压缩变形。

聚苯乙烯泡沫塑料等新型保温材料价格较高，一般在采用其他防冻胀办法不经济时或遇到一些特殊地段，如在冻深较大，缺少砂石地区或地下水浅埋地区才采用聚苯乙烯泡沫塑料做保温层。

### 3. 化学处理

利用化学材料注入或埋入渠床基土中，使土中水的冰点降低，或者增强土的憎水性，使冻结时不会发生（或很少发生）水分迁移现象，从而大大减轻或消除冻胀。

向渠床基土中加入可溶盐类物质，如食盐、氯化钙、氯化镁、食盐加氯化钙等，均能降低土中水的冰点，使土在一定的气候条件下，处于不冻结状态。因此，土体就不会或很少发生冻胀。前西德还在低温室内做了三磷酸钠、焦磷酸钠用于土体加固的冻结试验，并肯定了其防水防冻效果。

向渠床基土中注入憎水性物质，能防止地面水的下渗和地下水的毛细上升现象，冻结时没有或很少有水分迁移。因此，大大减轻冻胀强度。瑞典曾用带重铬酸钠的木硫酸盐作为防冻剂，其作用是木硫酸盐可形成凝胶体，重铬酸钠使其固定起来，在土体水中形成几乎不被冲掉的凝胶体。瑞典还作过几种浆液，如聚磷酯、聚丙烯酸酯等注入土中来消除冻胀的试验。有些国家采用各种聚合物防止冻胀，如聚酯、聚酰胺、聚脲醛、聚烯类浆液、聚氨基甲酸酯泡沫塑胶、硅有机胶体化物等，用这些聚合物处理土体，能提高土的机械强度和减少冻结深度，或最终产生一种人造的新聚合物土系，具有良好的憎水性能，从而达到防冻胀的目的。前苏联曾试验应用了硅有机物，如乙基硅醇钠溶液、甲基硅醇钠溶液（其中含有30%左右的固体物质），用量为2%~5%，亦获得良好的防冻害效果。人们还研究过憎水性表面活性剂（主要是季铵盐型阳离子表面活性剂）的应用，如国内已有的是，十八烷基三甲基氯化铵（简称OT），通常呈白色乳状液，含量约40%，pH值近中性。这类物质的优点是用量少（约千分之几），防水性能好，用其水溶液和柴油共同处理过的土，具有良好的抗冻性。

### 4. 压实

压实法可使土的干密度增加，孔隙率降低，透水性减弱。密度较高的压实土冻结时，具有阻碍水分迁移、聚集，从而削减甚至消除冻胀的能力，据此，可以通过渠床的压实处理，来达到防止冻害的目的。

压实处理法，有渠床原状土压实和翻松土压实两种。前者所能达到的深度较浅，一般在0.3m以内，不宜在严寒地区应用，后者可分层回填，逐层压实，可达较大压实厚度。

压实处理的渠床，应先清除淤泥杂草，然后再进行碾压。翻松土压实，还需视土料含水情况，进行扒松晾干或洒水补充，使其接近最优含水量，每次碾压的厚度根据碾压机械的压实功能和土料性质确定，一般不宜过厚。每层需洒水并扒毛表面，以利上、下层土层结合，分段接头处，应削成缓坡结合，并交错夯实。为确保工程质量，应随时抽碾压土样，现场测定干密度。

就湿陷性黄土区的渠床而言，可结合渠床湿陷性的处理采用压实法，即是泡水—翻松压实法。

泡水可使松散、多孔隙的强湿陷性土层预先得到处理，变得较密实和稳定，便于查出渠床洞穴、滑坡、塌方等隐患，及时处理。

方法是：先放小水浸泡，使土层逐步湿陷，而又不会发生过大的冲刷、崩塌。并对湿陷产生的洞穴及时回填，这样反复多次，再逐渐加大注水量，直到不再产生湿陷为止。然后，晾干已基本稳定了的土基，使土壤含水量利于夯实。最后用适宜含水量的黄土或灰土回填，并逐层夯实。

5. 防渗（隔水）、排水

当土中的含水量大于起始冻胀含水量，才明显地出现冻胀现象，因此，防止渠水和渠堤上的地表水入渗、隔断水分对冻层的补给，以及排除地下水，是防止地基土冻胀的根本措施。

（1）防止渠水渗漏。这不仅是防冻害的措施，而且是进行渠道衬砌的主要目的。保证施工质量，达到设计标准的关键是防止衬砌体的伸缩缝或结构缝漏水。

目前实际工程中采用的填料，聚氯乙烯胶泥的性能较好，基本上能满足工程要求，但造价较高。宝鸡峡塬边总干渠采用聚氯乙烯胶泥，其衬砌填料费用约占混凝土衬砌总投资的 5.6％左右。为防止冻害，延长衬砌工程寿命，适当增加必须的填缝材料费用是合理的。

（2）为防止渠堤上的地面径流入渗，需作好沿渠的防洪、排水工程（如截、排水沟，纳水口等）；另外，渠坡衬砌体顶部应做好封顶，以防来水浸入。对于必须建筑在渠堤上的小渠道，要采取严格的防渗措施，以免堤上渠水渗入堤内。

（3）隔断水分对冻结层的补给。采用塑料薄膜、油毡、人造橡胶膜等膜料，设置隔水层，隔断渠道渗水、大气降水和地下水等对冻结层的补给，使渠基土的湿度低于起始冻胀含水量，从而削减或消除冻胀。一般是设置深浅两层封闭层隔膜，中填当地夯实土，填土厚度应等于设计冻深，上层隔膜与衬砌体之间应设置过渡层。

（4）排除地下水，降低地下水位，截断地下水对冻结层的补给。应根据渠道所处的地形和水文地质条件，按不同情况，具体对待，以达到排泄畅通、地基疏干、冻结层无水源补给的目的。

### 7.9.4.3　优化结构

所谓结构法，就是在设计渠道断面和衬砌冻结时采用合理的形式和尺寸，使其具有削减、适应或回避冻胀的能力。各地通过多年科学实验和生产实践，提出了一些适合当地条件的防渗、防冻胀断面和结构形式。断面形式如弧形断面、U 形断面、弧形渠底梯形断面均可随冻胀变形，靠自重还原。结构形式除混凝土防渗和膜料防渗中所介绍的外，还有在干砌卵石层下设置黏土混凝土防渗层、浆砌石弧形渠底、混凝土板砌渠坡等综合形式。也有的矩形渠，底为反拱砌石，两侧为预制空箱内填砂砾石的挡墙形式。

### 7.9.4.4　管理措施

为了防止冻害，在管理工作方面应作到：

（1）与渠道相邻的灌溉农田应在冬季出现冻结温度前 15～20d 结束灌水，避免冻前渠基土水分过高。

（2）冬季行水渠道在负温期间宜连续通水，有冬灌习惯的渠道，宜在平均气温稳定小于0℃前停水，翌年稳定超过0℃时通水。

（3）渠道内和渠堤外，冬季不宜积水。

（4）渠道放水前后，雨后及冬季应检查渠道防渗工程的完整情况，如有裂缝等破坏情况时，应及时修补和处理，不宜带病行水。

# 第8章

# 雨水集蓄工程技术

## 8.1 概　　述

### 8.1.1　雨水集蓄利用概况

#### 8.1.1.1　雨水集蓄利用内涵

雨水是旱区农业生产的主要水源，集雨灌溉农业是一种主动抗旱的高效用水方式。发展雨水集蓄，在作物需水关键期补灌的潜力巨大，是解决水土流失和提高旱作生产力的一个结合点，也是旱区发展"小水利"和节水农业的一条新途径。

广义的雨水集蓄利用是指经过一定的人为措施，对自然界中的雨水径流进行干预，使其就地入渗，或集蓄以后加以利用；狭义的雨水集蓄利用则指将通过集流面形成的径流汇集在蓄水设施中再进行利用。雨水集蓄利用中强调了对正常水文循环的人为干预，就是通过打水窖、筑集水场、修引水沟等措施，拦蓄夏秋之水，再用节水灌溉方式灌春天的耕地。雨水集蓄利用工程是指采取工程措施对规划区内及周围的降雨进行收集、贮存以便作为该地区水源，进行调节利用的一种微型水利工程，包括雨水的汇集、存储、净化与利用，一般由集流设施、蓄水设施、净化设施、输水设施及高效利用设施组成。主要适用于地表水、地下水缺乏或者开采利用困难，且年平均降水量大于250mm的干旱半干旱地区或经常发生季节性缺水的湿润、半湿润地区。目的是为了供给农村生活用水及生产用水，解决人畜饮水困难、发展庭院经济、进行农作物和林草节水灌溉等。

#### 8.1.1.2　雨水集蓄利用的发展背景与发展历程

1. 雨水集蓄利用的发展背景

随着水资源的紧缺和人们对可持续发展的思考，近20年来，雨水集蓄利用在世界很多国家和地区迅速复兴和发展起来。目前，世界各地都不乏集蓄雨水发展农业灌溉的例子，特别是在干旱地区。在我国，雨水集蓄利用是解决旱区农业灌溉的主要途径。

北方黄土高原丘陵沟壑区与干旱缺水山区多年平均年降雨量仅为250~600mm，

且 60% 以上集中在 7～9 月，与作物需水期严重错位。根据试验资料，该地区的主要作物在 4～6 月的需水量占全年需水量的 40%～60%，而同期降雨量却只有全年降雨量的 25%～30%。由于特殊的气候、地质和土壤条件，区域内地表和地下水资源都十分缺乏，人均水资源量只有 200～500m³，是全国人均水资源量最低的地区。"三年两头旱，十种九不收"是当地干旱缺水状况的真实写照。

西南干旱山区尽管年降雨达 800～1200mm，但 85% 的降雨集中在夏、秋两季，季节性的干旱缺水问题也十分突出。这些地区大部分属喀斯特地貌，土层薄瘠，保水性能极差，雨季降雨大多白白流走；许多地方河谷深切、地下水埋藏深，水资源开发难度大；加之耕地和农民居住分散，不具备修建骨干水利工程的条件，干旱缺水是当地农业和区域经济发展的主要制约因素。

改变贫困落后面貌，关键是要解决好水的问题。实践证明，大力发展小、微型雨水集蓄工程，集蓄天然雨水，发展节水灌溉是这些地区农业和区域经济发展的唯一出路，而且这项措施投资少，见效快，便于管理，适合当前上述区域农村经济的发展水平，应该大力推广，全面普及。

2. 雨水集蓄利用的发展历程

我国雨水集蓄工程有着悠久的历史，早在 2500 年前，安徽寿县就修建了大型平原水库，拦蓄雨水，用于农田灌溉。秦汉时期，在汉水流域的丘陵地区修建了库塘，对雨水进行拦蓄和调节。在西北黄土高原等干旱半干旱山区和塬区人民在同干旱作斗争的过程中，创造了许多雨水利用技术，如土窖、大口井、坎儿井和蓄水塘等设施，还改进了修筑梯田、沟筑土坝、粮草轮作等就地蓄雨措施。但由于社会历史的原因，这些措施并未得到迅速的发展，仍未摆脱农业生产"靠天吃饭"的局面。解放后，特别是 20 世纪 80 年代以来，由于北方干旱日益严重，水资源紧缺不断加剧，在国际雨水集流事业的推动下，国家十分重视这方面的研究。从 20 世纪 80 年代开始，雨水利用技术和水资源持续发展问题的研究大致经历了以下 4 个阶段：

第一阶段（1992 年以前）：主要是对雨水集蓄利用的相关技术进行试验研究，论证雨水集蓄利用工程的可行性和持续性，建立雨水集蓄利用理论体系，编写相应的教材和培训手册，为雨水集蓄利用开展奠定了理论基础和技术基础。

第二阶段（1992～1996 年）：这一阶段主要开展雨水集蓄利用技术的试点示范工作。通过甘肃、宁夏、陕西、山西、内蒙古、河南、四川等省（自治区）在试验研究的基础上，进一步开展试点示范工作，使雨水集蓄利用从单项集雨技术变成农业综合集成技术；从传统集雨利用走向高效利用；从理论探讨、技术攻关走向实用阶段；从零星试点示范变成规模发展，雨水集蓄利用工作开始全面展开。

第三阶段（1996～2000 年）：在 1995 年的特大干旱的情况下，水窖发挥了巨大的作用，从而使广大群众对雨水集蓄利用认识更加深刻，观念上也发生了革命性变化。1997～1998 年，财政部、水利部联合组织的雨水集蓄利用试点工作带动了西北、西南、华北地区雨水集蓄利用工作迅速发展，工程建设开始从零散型向集中连片型发展。

第四阶段（2000 年以后）：蓬勃发展阶段。2000 年，水利部编制了《全国雨水集蓄利用"十五"计划及 2010 年发展规划》。2001 年 7 月，中国水利学会雨水专业委员会成立大会暨雨水利用国际学术交流会在兰州市隆重召开。2001 年 9 月，水利部农村水利司在广西百色市召开了全国雨水集蓄利用现场会。雨水集蓄利用工作进入一个崭新的阶段。

### 8.1.1.3　雨水集蓄利用发展趋势

雨水集蓄利用技术作为干旱半干旱地区可持续发展的新的生长点，要推广应用并提高其整体优势和最大效益，必须发挥各种技术之间的优势互补，形成一个包括雨水收集、储蓄、节水灌溉、农艺节水等综合性系统化的技术体系，其技术的内容主要包括雨水收集技术、雨水储存技术、雨水净化技术和雨水灌溉技术 4 部分。加强其内在的有机联系，使其传统技术和先进技术自成体系，相互间配套与整合，因地制宜地融为有机的整体，加快雨水集蓄利用技术进一步发展。雨水集蓄利用还应与高效的节水灌溉技术和节水农艺技术相结合，使有限雨水资源在作物生长季节内合理分配，以达最佳效益。

### 8.1.2　雨水集蓄灌溉系统的组成

所谓雨水集蓄工程是指在干旱半干旱及其他缺水地区，将规划区内及周围的降雨进行收集、汇流、存储以便作为该地区水源，并有效利用于节水灌溉的一整套系统。具有投资小、见效快、适合家庭经营等特点。

雨水集蓄灌溉工程系统一般由集雨系统、截流输水系统、蓄水系统和灌溉系统组成。

### 8.1.2.1　集雨系统

集雨系统主要是指收集雨水的场地（即集雨场），是雨水集蓄灌溉工程的水源地。选择集雨场时，首先应考虑将具有一定产流面积的地方作为集雨场；在没有天然条件的地方，则需人工修建集雨场。为了提高集流效率，减少渗漏损失，要用不透水物质或防渗材料对集雨场表面进行防渗处理。按集雨方式可将集雨场分为耕地（人工）和非耕地（自然）集雨场两种类型。

1. 耕地（人工）集雨场

人工集雨场是指无可直接利用场地作为集流场的地方，而为集流专门修建人工场地。通常是利用耕地作为集雨场，其进行集雨的方法有两种，一种是把耕地既作为灌区又作为水源地，降雨高峰期通过作物垄间塑膜收集部分雨水并妥善蓄存，在作物需水关键期进行灌溉，以使作物的受旱程度减至最低；另一种方法是在人均耕地较多的地方，采用土地轮休的方法，用塑膜覆盖耕地作为集流面，第二年该集流面转为耕地，可选另一块地作为集流面。

耕地集雨场的优点是：无泥沙淤积之虑，且不受水源地条件的束缚，可以使所有旱地实施集雨灌溉；缺点是：运行费用较高，直接应用于大田还需进一步的试验研究。

2. 非耕地（自然）集雨场

自然集雨场主要是利用天然或其他已形成的集流效率高、渗透系数小、适宜就地集流的自然集流面集流。这是目前应用最普遍的方法，即收集场院（含屋顶）、荒山荒坡、道路以及经过拍实、硬化的弃耕地的雨水。为了提高集流效率，在条件允许的情况下，需对集雨场的表面进行防渗处理，可根据各地区的条件不同，采用不同防渗材料进行处理，如铺膜、硬化、喷防渗材料等。可以采用较先进的土工织布，也可用塑料薄膜或干砌石、浆砌石、混凝土等材料。

非耕地集雨场的优点是：技术简单，集雨季节长；缺点是：集雨场未硬化时，会带来较多的泥沙。

### 8.1.2.2　截流输水系统

截流输水系统是指输水沟（渠）和截流沟。其作用是将集雨场上的来水汇集起来，引入沉沙池，而后流入蓄水系统。要根据各地的地形条件、防渗材料的种类以及经济条件等，因地制宜地进行规划布置。可以采用暗渠或管道输水，以减少渗漏和蒸发损失，其基本类型有以下 3 种：

（1）屋面集流面的输水沟布置在屋檐落水处的地面上；庭院外的集流面可以用土渠或混凝土渠将水输送到蓄水工程。输水工程宜采用 20cm×20cm 的混凝土矩形渠、开口 20cm×30cm 的 U 形渠以及砖砌、石砌等暗管（渠）和 UPVC 管道输水。

（2）利用公路作为集流面且公路具有排水沟时，截流输水工程从公路排水沟出口处连接并修建到蓄水工程，或按计算所需的路面长度分段修筑与蓄水工程连接。公路排水沟及输水渠应该进行防渗处理。

（3）利用荒山荒坡作集流面时，可在坡面上每隔 20～30m 沿等高线修建截流沟，截流沟可采用土渠，坡度宜为 1/50～1/30，截流沟应连接到输水沟，输水沟宜垂直等高线布置并采用矩形或 U 形混凝土渠，尺寸按集雨流量确定。

### 8.1.2.3　蓄水系统

蓄水系统包括储水体及其附属设施。其作用是存储雨水。

#### 1. 储水体

储水体的形式主要有水窖（窑）、蓄水池、涝池或塘坝等类型。水窖具有基本不占地，材料费少，可以基本做到无蒸发、无渗漏以及技术易被群众掌握等优点，是目前陕西省最主要的雨水集蓄工程形式。在水流进入储水体之前，要设置沉淀、过滤设施，以防杂物进入水池。同时应该在蓄水窖（池）的进水管（渠）上设置闸板，并在适当位置布置排水道。在降雨开始时，先打开排水口，排掉脏水，然后再打开进水口，雨水经过过滤后，再流入水窖（池）储存。当水窖蓄满时，可打开排水口把余水排走。

用于生活用水和农业灌溉的储水体的形式基本一样。一般用于生活和庭院灌溉的，为了取水方便，多建于家庭和场院附近，蓄水容积相对较小，提水设备是以人力为主（手压泵）。用于农田灌溉的多建于田边和地头，容积相对较大，提水设备有动力（微型电泵）和人工（手压泵）两种。窖（窑）和蓄水池按使用的建筑材料可分为土窖、砖石窖、混凝土薄壳窖和水窖等。土窖施工方便、投资较低、但容量小，对土质要求较高。砖石窖比较坚固耐用，容量也较大，但投资较高，施工难度大。混凝土薄壳窖防渗性能好，使用寿命长，容量大，但投资较高。水窖为卧式全封闭结构，容量大（80～200m³），长度不受限制，施工较方便，但窖底防渗处理要求高。各地应根据地形地貌特征、经济条件、施工技术和当地材料，因地制宜，合理选型。

#### 2. 主要附属设施

（1）沉沙池。其作用是沉降进窖（窑）水流中的泥沙含量。一般建于水窖（窑）

进口处 2~3m 远的地方，以防渗水，造成窖壁坍塌，池深 0.6~1.0m，长宽比可为 2：1，其大小应根据进窖水量和水中含沙量大小而定。

（2）拦污栅、进水暗管（渠）。拦污栅的作用是拦截水流中的杂物，如树叶、杂草、废弃物等飘浮物和砖石块等，设在沉沙池的进口。进水暗管（渠）的作用是将沉沙池与窖体（蓄水池）连通，使沉淀后的水流顺利流入窖（池）中，其过水断面应根据最大进水流量来确定。

（3）消力设施。其作用是减小进窖（窑）水流对窖底的冲刷。一般设在进水暗管（渠）的下方窖（窑）底上。其形式的选择，应根据进窖流量的大小来选定，具体为消力池或消力筐或设石板（混凝土板块）等。

（4）窖口井台。其作用是保证取水口不致坍塌损坏，同时防止污物进窖。窖台一般高出地面 0.3~0.6m，平时要加盖封闭，取水时可安装提水设备。

### 8.1.2.4 灌溉系统

灌溉系统包括首部提水设备、输水管道和田间的灌水器等节水灌溉设备，是实现雨水高效利用的最终措施。由于受到蓄水工程水量、地形条件、灌溉的作物和经济条件的限制，不可能采用传统的地面灌水方法进行灌溉，必须选择适宜的节水灌溉形式。常见的形式有：滴灌、渗灌、坐水种、注射灌、膜下穴灌、细流沟灌、地膜下沟灌及担水点浇等技术，这样才能提高单方集蓄雨水的利用率。

对于雨水集蓄灌溉工程，在地形条件允许的情况下，应尽可能实行自流灌溉。

## 8.2 雨水集蓄工程规划

规划是雨水集蓄工程系统设计的前提，它关系到该工程的兴建技术上是否可行，经济上是否合理，特别是对面积较大且又集中的雨水集蓄系统，更应给予充分的重视。

### 8.2.1 雨水集蓄工程规划的任务和原则

1. 规划任务

（1）搜集基本资料，包括自然、经济、社会、人口、作物种类、交通、动力设备及水文气象等资料。

（2）根据当地的自然条件和社会经济状况，论证兴建雨水集蓄工程的必要性与可行性，提出可行性研究报告。

（3）根据当地雨水资源状况和生产、生活用水需要进行来用水量分析计算，进而确定工程规模。

（4）根据地形、作物种植种类和集雨材料等情况合理布置集雨场、蓄水设施和输配水网系统，并绘出平面布置图，做出工程概预算。

2. 规划原则

（1）雨水集蓄利用工程应选择在缺乏地表水或地下水或开采利用困难，多年平均年降雨量 250~550mm 的旱地农业区（如西北、华北的部分地区），或在季节性缺水严重且降雨充沛的旱山、石山、丘陵地区（如西南部分地区）兴建。

（2）应首先了解规划区内现有的水利设施状况、自然经济条件，并结合当地的经济发展规划，将远期及近期目标结合起来，既要照顾当前的利益，又要考虑长远的发展，要统一规划，分期实施，先试点后推广，力求做到因地制宜，合理布局。

（3）尽量将农田灌溉、水土保持、庭院经济和生活供水统一考虑。达到充分利用雨水资源和节省投资的目的。

（4）规划工程应集中连片，注重实效，避免重复建设。应考虑当前农村的生产经营形式。根据当地情况，一家一套独立的雨水集蓄系统和数家联合的系统相结合。对于较大的集雨场和灌溉系统，实行统一规划和管理，力求节省投资。

（5）工程规模与分布的数量、类型应根据规划区的水资源循环、补给与排泄条件、当地种植作物的需水量、需水关键时期及需要灌溉的面积等资料来确定，着重解决好作物的保苗水和需水临界期用水。

（6）蓄水工程的选址要具备集水容易、引蓄方便的条件，按照少占耕地、安全可靠、来水充足、水质符合要求、经济合理的原则进行，同时还要考虑到管理方便和便于发展庭院经济的特点，优先选择在房前屋后的适宜位置。

（7）水源。一般采用自然坡面、屋面集雨。有条件的地方最好选择靠近泉水、引水渠、道路边沟、溪沟等便于引蓄天然径流的场所；如果无引蓄天然径流条件，则需开辟新的集雨场，修建引洪沟引水。

（8）地质条件。应避开滑坡体、高边坡和泥石流危害地段，基础宜选在坚实土层或完整的岩基之上；不能建在地下水出露的地方，以免承压水的扬压力对水池底板造成破坏。

（9）地形。田间地头的水窖（水池、水柜、水塘等）宜选在地形陡峭的坡脚平台处；封闭式（地埋式）蓄水工程宜选在离用水位置稍高的山坡或台地上，尽可能不占用耕地。

## 8.2.2　基本资料的搜集

要做好雨水集蓄工程的规划设计与施工，首先应做好基本资料的搜集。主要包括：地理地形，水文气象，集流面性质与面积，灌溉作物种类与面积，已建集雨、蓄水设施、动力设备情况和发展规划等。若兼有生活供水任务，还应搜集人口、牲畜等资料。

### 1. 地理地形资料

地理地形资料包括雨水集蓄工程所处的位置、高程、地形高差。一般面积较小的工程不需要地形图，对于面积较大、地形较复杂的集雨场和灌溉地段，要有地形图，一般要求 1∶500。

### 2. 水文气象资料

降雨资料主要是搜集当地的多年平均年降雨量（保证率为 50％、75％、95％）、月及旬平均降雨量，一般从当地或附近的气象站（或雨量站）搜集，资料年限不少于10a。当缺乏资料时可按有关公式进行估算或可根据当地降雨量等值线图进行查算。

气象资料包括多年平均蒸发、温度、湿度、风速、日照、无霜期及冻土层深度等。

### 3. 集水面资料

对当地适宜作集流面的庭院、场院、公路、乡村道路、屋顶面及天然坡地等的面积进行量测。对工程控制范围内已建的集雨和蓄水设施进行调查。

4. 作物资料

对灌溉的作物种类、种植比例、种植面积及当地灌溉情况等资料进行调查搜集。

5. 土壤资料

对工程控制范围内的土壤质地、密度、田间持水率、渗透系数、酸碱度及有机质含量等资料进行搜集，以便更好地进行集雨场和节水灌溉技术设计。

6. 其他资料

对当地的社会经济状况、建筑材料、道路交通、动力设备，以及中、长期农业发展规划等资料尽量调查搜集。

## 8.2.3 来用水量分析计算

来用水量分析计算的任务是根据当地可供雨水资源量和农田灌溉及生活用水的要求，进行分析和平衡计算，进而确定雨水集蓄工程的规模。

### 8.2.3.1 全年集水量的计算

全年单位集水面积上可集水量按式（8-1）进行计算。

$$W = E_y R_p / 1000 \qquad (8-1)$$

$$R_p = K P_p \qquad (8-2)$$

$$P_p = K_p P_0 \qquad (8-3)$$

式中：$W$ 为保证率等于 $P$ 的年份单位集水面积全年可集水量，$m^3/m^2$；$E_y$ 为某种材料集流面的全年集流效率，以小数表示，由于集雨材料的类型，各地的降水量及其保证率的不同，全年的集流效率也不同，要选取有当地的实测值，若资料缺乏，可参考类似地区选用，表 8-1 列出了甘肃和宁夏两省（自治区）推荐值，供参考；$R_p$ 为保证率等于 $P$ 的全年降雨量，mm，可从水文气象部门查得，对雨水集蓄工程来说，$P$ 一般取 50%（平水年）和 75%（中等干旱年），也可按式（8-2）和式（8-3）计算；$P_p$ 为保证率等于 $P$ 的年降水量，mm；$P_0$ 为多年平均降水量，mm，由气象资料确定；$K_p$ 为根据保证率及 $C_v$（离差系数）值确定的系数，用小数表示，可从水文气象部门查得；$K$ 为全年降雨量与降水量之比值，用小数表示，可根据气象资料确定。

### 8.2.3.2 用水量的计算

用水量包括灌溉用水量和生活用水量。在庭院种植和近村地带的蓄雨设施，往往灌溉和生活用水要同时考虑。在远离村庄地带的蓄雨设施，一般只考虑灌溉用水。

1. 灌溉用水量

雨水集蓄的作物种植应突出"两高一优"的模式，合理确定粮食、林果、瓜类和蔬菜等作物的种植比例，以充分发挥水的效益。雨水集蓄灌溉工程应采用适宜的节水灌溉方法，在节水灌溉的前提下，按非充分灌溉（限额灌溉）的原理进行分析计算。计算所需的作物需水量或灌溉制度资料，要用当地的试验值，降雨量资料由当地气象站或雨量站搜集。若当地资料缺乏，可搜集类似地区的资料，分析选用（表 8-1）。

表 8 - 1　　　不同材料集流场在不同降水量及保证率情况下全年集流效率表

| 多年平均年降水量（mm） | 保证率（%） | 集 流 效 率（%） | | | | | | | | |
|---|---|---|---|---|---|---|---|---|---|---|
| | | 混凝土 | 塑膜覆砂 | 水泥土 | 水泥瓦 | 机瓦 | 青瓦 | 黄土夯实 | 沥青路面 | 自然土坡 |
| 400～500 | 50 | 80 | 46 | 53 | 75 | 50 | 40 | 25 | 68 | 8 |
| | 75 | 79 | 45 | 25 | 74 | 48 | 38 | 23 | 67 | 7 |
| | 95 | 76 | 36 | 41 | 69 | 39 | 31 | 19 | 65 | 6 |
| 300～400 | 50 | 80 | 46 | 52 | 75 | 49 | 40 | 26 | 68 | 8 |
| | 75 | 78 | 41 | 46 | 72 | 42 | 34 | 21 | 66 | 7 |
| | 95 | 75 | 34 | 40 | 67 | 37 | 29 | 17 | 64 | 5 |
| 200～300 | 50 | 78 | 41 | 47 | 71 | 41 | 34 | 20 | 66 | 6 |
| | 75 | 75 | 34 | 40 | 66 | 34 | 28 | 17 | 64 | 5 |
| | 95 | 73 | 28 | 33 | 62 | 30 | 24 | 13 | 62 | 4 |

单位面积年灌溉用水量可按式（8-4）进行计算。

$$M_d = (0.5 \sim 0.8) \times (N - 0.667 P_e - W_s) / \eta \tag{8-4}$$

式中：$M_d$ 为非充分灌溉条件下年灌溉定额，$m^3/$亩；$N$ 为灌溉作物的全年需水量，$m^3/$亩；$P_e$ 为作物生育期的有效降雨量，mm，可采用同期的降雨量值乘以有效系数而得。该系数因地区和作物种类不同而不同，如甘肃省和宁夏回族自治区建议夏季作物取 $0.7 \sim 0.8$，秋季作物取 $0.8 \sim 0.9$；$W_s$ 为播种前土壤中的有效储水量，根据实测资料确定，缺乏实测资料时，可按 $(0.15 \sim 0.25) N$ 作粗略估计；$\eta$ 为水的利用系数，若采用滴灌等节水灌溉技术，$\eta$ 可取 0.9。

式（8-4）中的 $N$ 值若是地面灌溉条件下的试验数值，应用在节水灌溉条件下，其 $M_d$ 值应乘以一个系数，根据所采用的灌溉方式不同来选用。若采用滴灌或膜下灌时，甘肃和宁夏两省（自治区）建议取 $0.5 \sim 0.8$。

单位面积上的年灌溉用水量也可根据灌水定额和灌水次数进行估算，即用水量＝各次灌水定额×灌水次数。表 8-2 列出了甘肃和宁夏两省（自治区）集雨灌溉作物的灌水次数和灌水定额仅供参考。

表 8 - 2　　　甘肃省和宁夏回族自治区各种作物的灌水次数与灌水定额

| 项　　目 | | 粮 食 作 物 | | 果 树 | 蔬菜瓜果 |
|---|---|---|---|---|---|
| | | 夏季作物 | 秋季作物 | | |
| 灌水次数 | 年降雨量 300mm | 3～4 | 3～4 | 4～5 | 8～9 |
| | 年降雨量 400mm | 2～3 | 2～3 | 3～4 | 6～8 |
| | 年降雨量 500mm | 2～3 | 1～2 | 2～3 | 5～6 |
| 灌水定额（$m^3/$亩） | 滴灌、膜孔灌 | 10～15 | 10～15 | 8～15 | 10～15 |
| | 点浇、根际注水灌 | 5～10 | 5～10 | 5～8 | 5～10 |

### 2. 生活用水量

生活用水主要指人及牲畜、家禽的饮水量。规划时要考虑未来 10 年内能达到的人口数及牲畜、家禽数。并按不同保证率年份的用水定额进行计算。各地的定额标准可能不一样，表 8-3 列出了甘肃和宁夏两省（自治区）人畜饮用水定额，仅供参考。

表 8-3 人 畜 饮 用 水 定 额

| 保证率 (%) | 人 畜 饮 用 水 定 额 | | |
| --- | --- | --- | --- |
| | 人 [kg/(人·d)] | 大牲畜 [kg/(头·d)] | 小牲畜 [kg/(头或只·d)] |
| 50 | 10 | 30 | 3~5 |
| 95 | 6 | 20 | 2~3 |

### 8.2.3.3 来用水量平衡计算

根据已求得的集水量（来水）和灌溉用水量以及生活用水量，进行平衡计算，确定工程的规模，包括集雨面积、灌溉面积和蓄水容积。各类工程材料的集流面积应满足灌溉和生活用水要求，即符合式（8-5）。计算时应对典型保证率年份分别计算相应的集流面积，选用其中最大值进行设计。

$$W_p \leqslant S_{p1} F_{p1} + S_{p2} F_{p2} + \cdots + S_{pn} F_{pn} \tag{8-5}$$

式中：$W_p$ 为保证率等于 $P$ 的年份需用水量，即灌溉用水量与生活用水量之和，$m^3$；$S_{p1}$、$S_{p2}$、$S_{pn}$ 为保证率等于 $P$ 的年份不同集雨材料的集流面积，$m^2$；$F_{p1}$、$F_{p2}$、$F_{pn}$ 为保证率等于 $P$ 的年份不同集雨材料单位集水面积上可集水量，$m^3/m^2$。

蓄水设施的总容积可按式（8-6）计算。

$$V = \alpha W_{max} \tag{8-6}$$

式中：$V$ 为蓄水设施总容积，$m^3$；$\alpha$ 为容积系数，一般取 0.8；$W_{max}$ 为不同保证率年份用水量中的最大值，$m^3$，其中生活用水量可按平水年考虑。

### 8.2.4 总体规划

在对基本资料进行分析和对来用水量平衡计算的基础上，就可以进行雨水集蓄工程的集流场规划、蓄水系统规划、灌溉系统规划，以及投资预算、效益分析和实施措施等总体规划。

#### 8.2.4.1 集流面规划

集流面工程的材料选择应遵循因地制宜、就地取材、提高集流效率、降低工程造价的原则。主要可采用混凝土面、瓦屋面、庭院、场院、沥青公路、砾石路面、土路面、天然坡面等；天然集水场效益差时，要进行人工修补，确实无天然集水场时，需修建人工集水场。人工集水场有原土碾压、塑料薄膜及石块衬砌等多种形式。

广大农村都有公路或乡间道路通过，不少农村，特别是山区农村房前屋后一般都有场院或一些山坡地等，应充分利用这些现有的条件，作为集流面，进行集雨场规划。若现有集雨场面积小及其他条件不具备时，应规划修建人工防渗集流面。若规划结合小流域治理，利用荒山坡地作为集流面时，要按一定的间距规划截流沟和输水沟，把水引入蓄水设施或就地修建谷坊、塘坝拦蓄雨洪。用于解决庭院种植灌溉和生活用水的集雨场，首先要利用现有的瓦屋面作为集雨场，若屋面为草泥时，考虑改建为瓦屋面（如混凝土瓦），若屋面面积不足时，应在院内修建集雨场作为补充。有条件的地方，尽量将集雨场修建在高处，以便能自压灌溉。

### 8.2.4.2 蓄水系统规划

蓄水设施可分为蓄水窖、蓄水池、涝池和塘坝以及旱井等类型，要根据当地的地形、土质、集流方式及用途进行规划布置。蓄水窖按形状分为圆柱形、球形、瓶形、烧杯形、窑形等，按防渗材料可分为红黏土防渗及混凝土或水泥砂浆防渗。按被覆方式可分为硬被覆式和软被覆式蓄水工程。按建筑材料可分为砌砖（石）、现浇混凝土、水泥砂浆、塑料薄膜和二合泥（黏土与石灰加水拌和而成）等。

用于大田灌溉的蓄水设施要根据地形条件确定位置，一般应选择在比灌溉地块高10m左右的地方，以便实行自压灌溉。用于解决庭院经济和生活用水相结合的蓄水设施，一般应选择在庭院内地势较低的地方，以取水方便。为安全起见，所有的蓄水设施位置必须避开填方或易滑坡的地段，设施的外壁距崖坎或根系发达的树木的距离不小于5m，根据式（8-6）计算的总容积规划一个或数个蓄水设施，两个蓄水设施的距离应不少于4m。公路两旁的蓄水设施应符合公路部门的排水、绿化、养护等有关规定。蓄水设施的主要附属设施，如沉沙池、输出水渠（管）、消力设施、拦污栅等，应统一规划考虑。

### 8.2.4.3 灌溉系统规划

雨水集蓄系统规划的任务是确定灌溉地段的具体范围，选择节水灌溉方法和类型、系统的首部枢纽和田间管网布置等。

（1）确定灌溉范围。根据水量平衡计算结果来规划集雨场和蓄水设施，确定单个或整个系统控制的范围，并在平面图上标出界线，以便进行管网布置。

（2）灌溉方法的选定。雨水集蓄工程应采用适宜的节水灌溉方法，如滴灌、渗灌、注水灌、膜下滴灌和坐水种等。具体采用哪一种方法，要根据当地的雨水资源量、作物种类、地形地貌和经济条件来确定。

（3）灌溉类型的选定。为了节省投资，有条件的地方，首先应考虑自压灌溉方式，没有自压灌溉条件的地方，才考虑人工手压泵或微型电泵提水。对于滴灌，根据所控制的面积和作物种类等选用固定式、半固定式和移动式3种类型。在灌水期间整套系统（包括首部枢纽、管网和灌水器）都固定于地表或部分固定于地下的系统称为固定式。这种类型安装施工方便，灌水效率高，也便于实现自动化，但其投资较大。灌水期间首部枢纽、主管道固定不动，只有支、毛管和灌水器（滴头）移动的系统称为半固定式系统。与固定式相比降低了投资，但增加了移动工作量。在灌水期间，整套系统不固定或首部枢纽固定，管网和灌水器移动的系统称为移动式系统，这种系统投资最省，但移动劳动强度大，特别是密植的高秆作物在缺乏移动机具时，移动更困难。根据各地经济条件，目前普遍采用的是移动式和半固定式系统。

（4）首部枢纽布置。对于面积较大的雨水集蓄系统，其首部枢纽应包括提水设备、动力设备、过滤设备、控制和量测设备等。一般集中布置在水源附近的控制中心（管理房），对于面积较小的系统，特别是移动式系统，可不建管理房。在规划时应将机泵、施肥器、过滤器、闸阀、进排气阀等部件按运行要求安装好。

（5）田间管网布置。对于滴灌等节水灌溉方法，田间管网的布置直接影响到系统投资的大小、施工的难易程度和运行、管理是否方便等。因此，在进行规划布置时，应有2～3种管网布置方案，在进行技术经济比较之后确定方案，并在平面图或地形图上绘出管网。对选用的灌水器类型及其布置方式都应加以说明。

#### 8.2.4.4 投资预算

较大的工程应分别列出集雨场、蓄水系统与附属设施、首部枢纽、管网系统（含灌水器）的材料费、施工费、运输费、勘测设计费和不可预见费等几项，算出工程的总投资和单位面积投资。若灌溉和生活用水结合的工程，应按用水量进行投资分摊。

#### 8.2.4.5 效益分析

对工程建成投入运行后所能产生的经济、社会和生态效益进行分析，进而证明工程建设的必要性。经济效益主要是对工程的投资、年费用，增产效益进行分析计算。规划阶段一般用静态分析法计算，对较大的系统可同时用静态法和动态法进行计算。社会效益是指工程建成后对当地脱贫致富和精神文明建设等方面所带来的变化和效益。生态效益是指工程建成后，对当地生态环境所产生的影响，如对缓解用水矛盾，减少水土流失，环境卫生条件改善等方面的内容。

#### 8.2.4.6 实施措施

对较大的工程，为了保证工程的顺利实施，要根据当地具体情况提出具体的实施措施。一般包括组织施工领导班子和施工技术力量，具体施工安排，材料供应，安全的质量控制等内容。

# 8.3 雨水集蓄工程设计

### 8.3.1 雨水集流场设计

影响集流效率的因素主要有以下几种。

（1）降雨特性对集流效率的影响。全年降雨量的多少及降雨强度的大小影响到集流效率。随着降雨量和降雨强度的增加，集流效率也增加。在多年平均年降雨量越小的地区，说明该地区越是干旱，小雨量、小雨强的降雨过程也就多，全年的集流效率也就越低。也就是说，愈是干旱的年份（保证率愈高），全年的集流效率也就愈低。

（2）集流面材料对集流效率的影响。雨水集流的防渗材料有很多种，试验结果表明：混凝土和水泥瓦的效率最高，可达70%～80%。这是因为这类材料吸水率低，在较小的雨量和降雨强度下即能产生径流。而土料，防渗透效率差，一般在30%以下。各种防渗材料的集流效率依次为：混凝土、水泥瓦、机瓦、塑膜覆沙（或覆土）、青瓦、三七灰土、原状土夯实、原状土。同一种防渗材料在不同地区全年集流效率亦有差别，这主要是各地施工质量差别所造成。

（3）集流面坡度对集流效率的影响。一般来讲，集流面坡度较大，其集流效率也较大。因为坡度较大时可增加流速，可减少降雨过程中坡面水流的厚度，降雨停止后坡面上的滞留水也减少，因而可提高集流效率。下垫面材料相同，不同坡度对集流效率的影响差别也较大。依据甘肃省的试验，榆中集流场坡度为 1/50，混凝土面集流效率仅 40％～50％，而西峰集流场坡度为 1/9，集流效率达 68％～80％。西峰试验原土夯实全年效率可达 19％～30％，而榆中试验，在一般雨量下，不产生径流，在每次降雨达到 10mm 以上时，才能产生径流，效率也仅为 10％～15％。因此，为了提高集流效率，集流场纵坡应不小于 1/10。

（4）集流面前期含水量对集流效率的影响。前次降雨造成集流面含水量高时，本次降雨集流效率就高。下垫面材料不同这种影响差别也较大，特别是土质集流面，前期含水量对集流效率的影响更明显。据甘肃西峰试验，原土夯实地块在前期土壤饱和度达 95％时，集流效率达 80％以上，而混凝土集流面则影响较小。

## 8.3.2 集流场位置与集流面材料的选择

利用当地条件集蓄雨水进行作物灌溉时，首先应考虑已有的集流面，如沥青公路路面、乡村道路、场院和天然坡地等。如果现有的集流面面积小，不能满足集水量要求时，则需修建人工防渗集流面来补充。防渗材料有很多种，如混凝土、瓦（水泥瓦、机瓦、青瓦）、天然坡面夯实、塑料薄膜、片（块）石衬砌等，要本着因地制宜、就地取材、集流效率高和工程造价低的原则进行选用。

如果当地砂石料丰富，运输距离较近时，可考虑优先采用混凝土和水泥瓦集流面。因为这类材料吸水率低，渗水速度慢，渗透系数小，在较小的雨量和降雨强度下就能产生径流，在全年不同降水量水平下，效率比较稳定，可达 70％～80％，且使用寿命长，集水成本低，施工简单，干净卫生。混合土（三七灰土）因渗透速度和渗透系数都较大，受降雨强度和前期土壤含水率影响也较大，故集流面形成的径流相对较少。原状土夯实比混合土集流面形成的径流还要少，这是因为土壤表面的抗蚀能力较弱，固结程度差，促使土壤下渗速度加快，下渗量增大，因而地表径流就相应减少。效率一般都低于 30％，所需要的集流面积较大，且随着年降雨水平的不同，年效率不稳定，差别较大。

如果当地人均耕地较多，可采用土地轮休的办法，用塑料薄膜覆盖部分耕地作为集流面，第二年该集流面转为耕地，再另外选取一块耕地作为集流面，这种材料集流效率较高，但塑料薄膜使用寿命短。

在有条件的地方，可结合小流域治理，利用荒山坡地作为集流面，并按设计要求修建截流沟和输水沟，把水引入蓄水设施。

## 8.3.3 截流输水工程的设计

由于地形条件、集雨场位置及防渗材料的不同，其规划布置也不相同。

对于因地形条件限制离蓄水设施较远的集雨场，考虑长期使用，应规划建成定型的土渠。若经济条件允许，可建成 U 形或矩形的素混凝土渠。

利用公路、道路作为集流面且具有公路排水沟的，截流输水工程，可从路边排水沟的出口处连接修到蓄水工程，其尺寸按集流量大小确定。路边排水沟及输水沟渠应进行防渗处理，蓄水季节应注意经常清除杂物和浮土。

屋面集流场的截流输水沟可布置在屋檐落水下的地面上，而且宜采用 C13 的混凝土宽浅式弧形断面渠。设计庭院混凝土集流面的可与集流面施工同时进行，不再单独设置截流输水沟。庭院外的截流沟可采用土渠或混凝土渠。输水工程宜采用 20cm×20cm 的混凝土矩形渠、开口 20～30cm 的 U 形渠、砖砌、石砌暗管（渠）和无毒 PVC 塑料管。若利用已进行混凝土硬化防渗处理的小面积庭院或坡面，可将集流面规划成一个坡向，使雨水集中流向沉沙池的入水口。若汇集的雨水较干净，也可直接降汇集的雨水引入蓄水设施，可以不再另设输水渠。

利用天然山坡地作为集流场时，可依地势在坡面上每隔 20～30m 沿等高线修建截流沟，避免雨水在坡面上漫流，因距离过长而造成水量损失。截流沟可采用土渠，坡度宜为 1/50～1/30。截流沟应与输水沟连接起来。输水沟宜垂直等高线布置，并采用矩形或 U 形素混凝土渠或由砖（石）砌成，尺寸应按集流流量确定。

引水渠的形式要根据各地经济发展水平和农民的投入程度决定，要最大限度减少泥沙入窖（池）。目前普遍采用的形式有以下几种。

（1）梯形土渠。一般当引水渠较长时，多采用这种形式，雨季沿地面临时开挖，需经常修筑，经济适用。

（2）混凝土（砌石）矩形渠。多用于窖（池）前的沉淀渠（槽），宽 30～50cm，深 80～100cm，长度根据地形选定。

（3）塑料管道。输水条件、防渗效果俱佳，只是投资较大。当前从沉淀池进入窖（池）体内这段距离多采用塑料管，管径一般为 8～15cm，施工安装方便。

### 8.3.4 集流面的设计

#### 8.3.4.1 降雨资料的收集与计算

当地降雨量的多少关系到集流场面积的大小和工程投资多少的问题。由于各地自然地理和气象条件的不同，降雨量差别也较大。因此需根据当地资料来分析计算，才符合实际，要因地制宜，切不可照抄照搬。降雨资料主要从当地水文气象部门搜集，如果只有降水资料，可根据式（8-2）和式（8-3）计算。

#### 8.3.4.2 灌溉用水量的确定

尽量搜集当地或类似地区不同作物的灌溉用水量资料，若资料不全可参考式（8-4）进行估算。用水保证率按 $P=75\%$ 进行设计。

#### 8.3.4.3 集流场面积的确定

由集流量推求集流面积，则公式为

$$S=1000W/P_pE_p \qquad (8-7)$$

式中：$S$ 为集流场面积，$m^2$；$W$ 为年蓄水量，$m^3$，可按式（8-1）～式（8-3）计算，也可参照表 8-4 选用；$P_p$ 为用水保证率为 $P$ 时的降水量，mm；$E_p$ 为用水保证率为 $P$ 时的集流效率，当试验资料缺乏时可参考表 8-1 选用。

表 8 - 4　　宁夏不同材料集水场在不同降水量及保证率情况下全年集水量表

| 多年平均降水量(mm) | 保证率(%) | 集 水 量 (m³/100m²) | | | | | | |
|---|---|---|---|---|---|---|---|---|
| | | 混凝土 | 水泥土 | 机瓦 | 青瓦 | 黄土夯实 | 沥青路面 | 自然土坡 |
| 400～500 | 50 | 40 | 26.5 | 25 | 20 | 12.4 | 34 | 4 |
| | 75 | 39.5 | 22.5 | 24 | 19 | 11.5 | 33.5 | 3.5 |
| | 95 | 38 | 20.5 | 19.5 | 15.5 | 9.5 | 32.5 | 3.0 |
| 300～400 | 50 | 32 | 20.8 | 19.6 | 16 | 10.4 | 27.2 | 3.2 |
| | 75 | 31.2 | 18.4 | 16.8 | 13.6 | 8.4 | 26.4 | 2.8 |
| | 95 | 30 | 16 | 14.8 | 11.6 | 6.8 | 25.6 | 2.0 |
| 200～300 | 50 | 23.4 | 14.1 | 12.3 | 10.2 | 6 | 19.8 | 1.8 |
| | 75 | 22.5 | 12 | 10.2 | 8.4 | 5.1 | 19.2 | 1.5 |
| | 95 | 21.9 | 9.9 | 9 | 7.2 | 3.9 | 18.6 | 1.2 |

#### 8.3.4.4　集流面的设计

集流面的材料不同，设计要求也不同。

1. 混凝土集流面

混凝土集流面施工前，应对地基进行洒水，翻夯处理。翻夯厚度以 30cm 为宜，夯实后的干密度不小于 1.5t/m³。

没有特殊荷载要求的可直接在地基上铺浇混凝土，若有特殊荷载要求，如碾压场、拖拉机或汽车行驶等，则应按特殊要求进行设计。对于湿陷性软基础宅院，宜采用洒水夯实法进行处理。其方法是：先将宅院内原状土全部挖虚后均匀洒水，使土体达到适当比例的含水量，当抓起成块，落地开花时可进行夯实，其干密度不得少于 1.5t/m³。对于坚硬土质的宅院，可采用表面洒水处理法，其方法是：将原宅院表面均匀进行洒水，其湿透层达到 2cm 左右时，再用方头铁锹按设计纵坡进行铲平和夯实处理。

对于宅院基础较虚软，离砂石源地较近的农户宅院，可采用压石洒水法进行处理。其做法是：按设计的纵坡要求，先将院内进行大体平整后，再铺压直径为 2.5～3cm 的卵石，然后均匀洒水，并挂线分块浇筑。

对于砂石料丰富的地区，可将河卵石、小块石压入土基内，使其露出地面 2cm，然后再浇混凝土。混凝土流面宜采用横向坡度 1/50～1/10，纵向坡度 1/100～1/50。一般用 C13 混凝土分块现浇，并留有伸缩缝，厚度 3～4cm。砂石料的含泥量不大于 4%，并不得用矿化度大于 2g/L 的水拌和。分块尺寸以 1.5m×1.5m 或 2m×2m 为宜，缝宽 1～1.5cm，缝间填塞浸油沥青砂浆牛皮纸、3 毡 2 油沥青油毡、水泥砂浆、细石混凝土或红胶泥等。在兼有人畜饮水用的集流面上，其缝间不得用浸油沥青材料，以防水质被污染。伸缩缝深度应与混凝土深度一致，具体细部结构如图 8-1 所示。表 8-5 列出了混凝土材料配合比及其用量，仅供参考。在混凝土面初凝后，要覆盖麦草、草袋等物洒水养护 7d 以上，炎热夏季施工时，每天洒水不得少于 4 次。

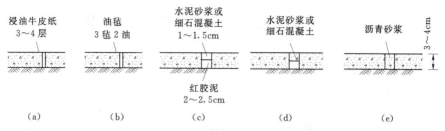

图 8-1　混凝土集流面伸缩缝示意图

表 8-5 　　　　　　　　　　　　　1m³ 混凝土材料用量

| 混凝标土强度等级 | 水泥标号 | 水灰比 | 配合比 | | | 水泥 | 粗砂 | | 石子 | | 水 | 备注 |
|---|---|---|---|---|---|---|---|---|---|---|---|---|
| | | | 水泥 | 砂 | 石子 | kg | kg | m³ | kg | m³ | kg | |
| C14 | 325 | 0.60 | 1 | 2.87 | 4.13 | 286 | 835 | 0.56 | 1191 | 0.70 | 170 | 卵石 |
| | 425 | 0.65 | 1 | 3.20 | 4.42 | 262 | 864 | 0.58 | 1181 | 0.69 | 170 | |
| C14 | 325 | 0.60 | 1 | 2.87 | 4.13 | 315 | 904 | 0.62 | 1301 | 0.77 | 187 | 碎石 |
| | 425 | 0.65 | 1 | 3.20 | 4.42 | 288 | 922 | 0.64 | 1273 | 0.76 | 187 | |

**注**　甘肃水利水电建筑工程预算定额（1990），水泥为普通硅酸盐水泥，砂石料最大粒径 20mm。

2. 瓦屋集流面

用于庭院灌溉和生活用水的瓦屋集流面要与建房结合起来，其设计施工可按照当地农村房屋建设的要求进行，瓦与瓦间应搭接良好，屋檐处应设滴水。一般水泥瓦屋面坡度比为 1/4，也可模拟屋面修建斜土坡，铺水泥瓦作为集流面。瓦有水泥瓦、机瓦、青瓦等种类。水泥瓦的集流效率要比机瓦和青瓦高 1.5~2.0 倍，所以应尽量采用水泥瓦做集流面。

3. 片（块）石衬砌集流面

利用片（块）石衬砌坡面作为集流面时，应根据片（块）石的大小和形状采用不同的衬砌方法，通常有竖向砸入和水平铺垫两种方法。如果片（块）石尺寸较大，形状较规则，可以水平铺垫，铺垫时要对地基进行翻夯处理，翻夯厚度以 30cm 为宜，夯实后干密度不小于 1.5t/m³。如果尺寸较小，形状不规则，可采用竖向按次序砸入地基的方法，厚度要求不小于 5cm。

4. 土质集流面

利用农村土质道路作为集流场时，要进行平整，并做出向路边排水的横向坡度，而纵向坡度沿地形走向。利用荒山、坡地等建设原土翻夯集水场的，要对原土进行洒水深翻 30cm，夯实后干密度不小于 1.5t/m³。

5. 塑料薄膜防渗集流面

塑料薄膜防渗集流面可分为裸露式和埋藏式两种。裸露式是直接将塑料薄膜铺设在修整完好的地面上，在塑料薄膜四周及表面适当部位宜用砖块、石块、或木条等压实，接缝可搭接 10cm，用恒温熨斗焊接，或搭接 30cm 后折叠止水。埋藏式可用草泥或细沙等覆盖在薄膜上，厚度以 4~5cm 为宜。草泥施工时应抹匀压实拍光，细沙应摊铺均匀。塑料薄膜集流面的土基要求铲除杂草、整平耕地并进行适当拍实或夯实，拍实或夯实程度以人踩不落陷为准。

# 8.4　雨水集蓄水源工程的结构设计

## 8.4.1　水源工程位置的选择

### 8.4.1.1　窖（窑）

北方干旱地区，特别是西北黄土丘陵区地形复杂，梁、峁、塬、台、坡等地貌交错，草地、荒坡、沟谷、道路以及庭院等均有收集天然降水的地形条件。选择窖（窑）位置应按照因地制宜的原则，综合考虑窖址的集流、灌溉和建窖土质3方面条件，即选择降水后能形成地表径流且有一定集水面积；水窖应选在灌溉农田附近，引水、取水都比较方便的位置，山区要充分利用地形高差大的特点多建自流灌溉窖；同时窖址应选择在土质条件好的地方，避免在山洪沟边、陡坡、陷穴等地点打窖。不同土质条件的地区要选择与之相适应的窖型结构，如土质夯实的黄土、红土地区可布设水泥砂浆薄壁窖，而土质较疏松的轻质土（如砂壤土）地区则布置混凝土盖窖或素混凝土盖窖为宜。

### 8.4.1.2　蓄水池

蓄水池按其结构形式和作用可分为涝池、普通蓄水池和调压蓄水池等。

1. 涝池

在黄土丘陵区，群众利用地形条件在土质较好、有一定集流面积的低洼地修建的季节性简易蓄水设施。在干旱风沙区，一些地方由于降水入渗形成浅层地下水，群众开挖长几十米、宽数米的涝池，提取地下水发展农田灌溉。

涝池的容积应满足以下条件：①容积应符合式（8-6）的要求；②能充分蓄存平水年雨洪径流，并应根据沟岔流域面积、集流面状况和最大暴雨洪水量进行校核。宜适当增大涝池、塘坝深度，减少水面面积以减少蒸发损失。其结构如图8-2所示。

黄土地基上的涝池塘坝，应采用沥青玻璃布油毡和塑料薄膜防渗。塑料薄膜可选用聚乙烯或聚氯乙烯膜，厚度0.15～0.2mm为宜。沥青玻璃布油毡应该满足表8-6中规定的主要技术指标。

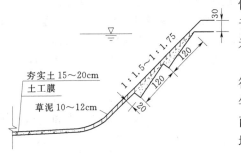

图8-2　涝池防渗衬砌示意图

夯实土15～20cm
土工膜
草泥10～12cm

表8-6　　　　　　　　　沥青玻璃布油毡主要技术指标

| 指标名称 | 指标 |
| --- | --- |
| 单位面积浸涂材料总重量（g/m²） | ≥500 |
| 不透水（动水压法，保持15min）（MPa） | ≥0.3 |
| 吸水性（24h，18±2℃）（g/100cm²） | ≤0.1 |
| 耐热度（80℃，加热5h） | 涂盖层无滑动，不起泡 |
| 拉力（18±2℃下的纵向拉力）（N/2.5cm） | ≥40 |
| 抗剥离性（剥离面积） | ≤2/3 |
| 柔度（0℃以下，绕直径20mm圆棒） | 无裂纹 |

2. 普通蓄水池

蓄水池一般是用人工材料修建的具有防渗作用,用于调节和蓄存径流的蓄水设施。根据地形和土质条件可修建在地上或地下,其结构形式有圆形、矩形等。蓄水池水深一般为2~4m,防渗措施也因其要求不同而异,最简易的是水泥砂浆面防渗。蓄水池的选址有以下两种情况。

(1) 有小股泉水出露地表,可在水源附近选择适宜地点修建蓄水池,起到长蓄短灌的作用。其容积大小由来水量和灌溉面积确定。

(2) 在一些地质条件较差、不宜打窖的地方,可采用蓄水池代替水窖,选址应考虑地形和施工条件。

另外一些引水工程(包括人畜饮水工程和灌溉引调水工程),为了调剂用水,可在田间地头修建蓄水池,在用水紧缺时补充用水使用。

3. 调压蓄水池

在降雨量较多的地区,为了满足低压管道输水灌溉、喷灌和微灌等所需要的水头而修建的蓄水池。选址应尽量利用地形高差的特点,将蓄水池设在较高的位置处,以实现自压灌溉的需要。

### 8.4.1.3 土井

土井一般是指简易人工井,包括土圆井、大口井等。它是开采利用浅层地下水,解决干旱地区人畜饮水和抗旱灌溉的小型水源工程。

适宜打井的位置,一般在地下水埋藏较浅的山前洪积扇、河漫滩及一级阶地、干枯河床和古河道地段、山区基岩裂隙水、溶洞水及铁、锰和侵蚀性二氧化碳高含量的地区。

## 8.4.2 容积设计

### 8.4.2.1 水窖容积的确定

按照技术、经济合理的原则确定水窖的容积,是雨水集蓄工程建设的一个重要方面。影响水窖容积的主要因素有地形土质条件,按照不同用途要求、当地经济水平和技术能力选择窖型结构。

1. 根据地形土质条件确定水窖容积

水窖作为农村的地下集水建筑物,其容积大小受当地地形和土质条件影响和制约。当土质条件好,土壤质地密实,如红土、黄土区,开挖水窖容积可适当大一些;而土质较差的地区,如砂土、黄绵土等,如果窖容积大,则容易产生塌方,一些地方因土质条件甚至不宜建窖。

2. 按照不同的用途选择窖型结构和容积

主要用于解决人畜饮水的窖大都采用传统的土窖,有瓶式窖、坛式窖等,其容积一般为$20\sim40\text{m}^3$。宁夏山区群众流传着"丈二三头停"、"丈五三头停",即这类窖的主要容积尺寸,要求窖口口径小(60cm左右),窖脖长,其尺寸为:地面距水面一丈五,水面到窖底一丈五,水面附近的中腰直径一丈五(即丈五三头停),如图8-3所示。

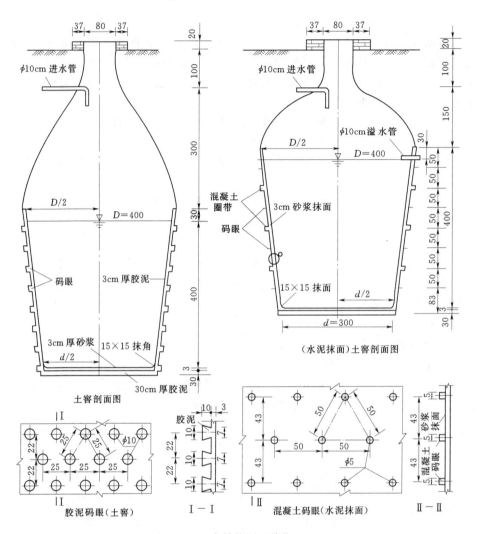

图 8-3　土窖结构图（单位：cm）

用于农田灌溉的水窖一般要求容积较大，窖身和窖口通常采取加固措施，以防止土体坍塌。如改进型水泥薄壁窖、盖窖、钢筋混凝土窖，水窖容积一般为 $50m^3$、$60m^3$ 和 $100m^3$ 左右。窑窖一般适用于土质条件好的自然崖面或可作人工剖理的崖面，先开挖窑洞，窑顶作防潮处理，然后在窑内开挖蓄水池。这种在窑内建蓄水池或窖，群众俗称为窑窖。窑窖的容积根据土质情况和集流面的大小确定，容积一般为 $60\sim100m^3$，有特殊要求的个别窖容积可达 $200m^3$。

水窖容积的确定除考虑上述因素外，还受当地经济条件和投资大小的制约。不同容积和结构的水窖，其建窖造价差异很大。各地使用的建筑材料（水泥、石子、砂、红胶泥等）的价格不同，不同结构形式的窖其材料用量差别也很大。在西北黄土高原区，一般修建一眼需水量为 $50m^3$ 的水泥砂浆薄壁窖，需投入 800 元左右；$60m^3$ 的盖窖需 $1200\sim1500$ 元。修建水窖时，既要考虑适宜的窖型结构、容积大小和使用寿命，又要根据当地和农户的经济状况，国家、地方可能的投入统筹考虑。根据土质条件和适宜的建窖类型，可参考表 8-7 确定建窖容积。

表 8-7　　　　　　　　　　　　不同土质的适宜建窖类型

| 土 质 条 件 | 适 宜 建 窖 类 型 | 建窖容积<br>（m³） |
|---|---|---|
| 土质条件好，质地密实的红土、黄土区 | 传统土窖 | 30～40 |
| | 改进型水泥薄壁窖 | 40～50 |
| | 窑窖 | 60～80 |
| 土质条件一般的壤质土区 | 混凝土盖碗窖 | 50～60 |
| | 钢筋混凝土窖 | 50～60 |
| 土壤质地松散的砂质土区 | 不宜建窖，宜修建蓄水池 | 100 |

### 8.4.2.2　蓄水池容积确定

1. 确定蓄水池容积的原则

（1）考虑可能收集、储存水量的多少，是属于临时或季节性蓄水还是常年蓄水，蓄水池的主要用途和蓄水量要求。

（2）要调查、掌握当地的地形、土质情况（收集 1∶500～1∶200 大比例尺的地形图、地质剖面图）。

（3）要结合当地经济条件和可能投入与技术要求参数全面衡量，综合分析。

（4）选用多种形式进行对比、筛选，按投入产出比（或单方水投入）确定最佳容积。

2. 蓄水池容积计算

蓄水池因用途、结构不同形式也不同：①按形状、结构可分为圆形池、方形池、矩形池等；②按建筑材料、结构可分为土池、砖池、混凝土池和钢筋混凝土池等；③按用途作用可分为涝池（涝坝、平塘）、普通蓄水池（农用蓄水池）、调压蓄水池等。

（1）涝池。涝池形状多样，随地形条件而异，有矩形池、平底圆池、锅底圆池等。涝池的容积一般为 100～200m³，最小不小于 50m³。其容积可按式（8-8）、式（8-9）进行计算。

1）矩形池容积为

$$V=(H+h)\frac{F+f}{2} \qquad (8-8)$$

2）平底圆池容积为

$$V=\frac{\pi}{2}(R^2+r^2)(H+h) \qquad (8-9)$$

式中：$V$ 为总容积，m³；$H$ 为水深，m；$h$ 为超高，m；$F$ 为池上口面积，m²；$f$ 为池底面积，m²；$R$ 为池上口半径，m；$r$ 为池底半径，m。

3）锅底圆池，参照其形状近似计算其容积。

在计算实际最大蓄水量时，要减去超高部分。

（2）普通蓄水池。主要用于小型农业灌溉或兼作人畜饮水用。蓄水池根据用途、结构等不同，其容积一般为 50～100m³，特殊情况蓄水量可达 200m³。按其结构及作用不同，可分为开敞式和封闭式两种类型。

1）开敞式蓄水池。开敞式蓄水池是季节性蓄水池，它不具备防冻、防蒸发功效。农用蓄水池只是在作物生长期内起补充调节作用，即在灌水前引入外来水蓄存，灌水时放水灌溉，或将井、泉水长蓄短灌。开敞式蓄水池一般根据来水量和用水量，选定蓄水容积，其变化幅度较大。通常有圆形和矩形两种结构。蓄水量一般为 50～100m³。①开敞式圆形蓄水池，可根据当地建筑材料选用砖砌池、浆砌石池、混凝土池等，池内采取防渗措施。主要规格尺寸：直径 4～5m，水深 3～4m，蓄水量 40～70m³；②开敞式矩形池，其结构受力条件没有圆形结构好，需加固侧墙，工程量相对较大，但施工简易，适应性强，常被采用，主要规格尺寸：长 4～8m，宽 3～4m，深 3～3.5m，蓄水量 50～100m³。

2）封闭式蓄水池。封闭式蓄水池池顶增加了封闭设施，具有防冻、防蒸发功效。可常年蓄水，也可季节性蓄水。可用于农业节水灌溉，也可用于干旱地区的人畜饮水工程。但工程造价相对较大。结构形式可根据当地建筑材料选用。①梁板式圆形池，梁板式圆形池有拱板式和梁板式两种。但其蓄水池结构尺寸是相同的，主要规格尺寸：直径 3～4m，深 3～4m，蓄水量 25～45m³；②盖板式矩形池，盖板式矩形池顶部为混凝土空心板，再加保温层防冻，冬季寒冷期较长的西北地区生活用水工程普遍采用此种结构形式，主要规格尺寸：池长 8～20m，池宽 3m，深 3～4m，蓄水量 80～200m³；③盖板式钢筋混凝土矩形池，盖板式钢筋混凝土矩形池主要用于特殊工程之用，其结构一般为钢筋混凝土矩形、圆形池，蓄水量可根据需要确定，一般在 200m³ 左右。宁夏固原县西塬自压喷灌压力池长 25m，宽 7.2m，深 3.7m，为钢筋混凝土结构，蓄水量可达 500m³，既可蓄水调压，又兼有沉沙作用，为自压喷灌提供可靠水源。

调压蓄水池的结构形式和普通蓄水池一样。只要选好地势，形成自压水头，就可达到调压目的。其蓄水量根据用水需求选定。

表 8-8 列出了宁夏蓄水池的主要尺寸和容积表，仅供参考。

表 8-8　　　　　　　　　蓄水池规格、容积表

| 类 型 | 矩 形 池 | | | | 圆 形 池 | | | 超高 (m) | 备注 |
|---|---|---|---|---|---|---|---|---|---|
| | 池长 (m) | 池宽 (m) | 池深 (m) | 容积 (m³) | 直径 (m) | 池深 (m) | 容积 (m³) | | |
| 开敞式 | 4.0 | 3.0 | 3.0 | 36 | 3.0 | 3.0 | 21 | 0.3 | |
| | 4.0 | 3.5 | 3.5 | 49 | 3.5 | 3.5 | 34 | 0.3 | |
| | 4.0 | 4.0 | 4.0 | 64 | 4.0 | 3.0 | 38 | 0.3 | |
| | 5.0 | 4.0 | 3.0 | 60 | 4.0 | 3.5 | 44 | 0.3 | |
| | 6.0 | 4.0 | 3.0 | 72 | 5.0 | 3.0 | 59 | 0.3 | |
| | 8.0 | 4.0 | 3.0 | 96 | 5.0 | 3.5 | 69 | 0.3 | 计算蓄水量时，要减去超高部分 |
| | 8.0 | 4.0 | 3.5 | 112 | 5.0 | 4.0 | 78 | 0.3 | |
| 封闭式 | 6.0 | 3.0 | 3.0 | 54 | 3.0 | 3.0 | 21 | 0.3 | |
| | 8.0 | 3.0 | 3.5 | 84 | 3.5 | 3.5 | 24 | 0.3 | |
| | 8.0 | 3.0 | 4.0 | 96 | 4.0 | 3.0 | 28 | 0.3 | |
| | 10.0 | 3.0 | 3.0 | 90 | 3.5 | 3.5 | 34 | 0.3 | |
| | 10.0 | 3.0 | 3.5 | 105 | 4.0 | 3.0 | 38 | 0.3 | |
| | 15.0 | 3.0 | 3.5 | 157 | 3.5 | 3.5 | 44 | 0.3 | |
| | 20.0 | 3.0 | 3.5 | 210 | 4.0 | 4.0 | 50 | 0.3 | |

### 8.4.3 结构设计

#### 8.4.3.1 窖(窖)

1. 窖(窖)常用的结构形式

水窖按结构分可分为传统型土窖、改进型水泥薄壁窖、盖碗窖、窑窖、钢筋混凝土窖等。按采用的防渗材料分,可分为胶泥窖、水泥砂浆抹面窖、混凝土和钢筋混凝土窖、土工膜防渗窖等。由于各地的土质条件、建筑材料及经济条件不同,可因地制宜选用不同的窖形结构。

在建窖过程中,对用于农田灌溉的水窖与人畜饮水的水窖在结构上要求也不同。根据黄土高原群众多年的经验,人饮用水窖要求窖内水温尽可能不受地表和气温的影响,窖深一般要达到6~8m,保持窖水长期使用,不会变质。而灌溉水窖则不受深度的限制。

2. 适合当前农村生产的几种窖形结构

(1)水泥砂浆薄壁窖。水泥砂浆薄壁窖,如图8-4所示。窖型是由传统的人饮用水窖经多次改进、筛选成型。

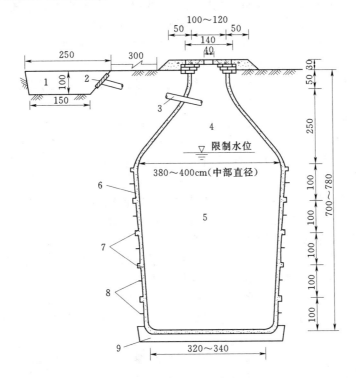

图 8-4 水泥砂浆薄壁窖(单位:cm)

1—沉沙池;2—滤网;3—φ8cm进水管;4—旱窖;5—水窖;6—水泥砂浆抹面二次厚3cm;
7—圈带;8—混凝土柱(码眼);9—30cm厚红胶泥或10cm厚混凝土3cm厚砂浆

水泥砂浆薄壁窖的窖体结构由水窖、旱窖、窖口和窖盖组成。水窖位于窖体下部,是主体部位,也是蓄水的位置所在,形似水缸。旱窖位于水窖上部,由窖口经窖脖子（窖筒）向下逐渐呈圆弧形扩展，至中部直径（缸口）后与水窖部分连接。这种倒坡结构，受土壤力学结构的制约，其设计结构尺寸是否合理直接关系到水窖的稳定与安全。窖口和窖盖是起稳定上部结构的作用，防止来水冲刷，并连结提水灌溉设施。

水泥砂浆薄壁窖近似"坛式酒瓶"。缩短了旱窖部分的长度，由传统人饮用水窖的 4～5m 缩短为 3m 左右，加大了水窖中部直径和蓄水深度。将窖口尺寸由传统土窖的 0.5～0.6m 扩大到 0.8～1.0m，减轻了上部土体重量，便于施工开挖取土。

防渗处理分窖壁防渗和窖底防渗两部分。为了使防渗层与窖体土层紧密结合，并防止防渗砂浆整体脱落，沿中径以下的水窖部分每隔 1.0m，在窖壁上沿等高线挖一条宽 5cm、深 8cm 的圈带，在两圈带中间，每隔 30cm 打混凝土柱（码眼），品字形布设，以增加防渗砂浆与窖壁的连接和整体性。

窖底结构以反坡形式受力最好，即窖底呈圆弧形，中间低 0.2～0.3m，边角亦加固成圆弧形。在处理窖底时，首先要对窖底原状土轻轻夯实，增强土壤的密实程度，防止底部发生不均匀沉陷。

窖底防渗可根据当地材料情况因地制宜选用。一般有两种：①胶泥防渗，可就地取材，是传统土窖的防渗形式，首先要将红胶泥打碎过筛、浸泡拌捣成面团状，然后分 2 层夯实，厚度 30～40cm，最后用水泥砂浆墁一层，作加固处理；②混凝土防渗，在处理好的窖底土地上浇筑 C19 混凝土，厚度 10～15cm。

这种窖型适用于土质比较密实的红、黄土地区，对于土质松疏的砂壤土地区和土壤含水量过大地区不宜采用。

这种窖型的主要技术指标为窖深 7～7.8m，其中水窖深 4.5～4.8m，底径 3～3.4m，中径 3.8～4.2m，旱窖深（含窖脖子）2.5～3.0m，窖口径 0.8～1.1m。窖体由窖口以下 50～80cm 处圆弧形向下扩展至水窖中径部位，窖台高 30cm，蓄水量 40～50m³。

水泥砂浆薄壁窖的附属设施包括进水渠、沉沙池（坑）、拦污栅、进水管（槽）、窖口窖台等。有条件的地方还要设溢流口、排水渠等。

（2）混凝土盖碗窖。混凝土盖碗窖，如图 8-5 所示。形状类似盖碗茶具，故称为盖碗窖。此类窖型避免了因传统窖型窖脖子过深，带来打窖取土、提水灌溉及清淤等困难。适用于土质比较松散的黄土和砂壤土地区，适应性强。

混凝土盖碗窖的窖体由水窖、窖盖与窖台组成。

水窖部分结构与水泥砂浆薄壁窖基本相同，只是增大了中径尺寸和水窖深度，增大了蓄水量。

混凝土帽盖为薄壳型钢筋混凝土拱盖，在修整好的土模上现浇成型，施工简便。帽盖上布设圈梁、进水管、窖口和窖台。混凝土帽盖布设少量钢筋铅丝，形同蜘蛛网状，如图 8-6 所示。

混凝土盖碗窖的结构特点如下。

1）帽盖为拱式薄壳型。矢高 1.4～1.5m，球台直径为 4.5m。矢高与球台直径的比值（即矢跨比）为 0.31～0.33。壁厚 6cm，为整体浇筑，铅丝网起连接加固作用，质量可靠。

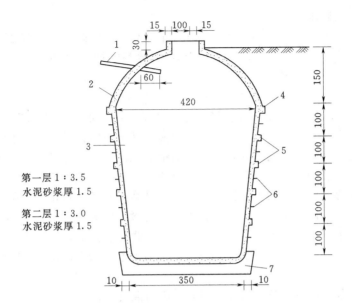

图 8-5 混凝土盖碗窖（单位：cm）

1—φ8cm 进水管；2—现浇混凝土 6cm；3—水泥砂浆（厚 3cm）；4—圈梁；
5—圈带；6—混凝土柱；7—30cm 红胶泥或 10cm 混凝土 3cm 厚砂浆

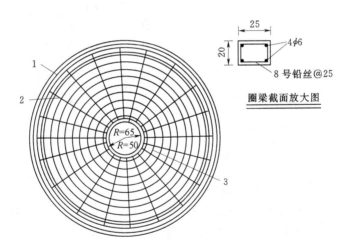

图 8-6 混凝土帽盖窖铅丝网平面图（单位：cm）

1—4φ6；2—20φ6（l=280）；3—8 号铅丝@20

2）圈梁与帽盖为一个整体，紧扣在窖壁四周土体上，稳定性好。

3）帽盖在土模上现浇，施工简便，保质保量。

4）帽盖以下水窖为水缸形，没有旱窖的倒坡土体部分，窖体稳定性好，避免了窖体内土体塌方和施工不安全因素。

此窖型适用于土质比较松软的黄土和砂石壤土地区。打窖取土，提水灌溉和清淤等都比较方便，质量可靠，使用寿命长，但投资相对较高，经济欠发达地区农户推广使用仍有一定困难。

这种窖型的主要技术指标为窖深 6.5m（不含窖底防渗部分厚度）。其中水窖深 5～5.5m，底径 3.2～3.4m，中径 4.2m，帽盖高（即旱窖部分）1.4～1.5m，窖口径 1.0m。蓄水量 60m³。

附属设施与水泥砂浆薄壁窖相同。

（3）素混凝土肋拱盖碗窖。素混凝土肋拱盖碗窖的窖体由水窖、窖盖和窖台组成。其中，水窖部分结构尺寸与混凝土盖碗窖完全一样。混凝土帽盖的结构尺寸也与混凝土盖碗窖相同，不同之处是将原来的钢筋混凝土帽盖改进为素混凝土肋拱帽盖，省掉了 30kg 钢筋和 20kg 铅丝。其适应性更强，便于普遍推广。

其结构特点为：①帽盖为拱式薄壳型，混凝土厚度为 6cm；②在修建好的半球状土模表面上由窖口向圈梁辐射形均匀开挖 8 条宽 10cm、深 6～8cm 的小槽，窖口外沿同样挖一条环形槽，帽盖混凝土浇筑后，拱肋与混凝土壳盖形成一整体，肋槽部分混凝土厚度由拱壳的 6cm 增加到 12～14cm，即成为混凝土肋拱，起到替代钢筋的作用，如图 8-7 和图 8-8 所示。

其适用范围、主要技术指标、附属设施与混凝土盖碗窖相同。

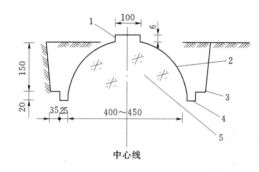

图 8-7　混凝土窖盖半球状示意图（单位：cm）　　图 8-8　素混凝土肋梁拱帽盖平面图
1—中心土盘；2—窖盖内缘；3—工作平台；
4—圈梁槽；5—半球状土膜

（4）混凝土拱底顶盖圆柱形水窖。这种窖型是甘肃省常见的一种形式，如图 8-9 所示。主要由混凝土现浇弧形顶盖、水泥砂浆抹面窖壁、三七灰土翻夯窖基、混凝土预制圆柱形窖颈和进水管等部分组成，其技术数据见表 8-9。

表 8-9　　　　　　　　　圆 柱 形 水 窖 技 术 数 据 表

| 容积<br>（m³） | 直径<br>（m） | 壁厚<br>（cm） | 窖深<br>（m） | 挖方<br>（m³） | 填方<br>（m³） | 混凝土<br>（m³） | 砂浆<br>（m³） | 水泥<br>（m³） | 砂<br>（m³） | 石子<br>（m³） | 水<br>（m³） |
|---|---|---|---|---|---|---|---|---|---|---|---|
| 15 | 2.2 | 3.0 | 3.9 | 20.5 | 3.60 | 1.12 | 0.82 | 0.63 | 1.60 | 0.78 | 0.9 |
| 20 | 2.4 | 3.0 | 4.4 | 26.8 | 4.60 | 1.29 | 1.01 | 0.75 | 1.89 | 0.90 | 0.9 |
| 25 | 2.6 | 3.0 | 4.7 | 32.9 | 5.27 | 1.47 | 1.16 | 0.85 | 2.16 | 1.03 | 1.1 |
| 30 | 3.0 | 3.0 | 4.2 | 37.9 | 5.20 | 1.70 | 1.22 | 0.93 | 2.27 | 1.19 | 1.4 |

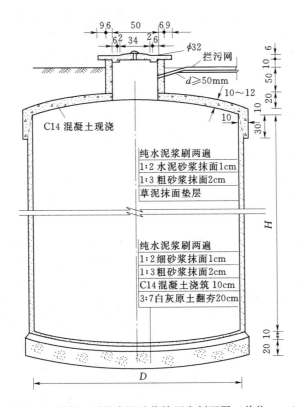

图8-9 混凝土顶盖水泥砂浆抹面窖剖面图（单位：cm）

（5）混凝土球形窖。该窖型为甘肃省的一种形式，如图8-10所示。主要由现浇混凝土上半球壳、水泥砂浆抹面下半球壳、两半球接合部圈梁、窖颈和进水管等部分组成，其技术数据如表8-10。

（6）砖拱窖。这种窖是为了就地取材，减少工程造价而设计的一种窖型，适用当地烧砖的地区。窖体由水窖、窖盖与窖口组成。其中，水窖部分结构尺寸与混凝土盖碗窖相同；窖盖，属盖碗窖的一种形式，为砖砌拱盖。矢高1.74m，窖口直径0.8m，球体直径4.5m。窖盖用砖错位压茬分层砌筑，如图8-11所示。

其结构特点为：①窖盖为砖砌拱盖，可就地取材，适应性较强；②施工技术简便灵活。一般的泥瓦工即可进行施工，既可在模表面自上而下分层砌筑，又可在大开挖窖体土方后，再分层砌筑窖盖。

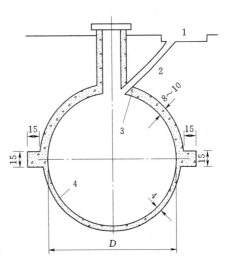

图8-10 混凝土球形窖剖面图（单位：cm）
1—输水槽；2—进水管；3—C14混凝土；
4—砂浆抹面

此种窖型的适用范围和主要技术指标与混凝土盖碗窖基本相同。

表 8－10　　　　　　　　　球 形 水 窖 技 术 数 据 表

| 容积<br>（m³） | 直径<br>（m） | 壁厚<br>（cm） | 挖方<br>（m³） | 填方<br>（m³） | 混凝土<br>（m³） | 砂浆<br>（m³） | 水泥<br>（m³） | 砂<br>（m³） | 石子<br>（m³） | 水<br>（m³） |
|---|---|---|---|---|---|---|---|---|---|---|
| 15 | 3.1 | 4.0 | 33.3 | 16.9 | 1.60 | 0.15 | 0.58 | 0.85 | 1.07 | 0.9 |
| 20 | 3.4 | 4.0 | 42.3 | 20.5 | 1.87 | 0.19 | 0.69 | 1.01 | 1.24 | 0.9 |
| 25 | 3.6 | 4.0 | 51.0 | 22.6 | 2.13 | 0.21 | 0.78 | 1.15 | 1.41 | 1.0 |
| 30 | 3.9 | 4.0 | 59.6 | 23.5 | 2.36 | 0.24 | 0.86 | 1.28 | 1.56 | 1.2 |

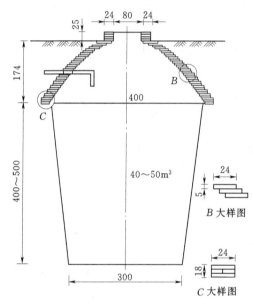

图 8－11　砖拱窖剖面图（单位：cm）

（7）窑窖。窑窖按其所在的地形和位置可分为平窑窖和崖窑窖两种。平窑窖一般在地势较高的平台上修建，其结构形式与封闭式蓄水池相同（参阅封闭式蓄水池）。将坡、面、路壕雨水引入窑窖内，再抽水（或自流）浇灌台下农田。崖窑窖是利用土质条件好的自然崖面或可作人工剖理的崖面，先挖窑，然后在窑内建窖，俗称窑窖，如图 8－12 所示的为宁夏崖窑窖结构图。

窑窖由土窑、窖池两大主体组成。附属部分有窑口封闭墙，进出水管（或取水管）溢流管等。

土窑是根据土质情况、来水量多少和蓄水灌溉要求确定尺寸大小，窑宽控制在 4～4.5m 左右，窑深 6～10m，窑窖拱顶矢跨比不超过 1:3，由窑口向里面开挖施工。整修窑顶后用草泥或水泥砂浆进行处理。当拱顶土质较差时，要设置一定数量的拱肋，用 C19 混凝土浇筑，以提高土拱强度。

在土窑下部开挖窖池，形似水窖，只是深度稍浅，窖池深 3～3.5m，池体挖成后再进行防渗处理。

进、出水管为窑窖的附属部分，根据地形条件布设，可在窑顶上面开挖布置，也可在侧墙脚埋设安装，最后在墙外填土夯实，增加侧墙强度和保温防冻能力。

窑窖的结构特点是：①能充分利用自然崖面土体结构，力学性质稳定可靠；②施工条件好，工作面大，可采用小型车辆运输，施工进度快；③蓄水量大，也可根据需要修建较大容量的窑窖。而且这种形式受地形条件限制，只能因地制宜推广。

为了保持窑窖的稳定与安全，窑上崖面土体厚度应大于 3m。窑深 6～10m，矢高 1.4m，跨度 4.2m，池深 3～3.5m，池底 3～3.2m，容积分别为 60m³、80m³、100m³。

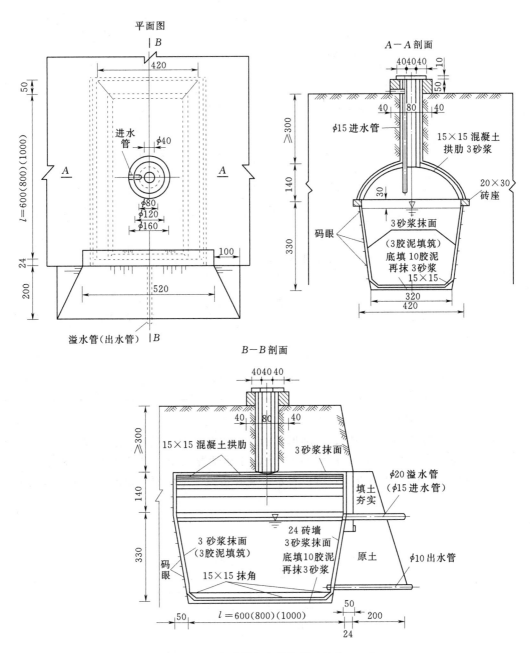

图 8-12　宁夏崖窑窑结构图（单位：cm）

　　图 8-13 是甘肃省水泥砂浆抹面窑窑示意图，它是由工作窑（取土、进水、取水用）和蓄水窑洞两部分组成。工作窑宽度及高度宜为 1.5m，蓄水窑宽度和高度宜取为 3m。工作窑及盛水窑为抛物线状，其轮廓尺寸按表 8-11 确定，蓄水深 2m 为宜，单位长度窑深蓄水量约 4.7m³，根据蓄水总量推求窑窑深度 $L$。

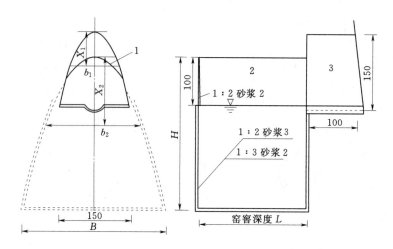

图 8-13　甘肃水泥砂浆抹面窑窖示意图（单位：cm）

1—1cm 砂浆或塑膜护顶；2—盛水窖；3—工作窑

**表 8-11**　　　　　　　**甘 肃 窑 窖 轮 廓 尺 寸 表**

| | | | | | | | | | | | |
|---|---|---|---|---|---|---|---|---|---|---|---|
| 工作窑 | 开挖高 $X_1$ | 0.5 | 0.75 | 1.0 | 1.2 | 1.4 | 1.5 | | | | |
| | 宽度 $b_1$ | 0.87 | 1.06 | 1.22 | 1.34 | 1.45 | 1.5 | | | | |
| 蓄水窑 | 开挖高 $X_2$ | 0.5 | 0.75 | 1.0 | 1.2 | 1.4 | 1.5 | 1.7 | 2.0 | 2.5 | 2.7 | 3.0 |
| | 宽度 $b_2$ | 1.22 | 1.5 | 1.73 | 1.9 | 2.05 | 2.12 | 2.26 | 2.45 | 2.74 | 2.85 | 3.0 |

　　图 8-14 为河南省西部推广的一种旱地土水窑窖断面图。该土水窖上部为拱形，下部为梯形形状。实践证明，这种形状的水窖四壁受力情况和稳定性都较好。窑体断面的几何尺寸见表 8-12。土水窑的宽度依土质情况而定，对渗透性小的黏土，其最大宽度的窖体均在地面以下，所以蓄水深度和窑长一般应根据地形、土质、施工难易程度等确定。

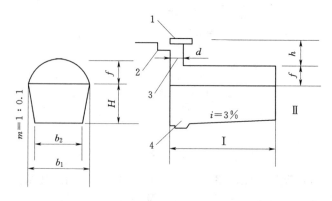

图 8-14　土水窑窖体断面的形状和几何尺寸

1—窑台；2—沉沙池；3—窑筒；4—消力

表 8-12 旱地水窖几何尺寸规格

| 类 型 | 窖口直径 $d$<br>（m） | 窖筒深 $h$<br>（m） | 矢高 $f$<br>（m） | 上口宽 $b_1$<br>（m） | 下底宽 $b_2$<br>（m） | 蓄水深 $H$<br>（m） | 窖长 $L$<br>（m） | 蓄水容积 $V$<br>（m³） |
|---|---|---|---|---|---|---|---|---|
| Ⅰ | 0.45 | 1.5 | 0.7 | 2.0 | 1.44 | 2.8 | 5 | 24.0 |
| | | | | | | | 8 | 38.0 |
| | | | | | | | 10 | 48.0 |
| Ⅱ | 0.45 | 1.5 | 1.0 | 3.0 | 2.50 | 2.5 | 5 | 34.0 |
| | | | | | | | 8 | 55.0 |
| | | | | | | | 10 | 68.0 |
| Ⅲ | 0.45 | 1.5 | 1.3 | 4.0 | 3.46 | 2.7 | 5 | 50.0 |
| | | | | | | | 8 | 80.0 |
| | | | | | | | 10 | 100.0 |

（8）土窖。传统式土窖因各地土质条件不同，窖型样式也不同，归纳起来主要有两大类，瓶式窖和坛式窖。其区别在于：瓶式窖脖子小而长，窖深而蓄水量小；坛式窖脖子相对短而肚子大，蓄水量多。当前除个别山区群众还习惯修建瓶式窖用来解决生活用水外，现在主要多采用坛式土窖，如图 8-3 所示。传统土窖按防渗材料分，可分为红胶泥防渗和水泥砂浆防渗两种。

土窖的窖体由水窖、旱窖、窖口与窖盖组成。

传统土窖的结构特点符合"丈二三头停"窖型规格，即旱窖深（含窖脖子），水窖深，缸口尺寸（中径）都是 4m。旱窖部分为原状土体，不作防渗处理，也不能蓄水。水窖部分采用红胶泥防渗或水泥砂浆防渗：①红胶泥防渗。在水窖部分的窖壁上布设码眼，用拌和好的红胶泥锤实，码眼水平间距 2.5cm，垂直间距 22cm，品字形布设。码眼成外小内大的台柱形，深 10cm，外口径 7cm，内径 12cm，以利于胶泥与窖壁的稳固结合。窖底用 30cm 红胶泥夯实防渗。窖壁红胶泥防渗层厚度必须保证在 3cm 以上。②水泥砂浆抹面防渗与水泥砂浆薄壁窖相同，不同之处就是旱窖部分不做防渗处理。

土窖适宜于土质密实的红、黄土地区。红胶泥防渗土窖更适合于干旱山区人畜饮用。

土窖的口径一般为 80～120cm，窖深 8.0m，其中水窖深 4.0m，旱窖（含窖脖子）深 4m，中径 4m，底径 3～3.2m，蓄水量 40m³。但大部分土窖结构尺寸均小于标准尺寸，口径只有 60cm 左右，水窖深和缸口尺寸均较小，蓄水量也只有 15～25m³，个别窖容量达 40m³。

### 8.4.3.2 蓄水池

1. 涝池

涝池包括矩形池、平底圆池、锅底圆池等，因其结构简单，技术要求不高，这里不作介绍。

2. 普通蓄水池

普通蓄水池按其结构分，可分为开敞式和封闭式两种，按其形状特点又可分为圆形和矩形两种。

（1）开敞式圆形蓄水池。开敞式圆形蓄水池按建筑材料不同可分为砖砌池、浆砌石池、混凝土池等，如图 8-15 所示。

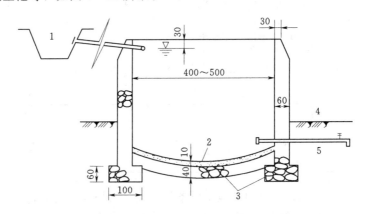

图 8-15　开敞式圆形蓄水池立面图（单位：cm）
1—沉沙池；2—C19 混凝土；3—75 号水泥砂浆砌石；4—地面；5—出水管

圆形蓄水池由池底、池墙两部分组成。附属设施有沉沙池、拦污栅、进水管、出水管等。

圆形蓄水池的池底用浆砌石和混凝土浇筑，底部原状土夯实后，用 75 号水泥砂浆砌石，并灌浆处理，厚 40cm，再在其上浇筑 10cm 厚 C19 混凝土。

池墙有浆砌石、砌砖和混凝土 3 种形式，可根据当地建筑材料选用适宜的形式。①浆砌石池墙，当整个蓄水池位于地面以上或地下埋深很小时采用，池墙高 4m，墙基扩大基础，池墙厚 30～60cm，用 75 号水泥砂浆砌石，池墙内壁用 100 号水泥砂浆墁壁防渗，厚 3cm，并添加防渗剂（粉）；②砖砌池墙，当蓄水池位于地面以下或大部分池体位于地面以下时采用，用"24"砖砌墙，墙内壁同样用 100 号水泥砂浆墁壁防渗，技术措施同浆砌石墙；③混凝土池墙，与砖砌池墙地形条件相同，混凝土墙厚度 10～15cm，池塘内墙用稀释水泥浆作防渗处理。

沉沙池离蓄水池前 3m 处修建，沿来水方向呈长方形布置，长 2～3m，宽 1～2m，深 1.0m，池底比进水管（槽）低 0.5m。

拦污栅是为了防止杂草入池，用 8 号铅丝编制 1cm 方格网片，安装于进水管（槽）前端。

进水管径多采用 8～10cm 的塑料硬管，前端位于沉沙池底以上 0.5m 处，末端埋设池墙顶以下 0.3m 处，并伸入池内。

出水管埋设在池底以上 0.5m 处的池墙内，一般采用 $\phi$5cm 钢管，并安装闸阀，外接输水软管伸入田间。

圆池的结构特点是：受力条件好，在相同蓄水量条件下建筑材料最省，投资最少；可修建较大容积的蓄水池，充分发挥多蓄水多灌地的作用。

（2）开敞式矩形蓄水池。按地形和建筑材料不同，可分为砖砌式、浆砌石式和混凝土式 3 种类型，开敞式矩形蓄水池如图 8-16 所示。

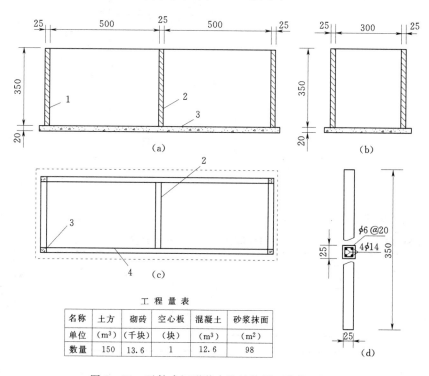

工 程 量 表

| 名称 | 土方 | 砌砖 | 空心板 | 混凝土 | 砂浆抹面 |
|---|---|---|---|---|---|
| 单位 | （m³） | （千块） | （块） | （m³） | （m²） |
| 数量 | 150 | 13.6 | 1 | 12.6 | 98 |

图 8-16 开敞式矩形蓄水池结构图（单位：cm）
（a）侧面图；（b）正面图；（c）平面图；（d）立柱钢筋布置图
1—100 号水泥砂浆抹面厚 3cm；2—24cm 厚砖墙；3—C19 混凝土窖底；
4—100 号水泥砂浆抹面

矩形蓄水池的池体组成、附属设施、墙体结构与圆形蓄水池基本相同，不同的是根据地形条件将圆形变为矩形了。

开敞式矩形蓄水池当蓄水量在 60m³ 以内时，其形状近似正方形，当蓄水量再增大时，因受山区地形条件的限制，蓄水池长宽比逐渐增大（平原地区除外）。

矩形蓄水池的结构没有圆形池受力条件好，拐角处是薄弱处，需采取防范加固措施。蓄水池长宽比超过 3 时，在中间需布设隔墙，以防侧压力过大，边墙失去稳定性。

（3）封闭式圆形蓄水池。封闭式圆形蓄水池如图 8-17 所示，其结构特点为：

1）封闭式圆形蓄水池增设了顶盖结构部分，增加了防冻保温功效，工程结构较复杂，投资加大，所以蓄水容积受到限制，一般蓄水量为 25～45m³。

2）池顶多采用薄壳型混凝土拱板或肋拱板，以减轻荷重和节省投资。

3）池体大部分结构布设在地面以下，可减少工程量，因此要合理选定地势较高的有利地形。

图 8-18 为甘肃省封闭式圆柱形混凝土蓄水池示意图，其技术数据见表 8-13。

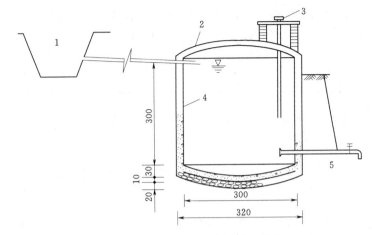

图 8-17 封闭式圆形蓄水池剖面图（单位：cm）

1—沉沙池；2—8cm 混凝土拱板；3—手压泵或电潜泵；4—10cm 厚 C19 混凝土；5—出水管

表 8-13　　　　　　　　　　甘肃省圆柱形蓄水池技术数据表

| 容积<br>（m³） | 直径<br>（m） | 壁厚<br>（cm） | 窖深<br>（m） | 挖方<br>（m³） | 填方<br>（m³） | 混凝土<br>（m³） | 水泥<br>（m³） | 砂<br>（m³） | 石子<br>（m³） | 水<br>（m³） |
|---|---|---|---|---|---|---|---|---|---|---|
| 15 | 2.5 | 10 | 3.1 | 24.9 | 4.22 | 3.72 | 0.84 | 1.99 | 3.20 | 1.0 |
| 20 | 2.5 | 10 | 4.1 | 29.8 | 4.22 | 4.52 | 1.03 | 2.43 | 3.90 | 1.5 |
| 25 | 3.0 | 10 | 3.6 | 39.0 | 6.84 | 5.16 | 1.17 | 2.77 | 4.44 | 1.7 |
| 30 | 3.0 | 10 | 4.3 | 44.6 | 6.84 | 5.85 | 1.33 | 3.14 | 5.03 | 2.0 |

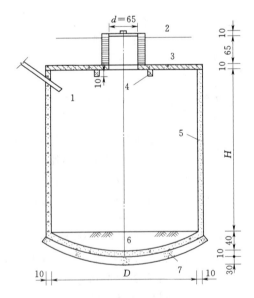

图 8-18　甘肃圆柱形混凝土蓄水池
示意图（单位：cm）

1—进水管；2—集流面；3—夯填土；4—钢筋混凝土横梁；
5—C14 混凝土；6—红黏土夯实；7—三七灰土

（4）封闭式矩形蓄水池。封闭式矩形蓄水池如图 8-19 所示。其结构特点为：

1）矩形蓄水池适应性强，可根据地形、蓄水量要求采用不同的规格尺寸和结构形式，蓄水量变化幅度大。

2）可就地取材，选用当地最经济的墙体结构材料，并以此确定墙体类型（砖、浆砌石、混凝土等）。

3）池体顶盖一般都采用混凝土空心板或肋拱板。池宽以 3m 左右为宜，可以降低工程费用，且池体大部分构体要布设在地面以下，可减少工程量。

4）保温防冻层厚度设计，要根据当地的气候状况和最大冻土层深度确定，保证池内水不发生结冰和冻胀破坏。

5）蓄水池长宽比超过 3 时，要在中间布设隔墙，以防侧墙压力过大造成边墙失去稳定性，这样将一池分二，在隔墙上部留水口，可有效地沉淀泥沙。

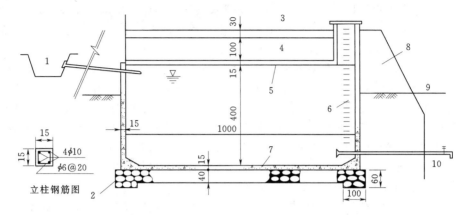

图 8-19　封闭式矩形蓄水池侧面图（单位：cm）
1—沉沙池；2—75号水泥砂浆砌石；3—覆土层；4—炉渣保温层；5—混凝土空心板；6—爬梯；
7—C19混凝土；8—填土；9—地面；10—出水管

### 8.4.3.3　调压蓄水池

调压蓄水池是为了满足输水管灌（滴、渗灌）和微喷灌等节水灌溉方式所需水头而设置的蓄水池。形成压力水头的途径有以下几种。

（1）在地势较高处修建蓄水池，利用地面落差用管道输水即可达到设计所需水头，从而实现压力管道输水灌溉或微喷灌等。

（2）修建高水位的水塔，抽水入塔池，形成压力水头。

（3）利用抽水机泵加压，满足管道输水灌溉和微喷灌等的需要。

第二种和第三种方法投资大，不宜普遍推广。第一种方法投资最省，山区可因地制宜推广应用。因此，在山区要尽量利用地形条件修建普通蓄水池以实现调压目的，不必再多花投资修建调压蓄水池工程。

### 8.4.3.4　土井

1. 土井类型

土井一般分为土圆井和大口井两种形式。土圆井结构形式一般为开口直径在 1.0m 左右的圆筒形。大口井为开口较大的圆筒形、阶梯形和缩径形结构，上面开口大，下面底径小。大口井要根据水文地质和工程地质条件、施工方法、建筑材料等因素选型。

2. 结构设计

（1）井径、井深确定。井径要根据地质条件、施工方便的原则确定。土圆井多为人工加简易机械开挖施工，以便利人员上下施工为出发点，井径一般为 80~100cm。

大口井井径在 200cm 以下，但井口开挖口径要根据地下水埋深、土质情况、施工机具等决定。

井深要根据岩性、地下水埋深、蓄水层厚度、水位变化幅度及施工条件等因素确定。第四系砂砾浅水层透水性好，井深较浅，但各地地质情况不同，宁南山区井深一般为 6~10m。浅层基岩裂隙及岩溶地下水区，井深应设在中度或弱风化带中，最深不超过 20m。

（2）进水结构设计。土圆井、大口井，其进水结构要设在动水位以下，顶端与最高水位齐平。进水方式有井底进水、井壁进水和井底井壁同时进水 3 种形式。

1）井底进水结构。井底设置反滤层进水（井底为卵石层不设反滤层），一般布设 2～5 层，总厚度 1.0m 左右。反滤层粒径由下往上加大，上层粒径为下层粒径的 3～5 倍，井壁管紧扣在反滤层卵石基础上，形成井池。

2）井壁进水结构。井壁进水结构要根据地质情况、含水量厚度及含水量等情况确定。当含水层颗粒适中（粗砂或含有砾石），厚度较大时，可采用水平孔进水方式；当含水层颗粒较小（细砂）时，必须采用斜孔进水方式，以防细沙堵塞水道；当含水层为卵石时，可采用 $\phi 25～50mm$ 的不填滤料的水平圆形或锥形（里大外小）的进水孔。

进水结构的形式有砖（片石）干砌、无砂混凝土管和混凝土多孔管等。土圆井多采用砖石干砌和无砂混凝土管，具体可根据当地建筑材料情况选用。大口井多采用分片预制的混凝土管和钢筋混凝土多孔管。

滤水管与井壁空隙之间要填充滤料，形成良好的进水条件，严防用黏土填塞。

（3）井台、井盖。为便于机泵安装、维护、管理使用等，土圆井要设井台、井盖。其规格标准按水窖形式设置，大井口可根据井口实际大小预制安装钢筋混凝土井盖。

# 8.5　雨水集蓄工程的配套设施

为了充分发挥雨水集蓄工程的效益，配套设施的建设是必不可少的。如果为了集蓄干净的水，需要配套拦污及沉淀、过滤等设施；为了充分蓄纳雨水及保护水源，需要建设输水及排水设施；此外为了更好的利用水源，需要配套机泵，等等。

## 8.5.1　水源的净化设施

### 8.5.1.1　沉沙池

沉沙池主要用于减少径流中的泥沙含量，一般建于离蓄水池或水窖 2～3m 处，其具体尺寸可根据径流量确定。

沉沙池是根据水流从进入沉沙池开始，水流所挟带的设计标准粒径以上的泥沙，流到池出口时正好沉到池底来设计的。设沉沙池长、宽、深分别由 $L$、$B$、$h$ 表示，则标准粒径泥沙的沉降时间为

$$t_c = h/v_c \tag{8-10}$$

$$v_c = 0.563 D_c^2 (\gamma - 1) \tag{8-11}$$

式中：$t_c$ 为标准粒径泥沙的沉降时间，s；$v_c$ 为设计标准粒的沉速，m/s；$D_c$ 为设计标准粒径，mm；$\gamma$ 为泥沙颗粒密度；$h$ 为沉沙池水深，m。

同时设引水流量（汇水流量）为 $Q$（$m^3/s$），则泥沙颗粒的水平运移速度为

$$v = \frac{Q}{Bh} \tag{8-12}$$

故在池长 $L$ 范围内的运行时间为

$$t_L = L/v = BhL/Q \tag{8-13}$$

由设计条件得 $t_c = t_L$，则由式（8-10）和式（8-13）可解得

$$L = \frac{Q}{Bvc} \tag{8-14}$$

根据目前的经验，池深 0.6～0.8m、长宽比 2∶1 比较适宜，故沉沙池的设计尺寸为

$$h = 0.6 \sim 0.8\text{m}$$
$$L = \sqrt{2Q/v_c} \qquad (8-15)$$
$$B = \frac{1}{2}L$$

例如：某集雨工程，设计径流量 $Q = 0.0013\text{m}^3/\text{s}$，需要将粒径大于 0.05mm 的泥沙沉淀，泥沙颗粒密度 $\gamma = 2.67$，则有：

标准粒径沉速

$$v_c = 0.563 \times 0.05^2(2.67-1) = 2.35 \times 10^{-3}(\text{m/s})$$

沉沙池长度

$$L = \sqrt{2 \times 0.0013/2.35 \times 10^3} = 1.052(\text{m}) \approx 1.0(\text{m})$$

沉沙池宽度

$$B = \frac{1}{2}L \approx 0.5\text{m}$$

沉沙池深度

$$h = 0.6 \sim 0.8\text{m}$$

此外，在泥沙含量较大时，为了更充分发挥沉沙池的功能，在沉沙池内可用单砖垒砌斜墙，如图 8-20 所示。这样一方面可延长水在池内的流动时间，有利于泥沙下沉；另一方面可连接沉沙池和水窖或蓄水池取水口的位置，使正面取水变成侧面取水，更有利于避免泥沙进入窖或蓄水池。

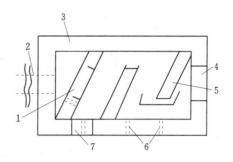

图 8-20 斜墙沉沙池示意图
1—出水口；2—水窖进水口；3—池帮；4—进水口；
5—斜墙；6—排沙孔；7—溢水口

沉沙池的池底需要有一定的坡度（下倾）并预留排沙孔。

沉沙池的进水口、出水口、溢水口的相对高程通常为：进水口底高于池底 0.1～0.15m、出水口底高于进水口底 0.15m，溢水口底低于沉沙池顶 0.1～0.15m。

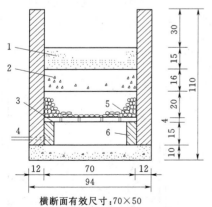

横断面有效尺寸：70×50

图 8-21 过滤池断面图（单位：cm）
1—中砂；2—粗砂；3—孔托板；
4—输水管；5—卵石；6—垫砖

### 8.5.1.2 过滤池

对水质要求较高时，需修建过滤池，过滤池尺寸及滤料可根据来水量及滤料的导水性能确定，图 8-21 及图 8-22 分别为山东长岛路面集流和四川成都龙泉驿区坡面集流两种形式的过滤池。

过滤池施工时，其底部先预埋一根输水管，输水管与蓄水池或窖窖相连，滤料一般采用卵石、粗砂及中砂自下而上顺序铺垫，各层厚度应均匀，同时为便于定期更换滤料，各滤料层之间可采用聚乙烯塑料密网或金属网隔开。此外，为避免杂质进入过滤池，在非使用时期，过滤池顶应用预制混凝土板盖住。

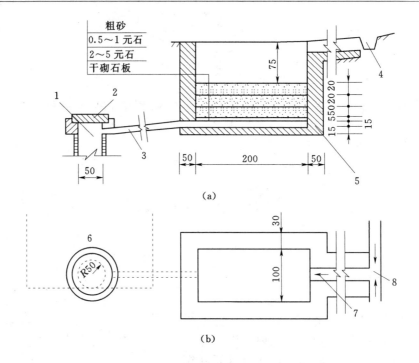

图 8-22　过滤池结构图（单位：cm）

(a) 纵剖面图；(b) 平面图

1—进水检修孔；2—孔盖；3—暗沟；4—汇流沟；5—80 号水泥沙浆砌条石

100 号水泥沙浆勾缝；6—水窖；7—进水沟；8—泄流沟

### 8.5.1.3　拦污栅

　　在沉沙池及过滤池的水流入口处均应设置拦污栅，以拦截汇流中的大体积杂物，如枯枝残叶、杂草和其他较大的漂浮物。拦污栅构造简单，可在铁板或薄钢板及其他板材上直接呈梅花状打孔（圆孔、方孔均可），如图 8-23 所示。也可以直接采用筛网制成，如图 8-24 所示。但无论采用哪种形式，其孔径必须满足一定的要求，一般不大于 10mm×10mm。

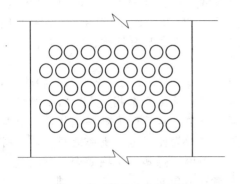

图 8-23　梅花孔状拦污栅

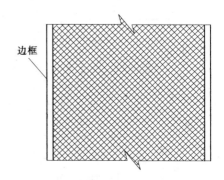

图 8-24　筛网拦污栅示意图

### 8.5.2 水源的输水与排水系统

汇集的雨水通过输水系统进入沉沙池或过滤池，然后流入蓄水池或窖窖中。输水系统一般采用引水沟（渠），当引水沟（渠）需长期固定使用时，一般建成定型土渠并加以衬砌，其断面形式可以是U形、半圆形、梯形和矩形，断面尺寸应根据集流量及沟（渠）底坡等因素确定。

由明渠均匀流公式得

$$Q = AC\sqrt{Ri} \tag{8-16}$$

$$R = A/\chi$$

$$C = \frac{1}{n}R^{1/6}$$

式中：$Q$为沟（渠）通过流量，$m^3/s$；$A$为过水断面面积，$m^2$；$i$为水力坡度；$R$为水力半径，m；$\chi$为湿周，m；$C$为谢才系数（采用满宁公式计算），$m^{\frac{1}{2}}/s$；$n$为糙率。

采用巴甫洛夫斯基公式计算时

$$C = \frac{1}{n}R^y \tag{8-17}$$

$$y = 2.5\sqrt{n} - 0.13 - 0.75\sqrt{R}(\sqrt{n} - 0.1)$$

表8-14、表8-15分别为几种情况下的$n$值。

**表8-14** 岩质土渠道糙率$n$值

| 渠 床 表 面 状 况 | $n$ | 渠 床 表 面 状 况 | $n$ |
|---|---|---|---|
| 修整加工好的表面 | 0.02～0.025 | 中等加工，有凸起现象 | 0.04～0.045 |
| 中等加工，无凸起现象 | 0.03～0.035 | | |

**表8-15** 护面渠道的糙率$n$值

| 护 面 形 式 | $n$ | 护 面 形 式 | $n$ |
|---|---|---|---|
| 修正好的混凝土护面 | 0.012～0.014 | 水泥砂浆抹面的毛石护面 | 0.017～0.030 |
| 粗糙的混凝土护面 | 0.015～0.017 | 沥青材料覆盖层护面 | 0.013～0.016 |
| 装配组合的钢筋土槽护面 | 0.012～0.015 | 草皮渠床护面 | 0.030～0.035 |
| 平石护面 | 0.013～0.017 | | |

将上述各因素值代入式（8-16）即可求解所需的断面尺寸。例如某集雨工程设计流量为$0.012m^3/s$，渠道坡度$i = 0.010$，拟采用矩形混凝土衬砌渠道，设计宽深比$b:h = 2:1$，采用满宁公式计算$C$值，则

$$Q = bh\frac{1}{n}\left(\frac{bh}{b+2h}\right)^{1/6}\sqrt{\left(\frac{bh}{b+2h}\right)i}$$

将$h = \frac{b}{2}$代入并整理得

$$Q=\frac{b^2}{2n}\left(\frac{b}{4}\right)^{2/3}\sqrt{i}$$

取 $n=0.014$，并将 $Q=0.012\text{m}^3/\text{s}$、$i=0.010$ 代入，解得：$b=0.167\text{m}$，取 $b=18\text{cm}$。

同时考虑超高取

$$h=\frac{b}{2}+\Delta h=16\text{cm}$$

除引水系统外，集雨工程均应设置排水设施，设置排水设施有两个方面的意义：一方面，对窖区而言，当水窖内蓄水达到最高水位时，应停止向窖内进水，以避免水位过高出现渗水、防渗层剥落和坍塌等不良后果，对于灌溉用的水窖，可利用沉沙池设计水位高程控制窖内水位，即沉沙池的设计最高水位与窖内最高水位相等，当窖内水位达最高时，水流经沉沙池溢水口流入排水系统。对于蓄水池等水源而言，其排水系统也起到排泄溢流流量的作用。另一方面，对蓄水池等而言，设置排水系统能在必要时泄空池水，便于维修、清理和维护等。

排水沟渠的断面尺寸可根据所需排水流量的大小及排水沟渠底纵坡，采用前述式（8-16）计算。若采用暗管有压排水，则其断面尺寸应根据有压流的有关计算公式计算。

此外，无论引水渠还是排水渠，由于顺坡而建，渠底坡一般较大，因此水力计算时要校核水流流速，以保证渠道不受冲刷，若采用土渠时，不冲流速的校核更为重要。黏性土质渠槽的不冲流速可参照表 8-16 选取。对于岩石和人工护面的渠槽可参照表 8-17 选取。

表 8-16　　　　　　　黏性土质渠槽的不冲流速

| 土壤名称 | 不冲流速<br>（m/s） | 备　注 |
|---|---|---|
| 轻壤土 | 0.60～0.80 | ①土壤干密度 $\gamma=1.3\sim1.7\text{g/cm}^3$ |
| 中壤土 | 0.65～0.85 | ②表中数据为水力半径 $R=1.0\text{m}$ 的情况，当 $R\neq1.0\text{m}$ 时，表中所列数据 |
| 重壤土 | 0.70～1.00 | 乘以 $R^a$ 即不冲流速。对疏松的壤土及黏土 $a=1/3\sim1/4$，对中等密实的砂壤 |
| 黏土 | 0.75～0.95 | 土、壤土及黏土 $a=1/4\sim1/5$ |

表 8-17　　　　　　岩石和人工护面渠槽的不冲流速　　　　　　　单位：m/s

| 岩　性 ＼ 水　深（m） | 0.4 | 1.0 |
|---|---|---|
| 砾岩、泥灰岩、页岩、 | 2.0 | 2.5 |
| 石灰岩、致密的砾岩、砂岩、白云石灰岩 | 3.0 | 3.5 |
| 白云砂岩、致密的石灰岩、硅质石灰岩、大理岩 | 4.0 | 5.0 |
| 花岗岩、辉绿岩、玄武岩、安山岩、石英岩、斑岩 | 15 | 18 |
| 抗压强度为 11MPa 的混凝土护面 | 5.0 | 6.0 |
| 抗压强度为 14MPa 的混凝土护面 | 6.0 | 7.0 |
| 抗压强度为 17MPa 的混凝土护面 | 6.5 | 8.0 |
| 抗压强度为 11MPa 的混凝土槽（光滑） | 10 | 12 |
| 抗压强度为 14MPa 的混凝土槽（光滑） | 12 | 14 |
| 抗压强度为 17MPa 的混凝土槽（光滑） | 13 | 16 |

如前例，引水渠采用抗压强度为 11MPa 的混凝土护面，断面形式为矩形，宽 18cm，设计引水流量 $Q=0.012\text{m}^3/\text{s}$，试校核不冲流速（$n=0.014$，$i=0.01$）。

（1）计算渠道水深 $h$。设水深为 $h$，采用满宁公式（8-16）计算 $C$ 值，则水力半径 $R$ 及 $C$ 值如下

$$R=\frac{bh}{b+2h}=\frac{0.18h}{0.18+2h}$$

$$C=\frac{1}{n}R^{\frac{1}{6}}=\frac{1}{0.014}\left(\frac{0.18h}{0.18+2h}\right)^{\frac{1}{6}}$$

代入可得

$$Q=0.18h\frac{1}{0.014}\left(\frac{0.18h}{0.18+2h}\right)^{\frac{2}{3}}\sqrt{0.01}$$

将 $Q=0.012\text{m}^3/\text{s}$ 代入，可解得水深 $h$ 为 0.08m。

（2）校核不冲流速。由表 8-18 查得抗压强度为 11MPa 的混凝土护面渠的不冲流速 $v'=5.0\text{m/s}$，而断面实际流速 $v=\dfrac{Q}{bh}=\dfrac{0.012}{0.18\times0.08}=0.833\text{m/s}<v'$，所以满足不冲流速要求。

# 8.6 雨水集蓄灌溉工程的管理

## 8.6.1 水源工程的维护管理

### 8.6.1.1 窖（窨）工程的维护

1. 窖（窨）工程正常运行的基本要求

（1）在一般干旱年份，保证正常蓄水，发挥节水灌溉效益。

（2）蓄水后渗漏量小，即夏秋季节蓄满水后，到第二年春夏灌溉时，蓄水位下降不超过 0.6m。

（3）窖内淤积轻微，当年淤积泥沙量厚度不超过 1.0m。

（4）窖体完好无损，防渗层无脱落现象。

2. 窖（窨）管护工作的主要内容

（1）适时蓄水。下雨前要及时整修进水渠道、沉沙池，清除拦污栅前的杂物，疏通进水管道，以便不失时机地引水入窖。当窖内的水蓄至水窖上限时（即缸口处）要及时关闭进水口，防止超蓄造成窖体坍塌。引用山前沟壕来水的水窖，雨季要在沉沙池前布设拦洪墙，防止山洪从窖口漫入窖内，淤积泥沙。

（2）检查维护工程设施。要定期对水窖进行检查维修，经常保持水窖完好无损。蓄水期间要定期观测窖水位变化情况，并做好记录。发现水位非正常下降时，分析原因，以便采取维修加固措施。

（3）保持窖内湿润。水窖修成后，先用人工担水 3～5 担，灌入窖内，群众称为养窖水。用胶泥防渗的水窖，窖内的蓄水用完后，窖底也必须留存一定的水量，以保持窖内湿润，防止干裂而造成防渗层脱落。

（4）做好清淤工作。每年蓄水前要检查窖内淤积情况，当淤积轻微（淤深小于

0.5m）时，当年可不必清淤；当淤深大于 1.0m 时，要及时清淤，否则将影响蓄水容积。清淤方法可因地制宜。可采用污水泵抽泥、窖底出水管排泥（加水冲排泥）、人工窖内掏泥等方法。

（5）建立窖权归用户所有的管护制度，贯彻谁建、谁管、谁修、谁有的原则。

**3. 检查渗漏的主要方法**

（1）窖内观察。当水窖蓄水后水位下降很快或蓄不住水时，说明水窖防渗质量有严重问题，应利用晴天中午太阳光直射窖底时，下窖检查窖底和窖壁各部位，是否有裂缝、洞穴发生，标出位置，并分析渗漏原因。如果窖内蓄水全部漏完，说明是窖底渗漏；如果窖底仍有少量水（水深为 0.3～0.5m），则主要为窖壁渗漏。要仔细察看各部位情况，可在晴天无云阳光强烈的中午用反光镜（较大镜面）沿窖壁四周从下至上仔细观察，如仍找不到原因，就必须下窖察看。

（2）蓄水观测。雨季窖内蓄满水后（或引外来水入窖），每天定时观测窖内水位，作好记录，从水位下降速度中找出窖壁渗漏部位及检查窖体的防渗质量。

**4. 处理渗漏的主要措施**

水窖渗漏主要表现在窖底渗漏、窖壁渗漏及出水管渗漏 3 个方面。

（1）窖底渗漏。多数情况为基础处理不好，地基承压力不够或防渗处理达不到设计要求，一般表现为孔洞渗漏或地基由于渗漏湿陷而产生裂缝渗漏。这种情况必须翻拆，将原窖底混凝土拆除，加固夯实基础，再按设计要求对窖底进行混凝土浇筑和防渗处理。如果是底部混凝土浇筑不密实，配合比不当，表面呈砂面，产生整体慢性渗漏，必须进行加固处理。将原底部混凝土打毛清洗，再浇筑 C19 混凝土，厚度 5cm，然后进行防渗处理，同时要注意处理好窖底、窖壁整体结合的防渗工作。

（2）窖壁渗漏。窖壁产生渗漏的主要原因有以下两个方面：一是窖体四周土质不密实或有树跟、鼠穴、陷洞等；二是防渗处理按设计要求施工，防渗砂浆标号不够或防渗层厚度不够，或施工接茬不好等。

处理措施：一是将树跟、洞穴清除，深掏直到将隐患部位彻底清理，然后将土分层捣实，接近窖壁时用混凝土或砂浆加固处理，最后墁壁防渗；二是将窖壁用清水刷洗，清除泥土后用 1∶2.5 的水泥砂浆墁壁一层，厚 1.5cm，最后用水泥防渗浆刷面 2 遍，并注意洒水养护。

（3）出水管渗漏。出水管渗漏多数都是出水管与窖壁结合部位渗漏，主要是止水环布设欠妥或施工处理不仔细。止水环要布设在窖内进水管首段，管外壁紧套两道橡胶垫圈，出水管四周用碎石混凝土浇筑，窖壁再进行墁壁和防渗处理。出水管的末端要用浆砌石或砌砖修建镇墩，防止管道摇晃，避免出水管与窖体间产生裂隙。

### 8.6.1.2 蓄水池维护

**1. 蓄水池正常运行的基本要求**

小型农用蓄水池的作用与水窖基本相同，但因其结构形式多种多样，开敞式与封闭式蓄水池功能也不完全相同。

（1）在正常平水年，池内要蓄满水，保证节水灌溉作物的需水要求。

（2）池内蓄水后，渗漏损失小，封闭式蓄水池和水窖的蓄水要求相同。

（3）池内泥沙淤积轻微，当年淤积厚度不超过 0.5m（蓄水池多建在缓坡、平川地带，来水中夹杂的泥沙较少）。

（4）池体完好无损。

2. 蓄水池管护工作内容

（1）适时蓄水。蓄水池除及时收集天然降水所产生的地表径流外，还可因地制宜引蓄外来水（如水库水、渠道水、井泉水等）长蓄短灌，蓄灌结合，多次交替，充分发挥蓄水与节水灌溉相结合的作用。

（2）检查维修工程设施。要定期检查维修工程设施，蓄水前要对池体进行全面检查，蓄水期要定期观测水位变化情况，做好记录。开敞式蓄水池没有保温防冻设施，冬季不蓄水，秋灌后要及时排除池内积水，冬季要清扫池内积雪，防止池体冻涨破裂。封闭式蓄水池除进行正常的检查维修外，还要对池顶进行保温防冻铺盖和池外墙填土厚度进行检查维修。

（3）及时清淤。开敞式蓄水池可结合灌溉排泥，池底滞留泥沙用人工清理。封闭式矩形池清淤难度较大，除利用出水管引水冲沙外，只能人工从检查口提吊，当淤积量不大时，可两年清淤一次。

## 8.6.2 配套设施的维护管理

水源工程是雨水积蓄工程的主体，配套设施也是其中必不可少的组成部分。

### 8.6.2.1 集水场维护管理

集水场主要指人工集水场。有混凝土集水场、塑膜覆砂、三七灰土、人工压实土场（麦场和简易人工集水场）、表土层添加防渗材料等多种形式。

1. 维护管理的内容

维护人工集水设备的完整，延长使用寿命，提高集水效率。

2. 主要管理措施

（1）设置围墙。在人工集水场四周打1.0m高的墙，可有效地防止牲畜践踏，保持人工集水场完整。

（2）在冬季降雨雪后及时清扫，可减轻冻胀破坏程度，这对混凝土集水场和人工土场均有良好的效果。

### 8.6.2.2 沉沙池维护管理

我国北方地区，尤其是黄土高原地区水土流失严重，而雨水集蓄工程主要集蓄雨洪径流，来水中含沙量大，因此，合理布设沉沙池和加强对沉沙池的维护管理至关重要。沉沙池维护管理的主要内容如下：

（1）每次引蓄水前要及时清除池内的泥沙淤积等，以便更好发挥沉沙作用。

（2）冬季封冻前排除池内积水，以避免沉沙池遭到冻害。

（3）及时维修池体，保证沉沙池完好无损。

## 8.6.3 运行管理

在干旱半干旱地区，雨水集蓄工程的水源大多数是仅有几十立方米蓄水量的窖、池等微型水源。每个农户一般有1~3眼水窖，每眼水窖要灌0.07~0.13hm² 粮食或经济作物，每公顷土地每次灌水量仅120~225m³，甚至几十立方米，因此其灌溉方式必须适合非常省水的要求，是一种抗旱型的补充灌溉或非充分灌溉，群众称之为浇

"救命水"。广大群众在抗旱实践中，不断总结和发展雨水集蓄工程的节水灌溉技术经验，结合农业地膜栽培技术，搞好其运行管理，对于充分发挥雨水集蓄工程的效益具有重要的意义。这里只对灌技术的运行管理作简要介绍。

#### 8.6.3.1　运行方式

采用手动加压泵滴灌系统布置按照滴灌系统进行布置，干管上应设置闸阀和过滤器。当采用手压泵作动力时，毛管布设条数一般为 4～5 条；当采用电力潜水泵作动力时，毛管布设条数一般为 8～10 条；毛管长度根据田快大小确定，一般为 40m 左右。

宁夏水科所在干旱地区进行窖水试验研究，总结"一二四"和"一四八"两种运行模式有一定的参考价值。"一二四"运行方式，即一组手压泵窖水滴灌系统，可供两眼水窖（每窖容积 40～60m³），0.27hm² 大田作物的灌溉；一组电力潜水泵窖水滴灌系统，可供四眼水窖和 0.53hm² 大田作物的灌溉。1996 年在宁夏同心县赵家村用窖水滴灌玉米 6.7hm²，滴灌 4 次，灌水定额 135～165m³/hm²，玉米产量为 10354.5kg/hm²，比同等条件下不滴灌的玉米增产 38%。

#### 8.6.3.2　运行维护

1. 提水系统——手压泵和电力潜水泵的运行维护

（1）手压泵。

1）高压手动泵在使用前要在各转动处注入 2～3 滴润滑油，缸体内注入 6～8 滴食用油，可使操作灵活轻便。

2）使用前，要拧开加水堵塞螺栓，向泵体内加满清水，然后拧紧堵塞螺栓，即可抽水作业。

3）当气温在 0℃ 以下时，灌水后应将泵体内的水放出，并将手把上下往复摇动几次，将泵体内的水排尽，以防止冻坏泵体。

4）在使用过程中应经常检查各紧固件螺栓是否松动，各转动件要常加润滑油，露天安装使用的泵，平时用塑料袋罩在泵上。

5）长期存放时，应将泵体擦洗干净，各转动部件涂上黄油，放置于通风干燥处。

（2）电动潜水泵。

1）使用前要先检查电缆线及插头是否完好无损，各螺栓有无松动，有无油渗出泵壳。

2）电机绝缘电阻应大于 5MΩ，要安装漏电断路线等保险设施，并要检查电压波动范围是否在额定电压 -15%～+5% 之间。

3）接上电源后先空转数秒钟（不得超过 60s），查看启动、运转是否正常，转向是否正确。

4）切勿用电缆线吊放水泵，应在提手处穿绳。潜水泵潜入水中最深不超过 10m，垂直吊放，离水底应在 50cm 以上，并用竹篮或铁丝网罩住，防止水草杂物堵塞。

5）潜水泵工作时，要注意水位下降，以防泵体露出水面工作。更不能长期脱水运行，以免电机发热烧坏，潜水泵工作时，人畜不得进入作业面，以防万一引发触电事故。

6）潜水泵不用时，不宜长期沉浸在水中，应在清水中通电运行几分钟，清洗泵内泥浆，然后擦干，涂上防锈油放置于通风干燥处备用。

7）潜水泵使用半年后，应进行维修检查，更换已损坏的零件，经过拆装修理的潜水泵，要进行气压密封程度检验（$2 \times 10^5$Pa 气压检查）。

2. 输水管路系统——主、支管运行维修

（1）主、支管多用橡胶管和硬塑料管。接头处管内径要求一致、减少因变径所产生的局部水头损失。

（2）移动管道时不宜折弯或硬折，避免管道受损，布设在地面的管道，要防止重车碾压。

（3）灌完不用时，不应久放露天地，避免日晒老化变质，用后要及时冲洗一次，擦干净，放在阴凉干燥通风处备用。

（4）管道初次运行时，应逐条依次进行冲洗，冲洗时间 15min 左右。日常运行中也要定期进行冲洗。

（5）管道日常运行时，为防止水锤产生，管道上的阀门启闭必须缓慢进行，并做到启闭自如。

3. 毛管、滴灌带运行维护

（1）滴灌带、毛管均系软管，移动式安装。每次铺设移动都要卷好，避免硬折损伤。

（2）滴灌带系统加压后，有规律地打开和关闭毛管，每个灌溉周期冲洗一次，可避免沉积物在系统中"硬化"和堵塞灌水器。

（3）当灌水结合施肥时，灌水后应对所有的毛管进行冲洗 10～20min，使肥料残留沉积物降低到最小程度。

（4）对毛管的进出口进行压力测试，与开始灌溉时毛管进、出口压力相比较，当它们之间出现差别时，说明出现了一定程度的堵塞，应采取相应措施。若灌水器为其他形式的滴头，也要经常检查其工作状况、测定滴头流量，如果发现充量普遍减少，说明可能引起堵塞，要及早采取措施，以免系统遭到破坏。

4. 过滤器的运行维护

雨水集蓄灌溉系统中常用网式过滤器，运行过程中对滤网要经常进行检查，发现损坏要及时修复或更换。灌溉季节结束时，应取出滤网进行冲洗，晾干后备用。运行过程中除人工清洗外，也可进行自动清洗，当过滤器上、下游压差超过 3～5m 时，打开排污阀门冲洗 20～30s 后关闭，恢复正常运行。

# 第9章

# 节水灌溉管理

## 9.1 墒情监测与旱情评估

### 9.1.1 墒情监测站网及基本站点的设置

**1. 墒情监测站网**

墒情监测站网可分为全国墒情监测站网、地方墒情监测站网和灌区墒情监测站网3种类型。国家墒情监测站网由国家统一规划,全国墒情监测站网的密度视历史上旱情和旱作农业、牧业的分布情况而定,对一般县、市,每市、县至少有2个监测点,易旱县每县至少3个监测点,历史上旱情严重的市、县,每市、县需有3个以上的墒情和旱情监测点。地方墒情监测站网由地方负责规划,国家级墒情监测站点可纳入地方监测站网、地方墒情监测站网负责向地方各级主管部门发布墒情监测信息。灌区墒情监测站网由灌区负责规划,主要为灌区的农业灌溉和科学用水管理服务,同时也有义务向上级主管部门报告墒情和旱情,地方和国家级站网也可以利用灌区的墒情监测站点作为自己的基本监测站点。国家和地方墒情监测站点同时也可以纳入灌区的墒情监测站网。

**2. 基本站点的设置**

国家和地方墒情监测基本站点的观测位置应当相对稳定,观测点的位置一经确定不得随意改变,以保持墒情监测资料的一致性和连续性。进行墒情观测的代表性地块选择应考虑其地貌的代表性、土壤的代表性、气象和水文地质条件的代表性和种植的作物的代表性。应避开低洼易积水的地点,且同沟漕和供水渠道保持一定的距离,避免沟渠侧渗对土壤含水量的影响。山丘区代表性地块应设在坡面上比降较小而面积较大的地块中,不应设在沟底和坡度大的地块中。平原区代表性地块应设置在平整且不易积水的地块。土壤含水量监测点设置在代表性地块中,选择代表性地块时应对其进行调查,其主要内容有:①地理位置,所属行政区划,周围地形及地物、地貌;②水文地质条件,地下水测井情况及地下水埋深;③土壤质地、土层深度及土壤物理特性;④作物种植的种类,种植制度;⑤灌溉条件。

在经过调查和代表性分析后，选定代表性地块并作代表性地块的土壤含水量空间变异性分析，以确定土壤含水量监测的平面空间的取样数目。

就一块田地来说，一个监测点的测定结果也不足以代表这块田地的土壤墒情，因为它只是这块田地"总体"中的一个随机样本，而对其总体来说，则须用一定数量的样本统计值来描述。因此，在监测土壤含水率时，需首先考察地块的湿度分布状况，以便采用相应的方法来描述其总体特征，并估计不同的取样数目下测报可能达到的精度，然后根据可行条件确定合理的取样数目；同时，如果其湿度分布是有结构的话，还应根据其结构特征确定取样或监测点的合理位置。

合理取样点数的确定，一般是先将监测地块按一定的尺寸划分成网格，并在其节点上取样，测定其土壤含水率；然后，将每个点各层土样测定结果的平均值并排列于常规概率纸上检验，确定其统计分布特征，并计算其统计分布的特征值；最后，根据变异系数（$C_v$）数值的大小，给出置信水平（$P_t$）和样本均值对总体期望值估计误差（相对误差 $\Delta$），由式（9－1）确定合理的取样数目（$N$）

$$N = \lambda_{a \cdot f}^2 (C_v / \Delta)^2 \tag{9-1}$$

式中：$\lambda_{a \cdot f}$ 为 $t$ 分布特征值，由 $\alpha = 1 - P_t$ 和自由度 $f = N - 1$ 查一般统计书上的 $t$ 分布表得出。

表 9－1 是清华大学在 $1.07\text{hm}^2$ 试验地上通过研究给出的不同变异系数（$C_v$）值下的合理取样数目（$N$），取置信水平 $P_t = 95\%$，估值精度 $\Delta = 10\%$。

表 9 - 1　　　　　　　$C_v$ 值与取样数目 N（$P_t = 95\%$，$\Delta = 10\%$）

| $C_v$ | 0.05 | 0.10 | 0.15 | 0.20 | 0.30 | 0.40 | 0.50 | 1.00 |
|---|---|---|---|---|---|---|---|---|
| $N$ | 4 | 6 | 11 | 18 | 37 | 64 | 99 | 400 |

从表 9－1 可以看出，若田块不同深度处含水率分布的变异系数（$C_v$）在 $0.05 \sim 0.10$ 之间，则在田块进行含水率监测时，其监测或取样点的数目可取 $3 \sim 5$，这样可保证其均值的误差小于 $10\%$ 的概率为 $95\%$。

合理取样点数目确定后，如何确定取样点的位置也很重要。田间土壤墒情监测的布点方法很多，有对角线法、之字形法、均匀布点法、随机布点法和混合布点法等，其中均匀布点法最简单，结果也比较可靠。假如取样数目为 $N$，则可将取样或监测区域划分为面积相近的 $N$ 个单元，在每个单元的中心范围内或有代表性处取样。这种方法特别适用于应用中子水分测定仪、时域反射仪或其他传感器定点监测土壤含水率。其他布点方法可参见有关书籍。

3. 土壤含水量垂向测点的布设

土壤含水量垂向测点布设视观测目的、水文地质条件及土层的厚度来确定观测土层的深度、观测点的数目。

垂向测点的数目可根据观测区域的具体情况采用以下的方案。

| 测点数 | 测点深度（cm） |
|---|---|
| 一点法 | 30 |
| 二点法 | 20、50 |
| 三点法 | 10、30、50 |

| 四点法 | 10、30、50、70 |
| 五点法 | 10、30、50、70、90 |
| 六点法 | 10、30、50、70、90、110 |

土壤层薄的山丘区和地下水埋深浅的平原区可视具体情况采用一点法和二点法。国家和地方墒情监测站点的垂向测点布置应相同，地下水埋深浅的平原区测深可达饱和带上界面。

国家和地方墒情测报站网的基本观测站点需采用三点法且测点一经确定后，不得随意改动测点的布置。国家和地方墒情观测站网的代表区域中的巡测点可采用一点法或两点法。

灌区墒情监测站网代表性地块的垂向监测深度可达 80cm，采用五点法，而巡测点可采用二点法或三点法。若监测任务重，按规范规定的要求难以完成墒情同步观测的条件下可以进行垂向测点精简分析。进行不同测点数计算的土层平均含水量对多点法计算土层实际含水量的代表性分析，精简垂向测点的数目。

当垂向土壤存在层次结构时，垂向测点的布置应考虑土壤的层次结构，在土壤质地有很大变化且厚度超过 20cm 的层次中应有观测点。

### 9.1.2 田间土壤墒情监测方法

墒情监测指监测农田土壤含水率状况。由于土壤含水率反映了土壤水分的供给状况并直接关系到作物的生长与收获，因此，土壤墒情监测是农田灌溉管理的一项基础工作。田间土壤墒情的监测方法有很多，本节主要介绍感观法、烘干称重法、张力计法、时域反射仪方法、中子仪法和测井法。

**1. 感观法**

测定土壤含水率一般需借助专门的仪器设备。有时在野外不具备这些仪器和设备条件，此时可根据手摸、看土壤的湿度情况和土壤的可塑性等（表 9 - 2），粗略估计土壤含水量。

表 9 - 2 野外估测土壤含水量的经验

| 土 质 | 干 | 稍 润 | 润 | 潮 | 湿 |
|---|---|---|---|---|---|
| 砂 性 土（沙土、砂壤土、轻壤土） | 无湿的感觉，干块可成单粒，含水量约 3% | 微有湿的感觉，干多湿少，土块一触即散，土壤含水量约 10% | 有湿的感觉，成块滚动不散，土壤含水量 15% | 手触可留下湿的痕迹，可捏成较坚固的团块，土壤含水量 20% | 黏手，手捏时有溃水现象，可勉强搓成球及条，土壤含水量 25% |
| 壤 土 | 无湿的感觉，含水量约 4% | 微有湿的感觉，含水是 10% 左右 | 有湿的感觉，手指可搓成薄片状，土壤含水量 15% 左右 | 有可塑性能，易成球条，土壤含水量 25% | 黏手，如同浆糊状，可勉强成团块状，土壤含水量约 30% |
| 黏 性 土（轻黏土、中黏土、重黏土） | 无湿的感觉，土块坚埂，土壤含水量在 5%～10% | 微有湿的感觉，土块用力捏碎时，手指感到痛，含水量 10%～15% | 有湿的感觉，手指可搓成薄片状，土壤含水量 15%～20% | 有可塑性，能搓成球条（粗面有裂缝，细面成节），土壤含水量 25%～30% | 黏手，可搓成很好的球及细条（无裂缝），土壤含水量约 35%～40% |

**2. 烘干称重法**

烘干称重法是测定土壤含水率的最基本方法。主要仪器或工具有取土钻、铝盒、烘箱和天平等。在野外取样点取土样并称重（铝盒＋湿土）后，将其放入 105～110℃ 烘箱中，持续 6～8h。取出冷却后称重，再放入烘箱中烘 2～3h，取出称重，直至前后两次重量相差不超过 0.01g 为止。根据最后称重（铝盒＋干土）便可计算土壤含水率，计算公式为

$$土壤含水率 = \frac{(盒＋湿土重)-(盒＋干土重)}{(盒＋干土重)-盒重} \times 100\% \qquad (9-2)$$

烘干法称重法所需设备简单，方法易行，并有较高的精度，故常作为评价其他各种方法的标准。然而，由于烘干法有测定时间长，自动化程度低，劳动强度大，破坏地面等缺点，在实际墒情监测应用中受到限制。

**3. 张力计（负压计）法**

张力计法是先用负压计测定土壤对水分的吸力，然后通过土壤水分的特征曲线间接求出土壤含水率的一种方法。负压计由陶土头、集水管和负压计 3 部分组成（图 9-1）。陶土头插入土壤中，水能自由通过，土粒不能通过。陶土头上端接集水管，开始测定时应充满水分。集水管上部再接负压计，负压计可采用机械式负压计（真空表）、装有水银的 U 形管或数子式负压计。陶土头安装在被测土壤中之后，在土壤吸力作用下，张力计中的水分通过陶土头外渗，这时集水管里会产生一定的负压。在灌溉或降水后，土壤含水量增加，土壤中的水分又能回渗到集水管。当张力计内外水分达到平衡时，读取负压计显示的负压，再根据土壤水分特征曲线（即土壤含水率与土壤吸力关系曲线，如图 9-2 所示）求出土壤含水率。

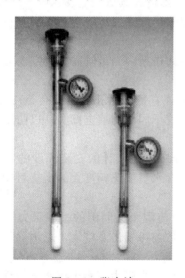

图 9-1　张力计

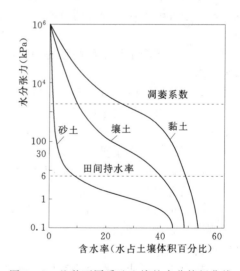

图 9-2　几种不同质地土壤的水分特征曲线

张力计法的优点是设备易于设计、制造、安装和维修，价格便宜，对土壤扰动较小，并能定点长期监测水分状况。缺点是事先必须精确测定土壤水分特征曲线，读数存在滞后现象，另外土壤与张力计间的良好接触不易保证，操作不慎时易损坏仪器，

需经常作校正。

张力计测量范围一般为 0～85kPa。负压为 0～10kPa 表示土壤比较潮湿，对多数作物湿度过高；负压为 10～30kPa 表示土壤湿润，适宜多数作物生长；负压为 30～50kPa 表示土壤干爽，喜湿作物已需灌水；负压大于 50kPa 表示土壤干燥，多数作物需要灌水。表示土壤对水分的吸力单位有 kPa、bar、大气压和 cm 水柱等，其换算关系为：1 大气压＝1033.6cm 水柱＝1.0133bar＝101.325 kPa。

用土壤对水分的吸力来表示土壤水分状况比用含水量指标有更大的优越性。例如，当土壤水分含量为 20％时，沙土与壤土对土壤水分的吸力仅分别为 2kPa 与 120kPa，小于作物对水分的吸力（约 1500kPa），在沙土或壤土中，这一含水量的水分，作物是可以吸收利用的水分。但黏土在此含水量条件下，土壤吸力却高达 5000kPa 以上，远远超出作物对水分的吸力，属作物无法吸收利用的无效水分。所以，利用土壤水分特征曲线可以分析土壤水数量与植物利用的关系。

利用负压计测定土壤含水量时应做好以下的步骤：

（1）使用负压汁法观测土壤含水量时首先应作好各观测点的土壤水分特性曲线。

（2）张力计安装前应对进行外观检查，各部件不能有老化现象，黏接部位要密封、牢固，陶土头清洁，真空表指针指示零点且转动灵活。

（3）张力计安装前要进行除气和密封检查。打开密封顶盖将清洁冷开水注入仪器内，充水时要避免气泡残留在仪器中，务使整个仪器内部充满水。盖紧密封盖，放在通风处让陶土头自然蒸发。当真空表读数达 30～50kPa 时，轻轻敲击真空表及集水管，使表头和集水管内气体聚集在集气室中，再将陶土管浸入水中使真空表指针回零，打开密封盖加水排气。重复上述过程，最后真空表读数可达 85kPa 以上，此时如果不再有小气泡出现，即说明仪器内空气已被除尽。除气后将陶土头浸入水中，以待安装。

（4）真空表至陶土头中部高差为静水压力，如作精确测量时需在真空表读数中减去静水压力值。

（5）埋设负压计时用直径等于或略小于陶土管直径的钻孔器，开孔至待测深度，插入负压计，使陶土管与土壤紧密接触并将地面管子周围的填土捣实，以防水分沿管进入土壤。

（6）负压计测量土壤吸力的范围是 0～0.86kPa，负压计的安装深度的土壤含水量不应常超过其量测范围，接近地面经常干燥且含水量变化幅度大的土层可用烘干称重法量测土壤含水量。

（7）埋置负压计 1～2d 后，当仪器内的压力与陶土头周围的土壤吸力平衡时方可正常观测，观测时间以每天早上 8 时为宜，读数前可轻击真空表，以消除指针摩擦对观测值的影响。

（8）按照观测要求读取真空表的土壤吸力值后，由吸力值查土壤水分特性曲线得出土壤含水量。

（9）负压计在使用一段时间后，土壤中的盐类和有机质会堵塞陶土头，减小其透水性能，这时应进行清洗。把陶土管冲洗后放在漂白粉溶液中浸泡 30min，再放入稀盐酸溶液中浸泡 1h 后用清洁水冲洗干净。

（10）机械表头长期使用后由于弹性元件长期受力而变形，产生读数误差，一般表头在使用 3～6 个月后需进行一次校验和偏差测定以便于校正读数。

**4．时域反射仪法**

时域反射仪（Time Domain Reflectometry，TDR）法是 20 世纪 80 年代以后发展起来的一种新的测墒技术，又称之为介电常数法，它是通过测定土壤介电常数，间接求出土壤含水率的一种方法。时域反射仪测定土壤含水率主要依赖于测试电缆。在测试土壤水分时，时域反射仪通过与土壤中平行电极连接的电缆，传播高频电磁波，信号从波导棒的末端反射到电缆测试器，从而在导波器上显示出信号的往返时间。只要知道传输线和波导棒的长度，就能计算出信号在土壤中的传播速度。介电常数与传播速度成反比，而与土壤含水率成正比。

TDR 主要由两部分组成，如图 9-3 所示。一是信号监测仪，包括电子函数发生器和示波器，配有多通道配置和数据采集器。二是波导，也称探针或探头，是由两根或三根金属棒固定在绝缘材料手柄上，与同轴电缆相连接而成。探针分便携式和可埋式，便携式可随时插入土壤测量，一般长度为 15cm，可埋式可埋入土壤定位测量。可埋式探针目前也有两种，一种是以美国、加拿大产品为代表的单段探针，即一个探针只能给出一段土层（一般为 15cm 和 20cm）的水分数据；另一种为以德国产品为代表的多段探针，一个探针能提供多至 5 层的水分数据，测量深度可达 120cm。

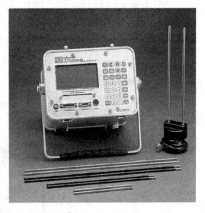

图 9-3　TDR 土壤水分仪

TDR 测定土壤水分是通过测定电磁波沿插入土壤的探针传播时间来确定土壤的介电常数，进而计算出土壤含水量。具体来讲，就是由电子函数发生器给插入土壤的探针加一个电压的阶梯状脉冲波，当到达探针金属棒末端时便返回，同时产生一反射波信号，传给接收器，由此信号便可获得脉冲波在土壤中的传播时间（$\Delta t$），这一传播时间与土壤的介电常数（$K_a$）有关，可表示为 $K_a = (c\Delta t/2L)^2$。式中 $c$ 为光速（$3\times10^8 \text{m/s}$），$L$ 为波导长度，二者均为已知数，只要测得 $\Delta t$ 便可确定土壤的介电常数。土壤介电常数的大小主要取决于土壤中水分含量的高低。因为自由水的介电常数为 80.36（20℃），空气的介电常数为 1，土壤颗粒的介电常数为 3～7 之间，显然，水的介电常数在土壤中处于支配地位。1980 年 Topp 等发现土壤含水量与介电常数间的关系可用 1 个 3 次多项式的经验公式表示为

$$Q = -5.3\times10^2 + 2.92\times10^{-2}K_a - 5.5\times10^{-4}K_a^2 + 4.3\times10^{-6}K_a^3$$

由上式便可通过介电常数求得土壤容积含水量。

TDR 测定土壤水分很少受土壤类型、土壤质地、土壤温度等因素的影响，使用时一般不需要标定，但在黏重的红壤上使用时，测定结果偏低，经标定后可以提高精度。

TDR 采用按键操作，简单易行。如果进行表层测量，临时将探针插入土壤指定

位置即可。如果是进行土壤剖面水分定位监测，需事先将探针按要求深度埋入土壤。探针安置方式比较灵活，可以是横埋式、竖埋式、斜埋式或任意放置。但值得一提的是，TDR 给出的含水量是整个探针长度的平均含水量，而且测量范围比较小。所以，在同一土体中采用不同的埋置方式得出的结果可能会不同。因此，在使用 TDR 时应根据试验要求选择适宜的探针埋置方式。

TDR 法的优点是勿需标定，不受土壤的结构和质地的影响，可直接读出土壤的体积含水率，且精度较高；土壤盐分对测定精度的影响较小，可在土壤剖面上各点（包括地表附近）长期监测；数据收集的自动化程度高。缺点是仪器及探头价格昂贵。TDR 法在国外已较普遍使用，在国内也有些研究机构开始引进和开发 TDR。

5. 中子水分仪法

中子法是通过测定土壤中氢原子的数量而间接求得土壤含水率，中子法所用仪器为中子水分测定仪。中子仪系统（图 9-4）包括中子源探头（内含快中子源和三氟化硼慢中子探测器）和记录慢中子数的计数器。

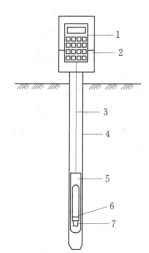

图 9-4　中子水分仪

1—计数器；2—容器；3—电缆；4—导管；5—探头；6—慢中子探测器；7—中子源

探头以镭、铍等为放射源，将具有高能量的中子（快中子）发射入土壤。它们与原子发生一系列碰撞而失去足够的能量变为一种慢中子，这种慢中子能为计数器所接受。中子与原子碰撞时，原子量越轻，其能量损失越大。土壤中的氢原子主要是来自土壤水，因此当土壤中水分越多，氢原子越多，返回到计数器的慢中子越多。慢中子的密度与土壤水分有一定关系，因此可以通过测定被土壤反射的慢中子密度来推求土壤含水量。

中子法的优点是提供了快速测定土壤含水量的方法，土样不受扰动，可以连续对同一测点进行多次观测，且直接显示土壤含水率，测定快速、方便，测量水分的范围较宽，不受滞后影响，并能与室内计算机连接，自动化程度较高。缺点是中子水分测定仪具有一定的放射性危害；测定结果与土壤中许多物理化学特性有关；对深度的分辨不太准确，接近地表及在地表的观测精度差，此外，仪器的价格比较昂贵。

中子仪测量土壤含水量一定要严格操作程序和规范操作，操作过程中主要应该注意以下问题。

（1）操作人员在使用中子水分仪前应进行专门的培训和操作训练，应熟悉所持型号的中子水分仪的使用和保养方法、辐射防护方法和国家有关放射源的使用和保管的规定。

（2）中子水分仪测管的材质取铝合金管或硬塑料管，用塑料管时避免使用聚氯乙烯管和含氢量高的塑料管，管材应有一定的强度和防腐蚀性能，以防管壁变形和腐蚀。

（3）测管安装时既不能使测管受土壤和外力的过分挤压，也要防止管壁与土壤接触不良形成水分流入下层土壤的通道。接近地表的部分管壁周围土壤要压实，以防灌溉水和雨水径流的流入。中子水分仪测管安装时钻孔的直径应与测管外径一致，使测管与土壤密切接触，中子仪测管的外径应同中子仪底部插口管径一致。中子仪测管顶端应高出地面 10cm。中子仪测管下端用锥体物密封防止地下水分的进入，测管上端以橡皮塞密封以防地表水分的进入。

（4）对于未直接给出体积含水量的中子水分仪，应测试其标准读数 $R_w$，并对测区的土壤，通过实验来标定土壤含水量曲线，建立体积含水量 $\theta$ 和计数比 $R/R_w$ 的关系线，其直线方程为

$$\theta = m(R/R_w) + C \qquad\qquad (9-3)$$

式中：$\theta$ 为体积含水量，以小数计；$m$ 为直线斜率；$R$ 为中子仪土壤中的实测读数；$R_w$ 为水中的标准读数；$C$ 为相关直线的截距。

（5）对于直接给出体积含水量的中子水分仪，在不同土壤质地区域观测时应对中子水分仪的读数进行校核。若有较大误差时应给予修正。

（6）上述中子仪进行率定校核时可采用野外率定和室内率定两种方法，野外率定时先用中子仪测出不同测点的中子仪读数，后在测管周围挖土壤剖面，在各测点深度周围均匀分布取 6 个土样，取样环刀的高度约 15cm。采用烘干法测其体积含水量。含水量的变化范围从最小到饱和含水量之间，每条曲线不得少于 20 个在土壤含水量量测范围内分布均匀的点据。在测土壤含水量的同时测土壤的密度。若更换仪器的中子源时应对仪器重新进行率定。

（7）中子仪发生故障时不可随意拆卸，应送往指定的单位进行修理。中子源在发生意外情况遗失或外露时应及时报警和防辐射的有关部门立案侦察和处理，并隔离辐射区域防止核辐射对人体的损害和扩散。应设有专门的房间、定有专门的工作人员来保管中子水分仪，保管室与居室和工作室应有一定的距离。中子水分仪每年必须接受防辐射部门的检查，并应持有该部门的使用证书。

6. 测井法

在推广水稻节水灌溉技术时，其灌水下限是以根层土壤水分为指标的。因而，及时、准确地获取稻田土壤水分，就成为提高推广水稻节水灌溉技术水平的关键。在稻作地区，地下水位一般较高，地下水位与水稻根系层土壤含水量之间存在密切关系，地下水位较高时，则水稻根系层土壤含水率较大；反之，水稻根系层土壤含水率较小。为此，江苏省通州、常熟和射阳等农水科研单位，运用采用测井观测地下水埋深

与土壤含水率之间的关系，并建立起相关曲线。通过测定地下水埋深，从曲线上查得土壤水土壤含水率。表 9 - 3 为江苏通州、常熟农田水利研究所获得的试验结果，曲线方程中 $\theta$ 为土壤的重量含水率，$H$ 为地下水埋深，单位为 cm。由于各地土壤质地不同，其二者之间的关系也有所不同，应通过实测求得。

表 9 - 3　　　　　　　　　　土壤含水率与地下水埋深经验公式

| 土　质 | 土层深度<br>（cm） | 曲线方程 | 相关系数 | 地　区 |
|---|---|---|---|---|
| 轻壤土 | 0～20 | $\theta=26.4H^{-0.142}$ | 0.94 | 江苏通州 |
| | 0～30 | $\theta=26.4H^{-0.135}$ | 0.95 | |
| 高沙土 | 0～20 | $\theta=29.2H^{-0.074}$ | 0.97 | |
| | 0～30 | $\theta=27.0H^{-0.068}$ | 0.97 | |
| 重壤土 | 0～30 | $\theta=0.243H^{-0.266}$ | | 江苏常熟 |

### 9.1.3　旱情评估

旱情是指干旱的表现形式和发生发展过程，包括干旱历时、影响范围、受旱程度和发展趋势等。农业旱情评估包括基本旱情评估和区域综合旱情评估两部分：基本旱情评估用于作物受旱和播种期耕地缺墒（水）情况的确定。区域综合旱情评估用于县级和县级以上行政区域农业综合受旱程度的判别。基本旱情评估方法有：土壤墒情法、降水量距平法、连续无雨日数法、缺水率法、断水天数法等。区域综合旱情评估方法采用受旱面积比率法。

#### 9.1.3.1　基本旱情评估

1. 土壤墒情法

计算公式为

$$R_w=\frac{\theta}{\theta_f}\times100\%\qquad\qquad(9-4)$$

式中：$R_w$ 为土壤相对湿度（％）；$\theta$ 为土壤平均含水率；$\theta_f$ 为土壤平均田间持水率。

不同季节农田测墒深度按表 9 - 4 确定。土壤墒情监测点的选取应有代表性，在评价土壤墒情时应取评价区内各墒情监测点的平均值。

表 9 - 4　不同季节农田测墒深度表　　单位：cm

| 播前及苗期 | 发育前期 | 发育中期 | 成熟期 |
|---|---|---|---|
| 0～20 | 0～40 | 0～60 | 0～60 |

以土壤墒情为指标的旱情等级划分见表 9 - 5。

表 9 - 5　　　　　　　　土壤相对湿度 $R_w$ 与农业干旱等级　　　　　　　　％

| 干旱等级 | 轻度干旱 | 中度干旱 | 严重干旱 | 特大干旱 |
|---|---|---|---|---|
| 砂壤和轻壤 | 55～45 | 46～35 | 36～25 | ＜25 |
| 中壤和重壤 | 60～50 | 51～40 | 41～30 | ＜30 |
| 轻到中黏土 | 65～55 | 56～45 | 46～35 | ＜35 |

2. 降水量距平法

降水量距平法以降水量距平率反映干旱程度。降水量距平率系指某一年或某一时段的降雨量和该阶段多年平均年降雨量的差值与该时段多年平均年降雨量的比值（用百分率表示），能直观反映降水异常引起的农业干旱程度。降水量距平率等级适合于无土壤湿度观测、无水源供给的农业区和主要牧区天然草场的作物生长季，计算公式为

$$D_p = \delta \frac{P - \overline{P}}{\overline{P}} \times 100\% \tag{9-5}$$

式中：$D_p$ 为计算期内降水量距平率，%；$\delta$ 为季节调节系数，夏季为 1.6，春秋季为 1，冬季为 0.8；$P$ 为计算期内降水量，mm；$\overline{P}$ 为计算期内多年平均年降水量，mm，计算期内的多年平均年降水量 $\overline{P}$ 宜采用近 30a 的平均值。

式（9-5）计算的 $D_p$ 有正有负，当某计算期内降雨量接近于该计算期多年平均年降雨量时，$D_p \approx 0$，被认为是正常年；$D_p < 0$ 说明该年该计算期内雨量小于常年；若 $D_p$ 为正值，则相反。

应根据不同季节选择适当的计算期长度。夏季宜采用 1 个月，春、秋季宜采用连续 2 个月，冬季宜采用连续 3 个月。旱情等级划分见表 9-6。

表 9-6 主要农区降水量距平百分率农业干旱等级划分表

| 等级 | 类型 | 降水量距平百分率（%） | | | |
|---|---|---|---|---|---|
| | | 时间尺度 | | | |
| | | 30d | 60d | 90d | 作物生长季 |
| 0 | 无旱 | $-40 < D_p$ | $-30 < D_p$ | $-25 < D_p$ | $-15 < D_p$ |
| 1 | 轻旱 | $-60 < D_p \leqslant -40$ | $-50 < D_p \leqslant -30$ | $-40 < D_p \leqslant -25$ | $-30 < D_p \leqslant -15$ |
| 2 | 中旱 | $-80 < D_p \leqslant -60$ | $-50 < D_p \leqslant -30$ | $-60 < D_p \leqslant -40$ | $-40 < D_p \leqslant -30$ |
| 3 | 重旱 | $-95 < D_p \leqslant -80$ | $-85 < D_p \leqslant -70$ | $-75 < D_p \leqslant -60$ | $-45 < D_p \leqslant -40$ |
| 4 | 特旱 | $D_p \leqslant -95$ | $D_p \leqslant -85$ | $D_p \leqslant -75$ | $D_p \leqslant -45$ |

3. 连续无雨日数法

连续无雨日数指作物在正常生长期间，连续无有效降雨的天数。连续无雨日数指标仅凭无雨日数的长短定论干旱不尽合理，因为连续无雨日数和它的发生时间在干旱评定中同等重要。因此，本指标主要指作物在水分临界期（关键生长期）的连续无有效降雨日数。该指标认为连续无雨日越长干旱越严重，这一概念比较具体，容易理解，而且计算简便。以黄淮地区为例，连续无有效降水日数的干旱等级见表 9-7。

表 9-7 黄淮地区连续无有效降水日数的干旱等级 单位：d

| 干旱等级 | 无旱 | 轻旱 | 中旱 | 重旱 | 特旱 |
|---|---|---|---|---|---|
| 连续无有效降水日数 | <12 | 12～30 | 31～45 | 45～60 | >60 |

4. 缺水率法

计算公式

$$D_w = \frac{W - W_r}{W_r} \times 100\% \qquad (9-6)$$

式中：$D_w$ 为缺水率，%；$W$ 为计算期内可供灌溉的总水量，$m^3$；$W_r$ 为同期灌溉总需水量，$m^3$。

计算期按 1 个月为单元。缺水率法主要用于水田插秧前受旱情况的评估。其旱情等级划分见表 9-8。

表 9-8　　　　　　　　　　　缺水率旱情等级划分表

| 干旱等级 | 轻度干旱 | 中度干旱 | 严重干旱 | 特大干旱 |
|---|---|---|---|---|
| 缺水率（%） | $-5 > D_w \geqslant -20$ | $-20 > D_w \geqslant -35$ | $-35 > D_w \geqslant -50$ | $D_w < -50$ |

**5. 断水天数法**

断水天数法适用于水稻生长期干旱缺水的评估。旱情等级划分见表 9-9。

表 9-9　　　　　　　　　　**断水天数旱情等级划分表**　　　　　　　单位：d

| 干　旱　等　级 | | 轻度干旱 | 中度干旱 | 严重干旱 | 特大干旱 |
|---|---|---|---|---|---|
| 断水天数 | 南方 春秋季 | 7～10 | 11～15 | 16～25 | ＞25 |
| | 南方 夏季 | 5～7 | 8～12 | 13～20 | ＞20 |
| | 北方 | 5～9 | 10～14 | 15～22 | ＞22 |

**6. 帕尔默（Palmer）干旱烈度指标**

帕尔默指标是一个被广泛用于评估旱情的指标。帕尔默（1965）将此指标定义为"一个时期（以月、年、日计）内，特定地区的实际水分供应远低于气候上期望的或气候上适宜的水分供应值"，在此定义的基础上，他提出了一个衡量干旱烈度的指标（PDSI）。Palmer 首先定义了一个"湿度异常指标"，可由式（9-7）表示

$$Z = K_j D = K_j(P - \hat{P}) = K_j[P - (\alpha_j P_E + \beta_j P_R + \gamma_j P_{RO} - \delta_j P_L)] \qquad (9-7)$$

式中：$Z$ 为湿度异常指标，mm；$D$ 为缺水量，mm；$P$ 为实际降水量，mm；$\hat{P}$ 为气候上的适宜水量，m；$K_j$ 为 $j$ 时段的权重系数；$P_E$、$P_R$、$P_{RO}$、$P_L$ 为可能的蒸发蒸腾量、可能土壤水补给量、可能径流量和可能的损失量，mm；$\alpha_j$、$\beta_j$、$\gamma_j$ 和 $\delta_j$ 均为权重系数，可由式（9-8）计算。

$$\left. \begin{array}{l} \alpha_j = \overline{ET}_j / \overline{P}_{Ej} \\ \beta_j = \overline{R}_j / \overline{P}_{Rj} \\ \gamma_j = \overline{R}_{Oj} / \overline{P}_{ROj} \\ \delta_j = \overline{L}_j / \overline{P}_{Lj} \end{array} \right\} \qquad (9-8)$$

式中：各项上方的横杠表示第 $j$ 个月的平均值；$ET$、$R$、$R_O$、$L$ 为实际蒸发蒸腾量、土壤水补给量、径流量和损失量；其余符号意义同前。

式（9-7）中的 $K$，由式（9-9）确定

$$K_j = 17.67\ \hat{K}_j / \sum_{i=1}^{12}(\overline{D}_i\,\hat{K}_i) \quad (j=1,\ 2,\ \cdots,\ 12) \qquad (9-9)$$

式中：$\hat{D}_i$ 为第 $i$ 月缺水量 $d$ 的绝对值的平均值；而

$$\hat{K}_j = 1.5\log\left(\frac{T_j+2.8}{\overline{D}_j}+0.50\right) \qquad (9-10)$$

式中

$$T_j = (\overline{P}_{Ej}+\overline{R}_j+\overline{R}_{Oj})/(\overline{P}_j+\overline{L}_j) \qquad (9-11)$$

帕尔默在其最初的两个研究区（依阿华中部和堪萨斯西部）通过对 13 个最干旱期的湿度异常指标 $Z$ 累积值的研究发现，$Z$ 的累积值与干旱斯长度之间存在线性关系，如图 9-5 所示。他将这些干旱期定义为极端干旱，将图 9-5 中通过 13 个点的直线定为 $PDSI=$ $-4.0$，然后又将位于 $Z$ 累积值为 0 和极端干旱之间的区域用三条直线划分，并分别人为地将其定义为"严重干旱"（$PDSI=-3.0$）、"中等干旱"（$PDSI$ $=-2.0$）和"轻度干旱"（$PDSI=$ $-1.0$）。表 9-10 为帕尔默关于干旱的完整分类。

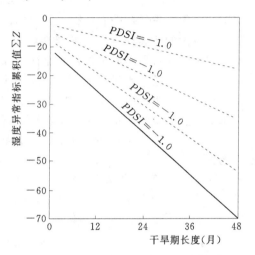

图 9-5 $Z$ 的累积值与干旱期长度的关系

表 9-10 帕尔默干旱指标划分表

| $PDSI$ | 分类 | $PDSI$ | 分类 |
|---|---|---|---|
| $\geqslant 4.0$ | 极端湿润 | $-0.5\sim-0.99$ | 开始干旱 |
| $3.00\sim3.99$ | 很湿润 | $-1.00\sim-1.99$ | 轻度干旱 |
| $2.00\sim2.99$ | 中等湿润 | $-2.00\sim-2.99$ | 中等干旱 |
| $1.00\sim1.99$ | 轻度湿润 | $-3.00\sim-3.99$ | 严重干旱 |
| $0.5\sim0.99$ | 开始湿润 | $\leqslant-4.00$ | 极端干旱 |
| $-0.49\sim0.49$ | 基本正常 | | |

帕尔默建议的第 $i$ 个月干旱烈度 $X(i)$ 的表达式为

$$X(i)=Z(i)/3+CX(i-1) \qquad (9-12)$$

帕尔默将 C 值确定为 0.897。因此帕尔默干旱烈度的最终表达式为

$$X(i)=0.897X(i-1)+Z(i)/3 \qquad (9-13)$$

式中：$X(i)$ 为第 $i$ 月的 $PDSI$ 值。

帕尔默干旱指标被称为气象干旱指标，但它所包括的内容却超出了气象干旱的范围，该方法引入了水量平衡概念，除降水外，还考虑了蒸发蒸腾量、径流量和土壤含水量以及适宜的供水量等因素，具有较好的时间、空间可比性，能够描述干旱形成、发展、减弱和结束的全过程，该方法用气候特征权重因子修正湿度异常指标，使得各代表站之间，各月之间的干旱程度可以比较。但该方法中有一些主观的假定，而且计算也较复杂。

7. 农作物水分指标

这是衡量作物是否干旱的一个指标，我国从 20 世纪 60 年代开始采用这一指标，它的表达式为

$$D = \frac{P - R_c - \bar{\theta}_0 / \rho_g + R_g}{ET + \theta_m / \rho_g} \qquad (9-14)$$

式中：$D$ 为某生长期的农作物水分指标；$P$ 为相应生长期的降水量，mm；$R_c$ 为该作物生长时段的地表径流量和深层渗漏量（无效降雨量），mm；$\bar{\theta}_0$ 为作物生长时段初的土层平均含水量（以重量百分比计）；$\rho_g$ 为该作物生长的土壤条件下，每毫米降水量所增加的土壤含水量；$R_g$ 为作物生长期内地下水补给量，mm；$ET$ 为作物生长时段内维持正常生长所需水量，即作物的蒸发蒸腾量，mm；$\theta_m$ 为作物在该生长时段所要求的适宜土壤含水量（水占土壤重量百分比）。

该式的物理意义明确，$D$ 值即为作物生长时段内实际提供给作物的水量与保证作物正常生长所需要的水量之比。$D \approx 1$ 时说明水分条件基本能保证作物正常生长。若 $D$ 值偏离 1 较大则认为作物已受旱或涝。这一个指标综合考虑了大田水量平衡的各个因素，并与作物需水量相联系，在国内旱作物生长地区应用较广。表 9-11 为作物水分指标 $D$ 值关于干旱的分类。

表 9-11　　　　　用作物水分指标 $D$ 值划分干旱

| $D$ | 分类 | $D$ | 分类 |
|---|---|---|---|
| $<0.5$ | 干旱 | $0.8 \sim 1.3$ | 正常 |
| $0.5 \sim 0.8$ | 半干旱 | $>1.3$ | 水分过多 |

### 9.1.3.2　区域综合旱情评估及旱情等级划分

区域综合旱情是指县级和县级以上行政区域农业综合受旱情况，其旱情等级评估采用受旱面积比率法。根据基本旱情评估所得出的受旱面积，按受旱面积比率法评估区域农业综合旱情。计算公式为

$$I = \frac{A_{受旱}}{A_{耕地}} \times 100\% \qquad (9-15)$$

式中：$I$ 为受旱面积比率，%；$A_{受旱}$ 为受旱作物的面积（雨养农业受旱面积＋灌溉农业受旱面积），$hm^2$；$A_{耕地}$ 为耕地面积，$hm^2$。

旱情等级划分见表 9-12。

表 9-12　　　　　　区域综合旱情等级划分表

| 干 旱 等 级 | | 轻度干旱 | 中度干旱 | 严重干旱 | 特大干旱 |
|---|---|---|---|---|---|
| 受旱面积比率 $I$（%） | 全国 | $5<I \leqslant 10$ | $10<I \leqslant 20$ | $20<I \leqslant 30$ | $I>30$ |
| | 省级 | $5<I \leqslant 20$ | $20<I \leqslant 30$ | $30<I \leqslant 50$ | $I>50$ |
| | 市（地）级 | $10<I \leqslant 30$ | $30<I \leqslant 50$ | $50<I \leqslant 70$ | $I>70$ |
| | 县（市）级 | $20<I \leqslant 40$ | $40<I \leqslant 60$ | $60<I \leqslant 80$ | $I>80$ |

对雨养农业区和灌溉农业区中的水浇地作物旱情及播种期耕地墒情的评估，应优先采用土壤墒情法，没有墒情监测点的地区可选择降水量距平法或连续无雨日数法。对水田的旱情评估，按缺水率法或断水天数法进行。各区域旱情评价适宜方法选择归纳于表9-13。

表9-13　　　　　　　　　　农业旱情评估适用方法表

| 评估类型 | 基 本 旱 情 评 估 | | | | 区域综合旱情评估 |
|---|---|---|---|---|---|
| 区域 | 雨养农业区 | 灌溉农业区 | | 草原牧区 | 各区 |
| | | 水浇地 | 水田 | | |
| 适宜评估方法 | 土壤墒情法<br>降水量距平法<br>连续无雨日数法<br>帕尔默（Palmer）<br>干旱烈度指标 | 土壤墒情法<br>降水量距平法<br>连续无雨日数法<br>农作物水分指标 | 缺水率法<br>断水天数法 | 降水量距平法 | 受旱面积比率法 |

# 9.2 灌 溉 预 报 方 法

为了充分利用土壤水的调节作用，适时进行灌水，需要进行田间土壤墒情的预测。在指导灌水时，可以用某一深度（一般为计划湿润层深）范围内的土壤含水率为指标。土壤墒情的预测方法有很多，下面主要介绍经验预报模型、水量平衡模型和土壤水动力学模型3种基本方法。

## 9.2.1 经验预报模型

土壤水分的减少是由蒸散和深层渗漏造成的，除较大降水或灌溉后短期内有一定量的深层渗漏外，一般情况下下边界水分通量比蒸散量要小。在土壤水分胁迫条件下，蒸散量与土壤含水率之间近似为线性关系。假设土壤含水率的变化率与含水率 $\theta$ 之间的关系表示为

$$\frac{\mathrm{d}\theta}{\mathrm{d}t} = -k\theta \qquad (9-16)$$

式中：$k$ 为土壤水分消退系数，主要与气象、土壤、作物等条件有关。

对式（9-16）在时间 $[0, t]$ 内进行积分即可得到无降水及灌水时土壤水分消退的指数模式

$$\theta_2 = \theta_1 \mathrm{e}^{-kt} \qquad (9-17)$$

式中：$\theta_1$ 为预测起始日（$t=0$）的土壤含水率（实测值）；$\theta_2$ 为第 $t$ 天的土壤含水率预测值。

根据田间实测资料，用经验拟合方法求得上述土壤含水率消退的经验公式。

另外，降水及灌水使土壤贮水量有相应的增加。在考虑降水及灌水情况下，土壤水分消退的递推关系（以天为单位）可表示为

$$\theta_2 = \theta_1 \mathrm{e}^{-kt} + P + I \qquad (9-18)$$

式中：$P$、$I$ 分别为因降雨和灌水而增加的含水率。

利用该法预测土壤含水率的消退，其关键是 $K$ 值的确定。$K$ 值与土壤、气候、地下水埋深、作物生育阶段及产量有关。表9-14 是利用山东临清和河北临西试验站的资料，拟合求得的冬小麦返青至收割期 1m 土层平均含水率的消退系数 $K$。

表9-14　　　　　　　　　　1m 土层平均含水率消退系数 $K$

| 月份 | 3 | 4 | 5 |
|---|---|---|---|
| 山东临汾 | 0.003～0.007 | 0.010～0.015 | 0.015～0.025 |
| 河北临西 | 0.008～0.012 | 0.012～0.020 | 0.020～0.030 |

经验预测法缺乏含水率消退的物理基础，其应用受到经验拟合时所用实测资料的限制。若遇到降水，降水后应实测土壤水分，并将该日作为起始日；再用式（9-18）进行预测。因此，要想连续而又较为准确地进行预测，必须建立具有物理意义的模型。

### 9.2.2　水量平衡模型预测法

在具有物理意义的数学模型中，水量平衡模型是其中最简单，也是最常用的一种。这种方法既可适用于旱田灌溉预报，也可适用于水田灌溉预报。这种方法的灌溉预报是以农田水量平衡计算为基础，以土壤含水率或水田田面水层深预报为中心，通过循环计算，确定各日土壤含水率或水田水层深，然后判断其是否需要灌溉，并计算灌水量。

1. 旱田灌溉预报

以日为时段的旱田灌溉预报基本方程为

$$W_t = W_0 + P_0 + G_t - ET_t \tag{9-19}$$

式中：$W_0$ 为第 $t$ 日初计划湿润层土壤贮水量，mm；$W_t$ 为第 $t$ 日末计划湿润层土壤贮水量，mm；$P_0$ 为第 $t$ 日田间入渗雨量，mm；$G_t$ 为第 $t$ 日地下水利用量，mm，可根据经验或当地试验资料确定；$ET_t$ 为第 $t$ 日作物需水量，mm，可根据第2章介绍的方法进行计算。

灌水日期及灌水量的判定标准是土壤适宜贮水量上限值 $W_{max}$、下限值 $W_{min}$ 和田间持水率 $W_f$，即当 $W_t \leqslant W_{min}$ 时，则当日即进行灌水，灌水量 $m$ 为

$$m = W_{max} - W_t \tag{9-20}$$

当 $W_t > W_f$ 时，则发生深层渗漏，当日深层渗漏量 $f$ 为

$$f = W_f - W_t \tag{9-21}$$

灌水后取 $W_0 = W_{max}$，深层渗漏后取 $W_0 = W_f$，然后进行下一日预报，直到作物收割为止。

2. 水田灌溉预报

以日为时段的水田灌溉预报基本方程为

$$H_t = H_0 + P - ET_t - F_t \tag{9-22}$$

式中：$H_0$ 为第 $t$ 日初田间水层深，mm；$H_t$ 为第 $t$ 日末田间水层深，mm；$P$ 为第 $t$ 日降雨量，mm；$ET_t$ 为第 $t$ 日作物需水量，mm；$F_t$ 为第 $t$ 日深层渗漏量，mm，可根据经验或当地试验资料确定。

$ET_t$ 的计算方法同前。灌水日期及灌水量的判定标准是适宜水层深下限 $H_{min}$、适宜水层深上限 $H_{max}$。即当 $H_t \leqslant H_{min}$ 时，则当日即需进行灌水，灌水量 $m$ 为

$$m = H_{\max} - H_t \tag{9-23}$$

当 $H_t > H_p$ 时，则应进行排水，当日排水量 $d$ 为

$$d = H_p - H_t \tag{9-24}$$

灌水后取 $H_t = H_{\max}$，排水后取 $H_t = H_p$。然后以上一日末的 $H_t$ 作为下一日初的 $H_0$，进一下日预报，直到作物收割为止。

### 9.2.3　土壤水动力学模型预测法

土壤水动力学模型具有较强的物理学基础，不仅可用于水量平衡分析，而且能预测土壤含水率在剖面上的分布及变化，其模型为

$$\left. \begin{array}{ll} \dfrac{\partial \theta}{\partial t} = \dfrac{\partial}{\partial z}\left[ D(\theta) \dfrac{\partial \theta}{\partial z} \right] - \dfrac{\partial K(\theta)}{\partial z} - S_r(z,t) & \\[2mm] \theta = \theta_i(z) & \theta = 0 \\[2mm] -D(\theta)\dfrac{\partial \theta}{\partial z} + K(\theta) = -E_s & z = 0 \\[2mm] \dfrac{\partial \theta}{\partial z} = 0 & z = L \end{array} \right\} \tag{9-25}$$

式中：$D(\theta)$ 为非饱和土壤扩散率；$K(\theta)$ 为非饱和土壤导水率；$E_s$ 为表土蒸发强度；$S_r(z,t)$ 为单位长度根系吸水强度；$L$ 为计算剖面长度；$\theta_i(z)$ 为初始含水率剖面分布。

（1）非饱和土壤扩散率。非饱和土壤扩散率受到土壤质地、结构、土壤含水率和土壤温度等因素的影响，通常采用水平土柱法测定，一般采用如下经验公式拟合

$$D(\theta) = a\mathrm{e}^{b\theta} \tag{9-26}$$

根据在陕西省武功县的试验，测得如下结果

$$D(\theta) = 0.00244\mathrm{e}^{14.997\theta} \quad (\text{耕层土壤})$$

$$D(\theta) = 0.00132\mathrm{e}^{16.443\theta} \quad (\text{耕层以下土壤})$$

式中：$\theta$ 为体积含水率；$D(\theta)$ 的单位为 cm/min。

（2）非饱和土壤导水率。非饱和土壤导水率可表示为土壤含水率的函数，常用的经验公式

$$K(\theta) = K_s(\theta/\theta_s)^n \tag{9-27}$$

式中：$K_s$ 为饱和土壤导水率；$\theta$、$\theta_s$ 分别为土壤含水率和饱和含水率；$n$ 为经验系数，由试验资料确定。

（3）作物根系吸水强度。确定合适的根系吸水强度模型是求解式（9-27）的关键。根系吸水模型有微观模型和宏观模型两类，其中宏观模型的边界条件容易确定和控制，它允许蒸腾和水分吸收过程存在相互作用。宏观模型能比较方便地考虑植物生长发育对水分吸收的影响，求得的结果能直接应用于田间水分动态的研究。目前关于 $S_r(z,t)$ 的表达式有多种形式，根据西北农业大学进行的试验结果，得到冬小麦的根系吸水模型表达式

$$S_r(z,t) = 2.1565\, T_p(t)\frac{\mathrm{e}^{-1.80z/z_r}}{z_r}\left( \frac{\theta_z - \theta_p}{\theta_f - \theta_p} \right)^{0.6976} \tag{9-28}$$

式中：$T_p(t)$ 为 $t$ 时刻的潜在蒸腾速率；$z_r$ 为根系伸展深度，与时间 $t$ 有关；$\theta_z$ 为 $t$

时刻 $z$ 深度的土壤含水率；其余符号意义同前。

该模型计算相对较为复杂，不易在生产中推广应用，这是它的主要不足之处。

# 9.3 灌区优化配水

在半干旱地区，由于来水量与作物田间需水量之间的供需矛盾突出，对于某一次灌水，如何作好有限水量的调配，充分发挥单位水量的经济效益，是灌溉用水管理中一个实用而有待迫切解决的问题。灌区优化配水就是应用优化技术，对某次灌水进行时、空分配作出最优决策，以寻求全灌区或灌溉管理部门最大的经济效益。

## 9.3.1 灌溉制度优化设计

在水资源充足条件下，作物灌溉制度是以土壤水分能够满足作物的潜在腾发强度要求为原则而确定的。但是，由于水资源紧缺，许多地区不能满足充分灌溉用水要求，即采用非充分灌溉。这种情况下，有必要研究各生育阶段的合理配水，优先保证作物需水关键期的灌溉用水，以有限的水量取得最大产量，由此确定作物的灌溉制度就是非充分灌溉条件下的优化灌溉制度。

1. 数学模型

某种农作物灌溉制度优化设计过程是一个多阶段决策过程，可以采用动态规划数学模型。

（1）阶段变量。设农作物全生育期划分为 $N$ 个生育阶段，以农作物的生育阶段为阶段变量，则阶段变量为 $i=1,2,\cdots,N$。

（2）决策变量。以各生长阶段的灌水量 $m_i$ 为决策变量。

（3）状态变量。以各阶段初可用于分配的水量 $q_i$ 及计划润湿层内可供农作物利用的土壤水量 $W_i$ 为状态变量。计划湿润层内可供作物利用的水量是土壤含水率的函数，即

$$W=667\gamma H(\theta-\theta_{\min})  \tag{9-29}$$

式中：$\gamma$ 为土壤干密度，$t/m^3$；$H$ 为计划润湿层深度，m；$\theta$ 为计划润湿层内土壤平均含水率（以占干土重的百分数计）；$\theta_{\min}$ 为土壤含水率下限，约大于凋萎系数（以占干土重的百分比计）。

（4）系统方程。系统方程是描述系统在运动过程中状态转移的方程，由于本系统有两个状态变量，系统方程也有两个。

其一是水量分配方程，若对第 $i$ 个生长阶段采用决策 $m_i$ 时，可表达为

$$q_{i+1}=q_i-m_i  \tag{9-30}$$

式中：$q_i$、$q_{i+1}$ 分别为第 $i$ 及第 $i+1$ 阶段初可用于分配的水量。

其二是土壤计划湿润层内的水量平衡方程，可写成

$$W_{i+1}=W_i+m_i+P_{0i}+K_i-ET_{ai}-I_i  \tag{9-31}$$

式中：$W_i$、$W_{i+1}$ 为第 $i$ 及第 $i+1$ 阶段中土壤中可供利用的水量，$m^3/亩$；$P_{0i}$ 为第 $i$ 阶段的有效降雨量，$m^3/亩$；$K_i$ 为第 $i$ 阶段的地下水补给量，$m^3/亩$；$I_i$ 为第 $i$ 阶段的渗漏量，$m^3/亩$。

（5）目标函数。采用 Jensen 提出的在供水条件不足条件下，水量和农作物实际产量的连乘模型，目标函数为单位面积的产量最大。

$$F = \max \frac{Y_{ai}}{Y_{mi}} = \max \prod_{i=1}^{N} \left( \frac{ET_{ai}}{ET_{mi}} \right)^{\lambda_i} \qquad (9-32)$$

（6）约束条件。

水量约束：

$$0 \leqslant m_i \leqslant q_i, \quad i=1, 2, \cdots, N \qquad (9-33)$$

$$\sum_{i=1}^{N} m_i = Q \qquad (9-34)$$

$$ET_{mini} \leqslant ET_{ai} \leqslant ET_{mi} \qquad (9-35)$$

式中：$Q$ 为全生长期单位面积上可供分配的水量；$ET_{mini}$ 为第 $i$ 阶段最小需水量。

土壤含水率约束：

$$\theta_{min} \leqslant \theta \leqslant \theta_f \qquad (9-36)$$

式中：$\theta_f$ 为田间持水率。

（7）初始条件。假定作物播种时的土壤含水率为已知，即

$$\theta_1 = \theta_0 \qquad (9-37)$$

则有

$$W_1 = 667 \gamma H (\theta_0 - \theta_{min}) \qquad (9-38)$$

设第一时段初可用于分配的水量为农作物全生长期可用于分配的水量，即

$$m_1 = Q \qquad (9-39)$$

2. 模型求解

本模型是一个具有两个状态变量及两个决策变量的二维动态规划问题，可用动态规划逐次渐近法（DPSA）求解，有以下几个步骤。

第一步：把各个生长阶段初土壤中可供利用的水量 $W_i$ 作为虚拟轨迹，以 $q_i$ 作为第一个状态变量并将其离散成 $NT$ 个水平，则该问题就变成一维的资源分配问题，可用常规的动态规划法求解，采用逆序递推，顺序决策计算，其递推方程为

$$f_i(q_i) = \max_{m_i} \{ R_i(q_i, m_i) f_{i+1}^*(q_{i+1}) \} \quad i=1, 2, \cdots, N-1 \qquad (9-40)$$

式中：$R_i(q_i, m_i)$ 为在状态 $q_i$ 下，作决策 $m_i$ 时所得面临阶段效益；$f_{i+1}^*(q_{i+1})$ 为余留阶段的最大效益。

$R_i(q_i, m_i)$ 和 $f_N^*(q_N)$ 分别按式（9-41）、式（9-42）计算

$$R_i(q_i, m_i) = (ET_{aN}/ET_{mN})_i^{\lambda_i} \quad i=1, 2, \cdots, N-1 \qquad (9-41)$$

$$f_N^*(q_N) = (ET_{aN}/ET_{mN})^{\lambda_N} \quad i=N \qquad (9-42)$$

通过计算，可求得给定初始条件下的最优状态系列 $\{q_i^*\}$ 及最优决策系列 $\{m_i^*\}$，$i=1, 2, \cdots, N$。

第二步：将第一步的优化结果 $\{q_i^*\}$ 及 $\{m_i^*\}$ 固定下来，在给定的初始条件下，寻求土壤可供利用水量 $W_i$ 和各生长阶段实际需水量的优化值，将第二个状态变量 $W_i$ 离散成 $NT$ 个水平，决策变量不离散，以免内插，其递推方程为

$$f_i^*(W_i) = \max_{ET_{ai}} \{ R_i(W_i, ET_{ai}) \cdot f_{i+1}^*(W_{i+1}) \} \quad i=1, 2, \cdots, N-1 \qquad (9-43)$$

式中：$R_i(W_i, ET_{ai})$ 为在状态 $W_i$ 下，作决策 $ET_{ai}$ 时所得面临阶段效益；$f^*_{i+1}(W_{i+1})$ 为余留阶段的最大效益。

$R_i(W_i, ET_{ai})$ 和 $f^*_N(W_N)$ 分别按式（9-44）、式（9-45）计算

$$R_i(W_i, ET_{ai}) = (ET_a/ET_m)_i^{\lambda_i}, \quad i = 1, 2, \cdots, N-1 \tag{9-44}$$

$$f^*_N(W_N) = (ET_{aN}/ET_{mN})^{\lambda_N}, \quad i = N \tag{9-45}$$

第三步：比较第一步和第二步的优化结果，如果第一步的虚拟轨迹和第二步的优化结果不同，则以第二步的优化结果 $\{W^*_i\}$ 作为第一步的试验轨迹，重复上述优化过程，直到对两个状态变量进行最优化计算都得到相同的目标函数值（在拟定的精度范围内）和相同的决策序列为止。

动态规划逐次渐近法（DPSA）把一个两维的动态规划问题分解为两个一维动态规划问题，节省了计算机内存及运算时间，但不能保证在任何情况下都收敛到真正的最优解。因此，可用不同的初始试验轨迹进行验算，如果都能收敛到同一最优解，这说明本模型及算法所求出来的解是真正的最优解。

3. 实例应用

利用某灌区的灌溉试验资料、有效降雨资料及其他有关资料，计算出各种代表年的冬小麦和棉花的节水灌溉优化灌溉制度。计算过程中所涉及到的敏感性指标 $\lambda_i$ 的值，是采用 Jensen 的连乘公式作为描述农作物产量和需水量的水分生产函数推算得出，具体见表 9-15 及表 9-16。

表 9-15　　　　　　　冬小麦各生育阶段需水量及敏感性指标 $\lambda_i$

| 生育阶段 | 播种分蘖 | 分蘖返青 | 返青拔节 | 拔节抽穗 | 抽穗乳熟 | 乳熟成熟 |
|---|---|---|---|---|---|---|
| 需水量（m³/亩） | 19.2 | 28.0 | 63.1 | 61.5 | 53.7 | 55.4 |
| $\lambda_i$ | 0.0994 | 0.0406 | 0.037 | 0.2896 | 0.2089 | 0 |

表 9-16　　　　　　　棉花各生育阶段需水量及敏感性指标 $\lambda_i$

| 生育阶段 | 播种现蕾 | 现蕾开花 | 开花吐絮 | 吐絮后 20d |
|---|---|---|---|---|
| 需水量（m³/亩） | 55.1 | 84.3 | 130.3 | 25.1 |
| $\lambda_i$ | 0.3173 | 0.4172 | 0.6512 | 0.3539 |

根据上述方法，得出中等年（1985 年）最优灌溉制度见表 9-17 和表 9-18。

表 9-17　　　　　　代表年冬小麦最优灌溉制度（1985 年）　　　　　单位：m³/亩

| 项目 | | 播种分蘖 | 分蘖返青 | 返青拔节 | 拔节抽穗 | 抽穗乳熟 | 乳熟成熟 | 产量 $Y_a/Y_m$ |
|---|---|---|---|---|---|---|---|---|
| 有效降雨量 | | 4.4 | 14.73 | 8.41 | 2.2 | 65.97 | 14.33 | |
| 可分配水量 | 0 | 0 | 0 | 0 | 0 | 0 | 0 | 0.5668 |
| | 30 | 0 | 0 | 0 | 30 | 0 | 0 | 0.7481 |
| | 60 | 0 | 0 | 0 | 60 | 0 | 0 | 0.8595 |
| | 90 | 30 | 0 | 0 | 60 | 0 | 0 | 0.9468 |
| | 120 | 30 | 0 | 30 | 60 | 0 | 0 | 0.9827 |

表 9 - 18　　　　　　　　代表年夏玉米最优灌溉制度（1985 年）　　　　单位：$m^3/$亩

| 项　目 | | 播种拔节 | 拔节抽穗 | 抽穗成熟 | 产量比 $Y_a/Y_m$ |
|---|---|---|---|---|---|
| 有效降雨量 | | 25.22 | 49.95 | 84.83 | |
| 可分配水量 | 0 | 0 | 0 | 0 | 0.9123 |
| | 30 | 30 | 0 | 0 | 0.9883 |

从表 9 - 17 可以看出，冬小麦产量随灌水次数及灌水定额的增加有明显的增长。在一般年份（所选年型），不灌水时的产量相当于充分灌溉时产量的 60％左右；灌一水（灌溉定额 $m = 30m^3/$亩）可达 75％左右；灌二水（$m = 60m^3/$亩）可达 85％左右；灌三水（$m = 90m^3/$亩）可达 95％以上；若再增加灌水次数和灌水定额，产量增加不明显。由此可见，节水灌溉具有很大的潜力。

表 9 - 18 的结果表明，棉花的生长期正处于雨季，除特殊年份外，一般只灌一水或二水即可获得较高的产量。

### 9.3.2　灌区内各分区灌溉水量优化分配

1. 模型的建立

对供水不足的灌区，在某次灌水中往往只能充分灌溉一部分面积，可能有一部分面积灌不上水，也可能有部分面积灌水不足（或称非充分灌溉）。为此有必要以增产效益最大为目标，对各种作物进行合理的水量分配，即实现灌溉水的优化分配。此处仍选用 Jensen 水分生产函数模型，即式（9 - 31）。

设某作物正处在 $k$ 生育阶段，可考虑充分灌溉和非充分灌溉两种灌水定额。若在 $k$ 生育阶段及以后各生育阶段均充分供水，则作物预计产量 $Y_k$ 为

$$Y_k = Y_m \prod_{i=1}^{k-1} \left(\frac{ET_i}{ET_{mi}}\right)^{\lambda_i} \tag{9-46}$$

若在 $k$ 生育阶段进行非充分灌溉，以后各生育阶段均充分供水，则作物预计产量 $Y'_k$ 为

$$Y'_k = Y_m \prod_{i=1}^{k-1} \left(\frac{ET_i}{ET_{mi}}\right)^{\lambda_i} \left(\frac{ET'_k}{ET_{mk}}\right)^{\lambda_k} \tag{9-47}$$

式中：$ET'_k$ 为 $k$ 阶段进行非充分灌溉时的蒸发蒸腾量。

若在 $k$ 生育阶段不灌溉，以后各生育阶段均充分供水，则作物预计产量 $Y''_k$ 为

$$Y''_k = Y_m \prod_{i=1}^{k-1} \left(\frac{ET_i}{ET_{mi}}\right)^{\lambda_i} \left(\frac{ET''_k}{ET_{mk}}\right)^{\lambda_k} \tag{9-48}$$

式中：$ET''_k$ 为 $k$ 阶段不灌溉时的蒸发蒸腾量。

由式（9 - 46）及式（9 - 48），可得 $k$ 阶段充分灌溉条件下作物的灌溉增产量

$$\Delta Y_1 = Y_k - Y''_k = Y_m \prod_{i=1}^{k-1} \left(\frac{ET_i}{ET_{mi}}\right)^{\lambda_i} \left[1 - \left(\frac{ET''_k}{ET_{mk}}\right)^{\lambda_k}\right] \tag{9-49}$$

由式（9 - 47）及式（9 - 48），可得 $k$ 阶段非充分灌溉条件下作物的灌溉增产量

$$\Delta Y_2 = Y'_k - Y''_k = Y_m \prod_{i=1}^{k-1} \left(\frac{ET_i}{ET_{mi}}\right)^{\lambda_i} \left[\left(\frac{ET'_k}{ET_{mk}}\right)^{\lambda_k} - \left(\frac{ET''_k}{ET_{mk}}\right)^{\lambda_k}\right] \tag{9-50}$$

由于 $k$ 阶段灌水时，以前各阶段的实际灌水情况（或缺水状况）是已知的，因此式 $Y_m \prod_{i=1}^{k-1} \left( \dfrac{ET_i}{ET_{mi}} \right)^{\lambda_i}$ 的值是一个常数。

**2. 目标函数**

以全灌区某一次灌水的净增产效益最大为目标，即

$$\max B = \sum_{j=1}^{N} \left\{ [\Delta Y_1(j)X(j,1) + \Delta Y_2(j)X(j,2)]P - \frac{m_1(j)X(j,1) + m_2(j)X(j,2)}{\eta_{\text{田}}(j)\eta_{\text{支系}}(j)} \right.$$
$$\left. \times C_w(j) - [X(j,1) + X(j,2)]LP_L \right\}$$

$$(9-51)$$

式中：$B$ 为某次灌水全灌区净灌溉增产值，元；$\Delta Y_1(j)$、$\Delta Y_2(j)$ 分别为 $j$ 分区某作物充分与非充分灌的增产量，$kg/hm^2$；$X(j,1)$、$X(j,2)$ 为决策变量，分别为 $j$ 分区作物充分与非充分灌溉的面积，$hm^2$；$P$ 为作物产品单价，元/kg；$m_1(j)$、$m_2(j)$ 分别为 $j$ 分区作物充分与非充分灌溉的灌水定额，$m^3/hm^2$；$C_w(j)$ 为向 $j$ 分区供水的供水成本，元/m$^3$；$\eta_{\text{田}}(j)$ 为 $j$ 分区田间水利用系数；$\eta_{\text{支系}}(j)$ 为 $j$ 分区水利用系数，一般以一条支渠控制的范围为一个分区，因此 $j$ 分区的渠系水利用系数即为第 $j$ 支渠的渠系水利用系数。$L$ 为灌溉单位面积所需的工日，$d/hm^2$；$P_L$ 为每个灌水工日应付的工资，元/d；$N$ 为全灌区下属用水分区（支渠分水口）的数目。

**3. 约束条件**

（1）面积约束。充分灌溉与非充分灌溉面积之和不得大于作物的种植面积，即

$$X(j,1) + X(j,2) \leqslant A(j) \qquad (9-52)$$

式中：$A(j)$ 为第 $j$ 分区作物的种植面积，$hm^2$。

（2）水量约束。灌水量应小于渠首可引水量，即

$$\sum_{j=1}^{V} \frac{m_1(j)X(j,1) + m_2(j)X(j,2)}{\eta_{\text{田}}(j)\eta_{\text{支系}}(j)\eta_{\text{干}}(j)} \leqslant 86400QT \qquad (9-53)$$

式中：$Q$ 为渠首引水流量，$m^3/s$；$\eta_{\text{干}}(j)$ 为干渠的水利用系数。

（3）流量约束。本区域引水流量应不大于支渠渠系引水流量，即

$$\frac{m_1(j)X(j,1) + m_2(j)X(j,2)}{\eta_{\text{田}}(j)\eta_{\text{支系}}(j)\eta_{\text{干}}(j)} \leqslant Q_{\text{支首}}(j)T(j)86400 \qquad (9-54)$$

式中：$Q_{\text{支首}}(j)$ 为 $j$ 分区支渠渠首正常流量，$m^3/s$；$T(j)$ 为 $j$ 分区灌水延续天数，d。

（4）最小灌溉面积约束。

$$X(j,1) + X(j,2) \geqslant A_{\min}(j) \qquad (9-55)$$

（5）非负约束。

$$X(j,1) \geqslant 0, \ X(j,2) \geqslant 0 \qquad (9-56)$$

式中：$A_{\min}(j)$ 为 $j$ 分区最小灌溉面积，$hm^2$。

上述优化配水模型是一个线性规划模型，因此可以利用单纯形法解出各分区的充分灌溉和非充分灌溉面积。

# 9.4　灌 溉 量 水 技 术

### 9.4.1　灌溉渠系量水概述

灌溉量水是实行计划用水、节约用水的一项必要措施。具体地说，灌区量水有以下几方面作用。第一，可以较准确地控制各级渠道的放水流量，执行配水方案，避免配水不足或过多现象，减少水量浪费；第二，利用量水记录，可以分析计算各级渠道的输水能力和输水损失，统计计算各乡、村的用水量和各种作物的灌溉定额，以便发现和纠正浪费水量的现象，也为改进配水方案提供有关数据；第三，为按水量征收水量提供依据，促使群众节约用水，以达到节水用水、降低灌溉成本之目的。

灌区量水一般应在以下各处布置量水点。

（1）干渠渠首。主要测定从水源引取的水量。如果有几条干渠，则应在每条干渠的渠首设立量水点。在干渠直接从水库取水的条件下，水库的放水流量即为干渠的引水流量。

（2）支、斗渠渠首。主要测定支、斗渠的放水流量。

（3）交接水量的分水点。一般位于县、乡、村的分水处，主要测定向各行政、生产单位配水的流量。

目前灌区量水主要有以下几种方法。

（1）利用水工建筑物量水。在灌溉渠道上有许多水工建筑物，如闸涵、跌水、倒虹吸和渡槽等。如果这些建筑物比较完整，管理养护较好，无损坏、漏水、冲淤和阻塞等现象，则可用以量水。其量测原理为通过量测过水建筑物上、下游的水位，根据不同流态的流量计算公式，选用适当的流量系数，推求流量和计算累计水量。它的优点在于既可以减少因灌溉系统设置专门的量水设施所产生的水头损失，又可以节省大量附加量水设备的建设费用，一举两得。因此，若校核后达到一定的精度，应尽可能利用水工建筑物来量水。

（2）利用特设量水设备量水。当渠系上无水工建筑物，或采用水工建设物量水达不到精度要求，可以利用特设量水设备进行量水。特设设备一般由行近渠槽、量水建筑物和下游段3部分组成，通过量水建筑物主体段过水断面的科学收缩，使其上下游形成一定的水位落差，从而得到较为稳定的水位与流量关系。常见的特设量水设备有三角堰、梯形堰、巴歇尔量水槽、无喉道量水槽和长喉道量水槽等。特设量水设备不可避免地会带来一定的水头损失，而且不同的形式的量水设备的测流精度、测量范围、抗干扰能力差异很大，因此应根据灌区的具体情况和对量水精度的不同要求，以及具体的边界条件，选择不同的特设设备。

（3）利用流速仪或其他仪表量水。流速仪测流，成果较为精确，但是测流和计算流量比较费时、繁琐。故通常在试验室中应用较多，而在渠系量水中较少使用。当没有水工建筑物和特设量水设备可以利用时，才会考虑使用流速仪测流。随着电子技术和超声波量测技术的发展，已出现了一批非接触式的流量量测设备，如电磁流量计、超声波流量计（ADCP）等，它们共同的特点是不需要在流体中安装量测元件，故不会改变流体的运动状态，不会产生附加的水头损失。

（4）浮标法量水。利用浮标法估测流量比较粗略，但是在缺乏可用以量水的建筑物、特设量水设备及流速仪的情况下，仍不失为一种简单易行的测流方法。

下面介绍几种比较常用的量水方法。

### 9.4.2　利用水工建筑物量水

1．利用涵闸量水

（1）闸涵类型。可以用作量水的闸涵类型较多，这里仅介绍较常见的两种闸涵类型。

1）带有平面直立闸门的矩形明渠放水口，闸宽等于入口宽度，底平，闸后无跌坎。如图 9-6 所示。

2）带有平面直立闸门的管式放水口，其断面为圆形，如图 9-7 所示。

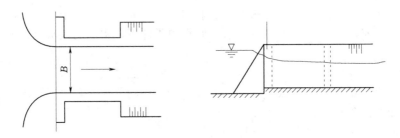

图 9-6　矩形明渠（无跌坎）放水口示意图

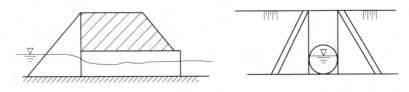

图 9-7　管式放水口示意力图

（2）流态分类及判别。通过闸涵的水流形态不同，其流量计算公式也不同，因此，必须判别水流形态。闸涵的水流形态有以下 5 种。

1）无闸自由流。闸门开启起后，水面不与闸门下缘接触，闸后水深与闸前水深之比小于 0.7，即 $h_\text{下}/H < 0.7$，如图 9-8（a）所示。

2）无闸淹没流。闸门开启起后，水面不与闸门下缘接触，闸后水深与闸前水深之比大于 0.7，即 $h_\text{下}/H > 0.7$，如图 9-8（b）所示。

3）有闸自由流。闸前水位高于启闸高度，水流触及闸门下缘流过；紧接闸后的水深小于启闸高度，即闸门底边未被下游水面淹没，如图 9-8（c）所示。

4）有闸淹没流。闸前水位高于启闸高度，水流触及闸门下缘流过；紧接闸后的水深大于启闸高度，即闸门下缘被上、下游水面淹没，如图 9-8（d）所示。

5）有压淹没流。水流充满涵管，出口处完全淹没于水中，如图 9-8（e）所示。

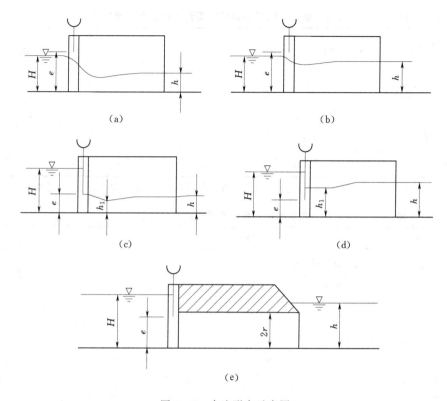

图 9-8 水流形态示意图

(a) 无闸自由流（$e/H > 0.65$，$h/H < 0.8$）；(b) 无闸淹没流（$e/H > 0.65$，$h/H > 0.8$）；

(c) 有闸自由流（$e/H \leqslant 0.65$，$h_w > h_1$）；(d) 有闸淹没流（$e/H \leqslant 0.65$，$h_w < h_1$）；

(e) 有压淹没流（$h > 2r$）

（3）水尺安设位置。为了观测水位与闸门开启高度，以便计算流量，必须安装有关水尺。

1）上游水尺。设立在闸涵上游约 3 倍最大闸前水深处；如水流从侧面流入，水流正面流入，则水尺应设在进口上游约 $1.5 \sim 2$ 倍最大闸前水深处。

2）下游水尺。设在水流出口处以下，约为闸涵孔口宽的 $1.5 \sim 2$ 倍处。

3）闸后水尺。可直接刻画在闸后侧墙上，水尺距离闸门约等于 1/4 单孔宽，但不得大于 40cm。

4）启闸高度水尺。可刻画在闸槽上游边缘的边墩上。水尺的零点，设在闸孔完全关闭时闸门顶端加上闸底的闸槽深处。对于有槛的闸涵，沿需添设闸前水尺。

（4）流量计算。不同类型的闸涵和不同的流态，计算流量所采用的公式各异。表 9-19 和表 9-20 列出了上述两类闸涵在不同流态时的流量公式。

2. 利用跌水量水

用于量水的跌水断面一般有矩形和梯形两种，如图 9-9 所示。水尺应安设在建筑物上游 $3 \sim 4$ 倍渠道正常水深处，水尺零点与跌水底槛最好在同一平面上，以便直接读出上游水头。

**表9-19**　　　　　　　　带有平面直立闸门的矩形明渠无跌坎放水口流量公式

| 水流形态 | 流量公式 | 流量系数 | | | |
|---|---|---|---|---|---|
| | | 渐变翼墙 | 非渐变平翼墙 | 八字翼墙 | 平行侧翼墙 |
| 无闸自由流 | $Q=mbH\sqrt{2gH}$ | 0.325 | 0.31 | 0.33 | 0.295 |
| 无闸淹没流 | $Q=\varphi bh\sqrt{2g(H-h)}$ | 0.85 | 0.825 | 0.86 | 0.795 |
| 有闸自由流 | $Q=\mu be\sqrt{2g(H-0.65e)}$ | 0.60 | 0.58 | 0.62 | 0.61 |
| 有闸淹没流 | $Q=\mu' be\sqrt{2g(H-h_1)}$ | 0.62 | 0.60 | 0.64 | 0.63 |

**注**　表中 $Q$ 为流量（m³/s），$m$、$\varphi$、$\mu$、$\mu'$ 为流量系数，$b$ 为闸孔宽（m），其他符号意义见图9-6。

**表9-20**　　　　　　　　带平面直立闸门的管式放水口流量公式

| 水流形态 | 流　量　公　式 | 流量系数 $m$ |
|---|---|---|
| 无闸自由流 | $Q=m\left(\dfrac{1.12H}{r}-0.25\right)r^2\sqrt{2gH}$ | 0.55 |
| 无闸淹没流 | $Q=\varphi\left(\dfrac{1.8h_{下}}{r}-0.25\right)r^2\sqrt{2g(H-h_{下})}$ | 0.95 |
| 有闸自由流 | $Q=\mu\left(\dfrac{1.8e}{r}-0.25\right)r^2\sqrt{2g(H-0.7e)}$ | 0.63 |
| 有闸淹没流 | $Q=\mu'\left(1+0.65\dfrac{e}{H}\right)\left(\dfrac{1.8e}{r}-0.25\right)r^2\sqrt{2g(H-h)}$ | 0.63 |
| 有压淹没流 | $Q=m'\left(\dfrac{1.8e}{r}-0.25\right)r^2\sqrt{2g(H-h)}$ $\times\left\{0.06+\left[0.2\left(\dfrac{1.8e}{r}-0.25\right)\right]^2+\left[1-0.2\left(\dfrac{1.8e}{r}-0.25\right)\right]^2\right\}^{-0.5}$ | 0.63 |

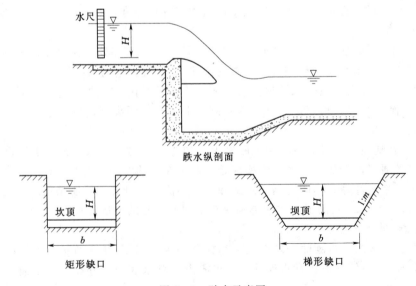

图9-9　跌水示意图

跌水的流量计算公式如下：

矩形断面跌水

$$Q = mbH\sqrt{2gh} \tag{9-57}$$

梯形断面跌水

$$Q = m(b + 0.8eH)H\sqrt{2gh} \tag{9-58}$$

式中：$Q$ 为流量，$m^3/s$；$b$ 为跌口底宽，m；$e$ 为梯形跌口的边坡系数；$H$ 为上游水头，m，当来水较大时，还应加上流速水头；$g$ 为重力加速度（$g = 9.8m/s^2$）；$m$ 为流量系数，应实测求得，如无实测资料，可参考表 9-21 确定。

表 9-21 跌水流量系数表

| $H/b$ | 0.5 | 1.0 | 1.5 | 2.0 | 2.5 |
|---|---|---|---|---|---|
| $m$ | 0.37 | 0.415 | 0.43 | 0.435 | 0.45 |

### 9.4.3 利用特设量水设备量水

1. 利用三角形堰量水

三角形量水堰可用木板堰口加钉铁皮制成，过水断面通常做成直角等腰三角形，如图 9-10 所示。堰口做成刀口形，刀口平直光滑，厚 3～5cm，斜面朝下游，倾斜角一般为 45°，槛高和堰肩宽要大于 30cm，三角形量水堰的结构尺寸见表 9-22。安装时，应注意保持堰体水平，堰壁垂直，安置在渠道正中，两侧最好用砖砌护，使堰底及堰身两侧无漏水现象，水尺设在堰板上、下游距堰板 3～4 倍最大过堰水深处。若经实验误差不大时，上游水尺也可安装在堰口近旁，或直接绘于堰板上。水尺零点高程应与堰口底齐平。水尺刻度至 5mm。

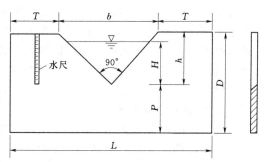

图 9-10 三角形量水堰示意图

图 9-10 中，$T$ 为堰口宽度，cm；$T$ 为堰肩宽度，cm；$L$ 为堰的安装宽度，cm；$H$ 为过堰水深，cm；$h$ 为口高，cm，$h = H_{max} + 5$；$P$ 为相对于渠底的槛高，cm。

表 9-22 直角三角形量水堰结构尺寸 单位：cm

| 编号 | 渠道流量（L/s） | 最大水头 $H$ | 口高 $h$ | 槛高 $P$ | 堰高 $D$ | 堰肩宽 $L$ | 堰宽 $L$ | 堰口宽 $b$ |
|---|---|---|---|---|---|---|---|---|
| 1 | 50～70 | 30 | 35 | 30 | 75 | 30 | 150 | 70 |
| 2 | 70～100 | 35 | 40 | 35 | 85 | 35 | 170 | 80 |
| 3 | 100～140 | 40 | 45 | 40 | 95 | 40 | 190 | 90 |
| 4 | 140～185 | 45 | 50 | 45 | 105 | 45 | 210 | 100 |
| 5 | 185～240 | 50 | 55 | 50 | 115 | 50 | 230 | 110 |
| 6 | 240～300 | 55 | 60 | 55 | 125 | 55 | 250 | 120 |
| 7 | 300～375 | 60 | 65 | 60 | 135 | 60 | 270 | 130 |

对于不同水流形态,通过三角形量水堰的流量可分别按下列公式计算。

自由流时(下游水位低于堰口)

$$Q=1.343H^{2.47} \tag{9-59}$$

式中:$Q$ 为过堰流量,$m^3/s$;$H$ 为过堰水深,m,一般不超过 0.3m,不低于 0.03m。

为了便于应用,宜绘绘制成图表,量水量时可根据过堰水深从图表中直接查得过堰流量。

当为淹没流时(下游水位高于堰口)

$$Q=1.4\sigma H^{2.5} \tag{9-60}$$

$$\sigma=\sqrt{0.756\left(\frac{h}{H}-0.13\right)^2+0.145} \tag{9-61}$$

式中:$\sigma$ 为淹没系数;$h$ 为下游水位高出堰顶的高度,即下游水尺读数,m;$H$ 为过堰水深,即上游水尺读数,m。

该式只适用于 $Q<5L/s$,水头 $H$ 与堰槛高 $P$ 均小于 8cm,一般不用。

三角形堰结构简单,造价低廉,观测方便,精度较高,平均误差为 ±2%。但堰前易沉积泥沙;有较多漂浮物时,堰口处易为漂浮物堵塞影响测流精度。因此,三角堰适用在顺直、水平的矩形渠段中,如果缺口的面积与行近渠道的面积相比很小以致行近流速可以忽略时,则渠道形状无关紧要。行进渠道中的水流应均匀稳定。为了达到自由流条件,只宜在有较大纵比降或有跌坡的小型渠道上量水,最宜在试验室或试验渠道上测定流量。或者为了形成自由流,在不影响渠道过水能力的情况下,可适当提高堰口高程。

2. 利用梯形堰量水

梯形堰结构如图 9-11 所示。堰口为梯形,侧边坡为 4:1,堰口三边均呈刀口形,倾斜面朝向下游,倾斜角一般为 45°,锐缘镶以铁皮,堰板各部分尺寸按流量大小而定。

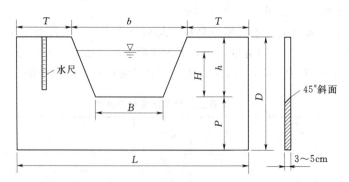

图 9-11 梯形量水堰示意图

安装时,堰槛要水平,堰板要垂直,堰板上的水尺零点应与堰槛齐平。为了提高量水精度,应使堰槛高于下游水面(通过最大流量时)2cm。

常用标准梯形堰结构尺寸可查表 9-23。

表 9 - 23                    **梯形量水堰尺寸表**                  单位：cm

| 堰槛宽 $B$ | 口宽 $b$ | 最大水深 | 口高 $h$ | 堰肩宽 $T$ | 槛高 $P$ | 堰高 $D$ | 堰宽 $L$ | 适宜测流范围 (L/s) |
|---|---|---|---|---|---|---|---|---|
| 25 | 31.6 | 8.3 | 13.3 | 8.3 | 8.3 | 26.6 | 64.2 | 2～12 |
| 50 | 60.8 | 16.6 | 21.6 | 16.6 | 16.6 | 43.2 | 110.0 | 10～63 |
| 75 | 90.2 | 25.0 | 30.5 | 25.0 | 25.0 | 60.5 | 156.2 | 30～178 |
| 100 | 119.1 | 33.3 | 38.3 | 33.3 | 33.3 | 76.6 | 201.7 | 61～365 |
| 125 | 147.5 | 40.1 | 45.1 | 40.1 | 40.1 | 90.2 | 243.7 | 102～602 |
| 150 | 177.5 | 50.0 | 55.0 | 50.0 | 50.0 | 110.0 | 293.5 | 165～1009 |

在自由流时（下游水面低于堰槛），梯形量水堰的流量公式为

$$Q = mB\sqrt{H} \tag{9-62}$$

式中：$Q$ 为过堰流量，$m^3/s$；$m$ 为流量系数，$m=1.86$，由实验求得，当来水流速大于 0.3m/s 时，则采用 1.90；$B$ 为堰底宽度，m；$H$ 为堰上游水头，m，即过堰水深。

在淹没流时［下游水面高出堰槛、上下游水位差与堰槛高之比（$\Delta Z/P$）小于 0.7］

$$Q = 1.86\sigma_n B\sqrt{H} \tag{9-63}$$

式中：$\sigma_n$ 为淹没系数。

$$\sigma_n = \sqrt{1.23 - \left(\frac{h_n}{H}\right)^2} - 0.127 \tag{9-64}$$

式中：$h_n$ 为下游水位高出堰槛的水深，m；其余符号意义同上。

梯形量水堰结构简单，造价低廉，且过水能力较大，可通过流量 5～1000L/s，平均误差为±2%。但壅水较高，需要较大水头，浑水渠道中泥沙易在堰前淤泥，影响测流精度，故宜用于比降较大和有跌差的清水渠道上。当比降较小和无跌差时，则可利用淹没流公式，但壅水高度范围应为 10～15cm，下游才不致引起较大冲刷。

3. 无喉道量水槽

无喉道量水槽是在巴歇尔量水槽的基础上改进成的一种新型量上设备。由于其喉道长度为零，断面为矩形、平底，所以称为矩形平底无喉道量水槽，简称无喉道量水槽。

（1）结构。无喉道量水槽结构如图 9 - 12 所示。其进口段以 1∶3 折角收缩，出口段以 1∶6 折角扩散，进出口宽度相等。在距进口和出口为槽长 1/9 处设有水尺，用以观测上、下游水深。小型量水槽（喉宽 $W$ 在 0.80m 以下），水尺可设在侧墙壁上，大型量水槽（$W$ 在 1.00m 以上），由于水面被动大，不易准确看出水位，可在槽外设观测井，进行水位观测。

无喉道量水槽的主要尺寸，有喉宽 $W$，槽长 $L$，及喉部侧墙转角，喉宽和槽长是两个相关的函数，两者的比值 $W/L$ 的允许范围一般为 0.1～0.6。$W/L$ 在 0.1～0.4 时，测流精度较高，至于喉部的折角，不论水槽大小，均是固定不变化。

无喉段量水槽各部分尺寸见表 9 - 24。

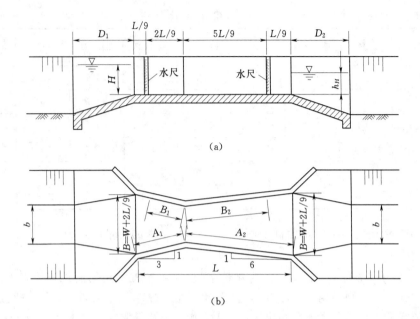

图 9-12　无喉道量水槽示意图

(a) 纵剖面图；(b) 平面图

表 9-24　　　　　　　　　　　　　无喉段量水槽各部分尺寸表

| 槽　型 $W \times L$ | 喉宽 $W$ | 槽长 $L$ | 上游侧墙长度 $A_1$ | 下游侧墙长度 $A_2$ | 上游水尺位置 $B_1$ | 下游水尺位置 $B_2$ | 进、出口宽度 $B$ | 上游护坦长度 $D_1$ | 下游护坦长度 $D_2$ |
|---|---|---|---|---|---|---|---|---|---|
| 0.2×0.9 | 0.20 | 0.90 | 0.316 | 0.608 | 0.211 | 0.507 | 0.40 | 0.60 | 0.80 |
| 0.4×1.35 | 0.40 | 1.35 | 0.474 | 0.913 | 0.316 | 0.760 | 0.70 | 0.80 | 11.20 |
| 0.6×1.8 | 0.60 | 1.80 | 0.632 | 1.217 | 0.422 | 1.017 | 1.00 | 1.00 | 1.60 |
| 0.8×1.8 | 0.80 | 1.80 | 0.632 | 1.217 | 0.22 | 1.014 | 1.10 | 1.20 | 2.00 |
| 1.0×2.7 | 1.00 | 2.70 | 0.950 | 1.825 | 0.632 | 1.014 | 1.60 | 1.40 | 2.40 |
| 1.2×2.7 | 1.20 | 2.70 | 0.950 | 1.825 | 0.632 | 1.521 | 1.80 | 1.60 | 2.80 |
| 1.4×3.6 | 1.40 | 3.60 | 1.265 | 2.433 | 0.843 | 1.521 | 2.00 | 1.80 | 3.20 |
| 1.6×3.6 | 1.60 | 3.60 | 1.265 | 2.433 | 0.843 | 2.028 | 2.20 | 2.00 | 3.60 |
| 1.8×3.6 | 1.80 | 3.60 | 1.265 | 2.433 | 0.843 | 2.028 | 2.10 | 2.20 | 4.00 |
| 2.0×3.6 | 2.00 | 3.60 | 1.265 | 2.433 | 0.843 | 1.028 | 2.60 | 2.40 | 4.40 |

(2) 水流形态判别。水槽中水流形态有自由流和淹没流两种，用槽内下游水深 $h_H$ 和上游水深 $H$ 的比值来判别。

当 $S = h_H / H < S_t$ 时，为自由流；$S = h_H / H > S_t$ 为淹没出流，$S_t$ 称过渡淹没度，$S$ 随槽长而变，由试验确定。对于同一长度而喉道不同的水槽，$S_t$ 为一常数，见表 9-26。

(3) 流量计算。对自由流

$$Q = C_1 H^{n_1} \tag{9-65}$$

式中：$Q$ 为过槽流量，$\mathrm{m^3/s}$；$H$ 为上游水深，$\mathrm{m}$；$C_1$ 为自由流系数；$n_1$ 为自由流指数，可查表 9-25。

表 9-25　　　　　　　　　无喉段量水槽自由流系数和指数表

| $WL$ | $0.2\times$ $0.9$ | $0.4\times$ $1.35$ | $0.6\times$ $1.8$ | $0.8\times$ $1.8$ | $1.00\times$ $2.70$ | $1.20\times$ $2.70$ | $1.40\times$ $3.60$ | $1.60\times$ $3.60$ | $1.80\times$ $3.60$ | $2.00\times$ $3.60$ |
|---|---|---|---|---|---|---|---|---|---|---|
| $C_1$ | 0.696 | 1.042 | 1.40 | 1.88 | 2.16 | 2.60 | 2.95 | 3.38 | 3.82 | 424 |
| $n_1$ | 1.80 | 1.71 | 1.64 | 1.64 | 1.57 | 1.57 | 1.55 | 1.55 | 1.55 | 1.55 |
| $k_1$ | 3.65 | 2.68 | 2.36 | 2.36 | 5.16 | 2.16 | 2.09 | 2.09 | 2.09 | 2.09 |

自由流系数按式（9-66）确定。

$$C_1 = k_1 W^{1.025} \tag{9-66}$$

式中：$W$ 为喉宽，$\mathrm{m}$；$k_1$ 为自由流槽长（$L$）系数，可查表 9-24。

对淹没流

$$Q = \frac{C_2 (H - h_H)^{n_1}}{(-\log S)^{n_2}} \tag{9-67}$$

式中：$C_2$ 为淹没流系数；$n_2$ 为淹没流态指数；$S$ 为淹没度，$S = H_{下}/H_{上}$。

淹没流系数由式（9-68）确定

$$C_2 = k_2 W^{1.025} \tag{9-68}$$

式中：$k_2$ 为淹没流槽长系数。

以上 $C_2$、$n_2$、$k_2$ 均可由表 9-26 查得。

表 9-26　　　　　　　　　无喉段量水槽淹没流系数和指数表

| $WL$ | $0.2\times$ $0.9$ | $0.4\times$ $1.35$ | $0.6\times$ $1.8$ | $0.8\times$ $1.8$ | $1.00\times$ $2.70$ | $1.20\times$ $2.70$ | $1.40\times$ $3.60$ | $1.60\times$ $3.60$ | $1.80\times$ $3.60$ | $2.00\times$ $3.60$ |
|---|---|---|---|---|---|---|---|---|---|---|
| $C_1$ | 0.397 | 0.598 | 0.79 | 1.06 | 1.17 | 1.41 | 1.57 | 1.80 | 2.03 | 2.25 |
| $n_1$ | 1.46 | 1.40 | 1.36 | 1.38 | 1.34 | 1.34 | 1.34 | 1.34 | 1.34 | 1.34 |
| $k_1$ | 2.08 | 1.53 | 1.33 | 1.38 | 1.17 | 1.11 | 1.11 | 1.11 | 1.11 | 1.11 |
| $S_t$ | 0.65 | 0.70 | 0.70 | 0.70 | 0.75 | 0.75 | 0.80 | 0.80 | 0.80 | 0.80 |

（4）优、缺点与适用范围。无喉道量水槽结构简单，省工省料，经济实用，便于群众修建，由于取消了喉道，上游壅水减少，水槽不易淤塞。但流量计算较复杂。无喉道量水槽一般适用于坡降较大的渠道。

4. U 形渠道抛物线形喉口式量水槽

U 形渠道抛物线形喉口式量水槽是针对 U 形渠道量水问题而设计的，在陕西、甘肃等省部分灌区的推广应用，表明该量水槽可应用于各类标准的或侧墙直线段外倾的非标准 U 形渠道量水，且具有测流精度较高（误差<3%），测流幅度大（$Q_{max}/Q_{min}$ =266），壅水少、工程量小，用于输送渠道时亦有不易淤积的特点。

（1）结构型式及选型设计计算公式。抛物线形喉口式量水槽其测流原理是使水流在量水槽抛物线形喉口断面形成收缩，产生临界流，从而在槽前构成稳定的水位流量关系。量水槽的基本结构如图 9 - 13 所示，由抛物线形喉口断面、上下游渐变段和水尺组成，喉口断面底部与渠底齐平，为无底坎型。量水槽上下游由原 U 形渠道断面形状渐变为抛物线形喉口形状，再从抛物线喉口渐变为与下游 U 形渠道断面形状吻合。量水槽的主要参数及结构尺寸有喉口断面抛物线方程的形状系数 $p$，决定喉口断面大小的收缩比 $\varepsilon$，上下游渐变段长度 $L$。设计前须确定 U 形渠道底弧半径 $r$，底弧圆心角 $\theta$ 或侧壁直线段外倾角 $\alpha$，渠道糙率 $n$ 和底坡 $i$，渠道设计流量 $Q$ 及正常水深 $h$，计算公式分述如下。

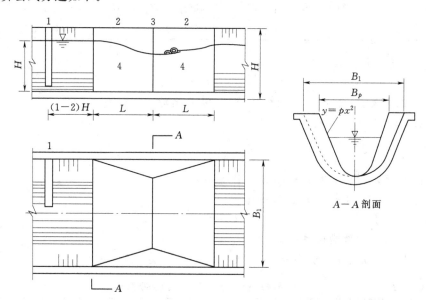

图 9 - 13　U 形渠道抛物线形喉口式量水槽示意图
1—水尺；2—渐变段；3—喉口；4—扭面

喉口断面抛物线方程

$$y = px^2 \tag{9 - 69}$$

抛物线形状系数

$$p = \frac{16H^3}{9\varepsilon^2 A_t^2} \tag{9 - 70}$$

抛物线形喉口断面面积

$$A_P = \frac{4}{3} H \sqrt{\frac{H}{p}} \tag{9 - 71}$$

渐变段长度

$$L = 3(B_1 - B_p) \tag{9 - 72}$$

当计算的 $L$ 小于 30cm 时，取 30cm。

喉口断面顶宽

$$B_P = 2\sqrt{\frac{H}{p}} \tag{9 - 73}$$

水头测量断面即水尺位置距喉口距离

$$L_1 = L + (1\sim 2)H \qquad (9-74)$$

式中：$y$、$x$ 为以槽底为原点的纵横坐标，m；$p$ 为抛物线形状系数，$\text{m}^{-1}$；$H$ 为 U 形渠道衬砌深度，m；$\varepsilon$ 为量水槽喉口断面收缩比（定义为喉口全断面面积与渠道全断面面积之比），其值由表 9-27 确定；$B_P$ 为量水槽抛物线形喉口断面顶宽，m；$B_1$ 为 U 形渠道渠口宽，m。

表 9-27　　U 形渠道型号与量水槽喉口收缩比 $\varepsilon$ 关系表　$n=0.015$

| 比降 | 型 号 | | | | | |
|---|---|---|---|---|---|---|
| | D30H40 | D40H50 | D50H55 | D60H60 | D70H70 | D80H80 |
| 1/300 | 0.65 | 0.70 | 0.70 | 0.70 | | |
| 1/400 | 0.60 | 0.65 | 0.70 | 0.70 | 0.70 | |
| 1/500 | 0.55 | 0.55 | 0.60 | 0.65 | 0.65 | 0.65 |
| 1/600 | 0.50 | 0.50 | 0.55 | 0.60 | 0.60 | 0.60 |
| 1/700 | 0.45 | 0.50 | 0.50 | 0.55 | 0.55 | 0.55 |
| 1/800 | 0.45 | 0.45 | 0.50 | 0.50 | 0.50 | 0.55 |
| 1/900 | 0.40 | 0.40 | 0.45 | 0.50 | 0.50 | 0.50 |
| 1/1000 | 0.40 | 0.40 | 0.45 | 0.45 | 0.45 | 0.50 |
| 1/1200 | | | 0.40 | 0.40 | 0.40 | 0.45 |
| 1/1300 | | | 0.40 | 0.40 | 0.40 | 0.40 |
| 1/1400 | | | | 0.40 | 0.40 | 0.40 |
| 1/1500 | | | | | 0.40 | 0.40 |

注　D30H40 表示 U 形渠底部圆弧直径 30cm，衬砌渠深 40cm。

标准 U 形渠道量水槽选型时，可根据实测的 U 形渠道断面尺寸（渠深 $H$、底弧半径 $r$）及渠道比降，参照表 9-27 初选喉口断面收缩比 $\varepsilon$。表 9-27 中收缩比 $\varepsilon$ 适用于粗糙 $n=0.015$ 的渠道。当 $n\leqslant 0.013$ 时，所选 $\varepsilon$ 值增加 0.05；当 $n\geqslant 0.017$ 时，$\varepsilon$ 值减小 0.05；量水槽下游有跌水或陡坡时，选取的 $\varepsilon$ 值与底坡和渠道型号无关，可取 0.6~0.65。$\varepsilon$ 选定后，即可根据式（9-69）~式（9-74）确定图 9-13 所示量水槽各部分结构尺寸。

初选的收缩比 $\varepsilon$ 值必须使量水槽在通过加大流量时为自由出流，即淹没度（量水槽下游渠道正常水深与上游水尺处水深之比）小于 0.88，否则应加大 $\varepsilon$ 值 5%，再重新计算量水槽尺寸，检验淹没度，直至满足淹没度要求。量水槽下游水深可根据流量、渠道糙率、过水断面尺寸按明渠均匀流正常水深计算确定。

表 9-27 中未列出的 U 形渠道可比照与表 9-27 中相近的渠道型号拟定 $\varepsilon$ 进行量水槽设计。

量水槽施工时，可用胶合板（条件具备者可用塑料板）预先做好喉口断面，放置于欲安装量水槽的 U 形渠道上，然后用水泥砂浆完成上下游渐变段的施工。

（2）量水槽流量公式。量水槽设计与流量计算均与 U 形渠道过水断面水力要素有关（图 9 - 14），其水力要素如下。

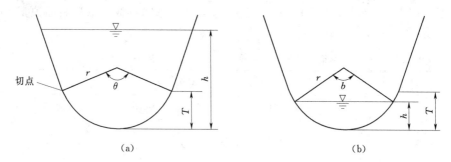

图 9 - 14　U 形渠道抛物线形喉口式量水槽示意图
(a) $h \geqslant T$；(b) $h < T$

根据以下公式计算过水面积。

当 $h \geqslant T$ 时

$$A = \frac{r^2}{2}\left[\frac{\pi\theta}{180} - \sin\theta\right] + (h-T)\left[2r\sin\frac{\theta}{2} + (h-T)\cos\frac{\theta}{2}\right] \tag{9-75}$$

当 $h < T$ 时

$$A = \frac{r^2}{2}\left[\frac{\pi\beta}{180} - \sin\beta\right] \tag{9-76}$$

自由出流流量计算公式

$$Q = C_1\frac{A^2}{h}\left[1 - \sqrt{1 - C_2\frac{h^3}{A^2}}\right] \tag{9-77}$$

式中：$A$ 为过水断面面积，$m^2$；$h$ 为量水槽水尺读数，即水尺断面处的水深；$T$ 为 U 形渠道底弧弓高，m；$\theta$ 为 U 形渠道底弧圆心角；$\beta$ 为 $h < T$ 时水面以下底弧圆心角，$\beta = 2\arccos\left(1 - \frac{h}{r}\right)$；$Q$ 为流量，$m^3/s$，流量公式中 $A$ 取水尺处过水断面面积；$C_1$、$C_2$ 为反映喉口断面特征的系数，计算公式为式（9 - 78）。

$$C_1 = \frac{gp^{0.489}\varepsilon^{0.13}}{3.92\alpha_0}, \quad C_2 = \frac{15.364\alpha_0}{gp^{0.987}\varepsilon^{0.26}} \tag{9-78}$$

上述公式中 $\alpha_0$ 为动能修正系数，可根据喉口上游的水流流速分布情况取为常数 1.0～1.08；$g$ 为重力加速度，取 $9.8m/s^2$。

（3）量水槽应用条件。U 形渠道抛物线形喉口式量水槽必须在自由出流条件下使用，即下游水深与上游水深之比应小于 0.88。应安装在渠道衬砌良好、比降均匀的顺直渠道上，适合安装该量水槽的渠道比降为 1/1500～1/300，水尺零点高于喉口底平面 5mm，量水槽上游佛汝德数 $Fr$ 小于 0.5。

### 9.4.4 其他量水方法

**1. 浮标法**

浮标法是一种粗略测量流速的简易方法，适用于水面宽 3m 以内的斗农渠流量粗略估测。选择一平直渠段，测量该渠段水流横断面的面积。在上游中流投入浮标，测量浮标流经确定渠段所需时间，即可计算出流速和流量

$$V = KL/t \qquad\qquad (9-79)$$
$$Q = VS \qquad\qquad (9-80)$$

式中：$V$ 为水流平均流速，m/s；$K$ 为浮标系数；$L$ 为渠段长，m；$t$ 为浮标流经渠段所需时间，s；$Q$ 为水流量，$m^3/s$；$S$ 为水流平均横断面面积，$m^2$。

浮标系数可参考表 9-28 取值。

表 9-28　　　　　　　　　　　水 面 浮 标 系 数 表

| 投放方式 | 渠道断面形状 | 无风时 | 逆风时<br>小风～大风 | 顺风时<br>大风～小风 |
| --- | --- | --- | --- | --- |
| 中流投放 | 矩形 | 0.81 | 0.81～0.95 | 0.67～0.81 |
| | 梯形 | 0.77 | 0.77～0.90 | 0.63～0.77 |
| | U 形 | 0.69 | 0.69～0.81 | 0.57～0.69 |

利用浮标测流，误差较大（精度约在 85% 以上），但不需要专门仪器，方法简便，因此在无其他量水设备可利用时常被采用，以粗略估算流量。

**2. 智能明渠测流方法**

智能明渠测流方法是指能连续监测并累计水量的明渠流量的测流方法，可连续监测各种量水堰、无喉道量水槽、巴歇尔量水槽等堰槽的流量。

系统由智能流量积算仪、水位计、量水槽（巴氏槽、薄壁堰、三角剖面堰、平坦 V 形堰、无喉道槽等）等 3 部分组成。通过测量堰槽上下游水位，由微处理器收集处理水位数据，计算出瞬时流量和累计流量。若可配用标准通讯设备，还实现远地数据传输与控制。

# 参 考 文 献

[1]  文明. 浅谈我国水资源的可持续利用战略. 资源与环境，2007 (6)：147-148.

[2]  孙燕. 分析我国水资源现状及水环境保护现状. 商业环境，2008 (8)：106-107.

[3]  祁泉淞. 我国水资源现状及其水资源管理中的问题和对策. 中国水运，2008，8 (2)：180-181.

[4]  吴文荣. 国内节水灌溉技术的应用现状及发展策略. 河北北方学院学报（自然科学版），2007，23 (4)：38-41.

[5]  郑怀文，俞国胜，刘静. 节水灌溉技术研究现状. 林业机械与木工设备，2006，34 (10)：7-10.

[6]  吴文荣，丁培峰，忻龙祚，等. 我国节水灌溉技术的现状及发展趋势. 节水灌溉，2008 (4)：50-54.

[7]  张海文. 现阶段国内节水灌溉技术及问题分析. 山西农业科学，2008，36 (1)：16-18.

[8]  吴文荣. 国内节水灌溉技术的应用现状及发展策略. 河北北方学院学报（自然科学版），2007，23 (4)：38-41.

[9]  渠桂芳. 国外节水灌溉技术开发与管理. 黄河水利职业技术学院学报，2002，14 (4)：18-19.

[10]  宋文妍，李东晗. 国外现代节水灌溉技术应用综述. 黑龙江水利科技，2006，34 (1)：95-97.

[11]  冯广志. 21世纪初我国节水工作的思考. 节水灌溉，2002，(1)：1-5.

[12]  贾大林. 21世纪初期农业节水的目标和任务. 节水灌溉，2002，(1)：9-11.

[13]  冯广志. 全面认识节水灌溉在农业和国民经济发展中的作用——正确处理节水灌溉工作中的几个关系. 节水灌溉，1998，(2)：3-6.

[14]  李世英. 对我国节水灌溉技术发展的几点思考. 节水灌溉，2001，(1)：30-31.

[15]  冯广志. "九五"节水灌溉工作综述. 中国农村水利水电，2001，(7)：5-8.

[16]  孙景生，康绍忠. 我国水资源利用现状与节水灌溉发展对策. 农业工程学报，2000，(2)：1-5.

[17]  信迺诠，赵聚宝. 旱地农田水分状况与调控技术. 北京：农业出版社，1992.

[18]  水利部科技教育司，等. 灌排工程新技术. 北京：中国地质大学出版社，1993.

[19]  Allen R. G., Rase D., Smith M.. Crop evapotranspiration guidelines for computing crop water requirements. Irrigation and drainage. Rome：FAO. 1998，56.

[20]  郭元裕，农田水利学. 3版. 北京：中国水利水电出版社，1997.

[21]  陈亚新，康绍忠. 非充分灌溉原量. 北京：水利电力出版社，1995.

[22]  高传昌，吴平. 灌溉工程节水理论与技术. 郑州：黄河水利出版社，2005.

[23]  联合国粮食与农业组织. 产量与水的关系（粮农组织灌溉与排水丛书）. 1979.

[24]  中华人民共和国水利部. GB 50288—99 灌溉与排水工程设计规范. 北京：中国计划出版社，1999.

[25]  水利部农村水利司. 灌溉管理手册. 北京：中国水利水电出版社，1994.

[26]  水利部国际合作司，编译. 美国国家灌溉工程手册. 北京：中国水利水电出版社，1998.

[27]  朱庭云，赵正宜，迟道才. 水稻灌溉的理论与技术. 北京：中国水利水电出版社，1998.

[28] 汪志农. 灌溉排水工程学. 北京：中国农业出版社，2000.

[29] 费良军，王云涛. 涌流灌合理畦长研究. 农业工程学报. 1994（增刊）.

[30] 白丹，魏小抗，王凤翔，等. 节水灌溉工程技术. 西安：陕西科学出版社，2001.

[31] 费良军. 由膜孔灌田面灌水资料推求基于 kostiakov 模型的点源入渗参数. 农业工程学报，2007，3.

[32] 水利部农村水利司. 旱作物地面灌溉节水技术. 北京：中国水利水电出版社，1999.

[33] 李远华，罗金耀. 节水灌溉理论与实践. 武汉：武汉大学出版社，2003.

[34] 迟道才，王殿武. 北方水稻节水理论与实践. 北京：中国农业科学技术出版社，2003.

[35] 喷灌工程设计手册编写组. 喷灌工程设计手册. 北京：水利电力出版社，1989.

[36] 李宗尧、缴锡云. 节水灌溉技术. 北京：中国水利水电出版社，2004.

[37] 中华人民共和国水利部. GB/T 50085—27 喷灌工程技术规范. 北京：中国计划出版社，2007.

[38] 李龙昌，王彦军，李永顺，等. 管道输水工程技术. 北京：中国水利水电出版社，2002.

[39] 水利部农村水利司，中国灌溉排水发展中心，节水灌溉工程实用手册. 北京：中国水利水电出版社，2005.

[40] 李宗尧. 节水灌溉技术. 北京：中国水利水电出版社，2003.

[41] 李远华. 节水灌溉理论与技术. 武汉：武汉水利电力出版社，1999.

[42] 郑耀泉. 喷灌与微灌设备. 北京：中国水利水电出版社，1998.

[43] 傅琳. 微灌工程技术指南. 北京：中国水利电力出版社，1988.

[44] 李安国，建功，曲强. 渠道防渗技术. 北京：中国水利水电出版社，1998.

[45] 中华人民共和国水利部. SL 18—2004 渠道防渗工程技术规范. 北京：中国水利水电出版社，2005.

[46] 马孝义. 北方旱区节水灌溉技术. 北京：海潮出版社，1999.

[47] 郭宗楼. 节水灌溉工程. 杭州：浙江大学出版社，2008.

[48] 中国灌区协会. 渠道防渗技术论文集. 北京：中国水利水电出版社，2003.

[49] 邢义川，李远华，何武全，等. 现代渠道与管网高效输水新材料及新技术. 郑州：黄河水利出版社，2006.

[50] 白丹，魏小抗，王凤翔，等. 节水灌溉工程技术. 西安：陕西科学技术出版社，2001.

[51] 冯广志. 21 世纪初我国节水工作的思考. 节水灌溉，2002，（1）.

[52] 彭世彰，俞双恩，张汉松，等. 水稻节水灌溉技术. 北京：中国水利水电出版社，1998.

[53] 赵竞成，任晓力，等. 喷灌工程技术. 北京：中国水利水电出版社，1999.

[54] 喷灌工程设计手册编写组. 喷灌工程设计手册. 北京：水利电力出版社，1989.

[55] 陈大雕，林中卉. 喷灌技术. 北京：科学出版社，1992.

[56] 康权. 农田水利学（中国北方地区适用）. 北京：水利电力出版社，1993.

[57] 秦为耀，丁必然，等. 节水灌溉技术. 北京：中国水利水电出版社，2000.

[58] 辽宁省节水技术研究会，辽宁省水利水电科学研究院. 农田节水灌溉技术手册. 沈阳：辽宁科学技术出版社，1997.

[59] 许平. 我国微灌技术和设备现状及市场前景分析. 节水灌溉，2002，（1）.

[60] 周为平，宋广程，邵思. 微灌工程技术. 北京：中国水利水电出版社，1999.

[61] 郑耀泉，李光永，党平，等. 喷灌与微灌设备. 北京：中国水利水电出版社，1998.

[62] 傅林，董文楚，郑耀泉，等. 微灌工程技术指南. 北京：水利电力出版社，1987.

[63] 农业机械杂志社主编. 实用节水灌溉技术与设备. 北京：中国农业大学出版社，2000.

[64]　刘肇祎，雷声隆主编. 灌排工程新技术（上册）. 北京：中国地质大学出版社，1993.

[65]　张祖新，龚时宏，王晓玲，等. 雨水集蓄工程技术. 北京：中国水利水电出版社，1999.

[66]　顾斌杰，张敦强，潘云生，等. 雨水集蓄利用技术与实践. 北京：中国水利水电出版社，2001.

[67]　联合国粮食及农业组织. 机械化喷灌. 罗马，1982.

[68]　中华人民共和国水利部 SL 364—2006 土壤墒情监测规范. 北京：中国水利水电出版社，2007.

[69]　国家防汛抗旱指挥部办公室. 干旱评估标准（试行），2006.

[70]　王振龙，高建峰. 实用土壤墒情监测预报技术. 北京：中国水利水电出版社，2006.

[71]　吴普特，牛文全. 节水灌溉与自动控制技术. 北京：化学工业出版社，2002.

[72]　杨诗秀，雷志栋. 田间土壤含水率的空间结构及取样数目确定. 地理学报，1993，（5）.

[73]　匡成荣，沈波，洪宝鑫，等. 稻田土壤水分与浅层地下水埋深关系的研究. 中国农村水利水电，2001，（5）.

[74]　江苏省水利厅. 水稻高产节水新技术，南京：南京出版社，1998.

[75]　康绍忠，蔡焕杰. 农业水管理学. 北京：中国农业出版社，1996.

[76]　杨诗秀，雷志栋. 田间土壤水分的监测和预报. 农业用水有效性研究. 北京：科学出版社，1992.

[77]　陈亚新，康绍忠. 非充分灌溉原理. 北京：中国水利水电出版社，1995.

[78]　孙小平，荣丰涛. 作物优化灌溉制度的研究. 山西水利科技，2004，（2）.

[79]　汪志农，熊运章. 灌溉渠系配水优化模型的研究. 西北农业大学学报，1993，（2）.

[80]　许志方. 灌溉计划用水. 北京：中国工业出版社，1963.

[81]　蔡勇，周明耀. 灌区量水实用技术指南. 北京：中国水利水电出版社，2001.

[82]　吕宏兴，朱晓群，张春娟，等. U 形渠道抛物线形喉口式量水槽选型与设计. 灌溉排水，2001，（2）.